科学出版社"十四五"普通高等教育本科规划教材
南开大学"十四五"规划核心课程精品教材
新能源科学与工程教学丛书

新能源实验科学与技术
New Energy Experiments
Science and Technology

程方益　焦丽芳　编

科学出版社
北京

内 容 简 介

本书涵盖化学、物理、材料等交叉学科的相关知识，内容包括实验室守则等实验基础知识、仪器的操作规范及注意事项等新能源实验基本操作技术、新能源材料分析表征实验、新能源常见材料制备实验、新能源综合实验，旨在使读者了解新能源科学的研究方法和实验技术，加深对新能源实验科学与技术知识的理解。

本书可作为高等学校新能源科学与工程及相关专业本科生的实验教材，也可供新能源相关领域的研究生和科研工作者参考。

图书在版编目（CIP）数据

新能源实验科学与技术/程方益，焦丽芳编 . —北京：科学出版社，2024.3

（新能源科学与工程教学丛书）

科学出版社"十四五"普通高等教育本科规划教材　南开大学"十四五"规划核心课程精品教材

ISBN 978-7-03-077834-5

Ⅰ．①新⋯　Ⅱ．①程⋯　②焦⋯　Ⅲ．①新能源-实验-高等学校-教材　Ⅳ．①TK01-33

中国国家版本馆 CIP 数据核字（2024）第 010144 号

责任编辑：丁　里　李丽娇 / 责任校对：杨　赛
责任印制：赵　博 / 封面设计：迷底书装

科 学 出 版 社 出版
北京东黄城根北街 16 号
邮政编码：100717
http://www.sciencep.com

涿州市殷润文化传播有限公司印刷
科学出版社发行　各地新华书店经销

*

2024 年 3 月第 一 版　开本：787×1092　1/16
2024 年 11 月第三次印刷　印张：21
字数：498 000
定价：89.00 元
（如有印装质量问题，我社负责调换）

丛 书 序

　　能源是人类活动的物质基础，是世界发展和经济增长最基本的驱动力。关于能源的定义，目前有 20 多种，我国《能源百科全书》将其定义为"能源是可以直接或经转换给人类提供所需的光、热、动力等任一形式能量的载能体资源"。可见，能源是一种呈多种形式的，且可以相互转换的能量的源泉。

　　根据不同的划分方式可将能源分为不同的类型。人们通常按能源的基本形态将能源划分为一次能源和二次能源。一次能源即天然能源，是指在自然界自然存在的能源，如化石燃料(煤炭、石油、天然气)、核能、可再生能源(风能、太阳能、水能、地热能、生物质能)等。二次能源是指由一次能源加工转换而成的能源，如电力、煤气、蒸汽、各种石油制品和氢能等。也有人将能源分为常规(传统)能源和新能源。常规(传统)能源主要指一次能源中的化石能源(煤炭、石油、天然气)。新能源是相对于常规(传统)能源而言的，指一次能源中的非化石能源(太阳能、风能、地热能、海洋能、生物质能、水能)以及二次能源中的氢能等。

　　目前，化石燃料占全球一次能源结构的 80%，化石能源使用过程中易造成环境污染，而且产生大量的二氧化碳等温室气体，对全球变暖形成重要影响。我国"富煤、少油、缺气"的资源结构使得能源生产和消费长期以煤为主，碳减排压力巨大；原油对外依存度已超过 70%，随着经济的发展，石油对外依存度也会越来越高。大力开发新能源技术，形成煤、油、气、核、可再生能源多轮驱动的多元供应体系，对于维护我国的能源安全，保护生态环境，确保国民经济的健康持续发展有着深远的意义。

　　开发清洁绿色可再生的新能源，不仅是我国，同时也是世界各国共同面临的巨大挑战和重大需求。2014 年，习近平总书记提出"四个革命、一个合作"的能源安全新战略，以应对能源安全和气候变化的双重挑战。我国多部委制定了绿色低碳发展战略规划，提出优化能源结构、提高能源效率、大力发展新能源，构建安全、清洁、高效、可持续的现代能源战略体系，太阳能、风能、生物质能等可再生能源、新型高效能量转换与储存技术、节能与新能源汽车、"互联网+"智慧能源(能源互联网)等成为国家重点支持的高新技术领域和战略发展产业。而培养大批从事新能源开发领域的基础研究与工程技术人才成为我国发展新能源产业的关键。因此，能源相关的基础科学发展受到格外重视，新能源科学与工程(技术)专业应运而生。

　　新能源科学与工程专业立足于国家新能源战略规划，面向新能源产业，根据能源领域发展趋势和国民经济发展需要，旨在培养太阳能、风能、地热能、生物质能等新能源领域相关工程技术的开发研究、工程设计及生产管理工作的跨学科复合型高级技术人才，以满足国家战略性新兴产业发展对新能源领域教学育人、科学研究、技术开发、工程应用、经营管理等方面的专业人才需求。新能源科学与工程是国家战略性新兴专业，涉及化学、材料科学与工程、电气工程、计算机科学与技术等学科，是典型的多学科交叉专业。

从 2010 年起，我国教育部加强对战略性新兴产业相关本科专业的布局和建设，新能源科学与工程专业位列其中。之后在教育部大力倡导新工科的背景下，目前全国已有 100 余所高等学校陆续设立了新能源科学与工程专业。不同高等学校根据各自的优势学科基础，分别在新能源材料、能源材料化学、能源动力、化学工程、动力工程及工程热物理、水利、电化学等专业领域拓展衍生建设。涉及的专业领域复杂多样，每个学校的课程设计也是各有特色和侧重方向。目前新能源科学与工程专业尚缺少可参考的教材，不利于本专业学生的教学与培养，新能源科学与工程专业教材体系建设亟待加强。

为适应新时代新能源专业以理科强化工科、理工融合的"新工科"建设需求，促进我国新能源科学与工程专业课程和教学体系的发展，南开大学新能源方向的教学科研人员在陈军院士的组织下，以国家重大需求为导向，根据当今世界新能源领域"产学研"的发展基础科学与应用前沿，编写了"新能源科学与工程教学丛书"。丛书编写队伍均是南开大学新能源科学与工程相关领域的教师，具有丰富的科研积累和一线教学经验。

这套"新能源科学与工程教学丛书"根据本专业本科生的学习需要和任课教师的专业特长设置分册，各分册特色鲜明，各有侧重点，涵盖新能源科学与工程专业的基础知识、专业知识、专业英语、实验科学、工程技术应用和管理科学等内容。目前包括《新能源科学与工程导论》《太阳能电池科学与技术》《二次电池科学与技术》《燃料电池科学与技术》《新能源管理科学与工程》《新能源实验科学与技术》《储能科学与工程》《氢能科学与技术》《新能源专业英语》共九本，将来可根据学科发展需求进一步扩充更新其他相关内容。

我们坚信，"新能源科学与工程教学丛书"的出版将为教学、科研工作者和企业相关人员提供有益的参考，并促进更多青年学生了解和加入新能源科学与工程的建设工作。在广大新能源工作者的参与和支持下，通过大家的共同努力，将加快我国新能源科学与工程事业的发展，快速推进我国"双碳"目标的实现。

中国工程院院士、中国矿业大学（北京）教授

2021 年 8 月

前　言

党的二十大提出了"积极稳妥推进碳达峰碳中和"的重要决策部署。贯彻落实党的二十大精神，以我国能源资源禀赋为基础，围绕能源安全保障和绿色低碳转型等需求，深入推进能源革命，加快构建新型能源体系，将为经济社会高质量发展注入新动力，为中国式现代化建设提供重要的能源科技支撑。

新能源是采用科学技术加以开发和利用的可再生能源，通常包括太阳能、风能、生物质能、地热能和氢能等。新能源的利用涉及能量储存与转化过程，以关键材料为载体，通过物理或化学方式转化为电能、机械能、热能等不同形式，实现能源便捷清洁应用。开发新能源是优化能源结构、实现可持续发展的重要途径。

本书结合近年来新能源科学与技术的发展，对新能源领域的相关实验进行梳理、归纳和总结。本书共 5 章。第 1 章介绍新能源实验基础知识，主要包括实验室守则、实验室安全须知、实验数据处理等内容。第 2 章讲述新能源实验基本操作技术，包含相关仪器设备的操作规范及注意事项，以及新能源材料理化性质分析和性能测试方法，如化学成分滴定、机械与力学测量、电化学测量等。第 3 章介绍新能源材料分析表征实验，涉及基本性能参数的测定，如介电常数、电导率、接触角、热导率等；常见光谱技术的应用，如紫外-可见光谱、拉曼光谱、核磁共振波谱；还包括材料形貌分析，如扫描电子显微镜、透射电子显微镜、原子力显微镜的应用，以及力学性能、电化学性能测试等。第 4 章介绍了新能源材料常见的气、液、固相制备方法，既针对同类材料介绍不同方法，如溶胶-凝胶法、水热法、溶剂热法、电沉积法等制备电池材料，又根据功能材料类型，如储氢材料、压电材料和热电材料，介绍具体制备方法。第 5 章为新能源综合实验，包括锂离子电池的组装与测试、太阳能电池制作与测试、新能源转化催化剂的制备与测试、导热测试、流体力学实验、模拟仿真实验等。

本书立足于新能源实验科学与技术的发展，内容涵盖化学、物理、材料等多个学科的相关知识，力求做到理论介绍简洁明了、文字叙述通俗易懂。旨在使读者了解新能源科学的研究方法和实验技术，加深对新能源实验科学与技术知识的理解，提高综合应用能力，激发科研兴趣，为今后的科研和实践打下坚实基础。

本书由程方益和焦丽芳整理、编写、修改和定稿。樊桂兰、徐文策、于勐、王英丽、刘芳名、张宇栋、李金翰、朱坤杰、孙志钦、刘沛、陈旭春、郑丝雨、席如玉、徐可强等为本书数据的收集和附录的编撰做了大量细致的工作。科学出版社丁里编辑从本书的策划、编写到出版给予了大力支持。在此，编者对他们谨致以诚挚的谢意。

由于编者水平有限，本书难免存在疏漏和不足之处，恳请读者批评指正，编者将不断修改完善，以便更好地满足读者的需求。

编　者

2023 年 7 月于南开大学

目　录

第1章 新能源实验基础知识

1.1 新能源知识简介

1.1.1 传统能源与新能源

顾名思义，能源就是能量的来源。地球上的能源种类繁多，根据能源的不同特点，从不同角度可对能源进行多种分类。按照能源的基本形态可将能源分为一次能源和二次能源。一次能源是指地球上现有能源，如煤炭、石油、天然气、水能、风能、太阳能等；二次能源是通过加工或转化一次能源而形成的能源产品，如氢能、电能、煤气、蒸汽以及各种石油制品等。

一次能源又分为传统能源和新能源。传统能源指的是在技术上成熟、在经济上合理、已被人类长期大规模开采、生产和广泛使用的能源类型。传统能源主要包括煤炭、石油、天然气等化石能源，这类能源集中储存了漫长地质时期和广阔区域内积聚的动植物资源，其来源决定了其不可再生性。煤炭是由分解后的植物、矿物质和水组成的碳基沉积岩，由陆地植物残骸经过漫长的演化而形成。石油则被认为是由沉积在海底或湖盆的海洋生物在高温和高压条件下经过复杂的物理化学过程而形成；埋藏深度超过 5000 m 的有机碳碳键断裂则形成天然气。地球经历数十亿年积累的这些动植物资源无法长久支持人类毫无节制地开采使用。此外，大规模开发利用传统化石能源引发的全球气候变暖、空气污染、酸雨蔓延、水体污染等环境问题也受到了越来越多的重视。新能源又称非常规能源，指的是在新技术和新材料基础上系统性开发利用的能源，如太阳能、风能、海洋能、地热能、生物质能、氢能、核能等，前四种能源由地球或宇宙中的一些自然物理现象形成，能够源源不断地产生，因而具有可再生性。核能虽属于新能源，但其资源不具有再生性，故不属于可再生能源。与传统能源相比，新能源普遍具有资源多、储量大、污染少等特点，对应对和解决当前世界资源枯竭问题和日益严峻的环境污染具有重要意义。

1. 太阳能

太阳能指的是太阳的热辐射能，包括太阳光的辐射能量和热量。地球上的太阳能资源极其丰富，年均辐射到地球的太阳能资源约为 23 000 TW·h，将太阳能资源的 0.1%加以利用，就可以满足当前世界的能量需求。每秒照射到地球的能量为 1.465×10^{14} J，相当于 500 万 t 标准煤。

太阳能丰度一般以全年辐射总量(单位为 MJ·m^{-2} 或 kW·h·m^{-2})和全年日照总时数表示。世界太阳能资源分布以印度洋地区和太平洋地区的年辐射总量最高，大西洋地区比较丰富，南北两极相对稀缺。我国陆地表面每年接受的太阳辐射能约为 5×10^{19} kJ，太阳能资源丰富或较丰富的地区面积超过国土总面积的 2/3。我国可开发利用的太阳能资源储量巨大，如西北地区年辐射总量为 6700～8370 MJ·m⁻²，其中西藏西部最高达 9210 MJ·m⁻²。

太阳能的主要利用方式包括光电转换、光热转换和热电转换。光热转换指的是通过反射、吸收或其他方式收集太阳辐射能并将其转换为足够高温度的过程，以满足不同需求。太阳能热水器是太阳能光热转换技术的典型代表，可为城镇和农村居民提供热水。这种与建筑物整合的太阳能应用技术很成熟，目前已被许多国家的商业部门广泛采用，市场潜力巨大。热电转换以太阳能作为热源，通过热力循环将太阳辐射能转换为电能。太阳能发电就是基于太阳能光伏电池的光电转换技术。半导体或金属与半导体在吸收光线照射时在结合界面处产生电压与电流，这就是光伏效应(也称光生伏特效应)。太阳能光伏电池就是利用半导体 PN 结在太阳光照条件下产生的光伏效应实现太阳辐射能向电能的转换。太阳能电池可以直接用于使用电器，也可将电能储存在电池中。太阳能电池具有无污染、使用场景丰富、可靠性高等优势，近年来受到越来越多的重视。太阳能光伏电池是太阳能发电系统中的关键组件。在各国政策推动和光伏组件价格下降、转换效率增高等因素推动下，全球太阳能光伏发电产业迅速发展，光伏发电规模不断扩大。全球光伏发电累计装机容量由 2000 年的 1.3 GW 增至 2020 年的 580 GW，年平均增长率达 22%。国际能源机构(IEA)预测，到 2030 年全球光伏发电累计装机容量将达 1721 GW，2050 年将进一步增加至 4670 GW。我国光伏发电产业已成为全球光伏发电产业发展的主要动力，2020 年我国光伏发电累计并网装机容量高达 253 GW，全球排名第一。

2. 风能

风能是由于太阳辐射造成地球各部分受热不均匀，引起各地温差和气压不同，导致空气运动而产生的能量。全球大气中总的风能约为 10¹⁴ MW，其中可开发的风能约为 3.5×10⁹ MW。我国风能总储量大约为 4.8×10⁹ MW，可开发利用的风能资源总量达 2.5×10⁵ MW。

风能的利用形式主要是将大气运动产生的动能在一定技术下转换为其他形式的能量(如机械能、电能、热能)，如风力发电、风力提水、风力制热、风帆助航等。目前风能应用以风力发电为主，以风力驱动机械装置运行从而带动发电机发电，过程中不会产生污染物。风力发电作为应用最广泛和发展最快的新能源发电技术，已经在全球实现了大规模开发应用。到 2020 年底，全球风力发电累计装机容量达 702 GW，遍布 100 多个国家和地区。我国风力发电在电源结构中的比重也逐年提高，到 2020 年底，风力发电并网装机容量达到 71.67 GW，全年发电量 460 亿 kW·h，占全国总发电量的 18.1%。随着风力发电的发展，陆地上的风力发电装机总数已经趋于饱和，而海上风能资源丰富，海上风力发电场已逐渐成为国内外风能利用的研究热点和新趋势。我国风能资源丰富，陆地可利用风能总量为 2.53 亿 kW，海边可开发利用风能约为 7.5 亿 kW，风能总量居世界前列。

3. 海洋能

地球上的海水总面积约 3.6 亿 km^2，占地球总表面积的 71%。海洋能指的是海洋通过各种物理或化学过程接收、储存和释放的能量，具有清洁、可再生、储量丰富的特点。我国拥有 1.8 万 km 的大陆海岸线、1.4 万 km 的岛屿海岸线和约 473 万 km^2 的海域面积，其中的海洋能蕴藏量丰富，可开发利用的潜力巨大。

海洋能作为蕴藏在海洋中的可再生能源，其形式包括潮汐能、波浪能、海流能、温差能和盐差能等。潮汐是指受太阳和月亮引力及地球自转影响，海水相对海平面的周期性垂直运动。潮汐能是指潮汐运动所携带的引潮力做功产生的能量，包括潮汐势能和潮流动能。潮汐势能是来自海平面的涨落产生的势能，潮流动能是来自海水垂直涨落形成的水平流动的动能。波浪能是波浪运动带来的能量。海浪由外力作用产生位移产生势能；波浪本身的运动又使其具有动能。海流又称洋流，是指海水因热辐射、蒸发、降水、冷缩等形成密度不同的水团，在风应力、地球自转偏向力、引潮力等作用下发生的相对稳定的大规模流动现象。海流能是指海流所具有的动能，流速在 $2\ m \cdot s^{-1}$ 以上的水道具有实际开发利用价值。海水具有较大的比热容，吸收太阳光后长期将热能储存于上层海水中。温差能来自表层暖水与深层冷水之间的温度差异，其优点是随时间变化相对稳定。海水中包含大量无机盐离子，如 Na^+、K^+、Mg^{2+}、Ca^{2+}、Cl^-、SO_4^{2-}、HCO_3^-，其中 Cl^- 含量最高，约占 55.0%；其次是 Na^+，约占 30.6%。盐差能是不同盐度的溶液混合时所具有的电化学势能，它与渗透压和渗透水量成正比。海水本身盐度差的变化不大，但是在江河入海口处存在较大的盐度差。研究表明，淡水与海水之间的渗透压可达 2.6 MPa，盐差能发展潜力大。

海洋能的利用方式以发电为主，其他的利用方式包括波浪能供热、抽水、制氢及海水淡化、海流能助航等。波浪能发电技术是利用物体在波浪作用下的浮沉和摇摆，将波浪的动能和势能转换为物体的机械能，再通过发电装置将机械能转换为电能。波浪能目前是海洋能研究的热点，潮汐能是目前最成熟并且已经商业应用的海洋能发电技术。

4. 地热能

地球深处(地幔和地核)的温度非常高，蕴藏丰富的能量，是一个巨大的热能库。地热能是地壳内能够科学、合理地开发出来的岩石中的热能和地热流体中的热能及其伴生有用组分。我国的地热资源总量约占全球总量的 7.9%，可采储量大约相当于 4.63×10^{11} t 标准煤。温度低于 150℃ 的地热流体的地热能可直接利用，如地热采暖、洗浴、热泵等。150℃ 以上需要通过发电方式间接利用，地热发电的动力源是地下热水和蒸汽。

地热能的储存形式主要有蒸汽型、热水型、地压型、干热岩型和岩浆型。应用最广、开发技术最为成熟的是蒸汽型地热能和热水型地热能。蒸汽型地热能的能量载体是温度高于 150℃ 的蒸汽，来源区压力基本不变，有强大的热源补给。热水型地热能的能量载体是单相的热水，包括温度低于大气压下饱和温度的热水、温度高于沸点的有压力的热水及湿蒸汽等。地热采暖和温泉洗浴是直接利用地热能，地热发电是间接利用地热能。

5. 生物质能

生物质能是绿色植物通过光合作用将太阳能转化为化学能而储存在生物质内部的能量。生物质通常指农业、林业、畜牧业的废弃物，如秸秆、稻壳、花生壳、甘蔗渣、锯木屑、动物粪便，以及城市生活垃圾、生活污水和工业废水等。地球上的生物质资源储量极大，且可以源源不断地再生，远比石油丰富。我国国土面积辽阔，生物质资源丰富，储量可达 50 亿 t。

现代生物质能的利用多借助热化学、生物化学、催化化学等相关知识，通过一系列先进的转换技术生产固态、液态、气态等高品质的终端能源产品，为人类的生产、生活提供燃料、电力等。生物质能转换技术有直接燃烧技术、生物转换技术、热化学转换技术等。直接燃烧技术是以燃烧的方式将生物质能中的化学能转换成热能。生物转换技术是采用微生物发酵(有氧或厌氧)的方法，将生物质转换成可直接利用的燃料物质(如乙醇、沼气)的技术。热化学转换技术是在加热条件下，用热化学方法将生物质转换成可直接利用的燃料物质的技术。热化学方法主要包括气化法、热裂解法和加压液化法。此外，还有生物质压缩成型、生物质制氢、生物柴油等转换技术。生物质能可应用于生物质燃烧发电、生物质压缩成型、生物液体燃料等场景。

6. 氢能

氢能是氢元素在发生物理或化学变化过程中所释放的能量。燃烧氢产生的热量是同等质量汽油的 3 倍，乙醇的 3.9 倍，焦炭的 4.5 倍。氢元素是宇宙中含量最丰富的元素，占宇宙质量的 75%。地球上的氢元素主要以水的形式存在，其来源丰富。

氢可以作为一种良好的清洁能源载体，具有丰富的应用场景。利用氢气和氧气燃烧，组成氢氧发电机组，从而实现氢能发电。氢能发电机组结构简单、维修方便、启动快、使用灵活，在电网运行中能够起到削峰填谷的作用。氢能应用于分布式发电或热电联产可为建筑提供热和电。氢气燃烧热值高、火焰传播速度快，点火能量低，是一种高效燃料。氢能也是一种清洁的二次能源，燃料电池通过电化学反应将氢能直接转换成电能，产生水而不排放其他污染物，并且电化学反应的转换效率不受卡诺循环限制。燃料电池可以作为宇航领域的电源，也可为电动汽车提供动力。

根据中国氢能联盟的统计，预计到 2030 年中国氢气需求量将达到 3500 万 t，在终端能源体系中占 5%。工业上的制氢方式有多种，常见的有电解水制氢、煤炭气化制氢、重油及天然气催化转换制氢等，未来发展趋势是降低能量损耗和成本，并减少碳排放。

7. 核能

核能又称原子能，是原子核结构发生变化时释放出来的能量，分为核裂变和核聚变两种。核裂变是一个重原子核分裂成两个(或多个)中等质量原子核的过程。核聚变是较轻原子核聚合成为较重原子核并放出能量的一种核反应。当原子核发生裂变或聚变时，会出现质量亏损，释放出巨大的能量。经过几十年的研究开发，核能及相关技术已应用于社会的各个领域，如发电、供热、海水淡化、制氢等，其中最主要且发展最为成熟的核能利用方式是核能发电。与化石能源相比，核能具有能量密度高、工业废料少、无温室气体排放等特点。

1.1.2　新能源储存与转化

近年来，传统能源的有限性和环境问题日益突出，开发清洁可再生新能源受到了越来越多的重视。新能源虽然具备储量丰富、清洁环保、开发潜力巨大的优点，但也存在一些限制：①新能源分布不均匀、能量密度低；②新能源的能量供应存在不稳定性和间歇性；③某些形式的新能源无法直接利用，不能直接满足人类对燃料、热能、电能的需求。因此，新能源开发利用的关键在于针对资源特点，研究开发各种能量"转换"或"转化"技术，将新能源由其初级形式转变为电能、热能及燃料等便捷形式。

随着可再生能源利用率不断提高，季节性乃至年度调峰的需求也与日俱增，常规电化学储能及储热难以满足长周期、大容量的储能需求，因而发展低成本、高效率、易输运的储能技术也成为研究热点。

1. 能量的性质与分类

能源是能量的载体，而能量是一个孤立系统所具有的恒定的物理量，它能够度量物体的做功能力和物质运动。能量具有状态性、可加性、转换性、传递性、做功性和贬值性。自然界中的能量多种多样，根据能量形态可分为机械能、热能、电能、辐射能、化学能和核能。机械能是表示物体运动状态和高度的宏观能量，包括固体和流体的动能、势能、弹性能及表面张力能。热能是由原子和分子振动产生的，其本质是微观粒子随机热运动产生的动能和势能的总和。热能的宏观表现为温度的高低。电能是经过一定的电化学技术或发电设备由其他能量(电化学能或机械能)转换得到的。电能的产生与电子的流动和积累有关，是目前应用最广泛、最便捷的一种能源。物体以电磁波的形式发射的能量称为辐射能，日常生活中接触最多的辐射能就是太阳辐射能。化学能是原子核外的电子相互作用进行化学反应时释放的能量，一般以电池器件实现化学能的储存与转换。核能是原子核中粒子相互作用释放的物质结构能，核能来源于核裂变和核聚变反应。

2. 能量单位及换算

常用的能量单位有焦[耳](J)、千焦(kJ)、瓦时(W·h)、千瓦时(kW·h)、卡(cal)、千卡(kcal)和英热单位(Btu)等，其中 J 和 kW·h 为法定单位，其他单位为非法定单位。1 J 能量等于 1 N(牛顿)力的作用点在力的方向上移动 1 m(米)距离所做的功，也等于 1 W(瓦)的功率在 1s(秒)内所做的功。W·h 表示功率为 1 W 的用电器工作 1 h(小时)所消耗的能量，常用于衡量电力。由于 W·h 单位量级较小，生活中常用 kW·h。在能源领域还常用标准煤(又称煤当量)和油当量作为能量大小的度量。标准煤是指每千克煤炭燃烧释放的总热量(29.27 MJ)。煤炭是目前我国主要的能源消费方式，因此标准煤也是一个较为常用的单位。但由于世界各国的煤炭成分不同，尚无国际公认的统一标准。微观粒子的能量单位常用电子伏特(eV)和哈特里(hartree)表示，$1\ eV = 1.6 \times 10^{-19}$ J，1 hartree =

4.36×10^{-18} J。

3. 能量转换技术

在自然界中，不同种类的能量时时刻刻都在相互转换，但是大多数能量并未得到有效利用，并且能够直接用作终端能源的很少。例如，太阳能在到达地球表面之前就有一半的能量以热量的方式耗散在大气层中。为了供应消费者需要的能源，必须将初始能源转换成易于储存、运输并在各种设备中便于使用的形态。

能量转换涉及能量转换量、能量转换质和能量转换效率三方面。能量转换过程遵循两个基本原理：热力学第一定律和热力学第二定律。热力学第一定律又称能量守恒定律，其指出自然界中的一切物质都具有能量，能量既不能凭空产生也不会凭空消失，只能从一种形式转换成另一种形式，从一个物体传递到另一个物体，在能量转换和传递过程中的总能量保持守恒。德国物理学家克劳修斯于 1865 年首次提出了熵的概念，熵代表体系的混乱程度，用字母 S 表示。自发过程的物质运动总是由有序向无序变换，因此该过程的能量转换总是贬值的。热力学第二定律指出：热量不能自发地从低温物体转移到高温物体；不可能从单一热源取热使其完全转换为有用功而不产生其他影响；在自然过程中，孤立系统的总混乱度(熵)总是增加的；不可逆热力学过程中熵的微增量总是大于零。热力学第一定律描述了能量转换量的守恒，热力学第二定律则探讨了不同能量之间转换的品质差异。

能量转换需要通过相应设备实现，由于设备本身及能量转换方式的限制，输入能量与输出能量之间总存在损耗。因此，定义输出目标能量与输入总能量的比值为能量转换效率，量纲为 1，数值为 0～1，或用百分数表示。由于存在耗散作用、不可逆过程及可用能损失，各种热力循环、热力设备和能量装置的效率总小于 100%。在二次电池的使用过程中存在电阻产热、极化等损耗，电池的能量转换效率总低于 100%。但电池不受卡诺循环限制，实际效率可达 90%以上，这也是电能最高效的主要原因之一。

不同形态的能量可通过物理效应或化学反应而相互转化。根据能量形态的分类，能量转换方法主要包括其他能量转换为机械能、其他能量转换为热能、其他能量转换为电能、其他能量转换为辐射能和其他能量转换为化学能五大类。最重要的能量转换方式是通过燃烧转换为热能，热能再通过热机转换为机械能。机械能可直接利用(如驱动泵、压缩机、汽车等各种运动机械)，也可通过发电机将机械能转化为电能。

4. 能量储存技术

储能不是能源，是一种技术。储能技术由一系列设备、器件和控制系统等组成，以实现电能、热能或其他形式能量的储存和释放。可再生能源如风能、太阳能受昼夜交替、季节更迭等自然环境和地理条件影响，具有间歇性、波动性、不可控、不连续的特点，引进储能技术能够有效控制太阳能发电场和风能发电场的输出功率，稳定输出电能，提高发电质量，保证新能源平稳发电、安全入网，并减少弃风、弃光现象。在电力系统中存在明显的电高峰和电低谷时段；发电侧和用电侧负荷不匹配；电网、气网、冷热网等各类型能源互联需要中间环节作为缓冲和进行能量解调。引进储能技术能够起到削峰填谷、调峰调频、平滑输出能量及备用容量、耦合不同能源网络的作用，提高电力设备的运行效率、降低供电成本，最终提高电能质量和用电效率，保障电网优质、安全、可靠地运行。储能技术对于实现全球节能减排及优化能源结构的目标有积极的推动作用，是智能电网、分布式发电、可再生能源接入、微网系统及电动汽车发展必不可少的支撑技术之一。

　　能量储存技术按照储存介质可分为机械储能、电磁储能、相变储能和化学储能。机械储能的典型特征是将电能转换为机械能进行储存，常见的储能方式有抽水蓄能、压缩空气储能和飞轮储能三种。电磁储能的典型特征是将电能转换为电磁能进行储存，常见的储能方式有超导储能。相变储能的典型特征是将能量转换为热能进行储存，即相变储热，常见的相变储能方式有显热储热、潜热储热和化学能储热三种。化学储能的典型特征是将电能转换为化学能进行储存，常见的储能方式有铅酸电池、锂离子电池、碱性电池(镍镉电池、镍氢电池等)、金属(离子)电池、超级电容器和液流电池等。储能技术的应用领域很广，从电子产品到能源交通领域都有应用，如计算机、手机、电动汽车、电网调峰、航空设备等。大规模储能技术现已贯穿于国民的生产生活中，并发挥着重要的作用。

1.2　电池简介

　　化学电源是实现化学能与电能转化的装置，是新能源研究和实验的重要对象。化学电源又称电池，按照能否充电重复使用可分为一次电池和二次电池。物理电源主要包括太阳能电池，利用半导体材料的光伏效应，将光辐射能转化成电能。本节介绍几类具有代表性的化学和物理电源。

1.2.1　一次电池

　　一次电池又称原电池，是指通过氧化还原反应把正极和负极活性物质的化学能转化为电能的一种化学电池。由于电池中的放电反应不可逆，因此放电后不可再次使用。根据电极材料和电解质的不同，可以将一次电池分为以下几类。

1. 锌锰电池

　　锌锰电池又称碳性电池，是从液体勒克朗谢电池(Leclanché cell)发展而来的，由一层锌外壳作为负极，粉末状的二氧化锰和碳棒作为正极。电解质是由氯化铵、氯化锌、碳粉和淀粉溶于水组成的糊状物质，所以这种电池也称干电池。由于电极反应产生的氨气(NH_3)被二氧化锰(MnO_2)吸附，因此电动势下降较快。改良的高能氯化锌电池则不含氯化铵，以纯的氯化锌糊状溶液为电解质，可以提供更稳定的电压输出和更长的使用寿命。锌锰电池是最便宜的一次电池，电压约为 1.5 V，电池容量较低，适用于功率低的电子装置，如石英钟、遥控器等。由于锌锰电池的外壳是参与反应的锌负极，因此随着锌的消耗会逐渐变软，甚至漏液。

2. 碱性锌锰电池

碱性锌锰电池简称碱锰电池，是最常见的一次碱性电池，由锌负极、二氧化锰正极和氢氧化钾电解液组成。碱锰电池的结构与锌锰电池不同，内层为负极锌膏棒，外层为正极二氧化锰粉末，增加了正、负极间的相对面积。用高电导率的氢氧化钾溶液替代了氯化铵、氯化锌溶液，用锌膏负极取代了锌片负极，增大了负极的反应面积，同时采用高性能的电解二氧化锰粉末，电极材料利用率较高，其容量比锌锰电池提升了3~6倍，价格却仅为锌锰电池的1.5~2倍，因此逐渐取代了锌锰电池。碱锰电池在无负载状态的电压一般为1.5 V左右，未使用的全新碱锰电池空载电压可接近1.65 V。同时，碱锰电池内阻较低，因此产生的电流也比锌锰电池更大，更适用于功率较大的电动产品，如数码相机、剃须刀等。碱锰电池的外壳为钢，较锌锰电池更不易漏液，保质期更长。1996年后生产的碱性电池不含汞，符合环保标准。

3. 锌空气电池

锌空气电池是利用锌与空气中的氧气发生氧化还原反应提供电能的一种原电池，一般用碳材料作正极催化剂，吸附空气中的氧气作为正极活性物质，以锌箔为负极，中性和碱性体系分别以氯化铵和氢氧化钾溶液为电解质。锌空气电池由于需要空气中的氧气参与反应，其正极采用开放式结构，在未使用时，正极以封条密封，当封条被撕下，空气进入内部激活电化学反应。锌空气电池的电压为1.4 V左右，放电电流受活性炭电极吸附氧气及气体扩散速率制约，其电量一般比同体积的锌锰电池大3倍以上。锌空气电池的正极催化剂不被消耗，因此当锌负极放电完全反应后，可以更换新的锌板和电解液重新使用，实现"机械式"可充电。大容量锌空气电池主要用于铁路和航海灯标装置，扣式锌空气电池则广泛用于助听器。

4. 锂原电池

锂原电池是一类以金属锂为负极的一次电池。最常见的是锂-二氧化锰电池，简称锂锰电池，以二氧化锰为正极、聚丙烯(PP)或聚乙烯(PE)膜为隔膜、高氯酸锂的有机溶液为电解液。锂锰电池工作电压一般为3.0 V，其电压输出稳定，且自放电率很低(年自放电率≤1%)，寿命可达10年。以亚硫酰氯为正极、四氯铝化锂有机溶液为电解液的锂-亚硫酰氯电池是工作电压最平稳的电池之一，电压高达3.6 V，适合在不便经常维护的电子仪器设备上使用，提供细微电流。以硫化铁为正极的锂原电池电压为1.5 V，可替代碱锰电池。锂原电池由于使用锂负极和有机电解液，对空气和水分敏感，易燃易爆炸，应避免暴露于空气或接近火源。

其他一次电池还包括银锌电池、锌汞电池、镁锰电池等，这些电池由于性能受限、成本过高或环境不友好，应用场景较少或逐渐被市场淘汰，因此不做过多介绍。表1.1列举了部分一次电池的关键成分和基本特征。

表 1.1　代表性一次电池体系组成和基本特征

一次电池	代号	负极	正极	电解液	电压/V
锌锰电池	无	锌	二氧化锰和碳	氯化铵、氯化锌溶液	1.5
中性锌空气电池	A	锌	氧气	氯化铵、氯化锌溶液	1.4
锂氟化碳电池	B	锂	氟化碳	非水系有机电解液	3.0
锂锰电池	C	锂	二氧化锰	非水系有机电解液	3.0
锂-亚硫酰氯电池	E	锂	亚硫酰氯	非水系有机电解液	3.6
锂-硫化铁电池	F	锂	硫化铁	非水系有机电解液	1.5
碱锰电池	L	锌	二氧化锰	氢氧化钾溶液	1.5
碱性锌空气电池	P	锌	氧气	氢氧化钾溶液	1.4
银锌电池	S	锌	氧化银	氢氧化钾溶液	1.55

1.2.2　二次电池

二次电池是指电池放电后可以通过充电而继续使用的一类电池，又称为可充电池或蓄电池。其原理是利用电极之间的可逆氧化还原反应，当放电反应将化学能转化为电能之后，可以再充电使电化学反应逆向进行，将电能转化为化学能，以备二次放电使用。目前二次电池主要有以下几种。

1. 铅酸电池

铅酸电池是最常见的二次电池之一，又称铅蓄电池，俗称电瓶，1859 年由法国人普兰特发明，至今已有 160 多年的历史。铅酸电池由栅状极板交替排列而成，正极板为二氧化铅(PbO_2)，负极板为铅(Pb)，电解质为硫酸(H_2SO_4)溶液。放电后，正、负极都转化为硫酸铅($PbSO_4$)。一个单格铅酸电池的标称电压是 2.0 V，可放电到 1.5 V，可充电到 2.4 V。铅酸电池内阻小，通过多节串联后可应对大电流放电需求。铅酸电池质量稳定、可靠性高，且成本低廉，广泛用于不间断电源(UPS)、控制开关、报警器、汽车牵引电源、电动自行车、通信基站备用电源等。

2. 镍镉电池

镍镉电池是分别以羟基氧化镍($NiOOH$)、镉(Cd)为正、负极的一种蓄电池，其内阻很小，可快速充电，具有良好的大电流放电特性，且放电时电压变化很小，是一种理想的直流供电电池。镍镉电池的单节电压约为 1.2 V，循环寿命较长，可重复充放电 500 次以上，经济耐用，但是由于严重的记忆效应(指电池在充电前，如果电池的电量没有被完全放尽，会引起电池容量的降低)和镉的重金属污染，现已基本被市场淘汰。

3. 镍氢电池

镍氢电池由镍镉电池改良而来，正极活性物质为氢氧化镍[$Ni(OH)_2$]，电解液为

$6\ mol \cdot L^{-1}$ 氢氧化钾(KOH)溶液，而负极以储氢合金代替镉，其具有比镍镉电池更高的电容量、更小的记忆效应，且造成的环境污染更小。镍氢电池中的储氢合金主要分为两大类，最常见的一类是 AB_5，A 是稀土元素，B 则是镍、钴、锰，有时 A 还包含钛而 B 包含铝；另一类高容量电极则主要由 AB_2 构成，其中 A 是钛或钒，B 为锆或镍，再加上铬、钴、铁和锰等金属。储氢合金能够可逆地形成金属氢化物，电池充电时，吸收电解液中释放的氢离子，保持电池内部压力。电池放电时，则经过相反的过程释放出氢离子。镍氢电池电压为 1.2~1.3 V，与镍镉电池相当，但其能量密度是镍镉电池的 1.5 倍以上，且可快速充放电，低温性能良好，耐过充放电能力强，无树枝状晶体生成，可防止电池短路。镍氢电池能量密度较高，适用于高耗电产品，如遥控玩具、混合动力汽车等。

4. 锂离子电池

锂离子电池是一种依靠锂离子在正极和负极之间移动来工作的电池，也是当前应用最广的二次电池之一。锂离子电池最早由古迪纳夫(Goodenough)、惠廷厄姆(Whittingham)、吉野彰(Yoshino)等于 20 世纪 70 年代和 80 年代发展，于 1991 年由日本索尼公司实现商业化，逐渐占据二次电池的市场主导。古迪纳夫、惠廷厄姆和吉野彰因开发锂离子电池而获得 2019 年诺贝尔化学奖。目前成熟应用的锂离子电池负极材料主要是石墨，正极材料主要有钴酸锂($LiCoO_2$)及部分取代钴的三元材料、锰酸锂($LiMn_2O_4$)、磷酸铁锂($LiFePO_4$)等，电解液则一般为六氟磷酸锂($LiPF_6$)溶解于有机醚和碳酸酯的溶液。充电时，锂离子从正极脱嵌，经由电解质嵌入负极；放电时，锂离子则从负极脱嵌，经过电解质嵌入正极。锂离子电池工作电压高，可达 3.3~4.2 V，因此能量密度高、输出功率大。此外，锂离子电池充放电速率较快、自放电率低、无记忆效应，不仅广泛应用于各类便携电子产品，也逐渐用作电动汽车动力电池。锂离子电池的缺点包括存在燃烧爆炸风险、工作温度范围不宽、回收率低、锂资源短缺、成本高等。锂离子电池应用领域不断拓展，市场规模和份额不断增长，是目前电池研发的热点，处于快速发展阶段。

1.2.3　燃料电池

燃料电池(fuel cell)是一种将燃料中的化学能直接转化为电能的电化学装置。燃料电池是一个复杂的发电系统，其"燃料"通常储存在核心发电装置以外，在以空气中的氧气作为氧化剂的情况下容量主要依赖于外部燃料的供给。由于燃料电池是通过电化学反应将吉布斯自由能转换成电能，不受热机中卡诺循环的限制，也没有热机内机械传动所带来的摩擦损耗，因此理论能量转换效率高(> 80%)。燃料电池的实际能量效率为40%~60%。

燃料电池中最主要的三个部分是阴极、阳极和电解质。燃料分子进入阳极后在电催化剂的作用下发生氧化反应释放出自由电子，氧化剂分子进入阴极后在电催化剂的作用下发生还原反应得到电子。反应生成的离子通过电解质由一极迁移至另一极，生成的产物随未参加反应的反应物一起流出电池；电子经由外电路由阳极运动至阴极，为外接负载提供电能。因此，燃料电池的电极需要同时具有集流、催化和导流三个重要功能。

　　燃料电池有多种类型,其结构、性能、工作温度等存在较大差别。根据燃料电池所采用的电解质类型,可将其分为如下几类。

1. 质子交换膜燃料电池

　　质子交换膜燃料电池(proton exchange membrane fuel cell,PEMFC)采用固态电解质,可以大幅简化电池结构,同时有效地规避了液态电解质所必须考虑的密封和循环难题。典型 PEMFC 的结构如图 1.1 所示:中间为固态高分子质子交换膜(PEM),用以传输质子并阻隔电子和气体分子;两侧为与质子交换膜紧密接触的气体扩散电极,目前广泛采用负载催化剂的疏水三维碳纤维网络,将反应物分子输送至催化剂与质子交换膜的界面,催化氧化还原反应并将生成物排出;最外侧为导流板,其表面存在具有特定结构的导流槽,一方面作为反应物与产物传输通道,另一方面作为集流体将电子传送至负载体。

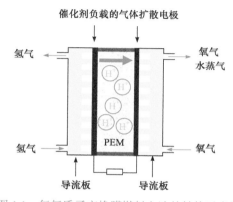

图 1.1　氢氧质子交换膜燃料电池的结构示意图

　　以氢氧质子交换膜燃料电池为例,氢气作为燃料通入阳极后发生如下氧化反应:

$$2H_2 \longrightarrow 4H^+ + 4e^- \tag{1.1}$$

氧气(或空气)作为氧化剂通入阴极后发生如下还原反应:

$$O_2 + 4H^+ + 4e^- \longrightarrow 2H_2O \tag{1.2}$$

总反应方程式为

$$2H_2 + O_2 \longrightarrow 2H_2O \tag{1.3}$$

此反应与氢气在氧气中燃烧的方程式相同,二者的区别在于,燃烧是将化学能转化为热能和光能的过程,而在燃料电池中是将化学能转化为电能。除氢气外,甲烷、甲醇、甲酸、乙醇等有机物均可以作为 PEMFC 的阳极燃料。PEMFC 具有集成度高、结构相对简单、工作温度低(80～100℃)、功率密度高等优势,是新能源行业开发的重点,尽管目前还需降低 Pt 等贵金属催化剂的依赖性,但发展潜力和应用前景广阔。

2. 碱性燃料电池

碱性燃料电池(alkaline fuel cell，AFC)一般采用 KOH、NaOH 等强碱的高浓度溶液作为电解质，与 PEMFC 的主要不同之处在于电池内部以 OH⁻作为主要的导电离子，图 1.2 为典型的碱性燃料电池的结构示意图。

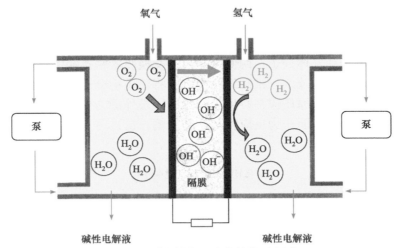

图 1.2　碱性燃料电池的结构示意图

以碱性氢氧燃料电池为例，阴极和阳极发生的反应为

$$阳极：\qquad\qquad 2H_2 + 4OH^- \longrightarrow 4H_2O + 4e^- \qquad\qquad (1.4)$$

$$阴极：\qquad\qquad O_2 + 2H_2O + 4e^- \longrightarrow 4OH^- \qquad\qquad (1.5)$$

总反应与 PEMFC 一样[式(1.3)]，区别在于产物水在阳极上生成，同时阴极的还原反应需要消耗电解液中的水。因此，需要采取电解液循环等手段对 AFC 进行管理，一方面防止电解液在阳极被稀释，另一方面防止由于电解液浓度的升高出现阴极电解质析出现象。

AFC 的主要优点包括：①可以在较宽的温度区间(80～230℃)和压力范围(2.2×10⁵～45×10⁵ Pa)内工作，环境适应能力强，允许快速启动；②阴极氧还原反应在碱性环境下具有更优良的本征动力学性能，极化损耗更低；③允许使用非贵金属催化剂及廉价的耐碱腐蚀电池模块，有效提高了电堆寿命，降低了发电成本。然而，正是由于液态碱性电解质的使用，AFC 存在两个难题：二氧化碳毒化和电解液泄漏。碱性电解质极易吸附二氧化碳形成难溶的不导电的碳酸盐沉淀，一方面沉积在电极表面影响电堆的工作效率，另一方面存在阻塞气道和管路的风险。碱性电解质一般具有强腐蚀性，一旦泄漏容易带来环境污染并对电堆组件造成不可逆的损害。因此，AFC 通常需要复杂的设计以最大限度解决上述问题，对电堆的便携性和成本产生了显著影响。

3. 磷酸燃料电池

磷酸燃料电池(phosphoric acid fuel cell，PAFC)采用磷酸作为电解质。磷酸在常温下是固体，相变温度约为 42℃，因此 PAFC 的工作温度较高，一般在 200℃左右。PAFC 运行过程中不受二氧化碳的影响，对反应物中一氧化碳和硫等杂质的耐受性也比较强。PAFC 可以直接采用空气作为反应物，降低了电堆的复杂性和维护难度，也可采用重整气作为燃料，适合为固定的场所提供兆瓦级电力。

PAFC 的典型特点是结构简单、性能稳定和电解质挥发度低，但其效率相比于其他燃料电池较低(一般约 40%)，同时需要较长预热时间，不具备冷启动能力。此外，PAFC 性能仍然受电极的成本、活性和稳定性等因素制约。尽管如此，但 PAFC 近年来发展迅速。

4. 熔融碳酸盐燃料电池

熔融碳酸盐燃料电池(molten carbonate fuel cell，MCFC)是高温燃料电池的一种，其工作效率约为 40%，工作温度为 580～700℃，电解质一般为碱金属碳酸盐的混合物，隔膜材料是多孔的 $LiAlO_2$。MCFC 可以不使用贵金属催化剂，阴极和阳极材料可使用添加锂元素的氧化镍和多孔镍，大幅降低了电堆成本。电解质中的导电离子为 CO_3^{2-}，氢气、天然气、沼气、重整气及各种烃类等都可以作为燃料。以采用氢气作为燃料的 MCFC 为例，电极反应可以简单表示为

阳极：
$$2CO_3^{2-} + 2H_2 \longrightarrow 2H_2O + 2CO_2 + 4e^- \tag{1.6}$$

阴极：
$$2CO_2 + O_2 + 4e^- \longrightarrow 2CO_3^{2-} \tag{1.7}$$

二氧化碳在阴极为反应物，在阳极为产物，因此在电池工作中将阳极产生的尾气进行燃烧处理除去未反应的氢气，再分离除去水蒸气，将剩下的二氧化碳输送至阴极。

原材料成本较低是 MCFC 的一大优势。此外，MCFC 作为高温电池，不易受到 CO 等气体分子毒化的影响，对燃料和氧化剂的纯度要求较低。但是，由于采用熔融盐作为电解质，无法冷启动，运行中电堆组件会加速腐蚀，且必须依靠复杂、高质量的密封系统防止电解质泄漏带来的各种安全隐患。

5. 固体氧化物燃料电池

固体氧化物燃料电池(solid oxide fuel cell，SOFC)采用氧化锆、氧化钇等氧化物作为固态电解质。以氢氧 SOFC 为例，主要工作原理为：氧气在阴极被还原为 O^{2-}，通过电解质传输至阳极，与氢气氧化形成的 H^+ 结合生成水蒸气。SOFC 具有突出的优势：①在高温(500～1000℃)工作，以 H^+ 或 O^{2-} 作为传导离子，具有较高的电流密度和功率密度；②避免使用贵金属催化剂，一般采用镍基阳极和锰基钙钛矿阴极，电极极化低，主要的损耗集中在电解质；③具有全固态结构，避免了中低温燃料电池电解液泄漏的危险；④能够提供大量余热，实现热电联产后综合效率高达 80%以上。SOFC 适用于分布式发电，是目前燃料电池发展的主流方向之一。

6. 金属空气电池

金属空气电池是一类特殊的燃料电池，其阳极活性物质为锂、钠、铁、锌、铝等金

属材料，阴极反应物通常直接采用空气或氧气，电解质一般选择 KOH、NaOH 的水溶液或含有金属盐的有机电解液。放电过程中，阳极金属被氧化释放出电子形成金属离子分散于电解液中，阴极氧气分子通过气体扩散层被还原为 OH^-，总反应可看作金属的氧化或腐蚀反应。金属空气电池的突出优点是具有高能量密度。例如，锂空气电池的理论能量密度高达 11.14 $kW \cdot h \cdot kg^{-1}$(不计算 O_2 质量)，可与汽油(12.78 $kW \cdot h \cdot kg^{-1}$)相媲美。金属空气电池还存在电极材料腐蚀、电解液泄漏、金属枝晶和粉化、缺乏低成本和高效稳定的催化剂等挑战。

1.2.4 太阳能电池

太阳能电池是利用半导体中的光生伏特效应将太阳能直接转换成电能的器件。太阳能电池的工作原理为：太阳光照在半导体 PN 结(由 N 型掺杂区和 P 型掺杂区紧密接触构成的结界面)，改变热平衡，形成新的空穴-电子对，在 PN 结内部电场的作用下，光生空穴流向 P 区，光生电子流向 N 区，接通电路后就产生电流。表 1.2 为常见的几类太阳能电池。

表 1.2 太阳能电池的分类

分类	形式	成分
无机太阳能电池	块状太阳能电池	单晶、多晶硅
	薄膜太阳能电池	钙钛矿、砷化镓、碲化镉、铜铟镓硒
有机太阳能电池	有机聚合物电池	有机半导体材料
光化学太阳能电池	染料敏化电池	TiO_2、染料

1.2.5 超级电容器

超级电容器(supercapacitor)又称电化学电容器(electrochemical capacitor)、双电层电容器(electrical double-layer capacitor)，是通过极化电解质来储能的一种电化学元件。超级电容器介于传统电容器与电池之间，主要依靠双电层和氧化还原赝电容电荷可逆储存电能。当电极与电解液接触时，固液界面出现稳定和符号相反的双层电荷，称为界面双层。表面吸引不同电荷的两个电极形成双电层电容器。双电层电容器的电极材料主要有活性炭、金属氧化物和有机聚合物。超级电容器的特点主要体现在功率密度高、循环寿命长、工作温限宽、维护便捷及绿色环保等方面。表 1.3 列出了几类常见的超级电容器。

表 1.3 超级电容器的分类

分类	形式	成分
双电层型超级电容器	平板型超级电容器	活性炭电极材料
	绕卷型溶剂电容器	碳纤维电极材料
		碳气凝胶电极材料
		碳纳米管电极材料

续表

分类	形式	成分
赝电容型超级电容器	水性电解质	酸性、碱性、中性电解质
	有机电解质	聚碳酸酯(PC)、乙腈(ACN)、γ-羟基丁酸内酯(GBL)、四氢呋喃(THF)溶剂
	固体电解质	凝胶电解质

1.3　实验室守则

为保障实验人员的人身安全，提高安全意识和安全技能，实验人员需经过安全培训，掌握相关知识及规定，并且经考试合格后方可进入实验室。培训内容包括实验室安全相关的法律、法规、规章制度，实验室人员岗位职责，岗位的安全操作规程等。实验人员应熟知实验室安全卫生管理规定，了解实验室安全应急处置预案、实验试剂采购管理办法、实验室危险废物管理规定、危险化学品安全管理办法、易制毒制爆化学品安全管理办法、实验室安全处罚条例等，以下是详细内容介绍。

1.3.1　实验前准备工作

(1) 实验课前需要预习，内容包括：①实验目的及原理；②实验所用试剂的理化性质；③实验装置使用方法；④实验步骤与注意事项。

(2) 认真学习并严格遵守本守则和实验室其他管理规定，熟悉实验室的环境、布置、各种设施(水电阀门、急救箱、消防用具等)的位置，了解实验室内各种警告标志的含义。注意人身和设备安全，增强安全意识。

(3) 上实验课需穿长袖上衣及长裤，外穿实验服，不得穿短裙、短裤、拖鞋。除头部和手部外应无裸露皮肤。

(4) 进入实验室需在指定位置做实验。保持实验室内整洁。随身携带的书包、水杯等物品需统一放在指定位置。

(5) 实验前认真清点实验所用的仪器和耗材，并逐件检查是否完好，若发现有损坏，应及时更换。

(6) 对各种实验设备进行检查、通电测试，观察能否正常工作。经指导教师确认许可后，方可接通电源、气源等，启动设备。

1.3.2　实验过程中注意事项

(1) 学生应在教师指导下进行实验，明确实验重点和注意事项。严格遵守操作规程，正确使用仪器设备。

(2) 公共试剂、仪器及药品用完后要及时放回原处，以方便他人使用。严禁用个人的药匙、吸管等取用公用药品。药品取多时，不得重新倒入原试剂瓶内，需统一倒入指定容器内。公用试剂瓶的瓶塞要随开随盖，不得混淆，避免相互污染。

(3) 实验过程中注意节约水、电、气、药品、试剂等。严禁将废液、废渣等排入下水道。

(4) 实验过程中有易燃的可燃气体排放时，为防止室内可燃气体凝聚到一定浓度产生气体爆炸，需要开启排风系统强制通风。

(5) 使用有毒及挥发性的试剂，应在通风橱中进行实验操作，避免将头伸入防爆玻璃窗内，切勿用头、手等身体任何部位或其他硬物碰撞玻璃窗。不做实验时，应将防爆玻璃窗降至最低位置。

(6) 若仪器设备发生故障或损坏，首先要切断电源、气源，并立即报告指导教师进行处理，待检查出问题并解决后再继续进行实验。

(7) 发生意外事故应保持镇静，不要惊慌失措，遇有烧伤、割伤时应立即报告指导教师，及时就医和治疗。

(8) 如实、及时地记录实验中观察到的现象和实验数据，随时对实验数据进行简单的处理，对存在较大偏差的结果进行分析。个人操作失误造成的错误需改正后重新进行实验，严禁随意修改原始实验数据。认真保存实验记录，不得随意丢弃。

1.3.3　实验后检查整理

(1) 实验后要注意分析讨论实验结果成败的原因，及时总结经验教训，不断提高实验工作能力；认真书写实验报告，保证字迹工整、图表清晰，并按时交给教师批阅。

(2) 交给指导教师保存的样品、药品及实验产品都应加盖密封，并标注日期、姓名、班级和样品名。

(3) 实验人员清洗在实验过程中用到的各种器材时，不得将废液、废渣倒入水池内，必须倒在指定的废液缸中，用过的溶剂和产品必须回收。

(4) 每次实验结束后由实验人员轮流值日，打扫和整理实验室。将各仪器设备归位，关闭电源、水源、气源及门窗，并对实验室再次进行安全检查后，方可离开。

1.3.4　实验室开放管理

当教学实验室无实验课而又不影响教师进行实验教学准备工作时，在某些时间段内允许学生进入实验室做实验，为学生提供更多的实验机会，利于其熟练掌握实验操作技术，培养实验能力。实验人员需遵守上述实验室守则及以下相关规定。

(1) 在实验室现有设备的条件下，允许学生重做实验结果不合格的实验，增做与实验内容有关的实验，也可选做一些与本课程内容相关的其他实验，但不增加新的化学试剂或另行领取仪器，且每次实验所消耗的试剂量不可过多。

(2) 当学生进行实验预习时，如实验中需使用某些大、中型仪器设备，允许学生进入实验室参观，以便对照仪器设备，了解实验操作步骤和要点，提高预习的效果，做好实验准备。

(3) 开放时间应有统一安排，且有教师或实验技术人员值班。晚间和节假日在实验室开展实验时，至少有两人及以上同时工作。

1.4　实验室安全须知

实验室安全是进行实验课学习的基本保障，实验人员在进入实验室之前必须经由安全培训掌握一些相关的基本常识，待培训合格方可进入实验室进行实验。进入实验室的每一个人都要充分了解实验室安全须知，提高安全意识。附录有常用危险化学品标志(附录 1)，警示不要随意接触危险化学品。

1.4.1　危险化学品安全

危险化学品是指有腐蚀、毒害、爆炸、助燃、燃烧等性质，对人体、设施、环境产生危害的剧毒化学品和其他化学品。危险化学品按物理危险、健康危害和环境危害特性分类，具体危险化学品的品种参见《危险化学品目录》，本书仅介绍后续新能源实验所涉及的危险化学品和实验室人员必须掌握的基本常识。

1. 有毒及易制毒化学品

新能源实验所用材料、试剂或气体部分具有毒性或腐蚀性，长期或大量接触会导致急性或慢性中毒，甚至致癌。根据急性毒性、急性中毒发病情况、慢性中毒发病情况、慢性中毒后果、致癌性和最高容许浓度六项指标，化学品的毒害等级分为剧毒、高毒、中毒和低毒。剧烈急性毒性判定界限如下：大鼠实验，经口 LD_{50}(50%死亡率的剂量)$\leqslant$5 mg $\cdot$ kg^{-1}，经皮 $LD_{50}\leqslant$50 mg $\cdot$ kg^{-1}，吸入(4 h)LC_{50}(半数致死浓度)$\leqslant$100 mL $\cdot$ m^{-3}(气体)、0.5 mg $\cdot$ L^{-1}(蒸气)或 0.05 mg $\cdot$ L^{-1}(尘、雾)。部分化合物是易制毒化学品，一旦流入非法渠道可作为制造毒品的前体、原料和化学助剂。因此，事先了解实验中使用的化学物品的毒性及相关安全监管措施十分必要。表 1.4 列出了新能源实验常见有毒及易制毒化学品。

表 1.4　新能源实验常见有毒及易制毒化学品

分类	物质
腐蚀性试剂	硫酸、盐酸、硝酸、氢氧化钠、氢氧化钾、有机强酸、有机强碱、苯酚、四氯化钛
毒性试剂	氰化钾(钠)、氢氰酸、氯化汞、甲醇、甲酸、二甲基亚砜、苯、氯仿、苯胺
毒性气体	氟气、氯气、二氧化硫、一氧化碳、光气、汞蒸气、溴蒸气、氟化氢、硫化氢
致癌化学品	钴、镭、氡(放射性)、镍、钛、铬、铅、部分生物碱、多环芳烃、芳香胺、氨基甲酸酯类、卤代烃、偶氮化合物、N-亚硝基化合物
易制毒化学品	盐酸、硫酸、苯乙酸、高锰酸钾、氯仿、乙醚、甲苯、丙酮、乙酸酐

预防措施：做好个人安全防护，穿实验服，戴橡胶手套、防护眼镜、面罩、口罩等，严禁将有毒化学品吸入身体内部和接触皮肤；涉及有毒物质的实验应在通风橱内操作；产生有毒气体的实验需防止泄漏并安装尾气吸收装置；实验室需保持良好的通风；严格执行有关保管、领用制度。

2. 易燃、易爆化学品

在新能源实验中经常会使用一些易燃、易爆化学品和原材料。某些试剂具有低沸点、易挥发的特性，当其含量在空气中达到一定浓度时，遇到明火即可发生爆炸；易燃气体达到一定含量，遇到明火也会立即发生爆炸。在一定温度下，易燃或可燃液体蒸气与空气混合后达到一定浓度时，遇火源产生一闪即灭的火苗或火光的现象称为闪燃，能发生闪燃的最低温度称为闪燃点。表 1.5 列出了新能源实验常见易燃化学品的沸点、闪燃点和爆炸极限。表 1.6 列出了新能源实验中常用易燃、易爆化学品及其反应特性。实验人员需详细了解这些化合物的反应特性，做到安全合规使用。

表 1.5　常见易燃化学品的沸点、闪燃点和爆炸极限

易燃化学品	沸点/℃	闪燃点/℃	爆炸极限(体积分数)/%
甲醇	64.96	11	6.72～36.50
乙醇	78.50	12	3.28～18.95
乙醚	34.51	−4.5	1.85～36.50
丙酮	56.20	−17.5	2.55～12.80
苯	80.10	−11	1.40～7.10
氢气	−252.77	—	4～75
一氧化碳	−191.5	<−50	12.5～74.2

表 1.6　常用易燃、易爆化学品及其反应特性

名称	反应特性
过氧化氢	强氧化剂，与还原物质反应剧烈，易燃、易爆
氯酸钾	强氧化剂，与还原物质反应剧烈，易燃、易爆
浓硝酸	强氧化剂，与还原物质反应剧烈，易燃、易爆
硝酸钾	强氧化剂，与有机物接触能引起燃烧、爆炸
金属钠(钾)	强还原剂，暴露在空气中，遇水发生剧烈燃烧、爆炸
乙炔铜(银)	可爆炸物，暴露在空气中发生爆炸、燃烧
叠氮化合物	可爆炸物，在过热、撞击、强压下发生爆炸
多硝基化合物	可爆炸物，在过热、撞击、强压下发生爆炸
乙醚	易产生过氧化物，加热到100℃以上能引起强烈爆炸

预防措施：在使用易燃、易爆化学品时，需保持室内空气流通，实验操作应在通风橱内进行。实验装置中各部位结合应严密，以免化学品泄漏。反应中稳定压力、有效降

温、严格遵守操作规程。蒸馏时不要蒸干，减压或加压操作前要检查仪器、设备是否符合耐压规定，有无破损。反应装置体系切勿完全封闭，应留有保持常压的通气口，正确连接尾气吸收装置。操作中避免反应物局部过热、液体暴沸、物料冲出。电器开关、照明灯应安装防护罩。实验室禁止穿钉鞋，禁止敲击金属、砖、石等，以防止产生火花。

　　3. 危险化学品的存放

　　储存危险化学品必须有安全警示标志，应根据危险化学品的种类、特性，在储存点设置相应的监测、通风、防晒、调温、防火、防爆、泄压、防毒、消毒、中和、防潮或隔离操作等安全设施、设备，并按照国家标准和国家有关规定进行维护、保养，保证符合安全运行要求。严禁在实验室内超量储存危险化学品。根据危险化学品的分类情况，具体储存方法如下。

　　1) 易燃液体、易燃固体、遇湿易燃物品的存放

　　易燃液体、易燃固体、遇湿易燃物品的存放要求专库专人负责，保管人员应定期检查存放消防设备的有效性，发现问题及时报告给相关负责教师。化学性质或防护、灭火方法相互抵触的危险化学品不得在同一处存放，如氧化剂要单独存放。严禁在存放危险化学品的实验室动火，特殊情况需动火作业的，应报主管部门审批。动火作业前应进行风险分析，制订监控与防护措施，设置监护人员。

　　2) 剧毒品的存放

　　剧毒品应执行"五双"制度，即双人验收、双人保管、双人发货、双人双锁、双本账的管理体制。剧毒品配制过程应详细记录其用量、浓度、配制人、复核人、配制日期、有效期等；使用过程应详细记录消耗量、处理方式、处理去向、使用人、复核人；使用过程中的保存应符合"五双"制度的要求。剧毒品禁止露天存放，切勿接近酸类物质。

　　3) 低沸点有机溶剂的存放

　　低沸点有机溶剂应低温储存(如存放在防爆冰箱中)，防止爆炸。

　　4) 强氧化性物品的存放

　　强氧化性物品的管理要保持存放处低温、空气流通性好。远离易燃或可燃物，不能与易氧化物质混合存放。

　　5) 强腐蚀性物品的存放

　　强腐蚀性物品存放处要求阴凉、通风。要用耐腐蚀药品柜，不允许与液化气体和其他药品共存；强酸强碱化学试剂应上锁储存，防止挪作他用。实验人员要定期对实验室存放的危险化学品进行检查和清理，防止因变质而引发安全事故。

　　6) 爆炸品的存放

　　爆炸品不得与其他类物品一起存放，必须单独放置，限量存储。

　　7) 放射性物品的存放

　　放射性物品要单独存放，同时要求备有防护设备、操作器、操作服等，以确保人身安全。

　　8) 高压气瓶的存放

　　实验室使用的高压气瓶要直立放置，并用固定铰链固定稳妥。要远离热源，避免暴

晒和强烈震动。存放高压气瓶时要分类保管，易燃气体和助燃气体钢瓶必须分开放置。

1.4.2 实验室用电安全

1. 实验室安全用电标志

在新能源实验中，经常会接触到各种用电器，实验人员要具备识别安全用电标志的能力。我国安全用电一般采用安全色标来提醒操作人员用电安全。安全用电颜色标志常用来区分不同性质、不同用途的导线，或者表示某处安全程度，如表 1.7 所示。

表 1.7　安全用电颜色标志

色标颜色	颜色标志含义
红色	禁止、停止和消防，如信号灯、信号旗、机器上的紧急停机按钮等都用红色来表示"禁止"信息
黄色	注意危险，如"当心触电""注意安全"等
绿色	安全，如"在此工作""已接地"等
蓝色	强制执行，如"必须戴安全帽"等
黑色	图像、文字符号和警告标志的几何图形

为便于识别，防止误操作，确保运行和检修人员的安全，采用不同颜色来区别设备特征。例如，电气母线，A 相为黄色，B 相为绿色，C 相为红色，明铺的接地线涂为黑色。

2. 实验室安全用电的有关注意事项

(1) 了解电源总开关的位置，在紧急情况下切断总电源。

(2) 不用手或导电物(如铁丝、铁钉、别针等金属制品)直接接触、探试电源插座内部。

(3) 不用湿手触摸电器，不用湿布擦拭带电仪器。

(4) 实验仪器使用完毕后应拔掉电源插头；插拔电源插头时不要用力拉拽电线，以防电线的绝缘层受损造成漏电；电线的绝缘层剥落，要及时更换新线或用绝缘胶带包好。

(5) 不得随意拆卸、安装电源线路、插座、插头等。即使是安装电炉等简单操作，也要先关闭电源，并在实验教师的指导下进行。

(6) 经常检查电线、开关、插头和用电器是否完整，有无漏电、受潮、霉烂等情况。

1.4.3 实验室消防常识

实验室中储存有各种易燃易爆化学品，如果存放或操作不当，就会发生火灾。实验室一旦发生火情，切勿慌乱，要冷静及时地采取措施。首先切断火源，关闭气源，拉下电闸，移去附近的易燃物，同时根据着火的具体情形采取合适的处理方法。根据燃烧物的性质，国际统一将火灾分成 A、B、C、D 四大类，具体内容见表 1.8。

表 1.8　火灾分类

类型	处理方法
A 类火灾	指木材、纸张和棉布等物质着火，扑灭这类火灾的有效方法是用水，也可以用泡沫灭火器和酸式灭火器

续表

类型	处理方法
B 类火灾	指可燃性液体着火，扑灭这类火灾可以用泡沫灭火器，但是不能用酸式灭火器和水
C 类火灾	指可燃性气体着火，扑灭这类火灾可以用干粉灭火器
D 类火灾	指可燃性金属着火，扑灭这类火灾最有效的方法是用沙土覆盖燃烧的物质

根据新能源实验中可能发生的小型安全消防事故，提出以下几点注意事项。

(1) 加热实验过程中小范围起火时，应立即用湿石棉布或湿抹布扑灭明火。

(2) 有机溶剂或油类物质着火时，应使用干粉灭火器，切不可用水浇，否则火势将蔓延。

(3) 电池制作原材料锂、钠、钾着火时，应使用碳酸钠或碳酸钙干粉灭火器，切不可用水灭火，因锂、钠、钾会与水发生剧烈反应并放热，且量大时会发生爆炸。

(4) 实验人员衣服着火时，应立即用灭火毯蒙盖在着火者身上灭火，切忌慌张跑动，以免火势增大。

(5) 精密化学仪器设备失火可用干粉或二氧化碳灭火器灭火，但不宜用水扑救。

因此，要正确认识火灾火源的性质，采取及时有效的灭火措施，如果火势较大并迅速蔓延，应立即拨打"119"请求援助并及时报告。等待救援的过程中，实验人员可头戴过滤式消防自救呼吸器或用湿布捂鼻沿消防通道烟雾稀薄的低处逃生到安全区域，不可乘坐电梯，以免被困。实验人员需定期参加消防安全培训，学会使用常见小型消防器材(图 1.3)。熟悉灭火器的分类和使用是实验人员应具备的基本常识，内容详见表 1.9。

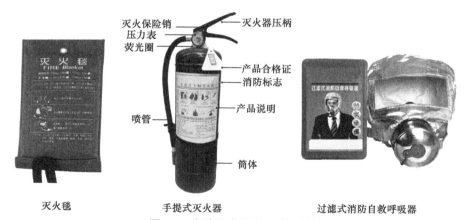

灭火毯　　　　　手提式灭火器　　　　　过滤式消防自救呼吸器

图 1.3　实验室常见小型消防器材

表 1.9　常用灭火器类型

灭火器类型	适用范围	使用方法
泡沫灭火器	由 $Al_2(SO_4)_3$ 和 $NaHCO_3$ 溶液作用产生大量的 $Al(OH)_3$ 和 CO_2 泡沫，隔绝空气。适用于 A 类和 B 类(有机溶剂或油类)火灾，但不能扑救 B 类中水溶性可燃、易燃液体的火灾	手提筒体上部提环，距离着火点 10 m 左右，将筒体颠倒过来，一只手紧握提环，另一只手扶住筒体的底圈，将射流对准燃烧物喷射

续表

灭火器类型	适用范围	使用方法
酸碱式灭火器	适用于 A 类火灾,如木、织物、纸张等燃烧的初起火灾	手提筒体上部提环,距燃烧物 6 m 左右向燃烧物喷射
二氧化碳灭火器	内装液态二氧化碳。适用于电器失火、忌水的物质着火	距燃烧物约 5 m 拔下保险销,一只手握住喇叭筒根部手柄,另一只手紧握启闭阀的压把向燃烧物喷射
1211 灭火器	内装 CF_2ClBr 液化气。适用于油类、有机溶剂、高压电器设备、精密仪器等失火	距离燃烧物约 5 m,拔下保险销,一只手握住开启把,另一只手紧握喷射软管前端的喷嘴处,向燃烧物喷射
干粉灭火器	内装 $NaHCO_3$ 等物质和适量的润滑剂、防潮剂。适用于油类、可燃气体、电器设备、精密仪器和遇水燃烧等物品着火	扑救可燃、易燃液体火灾时,应对准火焰要害部扫射,如果被扑救的液体火灾呈流淌燃烧时,应对准火焰根部由近而远并左右扫射,直至把火焰全部扑灭

1.4.4　实验室安全急救

实验人员应具备实验意外伤害紧急救护常识。实验过程中若不慎发生意外事故,应及时采取救护措施,受伤严重者应及时送往附近医院治疗。实验室安全急救主要分为以下几种情况。

1. 玻璃划伤的急救

首先用消毒棉签或纱布把伤口清理干净,取出伤口中的玻璃或固体物。若伤口较脏,可用 3%过氧化氢擦洗或将碘酒涂在伤口周围。伤口消毒后,再用消炎粉(或其他适用于消炎的外用药)外敷,并加以包扎。若伤势比较严重、出血较多,可在伤口上部扎上止血带,用消毒纱布盖住伤口,立即送医院治疗。

2. 烫伤和烧伤的急救

轻度的烫伤或烧伤,可用消毒棉签浸泡 90%~95%乙醇轻涂伤处,也可用 3%~5%高锰酸钾溶液擦拭伤处至皮肤变为棕色,然后涂上烫伤药膏。若烫伤或烧伤较严重,不要弄破水疱,以防感染。要用消毒纱布轻轻包扎伤处,并立即送医院治疗。

3. 化学灼伤的急救

化学灼伤与一般的烧伤、烫伤不同,即使脱离了致伤源,如果不立即把沾在人体上的腐蚀物除去,这些物质仍会继续腐蚀皮肤和组织。化学物质与组织接触时间越长、浓度越高,若处理不当、清洗不彻底,伤势会加重。就烧伤程度而言,碱烧伤通常比酸烧伤更重。因为酸作用于身体组织后,一般能很快使组织蛋白凝固,形成保护膜,阻止酸性物质向深层扩散。而当碱与身体组织接触后,碱能使组织变成可溶性化合物,尽管烧伤初期可能不严重,但过一段时间,碱会继续向深层及周围扩散,使烧伤面不断加深加大,所以对碱烧伤的紧急处理尤为重要。一旦发生化学灼伤事故,应在最短时间(最好不超过 2 min)进行冲洗。冲洗时立足于现场条件,不必强求用消毒液和药水,凉开水、自来水都可应急。化学灼伤必须在现场做紧急处理,切忌未经任何处理就送医院,以免耽误最佳救治时机。具体做法如下。

1) 皮肤烧伤的处理办法

(1) 化学灼伤后,要立即脱去被污染的衣物、鞋袜,随后用大量清水冲洗创面 15～20 min。有条件时边冲洗边用 pH 试纸测定创面的酸碱度,一直冲洗至中性。

(2) 被生石灰或浓硫酸灼伤时,不能先用水冲洗,因它们遇水会释放大量的热,将加重伤势。可先用干布(纱布或棉布)擦拭干净后,再用清水冲洗。

(3) 被氢氟酸灼伤时,应立即用水冲洗几分钟,然后在伤口处敷以新配制的 20% MgO 甘油悬浮液。氢氟酸不仅能腐蚀皮肤等组织,还可腐蚀至骨骼。经常是麻痹 1～2 h 后才感到疼痛,应引起足够的重视。

(4) 发生酸碱类化学灼伤时,酸性灼伤可用清水或 2%碳酸氢钠(小苏打)溶液冲洗;碱性烧伤可用 2%乙酸溶液或硼酸溶液冲洗,然后涂抹油膏,包扎好伤口。伤势严重者送医院治疗。

(5) 被溴灼伤时,应立即用 95%乙醇洗涤,涂抹甘油,用力按摩,将伤处包好。若眼睛受到溴蒸气刺激,暂时不能睁开,可使眼睛对着盛有氯仿或 95%乙醇的瓶口停留片刻。

(6) 被磷灼伤时,先用 5%硫酸铜溶液或高锰酸钾溶液洗涤伤口,然后用浸过硫酸铜溶液的绷带包扎。

2) 眼睛受伤的处理办法

在所有化学伤害的救助过程中,眼睛是优先救助对象。试剂溅入眼中时,任何情况下都要先洗涤,急救后送医院治疗。

(1) 洗涤时睁大眼睛,用流动清水反复冲洗,边冲洗边转动眼球,但冲洗时水流不宜正对角膜方向。冲洗时间一般不得少于 15 min。

(2) 若是固体化学物质落入眼内,应立即取出,以免继续发生化学作用;若是碎玻璃片,应先用镊子移去碎片,切勿用手揉眼。

(3) 若无冲洗设备或无他人协助冲洗时,可将头浸入脸盆或水桶中。努力睁大眼睛(或用手拉开眼皮),浸泡十几分钟,同样可达到冲洗的目的。

(4) 冲洗完毕,盖上干净的纱布,速去医院眼科做进一步处理,并切记不要紧闭双眼,不要用手揉眼。

4. 有毒物质入体的急救

(1) 当腐蚀性毒物进入口中时,若是强酸且已经吞下,应大量饮水后服用氢氧化铝软膏和鸡蛋蛋白;若是强碱,也应大量饮水后服用醋或酸果汁。无论酸、碱损害均可灌注牛奶。

(2) 吸入刺激性或有毒气体,如溴蒸气、氯气、氯化氢等,可吸入少量乙醇和乙醚的混合蒸气以解毒。若吸入硫化氢、一氧化碳等气体而感到不适或头晕,应立即到室外呼吸新鲜空气。

5. 触电的急救

若有人触电,应立即切断电源,必要时进行人工呼吸。具体情况参见实验室安全用电的有关注意事项说明。

6. 失火的急救

实验过程中万一不慎起火,切记不要惊慌,首先关闭气源,切断电源,移走一切可燃物质(特别是有机溶剂和易燃易爆物质)。根据起火原因立即采取灭火措施,防止火势蔓延,具体办法可参见前述消防常识的介绍。

实验室应备有急救箱,箱内放置碘伏、医用酒精、烫伤软膏、1%碳酸氢钠溶液、1%硼酸溶液,还应有创可贴、绷带、脱脂棉、消毒棉签、橡皮膏和医用镊子、剪刀。实验室还应安装紧急洗眼器及喷淋器。当药品溅入眼中或溅洒在身体上时,打开水龙头用大量水冲洗,伤情严重者及时送往医院治疗。

1.4.5　新能源实验的"三废"处理

在新能源实验中可能产生气体、液体、固体废弃物("三废"),若直接排放"三废",将会污染环境,威胁人类健康。因此,在实验过程中,有必要对"三废"进行合理处置。

1. 废气的处理方法

产生有毒或有刺激性气体的实验可在通风橱内进行,必须备有吸收或处理的装置。例如,二氧化氮、二氧化硫、氯气、硫化氢、氯化氢等酸性气体可用碱溶液吸收;一氧化碳可直接点燃使其转变为二氧化碳,也可用固体吸附剂(如活性炭、活性氧化铝、硅胶、分子筛等)吸附废气中的污染物。

2. 废液的处理方法

将实验室常见废液分为无机类和有机类,并按酸碱性细分回收到指定废液桶中,废液桶上应粘贴废液类别标签,并填写具体成分等信息。剧毒废液必须单独收集,严禁将剧毒废液混放在一个废液桶中。废液收集量占废液桶总容量不多于 80%为宜,切勿装满,液面距离桶口应至少 5 cm。按照学校的统一部署及废弃物处置公司的要求进行废液的转运、记录和交接工作,严禁倒入下水道或混入生活垃圾中。具体废液分类、特殊成分最低浓度及处理方法见表 1.10。

表 1.10　废液分类、特殊成分最低浓度及处理方法

分类		处理物质	浓度/($\mu g \cdot g^{-1}$)	处理方法
无机类废液	有害物质	Cr(VI)	0.5	还原法、中和法、氢氧化物沉淀法、吸附法
		Cd	0.1	Ca(OH)$_2$沉淀法、硫化物共沉淀法、吸附法

续表

分类		处理物质	浓度/($\mu g \cdot g^{-1}$)	处理方法
无机类废液	有害物质	Hg	0.005	与 Na_2S 或 NaHS 生成难溶于水的 HgS, 然后与 $Fe(OH)_3$ 共沉淀、吸附法
		Pb	1	$Ca(OH)_2$ 沉淀法、硫化物共沉淀法、吸附法、碳酸盐沉淀法
		CN^-	1	氯碱法、电解氧化法、臭氧氧化法、普鲁士蓝法
	污染物质	Cr(Ⅲ)	2	氢氧化物沉淀法、硫化物共沉淀法、吸附法、碳酸盐沉淀法
		Mn	10	
		Ni	1	
		Co	1	
		Cu	3	
		Zn	5	
		Ag	1	
		Sn	1	
		Te	10	
		Se、W、V、Mo、Bi、Sb	1	
		B	2	阴离子交换树脂吸附法
		F	15	阴离子交换树脂吸附法、加消化石灰乳沉淀法
		氧化剂/还原剂	1%	还原法/氧化法
		酸、碱类物质	稀释后即可回收	酸碱中和法
有机类废液	有害物质	多氯联苯	0.003	焚烧法(高浓度)、碱分解法、吸附法
		有机磷化合物(农药)	1	
	污染物质	酚类物质	5	焚烧法(可燃物)、溶剂萃取法、吸附法、氧化分解法、水解法、生物化学处理法, 含重金属时保管好残渣
		石油类物质	5	
		油脂类物质	30	
		一般有机溶剂(由 C、H、O 元素组成的物质)	100	
		含 S、N、卤素的有机溶剂	100	
		含有重金属的溶剂	100	

3. 废渣的处理方法

常规实验产生的固体废弃物, 如损坏的玻璃器皿、使用过的包装材料和滤纸、多余的固体试剂、反应沉积产生的残渣、残留或失效的化学试剂等, 应统一分类回收、集中处理; 有毒且不易分解的有机废渣应交由专业部门进行处理。

新能源实验常涉及电极材料制备及电池等器件制作。废旧的电池中可能包含多种有毒害、腐蚀性和环境污染性物质, 电解液可能含有易燃易爆的电解质和有机溶剂; 废弃电池中多含有钴、锂、镍、铜、铝和铁等金属元素，废弃催化剂中常含有金、银、铂、钯等贵金属元素，这些都属于有价值的材料。因此，绿色拆解处理废旧电池和催化剂，进行回收利用，对于减少环境污染、提高资源利用效率具有重要意义。

以废旧锂离子电池为例，较为成熟的处理方法有湿法和干法工艺。其中，湿法回收主要分为以下 3 个步骤。

(1) 将回收的废旧锂离子电池进行彻底放电、初步拆分破碎等预处理，拆分后获得主要电极材料，或者破碎后经焙烧除去有机物得到电极材料。

(2) 将预处理后的电极材料溶解浸出，使各种金属及其化合物以离子形式进入浸出液中。

(3) 将浸出液中的金属分离回收。目前，分离回收的方法主要有溶剂萃取法、沉淀法、电解法、离子交换法、盐析法等。浸出液金属分离回收是废旧锂离子电池处理过程的关键。

废旧锂离子电池的干法回收主要是通过机械分选和高温热解，对电池进行破碎后粗筛分类，采用高温焚烧去除电极材料中的有机黏结剂，同时使其中的金属及其化合物发生反应，以冷凝的形式回收低沸点金属及其化合物；对炉渣中的金属采用筛分、热解、磁选或化学等方法进行回收。

1.5 实验室水、试剂、气体钢瓶、热源的使用方法

1.5.1 实验室用水

1. 纯水的规格、制备及其用途

水是新能源实验中最常用的溶剂和试剂，应根据所做实验对水的品质要求合理选用不同规格的纯水。按照水的质量可将纯水分为一级、二级、三级，纯度逐级下降，高等级水以低一等级水为原料制取。分析用水在储存期间能被容器可溶性成分、空气中二氧化碳及其他杂质污染，因此一级水应在使用前即时制备；二级水可制备适量，储存在预先用同级水清洗过的聚乙烯容器中；三级水用量最大，可用于一般的化学分析实验。实验用水的具体规格、制备方法及用途见表 1.11。

表 1.11 纯水的规格、制备方法及用途

指标名称	一级	二级	三级
pH 范围(25℃)	—	—	5.0~7.5
电导率(25℃)/(mS·m^{-1})	<0.01	<0.10	<0.50
吸光度(254 nm，1 cm 光程)	<0.001	<0.01	—
蒸发残渣(105℃ ±2℃)/(mg·L^{-1})	—	<0.10	<2.00
可氧化物质(以 O 计)/(mg·L^{-1})	—	<0.08	<0.40
可溶性硅(以 SiO$_2$ 计)/(mg·L^{-1})	<0.01	<0.02	—

续表

指标名称	一级	二级	三级
其他所含成分	不含溶解或胶态离子杂质及有机物	含微量的无机、有机或胶态杂质	含无机、有机或胶态杂质
制备方法	用二级水蒸馏、离子交换及微孔滤膜过滤	离子交换、多次蒸馏	蒸馏、离子交换、电渗析
用途	用于严格的分析实验；对微粒有要求的实验，如高效液相色谱分析用水	用于无机痕量分析实验，如原子吸收光谱分析、电化学分析实验	用于一般化学分析实验；用于制备一级、二级水

2. 纯水的检验

纯水的品质可以通过以下方式鉴定。

1) 电导率(或电阻率)的测定

水的纯度越高，杂质离子的含量越少，水的电导率越低。测定时应选用合适的电导率仪(最小量程为 $0.02\,\mu S\cdot m^{-1}$)来测定。测定一级、二级水时，电导池常数为 $0.01\sim0.1$，进行"在线"测定；测定三级水时，电导池常数为 $0.1\sim1$，用烧杯接取约 $300\,mL$ 水样，立即测定。

2) 水中杂质离子含量的测定

可根据具体实验需要测定纯水的某些杂质含量。例如，取 $25\,mL$ 纯水，加 1 滴 0.2% 铬黑 T 指示剂和 $5\,mL$ pH 为 10.0 的氨水缓冲液，若水呈蓝色，说明 Fe^{3+}、Zn^{2+}、Pb^{2+}、Ca^{2+}、Mg^{2+} 等阳离子含量甚微，水质合格；若水呈紫红色，说明水样不合格。氯离子含量的测定可取 $10\,mL$ 被检测水，用稀 HNO_3 酸化，加 2 滴 1.0% $AgNO_3$ 溶液，摇匀后无浑浊现象，说明水中无氯离子。

3) pH 的测定

一级、二级水的纯度较高，难以测定其真实的 pH，因此对其 pH 范围不做规定。三级水的 pH 可测，测得结果之后判断是否在规定范围内。

1.5.2　化学试剂

1. 化学试剂的规格

化学试剂是符合一定质量标准并满足一定纯度要求的化学药品。试剂规格又称试剂级别或类别，一般按实际的用途、纯度或杂质含量来划分规格标准。根据质量标准和用途的不同，可将化学试剂分为标准试剂、普通试剂、高纯试剂和专用试剂四大类。

1) 标准试剂

标准试剂是用来衡量其他物质化学量的标准物质。标准试剂在分析过程中的加入量或反应消耗量可作为分析测定度量的标准。这种试剂的特性值应具有很好的准确度，而且能与 SI(国际单位)制单位进行换算，并可得到一致性的标准值，其标准值是用准确的标准化方法测定的。

2) 普通试剂

普通试剂是新能源制备和分析实验中使用最多的通用试剂，其规格以试剂中杂质含量的多少来划分，一般可分为优级纯、分析纯、化学纯、实验纯四个级别。其纯度规格和适用范围见表 1.12。

表 1.12　化学试剂规格及适用范围

规格等级	名称	标签的颜色	纯度	适用范围
优级纯试剂(G.R.)	一级	绿色	主成分含量很高、纯度很高	用于精密分析和科学研究工作，有的可作基准物质
分析纯试剂(A.R.)	二级	红色	主成分含量很高、纯度较高，干扰杂质含量很低	用于一般分析实验及科学研究工作
化学纯试剂(C.P.)	三级	蓝色	主成分含量高、纯度较高，存在干扰杂质	用于一般分析实验和合成制备
实验纯试剂(L.R.)	四级	棕色或黄色	主成分含量高、纯度较低	用于一般化学实验和作为辅助试剂

3) 高纯试剂

高纯试剂是纯度远高于优级纯试剂的统称，是为了专门的使用目的而用特殊方法生产的纯度最高的试剂。高纯试剂控制的是杂质项含量，标准试剂控制的是主含量，标准试剂可用于配制标准溶液，但高纯试剂不能用于标准溶液的配制。

4) 专用试剂

专用试剂是指有特殊用途的试剂，其主成分含量高，杂质含量低。常用专用试剂如下。

(1) 指示剂和染色剂(I.D.或 S.R.)：要求有特定的变色范围和变色敏感程度。

(2) 指定级(Z.D.)：按照用户要求的质量控制指标，为特定用户订制的化学试剂。

(3) 光谱纯(S.P.)：用于光谱分析。适用于分光光度计标准品、原子吸收光谱标准品、原子发射光谱标准品。

(4) 电子纯(MOS)：为超净高纯试剂，适用于电子产品生产，如用于集成电路硅片的清洗、光刻、腐蚀等工艺。电性杂质特别是金属杂质含量极低。

(5) 当量试剂(3N、4N、5N)：主成分含量分别为 99.9%、99.99%、99.999%以上。

2. 化学试剂的储存

化学试剂在储存、运输和销售过程中会受到温度、光辐照、空气和水分等外在因素的影响，容易发生潮解、霉变、变色、聚合、氧化、挥发、升华和分解等物理化学变化，使其失效而无法使用。因此，要采用合理的包装、适当的储存条件和运输方式，保证化学试剂不变质。

不同化学试剂对储存的试剂瓶有特定要求，固体试剂一般存放在易于取用的广口瓶内，液体试剂则存放在细口瓶中。一些用量少而使用频繁的试剂，如指示剂、定性分析试剂等可盛装在滴瓶中。见光易分解的试剂(如 $AgNO_3$、$KMnO_4$、饱和氯水等)应装在棕色瓶中。H_2O_2 虽然也是一种见光易分解的物质，但不能储存在棕色的玻璃瓶中，其原因是棕色的玻璃中含有催化分解 H_2O_2 的重金属氧化物。因此，通常将 H_2O_2 存放在不透明的塑料瓶中，并置于阴凉暗处(临时使用的 3% H_2O_2 溶液可用棕色滴瓶盛装)。试剂瓶的瓶盖一般是磨口的，密封性好，可使长时间保存的试剂不变质。但这种试剂瓶不能用来盛装强碱性试剂(如 NaOH、KOH 及 Na_2SiO_3 溶液)，主要是因为磨口的玻璃瓶塞在长期放置这些物质时会发生粘连，若将玻璃瓶塞换成橡皮塞，则可避免这一现象。易腐蚀玻璃的试剂(氟化物等)应保存在塑料瓶中。

一般化学试剂应储存在通风良好、干净和干燥的房间，远离火源，并注意防止水分、灰尘和其他物质的污染。特殊试剂根据其性质应有不同的储存方法。

1) 吸水性强的试剂

例如，无水 Na_2CO_3、NaOH、Na_2O_2 等的存放，应严格用蜡密封。

2) 剧毒试剂

例如，氰化物、苯硫酚、烯丙醇、叠氮化钠、液氯、戊硼烷等的存放，应设专人专柜保管，要经一定手续取用，以免发生事故。

3) 特种试剂

易被空气氧化、分化、潮解的试剂应密封保存；易受热分解及低沸点溶剂应存于冷处；易感光分解的试剂应用有色玻璃瓶储存并藏于暗处；易燃、易爆、强腐蚀性、强氧化性等试剂应特别注意，需分类单独存放，如强氧化剂应与易爆、可爆炸物分开隔离存放，低沸点的易燃液体应放在阴凉通风的地方，并与其他可燃物和易产生火花的器物隔离放置，更要远离明火；有放射性的试剂应存于铅罐中；金属钠、钾通常应保存在煤油中；汞试剂应存放在厚壁器皿中，并加水液封；锂离子电池有机电解液常保存在无水无氧手套箱中。

3. 化学试剂的取用

取用试剂前，应看清标签，确认试剂名称和规格无误、符合实验要求后才能取用。取用时应注意保持清洁，防止试剂被污染或变质，有毒试剂要在教师指导下取用。取用试剂必须遵守下列原则。

1) 液体试剂的取用

(1) 手不能与试剂直接接触，需用特定移取工具取用。

(2) 公用试剂用完后应立即放回原处，以免影响他人使用。

(3) 打开试剂瓶后，将瓶塞反放在实验台上，如果瓶塞上端不是平顶而是扁平的，可用食指和中指将瓶塞夹住(或放在清洁的表面皿上)，绝不可将它横置桌上，以免污染试剂。取用试剂后，应立即盖好瓶塞并放回原处，以保持实验台整齐干净，不要弄错瓶塞或瓶盖。

(4) 从滴瓶中取用液体试剂时，将液体试剂吸入滴管，不要只用拇指和食指捏着滴管，还应用无名指和中指夹住，悬于试管口稍上方，不得将滴管插入试管中。滴管只能专用，用后随时放回。取液后的滴管应保持橡胶头在上方，不得横放或滴管口向上倾斜，以免液体倒流而腐蚀橡胶头。

(5) 从细口瓶中取用液体试剂时，先将瓶塞取下，反放在桌面上，手心朝向标签处握住试剂瓶(以免倾注液体时弄脏标签)，沿玻璃棒向容器中倾注试剂，用后将瓶口在容器上靠一下，以免留在瓶口处的液滴流到瓶的外壁。

(6) 取用易挥发的试剂，如浓 HNO_3、浓 HCl、溴等，应在通风橱中操作，防止污染室内空气。

(7) 实验中，应按规定用量取用试剂，若没有注明用量，应尽可能取用少量试剂。若取用过量，将多余的试剂放在指定的容器中，不要倒回原瓶，以免污染试剂。

(8) 将有机电解液注入锂离子电池或超级电容器时需在无水无氧环境下操作，可在充有高纯惰性气体的手套箱中进行。

2) 固体试剂的取用

(1) 取用固体试剂一般使用不锈钢或塑料药匙，药匙的两端为大小两个匙，取用大量固体时用大匙，取少量固体时用小匙。使用的药匙必须干净，药匙用后应立即洗净擦干，方便后期使用。

(2) 取用一定质量的固体试剂时，可把固体试剂放在干燥的称量纸或表面皿上称量。具有腐蚀性或易潮解的固体试剂应放在玻璃容器内称量。要求准确称取一定量的固体时，可在分析天平上用直接称量法或减量法称量。

1.5.3　气体钢瓶

在新能源科学实验中，材料制备所用气氛炉、纽扣电池组装所用手套箱需要通入气体。气体可从高压气体钢瓶中获得，高压钢瓶容积一般为 40~60 L，最高工作压力为 15 MPa。

1. 气体钢瓶的标志

为避免混淆气体钢瓶，常将钢瓶的瓶身和标字涂上不同颜色的油漆以示区别(表 1.13)。

表 1.13　我国高压气体钢瓶常用的标志

气体类别	标字颜色	瓶身颜色
氧	黑色	天蓝色
氢	红色	深绿色
氮	黄色	黑色
氨	黑色	黄色
二氧化碳	黄色	黑色
氯	白色	草绿色
氩	黄色	灰色
乙炔	红色	白色
其他一切可燃气体	白色	红色
其他一切非可燃气体	黄色	黑色

2. 气体钢瓶的使用

高压气体钢瓶若使用不当，会发生危险(如爆炸等事故)，因此使用时必须严格遵守安全规则。

(1) 钢瓶应存放在阴凉、干燥、远离热源(如阳光、暖气、炉火)的地方，盛装可燃性气体钢瓶必须与氧气钢瓶分开存放，室内不能有明火。钢瓶必须直立放置并固定，瓶身配有胶圈以避免钢瓶和固定架之间的碰撞，不允许卧放或倒放。

(2) 不可使油或其他易燃物、有机物粘在气体钢瓶上(特别是气门嘴和减压器处)，也不可用棉、麻等物堵漏。操作人员开启和关闭钢瓶时，不得穿用粘有油污的工作服或手套，以免引起燃烧或爆炸。

(3) 使用钢瓶中的气体时，要用减压阀(气压表)。可燃性气体(如氢气、乙炔)钢瓶的气门按逆时针拧紧，即螺纹反扣。非可燃或助燃性气体钢瓶的气门按顺时针拧紧，即螺纹正扣。各种气体的气压表不得混用。

(4) 开启高压钢瓶时，操作者应站在侧面，即站在与气瓶口呈垂直方向的位置上，以防气流对人员造成伤害。操作时严禁敲打撞击钢瓶，并经常检查有无漏气，注意压力表读数。

(5) 使用时，在减压阀手柄拧松的状态下，打开钢瓶的启闭阀，将高压气体输入减压器的高压室，然后慢慢开启减压器的手柄，调节气体的流量。实验结束后，要及时关闭钢瓶的启闭阀，待减压器中气体排净后再旋紧减压器手柄。

(6) 钢瓶内的气体绝不能全部用完，一定要保留 0.05 MPa(表压)以上的残留压力，可燃性气体如乙炔应剩余 0.2～0.3 MPa，以防重新充气时发生危险。

(7) 搬运气体钢瓶时应装上防震垫圈，避免震动，并拧紧钢瓶上的安全帽，以保护启闭阀，防止其意外转动和减少碰撞，用特制的小推车或用手平抬及垂直转动，严禁手执启闭阀移动。

(8) 发生气体泄漏时，应及时关紧钢瓶启闭阀，打开门窗，进行通风疏散。若是易燃易爆气体，应严禁各类明火，严禁开、关各类电器设备。

(9) 气体管路应连接正确、有标志，管路材质选择合适，无破损或老化现象。存在多条气体管路的房间应张贴详细的管路图。

1.5.4　热源

1. 涉及加热的合成方法

新能源实验中包括多种功能材料的制备过程，其中涉及加热的制备方法主要有水热法、溶剂热法、热注入法、固相合成法和化学气相沉积法。

1) 水热法

水热法是指在密封的反应釜中，以水为溶剂，将一定形式的前驱体在高温、高压条件下经溶解和重结晶的材料制备方法。

优点：①得到的晶粒结晶完整，粒径小且分布均匀；②一般不需要高温烧结即可直接得到结晶粉末，避免颗粒团聚；③可制备出固相反应难以制备的材料，克服高温制备存在的晶型转变、分解等难题，能合成介稳态或其他特殊凝聚态的化合物。

缺点：①对于晶核形成及晶体生长过程影响因素的控制等方面较难深入探究；②所需高温、高压条件对设备的要求较高。

2) 溶剂热法

溶剂热法是指在密闭体系(如反应釜)内，以有机物或非水溶媒为溶剂，原始反应混合物在一定的温度和溶液自生压力条件下进行反应的一种合成方法。溶剂热法与水热法的区别在于所用溶剂为有机溶剂而不是水。溶剂热法适用于遇水反应或分解的化合物，常用于磷酸盐分子筛等三维骨架结构材料的制备。

3) 热注入法

热注入法是指向预热至一定温度(一般 150～300℃)的有机溶剂中迅速注入反应物前驱体制备纳米和亚纳米级材料的方法。与水热法不同的是，热注入法使晶体的成核与生长分成了两个不同的阶段：在前驱体迅速注入的过程中，大量晶核几乎在同一时刻形成并同时继续生长，所得产物的粒径可以分布在一个很窄的尺寸区间内。通过对反应条件的调控，可实现对产物形貌和尺寸的调控。热注入法常用于制备一些金属和简单无机化合物的纳米颗粒或量子点。值得注意的是，为了避免前驱体和产物在高温下被氧化，反应通常需要在惰性气体保护或真空环境下进行，操作中如果涉及冷凝回流装置的搭建，要注意防止反应腔体内气压过高或过低而发生危险。

4) 固相合成法

固相合成法是指将固体混合物在高温条件下煅烧以获得一定计量比、颗粒度和理化性质均一的材料，该反应依赖于原子或离子在固体内或颗粒间的扩散速率。因固体质点间作用力大，扩散受到限制，反应组分局限在固体中，反应主要在界面上进行。固相合成法是制备多晶固体应用最为广泛的方法。高温固相反应适合制备热力学稳定的化合物，不适用于低温条件下稳定的介稳态化合物或动力学稳定的化合物。

5) 化学气相沉积法

化学气相沉积法是将基底放置在一种或多种不同的前驱体中，在基底表面发生化学反应或前驱体分解而生成产物，沉积形成薄膜材料。反应过程中产生的副产物大多随气流被带走，不会留在反应腔体中。

根据起始化学反应机制(如活化机制)的不同，化学气相沉积常用方法有：①气溶胶辅助气相沉积，将液体/气体的气溶胶的前驱体生长在基底上，生长速率快，适合使用非挥发性前驱体；②直接液体注入化学气相沉积，将液相(液体或固体溶解在合适的溶液中)前驱体注入蒸发腔内变成注入物，然后经由传统的化学气相沉积技术沉积在基底上，可达到很高的生长速率，适合使用液态或固态前驱体。

根据制备工艺条件的不同，化学气相沉积的常见分类为：①等离子体增强化学气相沉积，即将前驱体转化为等离子体以提高反应速率的过程，该过程可在低温环境下发生，是半导体制造中广泛使用的技术；②原子层化学气相沉积，即连续沉积不同材料的晶体薄膜层；③混合物理化学气相沉积，包括化学分解前驱气体及蒸发固体源两种技术；④快速热化学气相沉积，即使用加热灯等设备仅对基底快速加热，减少不必要的气相反应和副产物生成。

2. 常用加热设备及使用注意事项

实验室常用加热设备包括恒温水浴锅、加热板、电热套、马弗炉、管式炉和干燥箱。

恒温水浴锅可用于干燥、浓缩、蒸馏、浸渍化学试剂，也可用于水浴恒温加热和其他温度试验。加热板利用电能在被加热物体内部直接生热，因而热效率高，升温速率快，并可改变加热工艺实现整体均匀加热或局部加热(包括表面加热)。电热套多用于玻璃容器的精确控温加热。马弗炉适用于灰化、金属退火、陶瓷烧结等，同类型的加热设备还有管式炉(多温区、多工位、立式)和气氛炉(预抽真空，气氛保护电炉)。干燥箱根据干燥物质不同，分为电热鼓风干燥箱和真空干燥箱两大类，适用于干燥、烘烤及预热各种材料，内箱机构采用热风循环方式，温度分布均匀。

用于新能源材料高温制备的常见加热设备主要有各种电炉，按照加热方式可分为：①电阻炉，电流通过电阻体由于焦耳热效应产生热量；②电弧炉，通过电极产生电弧加热；③感应炉，由于电磁感应作用在电阻体内产生电流，并由电阻产生热量；④电子束炉，利用高速运动的电子能量作为热源；⑤等离子体炉，利用电能产生等离子体的能量来加热。

加热设备使用注意事项如下。

(1) 使用各种加热设备时，需注意设备的电压要求和额定功率，在通电前均应先检查仪器性能，注意是否有断路或漏电现象，发现故障应及时报修，不得擅自拆卸或改造，不得使用与仪器要求不符的电源。

(2) 使用恒温水浴锅时，在注水或使用过程中不要将水溅入电器箱内，以免发生事故；必须先注水后通电，不得缺水和空烧；使用结束后将水浴锅的水放干净，并将水浴锅的内外表面擦拭干净。

(3) 使用电热套或电热板时，当液体溢入套内或板上，应迅速关闭电源，将电热套或电热板放在通风处，待干燥后方可使用，以免漏电或电器短路发生危险；长期不用时，应将电热套或电热板放在干燥无腐蚀气体处保存；切勿空套或空板干烧。

(4) 马弗炉周围严禁放置冰箱、气体钢瓶，以及易燃、易爆和腐蚀性物品；马弗炉内不宜放置酸性、碱性化学品和强氧化剂，金属及其他矿物需放在瓷器皿内加热，不可直接放在炉膛内；使用时炉膛温度不得超过最高炉温，也不得在额定温度下长时间工作；马弗炉周围要有一定的散热空间，禁止堆放杂物，不可在其上放置任何物品。

(5) 使用干燥箱时，箱内放置物品切勿过密或超载，以免影响热空气对流；严禁将易燃、易爆、易挥发的物品放入箱内，以免发生事故；使用干燥箱进行恒温干燥时，恒温室下方的散热板上不能放置物品，以免烤坏物品而引起燃烧；切勿将本机箱体放在含酸、含碱的腐蚀环境中，以免破坏电子部件。

(6) 当加热设备处于高温，在操作时必须戴防护手套，以免烫伤。

(7) 严禁无人看守时过夜使用加热设备，以免发生危险。

(8) 一旦加热设备温度失控，应及时断电检查，以免发生事故；严禁超期使用。

1.6　实验数据处理

1.6.1　误差的基本概念

1. 误差的分类

根据误差性质不同可将定量分析中的误差分为三类：系统误差、随机误差和过失误差。

1) 系统误差

系统误差也称可测误差。它是由分析过程中某些确定原因造成的,对分析结果的影响比较固定,在同一条件下重复测定时,它会重复出现,使测定结果系统地偏高或偏低。因此,这类误差有一定规律性,其大小、正负可测,弄清来源,可以设法减小或校正。产生系统误差的可能原因如下。

(1) 方法误差:分析方法本身不够完善而引入的误差。例如,重量分析中沉淀物少量溶解或吸附杂质;滴定分析中,等物质的量反应终点与滴定终点不完全符合;反应进行不完全,有副反应发生,指示剂选择不当等;灼烧时沉淀的分解等,都会系统地导致测定结果偏高或偏低。

(2) 试剂误差:试剂或蒸馏水、去离子水不纯,含有微量被测物质或对被测物质有干扰的杂质等所产生的误差。

(3) 仪器误差:仪器本身不够精密或有缺陷而造成的误差。例如,移液管、滴定管、容量瓶等玻璃仪器的实际容积和标称容积不符;试剂不纯,天平未校准或灵敏度欠佳;在电学仪器中,电源电压下降、接触不良造成电路电阻增加、温度对电阻和电压的影响等,都是产生系统误差的原因。

(4) 主观误差:操作人员的主观因素造成的误差。例如,在组装电池时施加压力偏大或偏小;在判断终点或读取滴定管读数时偏高或偏低;操作计时器时部分偏快,部分偏慢;其数值可能因人而异,但对一个操作者来说偏差方向基本相同。

2) 随机误差

随机误差也称偶然误差,是由一些随机的难以控制的偶然因素造成的。随机误差没有一定的规律性,即使操作者仔细操作,外界条件也尽量保持一致,但测得的一系列数据仍有差别。产生这类误差的原因通常难以察觉,如室内气压、湿度和温度的微小波动,仪器性能的微小变化,个人辨别的差异,在估计最后一位数值时几次读数不一致等。在各种测量中,随机误差总是不可避免地存在,并且不能加以消除,它构成测量的最终限制。随机误差的大小、方向都不固定,但大量实践发现,在同样条件下进行多次测定,随机误差符合正态分布。

3) 过失误差

由于操作者的疏忽大意,没有完全按照操作规程进行实验等原因造成的误差称为过失误差。这种误差使测量结果与事实明显不符,与真实值有大的偏离且无规律可循。这种过失误差需要靠加强责任心、仔细工作来避免。含有过失误差的测量值不能作为一次实验值引入平均值的计算。判断是否发生过失误差必须慎重,应有充分的依据,需重复这个实验来检查,如果经过细致实验后仍然重现数据,要根据已有的科学知识判断是否存在新的问题,或者实验有新的发现和发展。

2. 减小误差的方法

从产生误差的原因来看,只有尽可能地减小系统误差和随机误差,避免过失误差,才能提高测定结果的准确度。

1) 消除系统误差

系统误差是影响分析结果准确度的主要因素。造成系统误差的原因有多方面，应根据具体情况采用不同的方法检验和消除系统误差。

(1) 对照实验。这是检验分析方法和分析过程有无系统误差的有效方法。选用公认的标准方法与所采用的方法对同一试样进行测定，找出校正数据，消除方法误差。或者用已知准确含量的标准物质(或纯净物质配成的溶液)和被测试样以相同的方法进行分析，即"带标测定"，求出校正值。此外，也可以用不同的分析方法或由不同单位的实验人员对同一试样进行分析来互相比对。

(2) 空白实验。这是在不加试样溶液的情况下，按照试样溶液的分析步骤和条件进行分析的实验。所得结果称为空白值，从测定结果中扣除空白值，即可消除此类误差。

(3) 仪器校正。对测量仪器进行校正以减少误差。

2) 减小偶然误差

偶然误差与分析结果的精确度有关，来源于难以预料的因素，或是由于取样不均匀，或是由于测定过程中某些不易控制的外界因素的影响。为了减小偶然误差，一般采取以下措施。

(1) 平均取样。例如，对于极不均匀的固体样品，在取样前先粉碎、混匀。

(2) 多次测定。根据偶然误差的规律，多次取样平行测定，然后取其算术平均值。

1.6.2　精密度与偏差

1. 精密度和准确度

精密度表示在相同条件下对同一样品多次重复测定(称为平行测定)所得各测定结果之间相互接近的程度，它反映了测定结果的再现性。精密度用相对平均偏差或相对标准偏差的大小来衡量，数值越小，精密度越高。精密度仅与随机误差有关，而与系统误差无关。

准确度表示测定值与真值相符合的程度，用误差的大小衡量，误差越小，准确度越高。准确度与系统误差和随机误差均有关，表示测定结果的正确性。

测定结果的质量应从精密度和准确度两个方面进行评价。精密度好，不一定准确度高。精密度差，所得结果不可靠，失去衡量准确度的前提。因此，精密度是保证准确度的必要不充分条件。

2. 偏差

偏差是指单次测定结果(x_i)与 n 次测定结果的算术平均值($\bar{x}$)的差值。偏差越小，分析结果的精密度越高。偏差有以下几种表示方法：绝对偏差和相对偏差、平均偏差、标准偏差。

1) 绝对偏差(d_i)和相对偏差(d_r)

设 n 次平行测定的数据分别为 x_1、x_2、x_3、$\cdots$、x_n，其算术平均值为

$$\bar{x} = \frac{x_1 + x_2 + x_3 + \cdots + x_n}{n} = \frac{1}{n} \sum_{i=1}^{n} x_i \qquad (1.8)$$

则单次测定值的绝对偏差为

$$d_i = x_i - \bar{x} \qquad (1.9)$$

相对偏差为

$$d_\tau = \frac{d_i}{\bar{x}} \qquad (1.10)$$

单次测定值的精密度常用绝对偏差或相对偏差表示。

2) 平均偏差 $(\bar{d})$

衡量一组平行数据的精密度可用平均偏差和相对平均偏差表示。

平均偏差是指单次测定值偏差绝对值的平均值，即

$$\bar{d} = \frac{|d_1| + |d_2| + |d_3| + \cdots + |d_n|}{n} = \frac{1}{n} \sum_{i=1}^{n} |d_i| \qquad (1.11)$$

式中，n 为测定次数；d_i 为单次测定值的绝对偏差。

测定结果的相对平均偏差为

$$相对平均偏差 = \frac{\bar{d}}{\bar{x}} \times 100\% \qquad (1.12)$$

由此可以看出，单次测定值的偏差指某次测定结果偏离平均值的情况，它有正负之分。平均偏差反映了一组(n 次)测定结果之间的符合程度，即重复性的好坏，它没有正负之分。

用平均偏差表示精密度比较简单，但当一批数据的分散程度较大时，仅以平均偏差不能说明精密度的高低，需要采用标准偏差来衡量。

3) 标准偏差 (σ)

标准偏差又称均方根差。当测定次数 n 趋于无限多次时，有

$$\sigma = \sqrt{\frac{d_1^2 + d_2^2 + d_2^2 + \cdots + d_n^2}{n}} = \sqrt{\frac{1}{n} \sum_{i=1}^{n} d_i^2} = \sqrt{\frac{1}{n} \sum_{i=1}^{n} (x_i - \mu)^2} \qquad (1.13)$$

式中，μ 为无限多次测定结果的平均值，在数理统计中称为总体平均值。

$$\lim_{n \to \infty} \bar{x} = \mu \qquad (1.14)$$

总体平均值 μ 即为真实值，此时标准偏差即为误差。

标准偏差是把单次测定值对平均值的偏差先平方再求和，充分引用每个数据的信息，它比平均偏差更灵敏地反映出较大偏差的存在，故能更好地反映测定数据的精密度。

对于有限的样本，实际工作中常用相对标准偏差来表示精密度，相对标准偏差用 RSD 表示：

$$\text{RSD} = \frac{S}{\bar{x}} \times 100\% \qquad (1.15)$$

$$S = \sqrt{\frac{1}{n-1}\sum_{i=1}^{n}(x_i - \overline{x})^2} \tag{1.16}$$

1.6.3　有效数字及运算规则

1. 有效数字

有效数字是在测量中实际能够测到的数字。在有效数字中，只有最后一位数字是估计值，其余数字都是确定的。有效数字保留的位数应根据分析方法和仪器的精度确定。

2. 有效数字的计位规则

(1) 非"0"数字1~9都是有效数字，如21.25计为四位，1.2计为两位。

(2) "0"在数值中是不是有效数字应具体分析。"0"在所有非"0"数字之前时不计位，如0.0051计为两位。"0"在非"0"数字之间时要计位，如1.006计为四位。"0"在所有非"0"数字之后要计位，如1.00计为三位。

(3) pH、pK、lg$K$ 等值的有效数字位数仅取决于数值的小数部分的位数，因为整数部分只表示10的次方。例如，pH=10.00计两位有效数字，相当于[H^+]=1.0×10^{-10} mol·L^{-1}。

(4) 有效数字的位数与量的使用单位无关，其单位之间的换算倍数通常以乘10的幂次方来表示。例如，称得某物的质量为2.1 g，两位有效数字；若以mg为单位，应记为2.1×10^3 mg，而不应记为2100 mg；若以kg为单位，可记为0.0021 kg或2.1×10^{-3} kg。

(5) 简单的整数、分数、倍数及常数 π、e、$\sqrt{2}$ 等属于准确数或自然数，其有效数字可以认为是无限制的，在计算中需要几位就取几位，因为在数学上不考虑有效数字的概念。

3. 有效数字的修约规则

有效数字的修约推荐按"四舍六入五成双"原则进行。具体方法如下：在拟舍弃的数字中，若左边第一个数字≤4时则舍去；若左边第一个数字≥6时则进1；若左边第一个数字等于5，其后的数字不全为0，则进1；若左边第一个数字等于5，其后的数字全为0，保留下来的末位数字为奇数时则进1，为偶数(包括0)时则不进位。例如，将下列数值修约成三位有效数字，其结果分别为

10.345 修约为10.3(尾数=4)

10.3625 修约为10.4(尾数=6)

10.3500 修约为10.4(尾数=5，前面为奇数)

10.2500 修约为10.2(尾数=5，前面为偶数)

10.0500 修约为10.0(尾数=5，前面为偶数)

10.0501 修约为10.1(尾数5后面并非全部为0)

若被舍弃的数字包括几位数字时，不得对该数进行连续修约，而应根据以上规则仅进行一次性修约处理。

4. 有效数字的运算规则

1) 加减运算规则

测量值相加减时，其和或差的有效位数的取舍应以参加运算的数值中绝对误差最大(小数点后位数最少)的为标准。

例如，0.0311、0.007 64、1.72 三个数相加，三个数的末位均是可疑数字，它们的绝对误差分别为±0.0001、±0.000 01、±0.01，其中 1.72 的绝对误差最大(小数点后位数最少)。因此，在运算中应以 1.72 为依据确定运算结果的有效数字位数。先将其他数字依规则取到小数点后两位，然后相加：$0.03 + 0.01 + 1.72 = 1.76$。

2) 乘除运算规则

测量值相乘除时，其积或商的有效位数的取舍应以参加运算的数值中相对误差最大(有效数字位数最少)的为标准。

例如，0.0311、12.57、1.334 26 三个数相乘，它们的相对误差分别为 $\pm 0.0001/0.0311 \times 100\% = \pm 0.3\%$，$\pm 0.01/12.57 \times 100\% = \pm 0.08\%$，$\pm 0.000 01/1.334 26 \times 100\% = \pm 0.0007\%$。可见，0.0311 的相对误差最大，有效数字的位数最少，应以它为标准先进行修约，依规则取三位有效数字，然后相乘：$0.0311 \times 12.6 \times 1.33 = 0.521$。即计算结果的准确度(相对误差)应与相对误差最大的数据保持在同一数量级(有效数字的位数相同)，不能高于它的准确度。

1.6.4　可疑值的取舍

在平行测定的一组数据中，有时会出现其中某一数据和其他数据相比相差很远的情况，这一数据称为可疑值，又称极端值或离群值。可疑值的取舍，从原则上说，在无限次测定中，任何一个测量值，无论其偏差有多大，都不能舍弃。但是在少量数据的处理中，可疑值的取舍会在一定程度上影响平均值的可靠性。可疑值的取舍问题实质上是区分偶然误差和过失误差的问题。实验中，确定由错误操作引起数据异常，此时应将该次测定结果舍弃；否则，必须根据误差规律进行合理的舍弃，才能得到正确的分析结果。可疑值的取舍方法很多，现简单介绍在统计学上使用的 Q 检验法。Q 检验法的步骤如下。

(1) 将数据按大小顺序排列。

(2) 计算最大值与最小值之差(极差)R。

(3) 计算离群值与其相邻值之差(应取绝对值)d。

(4) 计算舍弃商 $Q_{计算}$，$Q_{计算} = d/R$。

(5) 根据测定次数和要求的置信度，查舍弃商 Q 值表(表 1.14)，得到 $Q_{表}$。

表 1.14　舍弃商 Q 值表

测定次数 n	3	4	5	6	7	8	9	10
$Q_{0.90}$	0.94	0.76	0.64	0.56	0.51	0.47	0.44	0.41
$Q_{0.95}$	0.97	0.84	0.73	0.64	0.59	0.54	0.51	0.49

(6) 将 $Q_{计算}$ 与 $Q_{表}$ 进行比较，若 $Q_{计算} > Q_{表}$，则弃去离群值，否则应予以保留。

在实验过程中得到一组数据后，如果不能确定个别离群值确系由"过失"引起，则不能轻易地舍弃这些数据，而要用上述统计检验方法进行判断之后，才能确定其取舍。如果测定次数较少，如 $n=3$，并且 $Q_{计算}$ 与 $Q_{表}$ 值相近，这时为了慎重起见，需补做一两次实验，然后确定离群值的取舍。完成这一步工作后，可以计算该组数据的平均值、标准偏差并进行其他有关的数理统计工作。

1.7　实验预习、记录和报告

1.7.1　实验预习

实验课前应做好预习，认真阅读相关教材和文献资料，观看多媒体教学课件，做到明确实验目的、理解实验原理、了解基本实验操作和仪器的使用及注意事项、了解试剂的理化性质、熟悉实验内容，从而合理安排实验，提高实验效率。

1.7.2　实验记录

实验记录是书写实验报告的依据，做实验记录要遵循"及时、真实、详细、规范"原则。

"及时"是指实验时要边做边记，避免在实验结束后补做"回忆录"。回忆容易造成漏记、误记，影响实验结果的准确性和可靠程度。

"真实"是指根据自己的实验事实如实、科学地记录，反映实验的真实情况，不可照抄书本，也不可抄袭他人的数据或内容，更不能编造实验数据。

"详细"是要求对实验中的任何数据、现象及操作步骤等各项内容做详细记录，避免遗漏重要信息和数据，减少不必要的重复实验。

"规范"是指做记录时要条理清晰、书写工整、标注准确、符号含义明确，以便记录内容的后续使用。避免使用一些晦涩难懂的符号和过于简略的语言。

原始实验记录通常应包括以下内容：①所用样品名称、样品编号及样品状态；②检测项目及检测时间、测试条件及所用仪器；③实验的操作步骤及现象；④产品的分离提纯方法；⑤测定的物理常数数据、计算公式及公式说明；⑥产品的产量、产率，反应转化率，材料表征分析结果及依据标准；⑦实验中的异常现象及处理方法。

实验结束后，实验记录需指导教师签字。

1.7.3　实验报告

实验操作完毕后，必须根据实验记录进行总结归纳，分析讨论，整理成文。实验报告的书写在文字和格式方面均有严格要求，应做到叙述简明扼要、文字通顺、条理清楚、字迹工整、图表清晰。在根据实验记录整理成文后，认真写出"实验讨论"，对实验原理、操作方法、反应现象进行解释说明，对操作中的经验教训和实验中存在的问题提出改进性建议，回答思考题。实验报告一般包括以下内容。

(1) 实验名称、实验人员信息、环境条件(天气、温度、湿度、气压)、日期。

(2) 实验目的：简述实验目的。

(3) 实验原理：简述实验原理，对合成或定量测定实验还应列出主要反应方程式。

(4) 实验试剂与仪器：采用图示及文字简述药品试剂用量、规格和仪器型号。

(5) 实验步骤：实验步骤是学生实际操作的简述，尽量用表格、框图、符号等形式清晰、明了地表示，写明实验过程的注意事项。

(6) 实验现象及原始数据记录：实验现象表达准确，数据记录真实、完整。

(7) 实验结果及讨论：对原始数据进行处理，包括误差分析，写出相应公式、计算结果。对实验现象加以解释，制备或提纯类实验应重点结合结果进行讨论，分析产物产率高低及纯度高低的原因；定量分析实验应讨论实验结果的误差来源、经验教训或心得体会等。

(8) 思考题回答：对实验后所提出的问题进行回答，以加深对实验原理的理解。

以上几项内容的繁简、取舍可根据不同实验的具体情况而定。报告中的一些内容，如原理、表格、计算公式等，要求在实验预习时准备好，其他内容则可在实验过程中及实验完成后填写。实验报告撰写完成需提交指导教师批阅。

1.7.4　实验报告示例

实验名称：

班级：＿＿＿＿＿＿，姓名：＿＿＿＿＿＿，学号：＿＿＿＿＿＿，成绩：＿＿＿＿＿＿。

同组成员：

气压：＿＿＿＿＿＿，室温：＿＿＿＿＿＿，气象情况：＿＿＿＿＿＿，实验日期：＿＿＿＿＿＿年＿＿＿＿＿＿月＿＿＿＿＿＿日。

1. 实验目的

2. 实验原理

3. 实验试剂与仪器

4. 实验步骤

5. 实验现象及原始数据记录

6. 实验结果及讨论(包括误差分析)

7. 思考题回答

思　考　题

1. 在进入实验室之前，需要掌握哪些基本规则？
2. 实验中若有人不慎触电，应采取什么救助措施？
3. 若仪器设备失火，应采用什么类型的灭火器？
4. 实验过程中，若酸性试剂不慎溅入眼中，应采取什么措施？
5. 在记录实验数据时，发现某一数据和其他数据相比相差很大，该数据应如何处理？

第 2 章　新能源实验基本操作技术

新能源实验通常会使用多种药品、试剂、器皿、器材和设备，进行称量、反应、制备、分离、提纯、分析、测量等操作。实验前应熟知各种器皿和设备的用途、使用说明及注意事项，掌握基本操作技术。

2.1　常　用　器　皿

2.1.1　反应器皿

1. 烧杯

烧杯(图 2.1)通常为普通玻璃、耐热玻璃、塑料材质，根据容量，常见规格有 25 mL、50mL、100 mL、500 mL、1000 mL 等。

烧杯的主要用途有：①盛放和配制溶液；②溶解固体、稀释液体、结晶固体等简单操作。

图 2.1　烧杯示意图

操作规范如下。

1) 溶解、稀释

将待溶解或稀释的样品置于洁净、干燥的烧杯中，为加快其溶解或稀释，可采用洁净的玻璃棒进行适当的搅拌处理。加热烧杯可加快溶解速度。

将溶解或稀释后的样品进行转移时，应注意将烧杯倾斜一定角度，保证液体从烧杯缺口处缓慢流出。或者采用玻璃棒引流，加快转移速度。具体操作如下：将玻璃棒略微倾斜，一端靠在容器内壁，另一端悬空。将烧杯的缺口处靠在玻璃棒较合适的高度位置，缓慢倾倒液体；若盛放溶液的器皿口颈较大，可直接将烧杯的缺口处对准器皿的口颈位置，缓慢倾倒。

2) 结晶

将待结晶的溶液置于洁净、干燥的烧杯中充分静置。若未析出晶体，可选用洁净的玻璃棒适度摩擦烧杯内壁，直至晶体析出。此过程不可使用玻璃棒进行搅拌。

注意事项：

(1) 使用过程应紧握杯壁，防止烧杯滑落破碎造成伤害。

(2) 加热过程应保持烧杯外壁洁净、干燥。

(3) 搅拌过程中玻璃棒不可接触烧杯的内壁和杯底，以免破损烧杯。

(4) 烧杯内的反应液体不得超过总容量的 2/3，以免液体外溅造成伤害。

2. 烧瓶

烧瓶(图 2.2)通常为玻璃材质，分类如下：

图 2.2　烧瓶示意图

(1) 根据形状，可分为圆底烧瓶、平底烧瓶、梨形烧瓶、锥形烧瓶。

(2) 根据口颈个数，圆底烧瓶可分为单颈烧瓶、两颈烧瓶、三颈烧瓶、四颈烧瓶。

(3) 根据容量，常见规格有 50 mL、100 mL、250 mL、500 mL、1000 mL 等。

烧瓶用于试剂量较大并伴有液体参与反应的实验。

(1) 圆底烧瓶：通常用作合成反应的反应器皿，以及常压或减压蒸馏实验的接收器皿。

(2) 平底烧瓶：通常用作配制溶液的器皿。

(3) 多颈烧瓶：通常用于条件较为苛刻的实验，一般连接温度计、滴液漏斗、搅拌器、冷凝管等。

以新能源实验常用的圆底烧瓶为例，具体操作如下。

若实验过程需要加热处理，将洁净、干燥的圆底烧瓶置于铁架台上固定，底部用加热板、电热套、酒精灯等加热设备进行加热。烧瓶内加入适量的沸石(2~3 粒为宜，防止暴沸)。使用漏斗向其中加入试剂，组装各部件进行实验。

若实验过程需要水浴加热处理，将洁净、干燥的圆底烧瓶置于水浴器皿的合适位置，然后组装各部件，缓慢调节温度进行实验。

注意事项：

(1) 采用酒精灯进行加热时，应加垫石棉网。

(2) 采用酒精灯或电热套进行加热时，烧瓶外壁不能悬挂水珠。

(3) 加热时烧瓶底部不能直接接触电热套或水浴锅锅底，防止因局部过热导致器皿炸裂。

(4) 烧瓶内加入液体的总量不得超过其总容量的 2/3，也不得少于其容量的 1/3。

3. 锥形瓶

锥形瓶(图 2.3)通常为玻璃材质，根据用途可分为有塞式和无塞式锥形瓶；根据形状可分为广口锥形瓶和细口锥形瓶。

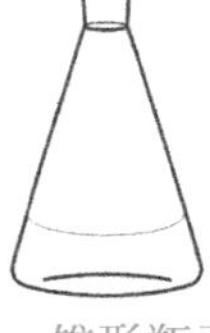

锥形瓶的主要用途有：①用作常温的反应器皿；②用于容量分析的滴定操作。

操作规范：将固体试剂、需移液管转移的待测液或标准溶液加入洁净、干燥的锥形瓶中，进行滴定时小幅度持续晃动锥形瓶，以加速反应进行。

图 2.3　锥形瓶示意图

注意事项：

(1) 加入液体量不得超过容器的 2/3,以防液体外溅。

(2) 滴定实验时,无需使用待测液或标准溶液提前润洗。

4. 试管、离心管

试管(图 2.4)通常为玻璃、塑料材质,根据用途可分为普通试管、离心试管;根据容量,常见规格有 5 mL、10 mL、20 mL、50 mL、100 mL 等。

试管和离心试管的主要用途有:①用作常温或加热条件下少量试剂的反应容器;②用作少量气体的收集器;③用于沉淀分离辨别。

图 2.4　试管示意图

操作规范:

(1) 取用液体时,将移液后的滴管置于试管口上方悬空滴加,不可伸入试管口内部。

(2) 取用块状固体时,用镊子夹取并放至试管口,缓慢竖起试管使固体沿试管内壁缓慢滑落至试管底部。不可将固体直接坠入,以免造成管底破裂。

(3) 取用粉末样品时,采用洁净、干燥的药匙或合适大小的纸槽将待反应的固体物质缓慢移送到试管底端附近,防止样品质量损失。

(4) 在离心管中加入待分离的试剂后,要在离心机的对称位置放入同质量的加水离心管,才能进行沉淀的离心分离。

注意事项:

(1) 加热试管时,应保证加入液体量不能超过总容量的 1/3,以防液体外溅,造成伤害。

(2) 采用试管夹进行加热时,试管口不可对着人,以免液体外溅,造成烫伤。

(3) 加热固体时,试管口应朝下倾斜,以免冷凝水回流炸裂试管。

(4) 加热初期应不断转动试管,保证各部位受热均匀,然后再集中加热。此过程试管要保持倾斜角约为 45°。

(5) 普通试管可直接明火加热,离心试管只能水浴加热。

5. 滴液漏斗、恒压滴液漏斗

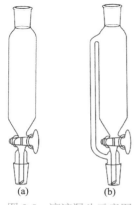

图 2.5　滴液漏斗示意图

滴液漏斗通常为玻璃材质,根据用途可分为普通滴液漏斗[图 2.5(a)]和恒压滴液漏斗[图 2.5(b)]。

滴液漏斗主要用于反应过程中滴加原料。

操作规范:先进行检漏,合格后,将待滴加的溶液倒入滴液漏斗中,并塞上塞子。对于沸点较低、易挥发的溶液,选用恒压滴液漏斗,使反应液恒速滴加。

注意事项:滴液漏斗不可直接进行加热处理。

6. 蒸发皿

蒸发皿通常为石英、瓷、玻璃材质;根据容量,常见规格有 75 mL、200 mL、400 mL 等。

蒸发皿的主要用途有：①蒸发、浓缩液体；②升华提纯固体。

操作规范如下。

1) 蒸发、浓缩液体

将蒸发皿置于三脚架上，并向其中倒入待蒸发浓缩的试剂，用酒精灯加热。可用玻璃棒适当搅拌，以加速蒸发。蒸发浓缩后，移去热源，待试剂自然冷却至室温后进行转移。

2) 升华固体

将蒸发皿置于垫有石棉网的三脚架上，并向其中加入待升华提纯的物质。其上覆盖一张扎有小孔的滤纸，然后倒扣一个玻璃漏斗，在漏斗颈部塞一团洁净的脱脂棉，缓慢进行升华。

注意事项：

(1) 物质进行升华处理过程中应小心控制温度，缓慢加热。

(2) 不可直接用冷水冲洗热的器皿，以防炸裂。

(3) 若浓缩液体量较多，可快速加热；若液体较为黏稠，可缓慢加热。

7. 表面皿

表面皿通常为玻璃材质；根据直径，常见规格有 45 mm、65 mm、75 mm、90 mm 等。

表面皿的主要用途有：①用于盛放 pH 试纸、淀粉碘化钾试纸等各类试纸；②可作为杯盖，盖在烧杯上，以防液体外溅。

操作规范：表面皿使用前保持洁净、干燥。

注意事项：表面皿一般不可直接加热，以防炸裂。

8. 洗气瓶

洗气瓶(图 2.6)通常为玻璃材质；根据容量，常见规格有 125 mL、250 mL、500 mL、1000 mL 等。

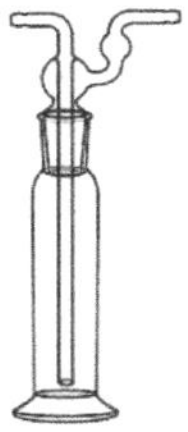

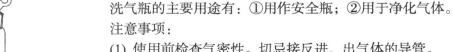

洗气瓶的主要用途有：①用作安全瓶；②用于净化气体。

注意事项：

(1) 使用前检查气密性。切忌接反进、出气体的导管。

(2) 根据实验要求选择合适的洗涤剂，其使用量一般不超过洗气瓶总容量的 1/2。

图 2.6　洗气瓶示意图

(3) 洗气瓶不可长期盛放碱性液体，以免造成损坏。

(4) 洗气瓶用清水洗净后，再用蒸馏水(或去离子水)清洗2~3次，待干燥后归置原位。

2.1.2　称量及收集器皿

1. 量筒

量筒(图 2.7)通常为玻璃、塑料材质。根据容量，常见规格有 5 mL、10 mL、25 mL、50 mL、100 mL 等。

量筒主要用于粗略量取一定体积的溶液或溶剂。

操作规范：

图 2.7　量筒示意图

（1）左手握紧洁净、干燥的量筒，手指距离筒口的位置为 1～1.5 cm。量筒保持竖直，刻度朝向自己。右手握紧试剂瓶，使其标签朝向手心，瓶口紧贴在量筒口，缓慢倾倒液体至所需的刻度线位置。倒入液体过程中，手要略高于肩部位置。

（2）读取示数时，量筒应保持垂直，视线与液体凹液面最低处相平，视线偏高或偏低均会造成读数误差，影响结果准确性。

注意事项：

（1）使用前保持器皿洁净、干燥。

（2）不可量取热溶液。

（3）不可用于加热或配制溶液。

2. 称量瓶

称量瓶通常为玻璃材质。根据容量，常见规格有 5 mL、10 mL、15 mL、20 mL 等。称量瓶主要用于称量固体药品，尤其是易吸潮、易氧化的试剂。

操作规范：

（1）将洁净、干燥的称量瓶置于校正后的天平中称量其质量，并将示数归零。

（2）向称量瓶中缓慢加入待需质量的药品。

（3）将称量好的样品置于适当器皿中，以备后续使用。

（4）若需称量多份或多种药品，重复上述实验步骤即可。

注意事项：

（1）磨口瓶塞需配套使用，不可混用。

（2）称量瓶用于称量干燥的固体试剂，用完及时清洗干燥，磨口处垫上纸片。

3. 移液管、吸量管

移液管和吸量管通常为玻璃或塑料材质。根据容量，常见规格有 1 mL、2 mL、5 mL、10 mL、25 mL 等。

移液管和吸量管主要用于准确移取一定体积的溶液。

操作规范如下。

1）洗涤

移液管和吸量管需采用铬酸洗液洗涤，然后用自来水冲洗，再用去离子水润洗 3 次，干燥后归置原位。

2）使用

（1）用待移取的溶液润洗移液管 2～3 次。

（2）移液时，右手夹住管颈上部，并将下部插入溶液 1～2 cm 处。左手捏洗耳球将溶液缓慢吸入移液管内。

（3）当移液量达到所需刻度以上时，移走洗耳球，并立即用食指堵住管口，并将移液管移至盛放溶液的器皿内壁。略微松动食指，使液体缓慢下降至凹液面的最低处与标线相切，立即按紧管口，使液体不再流出。然后转移至待盛放溶液的器皿中，松开食指，使管内液体自然流下，待液体流尽后取走移液管。

4. 滴管

滴管(图 2.8)通常为玻璃、塑料材质，有大小、长短之分。

滴管的主要用途有：①用于滴加或移取少量液体；②吸取下层沉淀。

操作规范如下。

1) 吸取试剂

图 2.8　滴管示意图

右手中指和无名指夹紧滴管管身，拇指和食指捏住滴管胶头，轻轻挤压，将其中空气赶出。然后将滴管垂直插入试剂中，缓慢松开胶头，控制试剂的吸入量。

2) 滴加试剂

将吸入试剂的滴管垂直置于器皿上方，滴管下端口距离器皿口 1~2 cm 处，轻轻挤压胶头，确保液体逐滴滴入器皿中。

注意事项：

(1) 及时更换老化的胶头。

(2) 胶头与玻璃管应紧密连接，防止漏气。

(3) 滴加液体时，避免管身接触器皿，以免污染试剂。

(4) 吸取或滴加试剂时，管身保持垂直，不可倾斜或倒立。

(5) 大胶头滴管用完后应及时用清水清洗，不可直接吸取其他试剂。

(6) 滴管使用前，应先用去离子水洗涤 2~3 次，再用试剂洗涤 2~3 次。

5. 滴瓶

滴瓶通常为玻璃材质，根据用途可分为无色滴瓶和棕色滴瓶。

滴瓶主要用于盛放少量的液体试剂。

操作规范：

(1) 从滴瓶中吸取少量的试液。

(2) 将待盛放液体的试管倾斜。

(3) 在滴管口距离试管口约 0.5 cm 处缓慢滴入试剂。

注意事项：

(1) 滴管口不可接触物品。

(2) 不同滴瓶的滴管不可交叉使用，以免造成污染。

(3) 见光易分解的试剂应盛放在棕色滴瓶中进行储存。

(4) 与滴瓶配套使用的滴管为专用滴管，不可吸取其他试剂。

(5) 滴管内不可长时间盛放强碱性或强氧化性试剂，以免腐蚀胶头。

(6) 吸入滴管内剩余的试剂不可倒回原滴瓶，以免污染原试剂。

(7) 滴管不可横放、斜放，以免污染胶头。

6. 干燥器

干燥器通常为玻璃材质，根据用途，可分为常压干燥器、真空干燥器；根据高度，常见规格有 165 mm、220 mm、280 mm、320 mm、360 mm、450 mm 等。

干燥器主要用于干燥受潮易变质的药品样品、精密金属元件、称量瓶等。

操作规范：使用干燥器前在盖与体之间涂抹凡士林。开启时，轻拿轻放盖子。移动干燥器时紧握盖沿，防止盖子滑落。干燥器底部可放置适量的干燥剂。

注意事项：

(1) 加热物体不可直接放入干燥器内，待冷却后再放入，以免温度过高，干燥器内部体积膨胀，顶开盖子。

(2) 待干燥物体置于干燥器后，盖好盖子并抽气减压。再次开启前应先打开抽气阀进行放气。开盖时应注意一只手固定干燥器，另一只手水平缓慢滑动盖子。

2.1.3　分离提纯器皿

1. 普通漏斗

普通漏斗(图 2.9)通常为玻璃、搪瓷材质，根据形状可分为长颈漏斗和短颈漏斗；根据容量，常见规格有 50 mL、100 mL、150 mL、200 mL、250 mL 等。

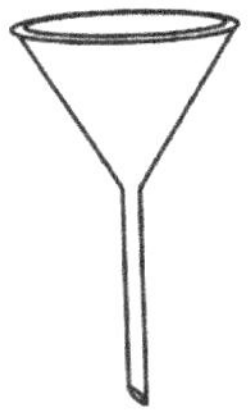

1) 长颈漏斗

(1) 将洁净、干燥的漏斗置于带有铁圈的铁架台上固定。

(2) 将折叠后的洁净滤纸紧贴在漏斗的内壁。滤纸处理过程如下：取一张洁净的圆形滤纸，其半径略小于漏斗壁长。将

图 2.9　普通漏斗示意图

滤纸对折两次，此时有四层滤纸叠放在一起。打开其中一层，则一侧为一层，另一侧为三层。调整三层滤纸的重叠面积，以满足漏斗的使用需求。

(3) 在漏斗下端放一个洁净、干燥的烧杯，使漏斗下端紧贴烧杯内壁。

(4) 过滤时，左手持玻璃棒，使其靠在三层滤纸上，玻璃棒的位置应低于滤纸高度。将盛有混合物的容器靠在玻璃棒上，然后缓慢倾倒。此过程漏斗中混合物的高度应低于滤纸漏斗的高度。

2) 短颈漏斗

(1) 当作为热过滤器皿使用时，使用菊花形滤纸进行过滤。滤纸处理过程如下：取一张圆形滤纸，将滤纸对折两次后展开，在半圆滤纸中间形成一条折痕；将半圆直边的 1/2 分别与此折痕对折、展开，形成两条新的折痕，此时半圆滤纸被折痕分为 4 等份；进一步将紧挨的折痕两两对折、展开，半圆滤纸被折痕分为 8 等份；将滤纸翻转过来，使背面朝上，再将紧挨的折痕两两对折、展开，半圆滤纸被分为16等份；将滤纸展开，其中有两个紧挨的折痕方向在同侧，可将其反方向对折一下，从而获得菊花形滤纸。

(2) 将洁净、干燥的短颈漏斗置于预先热处理的热水漏斗中，再将菊花形滤纸置于短颈漏斗中，并用热溶剂润湿，使滤纸紧贴在漏斗的内壁上。然后用洁净、干燥的玻璃棒引流，进行热过滤处理。

(3) 过滤操作过程中，滤液不能超过滤纸的边缘，也不能滤干。

(4) 过滤结束后，可用少量的热溶剂清洗滤纸，使滤纸上析出的晶体溶解。

注意事项:

(1) 使用漏斗前应进行检漏。

(2) 漏斗不可直接进行加热,以防炸裂。

(3) 过滤时玻璃棒的下端不可超过滤纸的上边缘。

(4) 过滤时漏斗应紧贴盛接滤液的容器内壁,以防滤液外溅,造成伤害。

(5) 菊花形滤纸叠好后,可将其翻转过来使用,避免手接触的一面被弄脏,从而污染滤液。

(6) 进行热过滤时,先用热溶液润湿滤纸,再倒溶液。过滤过程中,不可出现滤干溶液的现象。

2. 分液漏斗

分液漏斗通常为玻璃材质。根据形状可分为球形、梨形[图 2.10(a)]、锥形[图 2.10(b)]等;根据容量,常见规格有 50 mL、100 mL、150 mL、250 mL、500 mL 等。

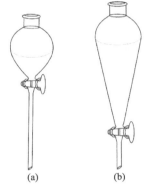

分液漏斗的主要用途有:①用于萃取后的分液操作;②用作气体发生装置中的加液容器。

操作规范如下。

1) 萃取

(1) 检查密闭性完好后,向分液漏斗中倒入混合液,并加入溶剂。

(2) 右手紧按漏斗上端的玻璃塞及上部,左手握住漏斗下端的玻璃管,将漏斗适当倾斜,并轻轻振摇。结束后打开活塞,及时放出气体,使器皿内外压力保持一致。重复上述步骤 2~3 次。

(3) 将分液漏斗固定在铁架台上,静置、分层。当液体出现明显的两层后,打开上口活塞,确保内、外气压一致。

(4) 缓慢旋转下口活塞,使下层液体缓慢流出。当下层液体流至接近活塞位置时,关闭活塞并静置。确保整个过程中,上层液体从上口倒出,下层液体从下口流出。

图 2.10　分液漏斗示意图

2) 洗涤

步骤同以上萃取步骤,将溶剂更换为洗涤剂即可。

注意事项:

(1) 使用前应检漏,在活塞处涂抹凡士林。

(2) 将混合液倒入分液漏斗,并置于铁架台上静置分层。

(3) 分液前先通入大气。

(4) 分液过程中,下层液体从下口流出,上层液体从上口倒出。

(5) 分液漏斗不可用于加热处理。

(6) 分液漏斗进行放气时,不可对着人或明火,以防发生意外。

3. 布氏漏斗、抽滤瓶

布氏漏斗为瓷质,根据直径,常见规格有 40 mm、60 mm、80 mm、100 mm 等。抽滤瓶为玻璃材质，根据容量，常见规格有 100 mL、250 mL、500 mL、1000 mL 等。图 2.11 为布氏漏斗和抽滤瓶示意图。

布氏漏斗和抽滤瓶主要用于晶体或沉淀物的减压过滤分离。

操作规范：

(1) 连接布氏漏斗、橡胶管、抽滤瓶、抽气装置(如水泵)。

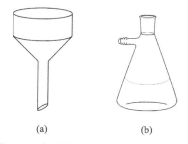

图 2.11　布氏漏斗(a)和抽滤瓶(b)示意图

(2) 在布氏漏斗中央平铺两张直径略小于其内径的滤纸，并用试剂润湿，使其与漏斗底部紧密贴附。

(3) 少量多次倒入待抽滤物质，并用少量试剂冲洗黏附在内壁的晶体。

(4) 待漏斗下端不再出现液滴滴下的现象，先打开安全瓶塞，使内部与大气相通，然后关闭抽气装置。

注意事项：

(1) 抽滤使用的滤纸大小应适中。
(2) 需要加热处理时，应将容器置于石棉网上，以防受热不均。
(3) 抽滤前，应使用试剂润湿滤纸，使滤纸紧贴在漏斗内壁。
(4) 抽滤时，先启动减压抽气装置。
(5) 抽滤后，先将抽滤瓶与抽气管分开，再关闭抽气装置，以免发生倒吸。

2.1.4　滴定器皿

以下介绍常用滴定器皿——滴定管。

滴定管(图 2.12)通常为玻璃材质，根据用途可分为酸式滴定管和碱式滴定管；根据容量，常见规格有 25 mL、50 mL、100 mL 等。

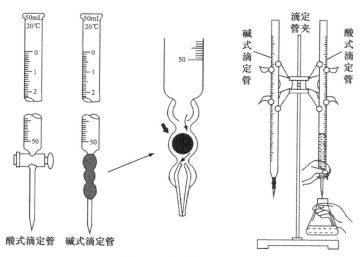

图 2.12　滴定管示意图

滴定管主要用于滴定操作中准确度量滴定液的体积。

操作规范:

(1) 酸式滴定管需配套活塞和橡皮圈,碱式滴定管需配套滴头。

(2) 检漏:加水至零刻度线并静置 2 min,观察是否漏水。若漏水,酸式滴定管应在旋塞处涂抹凡士林,碱式滴定管应更换玻璃珠或橡皮管。

(3) 洗涤:用软毛刷并加入适量的洗涤剂刷洗。或者用 5～10 mL 铬酸洗液润洗,然后用去离子水冲洗。

(4) 对于酸式滴定管,先打开活塞,并向其中倒入洗液,缓慢倾斜转动,使洗液布满全管,反复操作 2～3 次。

(5) 对于碱式滴定管,先将玻璃管倒置于滴定台并浸入盛有铬酸溶液的烧杯中,通过挤压橡皮管形成通道。用洗耳球吸取铬酸溶液,浸洗后将洗液回收至相应的试剂瓶。

(6) 滴定管先用自来水清洗并将残液倒入废液桶,然后用去离子水润洗 3 次。

注意事项:

(1) 手持滴定管时,避免手心紧握管壁,以免因温度变化影响结果准确性。

(2) 滴定应起于"0"刻度,读数保留小数点后两位。

(3) 滴定前初读,静置 1～2 min 再读,直至液面示数无变化。滴定过程以每秒 3～4 滴为宜;滴定至终点后,等待 1～2 min 终读。"终读"至少 3 次,取平均值;确保"初读"和"终读"为统一标准。

(4) 读数时视线应与液体凹液面最低处相平。

(5) 酸式、碱式滴定管不可混用。对于需避光的滴定液,一般选用棕色滴定管。

2.1.5　玻璃器皿的洗涤及干燥

1. 洗涤

新能源实验中常用的一些洗涤方法如下。

(1) 冲洗法:用自来水直接冲洗,适用于可溶性杂质。

(2) 刷洗法:用毛刷刷洗,适用于附着在器皿内部不易冲洗的杂质。

(3) 药剂洗涤法:用洗涤剂或药剂清洗,适用于难溶、不溶的杂质。

(4) 超声清洗法:利用超声波在液体中的空化作用、加速作用及直进流作用,将污物层分散、乳化、剥离,从而实现清洗目的。

操作规范:洗涤器皿时,先用自来水冲洗,然后用毛刷刷洗。必要时,可用洗涤剂进行清洗,将清洗残液倒入相应的废液桶中。最后用去离子水润洗 3 次。

注意事项:

(1) 用洗涤剂尤其是药剂进行清洗时,要特别小心谨慎,以免造成伤害。若不慎将腐蚀性较强的洗液溅到皮肤上,应立即用大量清水冲洗,如有必要,应及时就医。

(2) 若采用有毒的铬酸洗液,则废液必须倒入相应的废液桶中,以免污染环境。

(3) 不可随意搭配混用各种洗涤液,也不可随意使用试剂进行清洗,以免造成不必要的浪费和危害。

(4) 清洗干净的器皿，不可用纸或布擦拭，以免污染器皿。

2. 干燥

常用的干燥装置包括：干燥箱(烘箱)、酒精灯、吹风机等。

新能源实验中常见的干燥方法如下。

(1) 自然晾干。

(2) 吹风机吹干：适用于易挥发的洗剂(如乙醇)。

(3) 干燥箱烘干：操作过程中应注意控制干燥温度(一般不高于 110℃)，并佩戴干净的手套或使用夹子，以免造成烫伤或污染器皿。

2.2　常用设备

2.2.1　反应及辅助设备

1. 反应釜

根据加热方法，反应釜可分为：电加热、热水加热、导热油循环加热、远红外加热、外(内)盘管加热等。

根据冷却方法，反应釜可分为：夹套冷却和釜内盘管冷却等。

根据釜体材质，反应釜可分为：碳钢反应釜、不锈钢反应釜、搪瓷反应釜、钢衬反应釜等。

碳钢反应釜用于不含腐蚀性试剂的实验。

不锈钢反应釜(图 2.13)用于化工、冶金等领域中需要在高温高压下进行的实验。

图 2.13　不锈钢反应釜及部件示意图

钢衬聚乙烯(PE)反应釜用于含酸、碱、盐及大部分醇类的实验。

钢衬聚四氟乙烯(PTFE)内衬反应釜用于含各种浓度的酸、碱、强氧化剂、有机化合物及其他强腐蚀性化学介质的实验。

新能源实验常使用水热/溶剂热合成反应釜。以溶剂热合成反应釜为例，操作步骤如下。

(1) 打开反应釜盖子，取出内衬。

(2) 将样品和溶剂置于内衬中，装填体积不超过内衬总体积的 2/3，然后旋紧不锈钢外盖。

(3) 在反应釜中依次放入下垫片、内衬、上垫片、釜盖。

(4) 先用手拧紧釜盖，然后将其固定在配套的助力板上进一步旋紧。

(5) 将待反应的釜置于干燥箱等加热设备中，按设定速率(如 $5℃ \cdot min^{-1}$)进行升温。

(6) 反应结束，待釜体自然冷却后取出，并用助力板打开反应釜。

注意事项：

(1) 使用前确保反应釜为正常状态。

(2) 反应釜不可旋拧得太紧，以免内胆在受热过程中发生变形。

(3) 根据反应介质的性质，确保加料量和加热温度不超过规定值，加料量一般不超过总容量的 2/3。

(4) 水热反应结束后，应缓慢旋开釜盖，以免内部气压过大，顶开釜盖造成伤害。

(5) 使用前后将釜内外附着物清洗干净。

2. 瓷舟

瓷舟又称燃烧舟，为船形，一般为氧化铝材质。

瓷舟主要用于质量较少的样品中挥发性成分的分析和少量样品烧制，可代替坩埚使用。

注意事项：

(1) 将待反应的样品置于瓷舟中，然后置于烧制设备中进行加热，温度的调控要根据样品的特性而定。

(2) 不可骤然升高或降低温度，以免瓷舟炸裂。

3. 坩埚

坩埚通常为石英、瓷、石墨材质；根据容量，常见规格有 10 mL、15 mL、25 mL、50 mL 等。

坩埚主要用于高温加热、煅烧固体。

注意事项：

(1) 置于泥三角上直接加热或在马弗炉中高温煅烧。

(2) 坩埚需用坩埚钳夹取，反应结束后，置于石棉网上冷却。

4. 泥三角

泥三角由铁丝和瓷管构成。

泥三角主要用于放置坩埚。

注意事项：

(1) 使用前检查泥三角是否正常，铁丝是否断裂。

(2) 坩埚横斜放在瓷管上，提高煅烧效率。

5. 坩埚钳

坩埚钳(图 2.14)通常为铁材质。

坩埚钳主要用于夹取坩埚或蒸发皿。

图 2.14 坩埚钳示意图

注意事项：

(1) 使用前确保坩埚钳洁净、干燥，以免污染样品。

(2) 使用后将坩埚钳尖端朝上，并清理干净。

6. 试管架

试管架通常为塑料、金属、木材质。

试管架主要用于放置试管，便于操作观察。

注意事项：

(1) 试管架上切勿放置加热至红热的物品，以免烧坏试管架。

(2) 洗净的试管应倒置放于试管架，以尽早沥干试管内的水分。

(3) 保持试管架清洁，以免污染洗净的试管。

7. 升降台

升降台(图 2.15)通常为不锈钢材质，有大小、高低之分。

大升降台与电热套配套使用；小升降台垫在仪器下面，用于固定仪器。

大升降台具体操作如下：

(1) 将升降台固定在铁架台底座，上方放置电热套，并将待加热仪器置于电热套上方。

(2) 实验过程中随时调节升降台的高度，以满足反应需求。

图 2.15　升降台

(3) 实验结束后，将升降台回归至原来高度，并移去电热套。

小升降台具体操作如下：

(1) 将待固定仪器置于升降台上方，并调节至适当高度。

(2) 实验结束后，将升降台回归至原来高度。

注意事项：

(1) 升降台不宜放置过重物品。

(2) 升降台不可降至过低位置，以免损坏仪器。

(3) 台面应始终保持洁净、干燥。

2.2.2　加热设备

图 2.16　电热板

1. 电热板

电热板(图 2.16)主要用于干燥样品、加速溶解、加热反应。

操作规范：

(1) 启动电源：根据加热温度区间，选择性启动"预热"、"中温"和"高温"功能。

(2) 加热操作：将样品置于电热板，打开电源，启动加热按钮，可根据所需温度进行程序设置。

注意事项：

(1) 使用电热板前需对线路进行安全性检查，以免造成伤害。

(2) 保持电热板板面洁净、干燥，不可直接放置液体或易熔、易腐蚀物品，以免损坏仪器。

(3) 电热板使用过程中不可手触，以免烫伤。

(4) 电热板不可长时间高温连续使用，以免降低仪器使用寿命。

2. 电热恒温水浴锅

电热恒温水浴锅主要用于浓缩、蒸馏、干燥药品，也可用于恒温加热反应或测试。

操作规范：

(1) 使用电热恒温水浴锅前先关闭放水阀，向其中注入清水，水位不可低于电热管，水含量不可超过仪器总容量的2/3。

(2) 启动电源，然后启动加热按钮，设置所需温度，待指示灯 OFF 亮，仪器内水温保持恒定，此时可将样品置于仪器中进行保温处理。

(3) 实验结束后，取出样品，关闭电源，待水冷却至室温后排尽箱体内的水。

注意事项：

(1) 使用前检查仪器线路，确保安全。

(2) 使用中小心加水，加水量不可过少，以免电热管开裂；也不可过多，以免水沸腾外溢。

3. 干燥箱

新能源实验常用的干燥箱包括电热鼓风干燥箱(图 2.17)和真空干燥箱(图 2.18)。

图 2.17　电热鼓风干燥箱

图 2.18　真空干燥箱

干燥箱主要用于加快样品或器皿的干燥。

1) 电热鼓风干燥箱

操作规范：

(1) 将待干燥样品或器皿置于箱体内，关闭箱门，启动加热开关。

(2) 设置所需温度程序，打开鼓风开关，均匀加热。

(3) 当温度达到设定温度，箱体自动断电，进行恒温保温。

(4) 整个过程保持鼓风机始终处于工作状态，以免对仪器的加热元件造成损坏。

注意事项：

(1) 鼓风干燥箱外壳必须有效接地，箱体注意防潮、防湿、防腐蚀。

(2) 使用前检查仪器的线路安全性，以免造成伤害。

(3) 鼓风干燥箱内不可放置超重物品(一般质量不超过 10 kg)，也不可放置过多物品，以免影响空气流动性，造成受热不均匀。

(4) 鼓风干燥箱内不可放置易燃、易爆、易挥发物品，以免造成伤害。

(5) 干燥结束后，应佩戴手套或用夹子夹取，以免烫伤或造成污染。

2) 真空干燥箱

操作规范：

(1) 将待干燥样品置于真空干燥箱箱体内，关闭箱门，关闭放气阀，打开抽气阀。

(2) 真空橡胶管连接干燥箱抽气阀与真空泵，启动真空泵开关，开始抽气。

(3) 待指针示数达到所需真空度时，先关闭真空阀，断开真空橡胶管，再关闭真空泵，以免出现泵油倒吸现象。

(4) 启动电源开关，设置所需温度，仪器开始加热。

(5) 干燥结束后，先关闭电源，缓慢打开放气阀，待箱体内恢复常压，打开箱门取出样品。

注意事项：与电热鼓风干燥箱类似，另需注意抽真空时防止粉末样品飞溅。

4. 管式炉

管式炉(图 2.19)根据用途可分为：真空管式炉、气氛管式炉、立式管式炉、高温高压管式炉等。下面以真空管式炉和高温高压管式炉为例进行介绍。

真空管式炉主要用于高温实验，对材料进行高温气氛下的淬火、退火、回火等热处理。高温高压管式炉主要用于需精确控制在高温高压环境下进行的实验。

图 2.19　管式炉

注意事项：

(1) 管式炉外壳必须有效接地，且通风良好，避免近距离接触易燃、易爆等危险品。

(2) 炉内不可放置易燃、易爆、易挥发物品，以免造成伤害。

(3) 使用完毕应及时切断电源，并检查各部件是否正常无损。

5. 马弗炉

图 2.20　马弗炉

马弗炉(图 2.20)按加热元件可分为：电炉丝马弗炉、硅碳棒马弗炉、硅钼棒马弗炉；按额定温度区间可分为：900℃马弗炉、1000℃马弗炉、1200℃马弗炉等；按保温材料可分为：陶瓷纤维、普通耐火砖。

马弗炉主要用于高温烧结过程中对样品在特殊气氛下进行加热处理。

操作规范：

(1) 使用前检查仪器的线路是否安全，确认无误后，旋转控温按钮，将指针调至所需的加热温度。

(2) 启动电源，温度开始上升。当温度升至所需温度时，仪器停止加热，此时炉内温度保持恒定。

(3) 反应结束后，关闭电源，待炉内温度自然冷却至室温后打开炉门，用坩埚钳取出样品。

注意事项：

(1) 使用前进行线路的安全性检查，以免造成伤害。

(2) 在仪器使用过程中，应严格控制样品的反应温度，以免温度过高造成样品飞溅，损坏仪器。

(3) 马弗炉使用温度不可超过仪器的量程温度，以免损坏仪器。

(4) 马弗炉应保持洁净、干燥，炉内不可加入易溶解、易腐蚀样品，以免损坏仪器。

(5) 定期检修马弗炉，确保安全使用。

6. 合金熔炼炉

合金熔炼炉(图 2.21)按加热元件可分为：电弧熔炼炉及高频感应熔炼炉等。

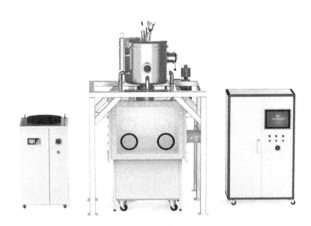

图 2.21 合金熔炼炉示意图

合金熔炼炉主要用于合金材料的熔炼及制备。

操作规范：

(1) 配制金属原料，配料总质量约为 15 g。

(2) 打开控制柜电源及冷却水柜电源，观察循环水是否正常。

(3) 放入配料后关闭熔炼炉腔体门及放气阀，依次进行低真空及高真空抽气，待真空度达到要求后关闭分子泵并充入氩气。

(4) 打开熔炼开关，进行熔炼操作。

(5) 待样品熔炼完毕后，关闭熔炼炉电源柜，待腔体冷却后打开放气阀，取出样品并清洗真空室内部。

注意事项：

(1) 开机前必须检查循环水路，确保设备冷却及运行安全。

(2) 系统抽真空时，要严格按说明书规定的顺序进行。

(3) 在引弧期间，人体不要接触电弧枪，以免触电。

(4) 熔炼过程中，电弧枪不可接触腔内任何物品，禁止在熔炼时直接在腔底铜台上移弧。

(5) 利用机械手翻转样品时，机械手容易碰到电弧枪，应保持熔炼开关关闭。

2.2.3 球磨设备

新能源实验中某些反应对物料具有不同的粒径要求，因此对原始样品进行一定程度的研磨及粉碎处理是必不可少的。新能源实验通常采用球磨设备对原始物料进行一定的处理，下面主要介绍球磨机。

球磨机是研磨、粉碎、混合物料的常用设备。

常用的球磨机包括行星式球磨机、滚筒式球磨机、立式搅拌球磨机、振动式球磨机。新能源实验中常用行星式球磨机(图 2.22)，以此为例进行介绍。

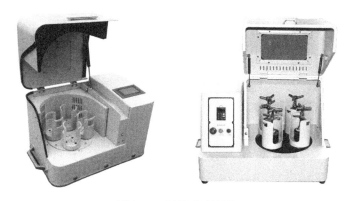

图 2.22 行星式球磨机

行星式球磨机主要用于干、湿两磨，适用于粉碎不同粒度的物料。

常用的行星式球磨机通常为一个转盘连载四个球磨罐。转盘转动的同时，带动球磨罐做行星式运动。此过程可实现磨料与磨球间的研磨、粉碎及混合，从而达到粉碎物料的目的。

操作步骤：

(1) 向球磨罐中加入粒径不同的洁净的磨球。大球用于砸碎磨料，小球用于进一步磨细磨料，从而达到实验要求。

(2) 向球磨罐中加入磨料。一般磨料的粒度应小于 3 mm，加入量不可超过总容积的 3/4(含磨球)。

(3) 将球磨罐固定在设备的配套器具中并固定拧紧，此过程应对称放置两个球磨罐，或者四个皆可。

(4) 盖上保护罩，设置器件的转速和反应时间，启动开关，开始运行。

(5) 待球磨结束后，旋松螺丝，再松动固定模具，取下球磨罐。

(6) 将球磨后的物料和磨球同时置于特定的筛子内，便于分离磨料与磨球。

行星式球磨机可同时研磨四个样品；行星式运转，转速大、粒度小、效率高；操作简便、安全系数高、无污染；运转过程转速稳定，实验重现性较好。

注意事项：

(1) 需采用专用工具固定球磨罐，不可蛮力敲打。

(2) 球磨过程中由于磨球与磨罐间、磨球与磨球间摩擦碰撞，罐内温度和压力均较高，因此球磨结束，待自然冷却至室温后方可拆卸。

(3) 若球磨过程中出现异声，应立即关闭开关，检查各部件是否松动，待故障排除后方可重新启动。

(4) 若球磨过程中出现异味，应立即关闭开关，检查各部件是否发生老化，及时更换新部件。

(5) 检查配套器具是否发生松动，若松动应及时拧紧，以免造成伤害。

(6) 球磨混合物料时，按照各成分的性质和用量调整加料顺序。

2.3　常见实验操作

2.3.1　分离、提纯操作

1. 过滤

过滤的目的是分离液体与其不互溶固体。

过滤通常包括：常压过滤、减压过滤、热过滤。

1) 常压过滤

使用器材：一般选用内壁贴有滤纸的普通玻璃漏斗。

操作规范：

(1) 将普通漏斗固定在铁架台上，漏斗颈下端连接烧杯。

(2) 过滤时，左手持玻璃棒，垂直靠在三层滤纸的内侧，右手紧握盛放待过滤样品的器皿，并紧贴玻璃棒，缓慢倾倒，使其上清液沿玻璃棒缓慢流入漏斗内。

(3) 待上清液过滤完，向盛有沉淀的器皿中加入适量的去离子水搅拌至均匀，然后倒入漏斗中进行过滤。

(4) 过滤结束后，用少量去离子水清洗器皿和玻璃棒，然后将洗涤液倒入漏斗中，尽量减少样品的损失。

（5）待洗涤液过滤结束后，用少量去离子水洗涤滤纸和沉淀，直至洗涤液过滤完成。

注意事项：

（1）滤纸大小应与漏斗内径相匹配。

（2）过滤前应先将滤纸润湿，使其紧贴漏斗内壁，滤纸边缘低于漏斗边缘 0.5～1.0 cm。

2）减压过滤

使用器材：由抽滤瓶、布氏漏斗、缓冲瓶、减压泵四部分组成。

操作规范：

（1）抽滤前检查装置气密性，确认无误后，将合适大小的滤纸置于漏斗内并润湿，使其紧贴内壁。

（2）抽滤时，先将上清液沿玻璃棒缓慢流至漏斗中，确保每次流量不超过漏斗容量的 2/3。

（3）待溶液过滤结束后，将沉淀平铺，继续抽滤，直到沉淀干燥。

（4）用玻璃棒将样品轻轻分散铺开，加入适量去离子水润湿，继续抽干。反复操作，直到沉淀洗涤干净。

（5）抽滤结束后，先打开旋塞，再关闭减压泵，以免水倒吸。然后取下漏斗，进行沉淀物的分离。

注意事项：

（1）对于强酸、强碱、强氧化性的溶液，不可采用滤纸将其与固体进行分离，以免腐蚀滤纸。

（2）强碱性溶液不可使用玻璃砂芯漏斗进行过滤，以免腐蚀器皿。

3）热过滤

使用器材：将普通短颈玻璃漏斗置于金属材质的热水漏斗中，二者之间注满水。普通漏斗下端连接接收器皿。

操作规范：

（1）选用短且粗颈的玻璃漏斗，以加快晶体过滤速度。

（2）将折叠好的滤纸置于漏斗内并适当润湿，使其紧贴漏斗内壁。

（3）过滤过程遵循少量多次的原则，防止因溶液量过多或过少造成晶体析出。

（4）回收产物过程中应小心谨慎，避免因温度过高造成伤害。

2．重结晶

重结晶常用于化合物提纯。利用混合物中各组分在某溶剂中的溶解度不同或在同一溶剂不同温度下的溶解度不同，达到各组分分离的目的。

重结晶主要用于纯化本体不纯净的物质，或者分离混合在一起的各物质。

操作规范：

（1）将待重结晶固体置于锥形瓶中，向其中加入合适的溶剂加热并保持沸腾状态。此过程所需溶剂应满足以下条件：①溶剂不可与被分离物质发生反应；②溶剂沸点低、易挥发、价格低廉、毒性小；③溶剂对杂质溶解度要求高，极大或极小。

（2）若固体未完全溶解，可多次重复上述步骤，直至样品完全溶解。再向其中加入适量的溶剂，防止热过滤过程造成溶剂挥发，从而降低溶液的溶解度。

(3) 若溶液含有有色杂质、悬浮物等，可利用活性炭进行吸附；若溶液含有不溶性杂质，可采用热过滤进行处理。具体操作详见"过滤"介绍。

(4) 静置过程应控制溶液的冷却速度，确保析出的晶体颗粒均匀、大小适中，从而保证样品的纯度。

(5) 将处理后的滤液静置，并控制溶液的冷却速度，不可骤冷或剧烈晃动溶液，以免产生细小晶体，不易达到提纯目的。

(6) 采用减压过滤方法进行母液中晶体的分离和提纯，具体操作详见"减压过滤"介绍。

(7) 利用重结晶法提纯的晶体物质，其表面仍残留少量的溶剂，应根据溶剂与晶体性质选择适当的方法进行干燥处理。

注意事项：

(1) 溶剂的选择依据"相似相溶"原理，若单一溶剂不能很好地溶解被提纯物质，可选择使用混合溶剂。

(2) 若选择的溶剂为水，用不用回流装置均可。若选择的溶剂为易燃或易挥发的有机物，一般选用回流装置。

(3) 使用布氏漏斗进行抽滤时，可选择使用双层滤纸，以免减压过大，造成单层滤纸的破坏。

(4) 结晶过程不可使用玻璃棒剧烈搅拌。

(5) 不可向热溶液中加入活性炭，以免造成暴沸。

3. 升华

升华是指某种具有较高蒸气压的固体物质，加热后不经熔融直接气化，冷却后又直接转化为固态的过程。

新能源实验中利用升华的方法对样品进行分离提纯时应满足以下条件。

(1) 低温条件下被提纯物质具有较高的饱和蒸气压。

(2) 用于挥发度不同的物质的分离，也可用于样品的除杂。

操作规范：

(1) 将待升华物质研磨至颗粒细化，并置于蒸发皿中，上面覆盖一层带孔滤纸。

(2) 蒸发皿上面倒扣一个玻璃漏斗，其颈部填充一小团疏松的脱脂棉。

(3) 将组装好的器件置于砂浴上方，缓慢调节温度进行加热。

(4) 当蒸气量明显减少且凝聚成固体的速度明显降低时，停止升华。取下装置后，小心用刮刀刮下晶体，并储存在合适的器皿中。

(5) 减压升华的步骤类似于常压升华。先将待升华物质置于抽滤管，然后连接冷凝管，打开循环冷凝水，进行油浴加热。

注意事项：

(1) 蒸发皿外围包裹石棉圈，以支撑上面的滤纸。

(2) 滤纸上的小孔应均匀分布，加快蒸气在漏斗内壁凝结的速度，以提高产率。

(3) 漏斗颈部塞上脱脂棉，以减少蒸气的损失。疏松状态有利于气体流通。

(4) 油浴或砂浴可优化升华效果。不可明火直接加热，以免造成伤害。

4. 萃取

根据互不相溶的两种溶剂溶解度不同的原理，将一种溶剂转移到另一种溶剂中，通过分液进行分离提纯的方法称为萃取。

1) 萃取溶剂的选择

新能源实验常用的萃取溶剂一般为溶解疏水性物质的有机溶剂，应满足以下几点。

(1) 萃取溶剂与待萃取溶液之间具有较明显的密度差，便于分层。

(2) 萃取溶剂对萃取组分具有较大的分配比，对杂质具有较小的分配比。

(3) 萃取溶剂化学性质稳定，不受待萃取溶液酸、碱性等影响。

(4) 萃取溶剂应选择毒性小、沸点低、不易腐蚀、不易燃烧的物质。

2) 萃取剂的选择

新能源实验常用的萃取剂也为有机溶剂，能将水溶性物质转化为油溶性物质，从而得以分离。为达到萃取完全的目的，必要时可使用多种萃取溶剂进行萃取。

3) 萃取分类

液-液萃取：萃取相与被萃取相均为液体。

液-固萃取：萃取相为液体，被萃取相为固体。

液-气萃取：萃取相为液体，被萃取相为气体。

新能源实验常涉及液-液萃取和液-固萃取，以下详细介绍。

Ⅰ. 液-液萃取

用有机液体萃取水相溶液中某组分的方法称为液-液萃取。

适用范围：萃取溶剂与待萃取溶液之间不相溶。待萃取溶液一般满足溶解性好、稳定性好、低毒、不易腐蚀的需求。

操作规范：

(1) 萃取前。

(i) 在分液漏斗旋塞处涂抹凡士林，然后反复旋转，使油膜分散均匀透明。

(ii) 关闭旋塞，向分液漏斗中注水(一般不超过总体积的 3/4)，检查是否漏液，确认无误后放液，以备萃取操作。

(2) 萃取中。

(i) 关闭分液漏斗旋塞，并注入萃取溶剂与待萃取溶液，盖上上口塞。右手握紧分液漏斗上端及塞子，左手握紧下端旋塞，沿同一方向振荡，确保二者充分接触。适当中止振荡操作，进行排气处理，减缓内部压力。多次重复上述操作，最后将分液漏斗置于铁架台上固定，静置分层。

(ii) 当液体出现明显分层，打开分液漏斗上口塞，并缓慢打开旋塞，使下层液体缓慢流出。待分离界面接近旋塞口时，关闭旋塞。轻轻晃动分液漏斗，继续静置分层，然后缓慢打开旋塞直至两相界面恰好位于旋塞孔中心。关闭旋塞，将上层液体从上口倒出，并储存在合适的器皿中。

(3) 萃取后。

重复上述操作 3 次。最终将全部萃取液汇合，进行干燥处理，蒸馏除去萃取剂，以获得纯净的提取物。实验结束后，及时清洗分液漏斗和旋塞，以备下次使用。

注意事项：

(1) 使用前进行检漏处理。

(2) 分层液体分别从下、上端口各自进行收集，不可混淆，以免交叉污染。

(3) 振荡溶液过程中及时排气，防止内部压力过大，造成液体从上端口喷出。

Ⅱ. 液-固萃取

操作规范：

(1) 将特定的溶剂加入圆底烧瓶中，并向其中加入 3～4 粒沸石。

(2) 研磨细化固体样品，并用滤纸包覆在提取管中，然后浸泡在溶剂中。

(3) 搭建回流装置进行加热，当溶剂达到沸点并保持沸腾后，产生的蒸气经冷凝管冷凝后回流至提取管。

(4) 重复进行上述操作，萃取产物逐渐积累并浸泡包覆在滤纸中的固体样品。

(5) 反复循环后，固体物质不断被浸泡提取，增大萃取产物的提取率。

注意事项：

(1) 萃取过程应严格控制回流速度，一般以每秒 1～2 滴为宜。

(2) 留意浓缩的萃取液不可蒸得过干，否则因残留液过于黏稠而增加转移难度，损失样品。

(3) 出现结晶后，温度应自然冷却至 100℃左右。

5. 离心

图 2.23　电动离心机

离心是借助离心力，分离相对密度有差异的物质的一种方法。

新能源实验中通常使用电动离心机(图 2.23)，操作简单易行。

适用范围：在新能源实验中离心常用于少量溶液与沉淀的分离。可分离悬浮液中的固体与液体或互不相溶的两种液体，也可分离非干燥固体物质中的液体。

操作规范：

(1) 离心前，先称量带有沉淀的离心管质量，再准备相同质量的含水离心管；将二者对称放入离心管装置中，保持仪器两臂平衡。

(2) 离心时，逐渐增加离心机的离心速度，不可骤然加速或减速。

(3) 离心后，待仪器自然减速到停止运行，不可手动或借助外力强制其停止，以免损坏仪器，甚至造成伤害。

注意事项：

(1) 仪器的转速与运转时间应依据样品的实际情况而定。对于晶形的紧密沉淀，转速一般为 1000 r · min^{-1}，运转时间为 1～2 min；对于无定形的疏松沉淀，转速可提升至

2000 r·min⁻¹，以达到充分沉降的目的；对于超细颗粒的分离，可采用高速离心机。

(2) 用少量去离子水对离心管内残留的沉淀进行清洗，并用玻璃棒充分搅拌。通过离心分离溶液与沉淀，并按上述方法收集上清液。重复操作 2～3 次，达到洗净沉淀的目的。

6. 蒸馏

在一定压力下，加热液体产生蒸气压，随着温度逐渐升高，蒸气压逐渐增大，当其增大到大气压时液体开始沸腾，并逐渐变为蒸气，经冷凝后又转变为液体的过程称为蒸馏。

蒸馏操作适用于挥发性与非挥发性物质之间的分离提纯，或者沸点不同的挥发性物质之间的分离提纯。

新能源实验常用的蒸馏类型包括常压蒸馏、减压蒸馏、水蒸气蒸馏及分馏等。

1) 常压蒸馏

常压蒸馏是指在大气压条件下，将混合物加热、气化、冷凝，按沸点由低到高的顺序，依次馏出各组分的过程。

常压蒸馏既可以分离难、易挥发性物质，又可以分离沸点相差较大的液体物质。

基本原理：依据物质沸点不同分离提纯混合物中的各物质。对于液体混合物，在逐渐加热的过程，高沸点物质和难挥发的气体经冷凝后回到蒸馏瓶，从而实现与低沸点物质之间的分离。随着温度不断升高，高沸点物质也逐渐被馏出。高、低沸点物质之间的沸点相差至少 30℃。

蒸馏的实验装置(图 2.24)及注意事项如下。

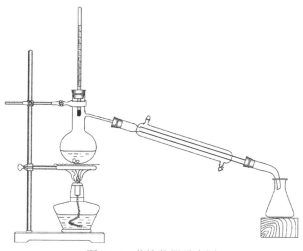

图 2.24　蒸馏装置示意图

蒸馏烧瓶：加热液体，产生蒸气。使用时注意加入液体量不能超过总容量的 2/3，加入适量沸石防止暴沸。

冷凝管：冷凝蒸气，使其变为液体。

蒸馏头：连接蒸馏烧瓶和冷凝管，固定温度计。

接收瓶：接收冷凝管冷凝回流的液体。

接液管：连接冷凝管和接收瓶。

按照由下至上、由左及右的顺序组装各器件，尽量保持各器件的轴线位于同一平面，然后连接接收瓶和接液管。搭建完毕后，检查装置气密性，确认无误后，方可进行下一步操作。

实验过程要控制蒸馏速度，温度过高或过低均会对蒸馏产物造成一定的损失。此外，蒸馏过程要保持温度计水银球被蒸气完全包围，从而保证示数的准确性。

当第一滴馏出液流入接收瓶时开始记录温度，并开始小心收集蒸馏产物。待蒸馏结束后，将所有产物进行称量。

实验结束后，应先停止加热，然后关闭冷凝水。

2) 减压蒸馏

对于某些热稳定性差、未达到沸点就发生化学反应的物质，采用常压分馏无法实现样品的完全分离与提纯，需要在减压条件下进行蒸馏，使其在低于沸点温度时实现蒸馏，称为减压蒸馏。

减压蒸馏用于分离提纯沸点高、热稳定性差的物质，以及未达到沸点就发生化学反应的液体物质。

所用装置如下。

蒸馏部分：圆底烧瓶，收集蒸出液；克氏蒸馏头，连接温度计；冷凝管，操作过程冷凝并回流蒸气；接收瓶和真空接液管，收集馏液。

减压部分：新能源实验中常用水泵或油泵作为减压泵，用于抽气。

安全保护部分：新能源实验中常用安全瓶。

测压部分：新能源实验中常用水银测压计。

操作规范：

(1) 减压蒸馏前：按照由下至上、由左及右的顺序组装各部件，组装完毕后检查装置气密性，确认无误后，方可进行下一步操作。

(2) 减压蒸馏中：向蒸馏瓶中加入总体积1/2的待蒸馏液体，然后安装温度计，关闭安全瓶旋塞，同时启动减压泵，调节毛细管的进气量，以出现连串的气泡为宜。打开冷凝水，设置运行参数。此过程控制蒸馏速度为每秒 1～2 滴，并记录第一滴液体馏出时、蒸馏过程中及结束后的温度和压力示数。

(3) 减压蒸馏后：待实验结束，收集产物后，关闭热源，同时松开毛细管的螺旋夹，缓慢打开安全瓶的排空旋塞，待内、外压力保持一致时，关闭减压泵，停止冷凝水，拆卸仪器，注意拆卸的顺序与安装顺序相反。

注意事项：

(1) 首先检查装置气密性，确认无误后方可进行实验。

(2) 减压蒸馏不可使用壁薄且不耐压力的玻璃器皿，以免加热过程发生炸裂。

(3) 采用水浴或油浴进行加热，浴温应比待蒸馏物质沸点低 30℃。

(4) 减压蒸馏速度不可过快，一般控制在每秒 1～2 滴。

(5) 减压蒸馏过程保证毛细管未被堵塞，以免发生暴沸。

(6) 减压蒸馏结束后，首先停止加热，移走热源，待温度自然冷却至室温后，缓慢打开旋塞，待内、外压力一致后停泵断水。

3）水蒸气蒸馏

向不溶于水的有机物体系中通入水蒸气，或者将有机物与水共沸后蒸出的过程称为水蒸气蒸馏。

常用的水蒸气蒸馏装置包括水蒸气发生器、蒸馏烧瓶、冷凝管、接收瓶四部分。

水蒸气发生器：通常选用圆底烧瓶，外连玻璃安全管，下端距离瓶底 5～8 mm 处，用以调节瓶内压力。

蒸馏烧瓶：通常选用三颈烧瓶，其混合物的体积不可超过总容积的 1/3。蒸馏过程中控制速度为每秒 2～3 滴。

操作规范：

(1) 水蒸气蒸馏前：按照由下至上、由左及右的顺序组装各器件。水蒸气发生器中加入的水含量不可超过总容积的 2/3，并向其中加入适量的沸石，然后连接安全管，将其固定在热源上方。蒸馏烧瓶中加入的待蒸馏物质不可超过总容积的 1/3。检查装置的气密性，确认无误后，方可进行下一步操作。

(2) 水蒸气蒸馏中：打开冷凝水，同时打开 T 形管螺旋夹，启动加热，直至水沸腾。当 T 形管出现大量的水蒸气，立即关闭螺旋管，开始蒸馏。蒸馏速度控制在每秒 2～3 滴。当馏出液不含有油珠出现时，打开螺旋夹，停止加热。自然冷却至室温后关闭冷凝水。

(3) 水蒸气蒸馏后：及时记录馏出液体积。将馏出产物转移至分液漏斗静置分层，将油层回收储存，计算产率。最后拆卸装置，注意拆卸的顺序和组装的顺序相反。

注意事项：

(1) 尽可能缩短连接水蒸气发生器与蒸馏烧瓶的管路，以减少在导入水蒸气的过程中产生的热损耗。

(2) 蒸馏过程若出现沸液冲入冷凝管的现象，说明装置堵塞，应立即停止加热，打开 T 形管螺旋夹，恢复正常后再继续反应。

(3) 蒸馏过程应控制装置的加热速度，以控制液体的馏出速度。通过控制冷凝水通量，确保产生的水蒸气全部冷却。

7. 分馏

利用分馏柱将多次操作的普通蒸馏转化为一次操作就能实现蒸馏完全的方法称为分馏。

理论上，只要混合物之间存在沸点差异，在经过足够多的蒸馏次数后即可实现分离提纯的目的。但实际操作烦琐，为节省时间，并达到分离提纯的目的，采用分馏法代替反复蒸馏，将分馏柱多次的气化-冷凝过程浓缩为一次性操作，从而提高蒸馏效率。

混合液沸腾后产生的蒸气一部分被冷凝，沿分馏柱流下待进一步蒸发。其中，高沸点成分以液态形式流下，低沸点成分气化继续上升。二者进行多次热量交换，最终导致低沸点成分集聚，高沸点成分减少，等同于多次重复普通蒸馏操作。

新能源实验中常用的分馏装置包括：蒸馏烧瓶、分馏柱、冷凝管、接收瓶，如图 2.25 所示。

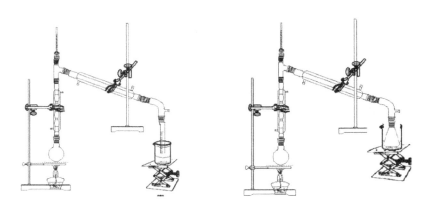

图 2.25　分馏装置示意图

操作步骤：

(1) 分馏前：按照由下至上、由左及右的顺序组装各部件，尽量保持各部件的轴线位于同一平面。组装完毕后检查装置气密性，确认无误后，方可进行下一步操作。

(2) 分馏时：打开冷凝水，进行加热。当液体达到沸腾时，蒸气沿分馏柱上升。当冷凝管馏出第一滴馏出液，迅速记录对应的温度。此过程控制加热速度，一般以每秒 2~3 滴为宜。及时收集馏出液，并记录柱顶温度及对应接收瓶中馏出液的体积。

(3) 分馏后：待馏出组分全部收集后，停止加热。待温度自然冷却至室温后，关闭冷凝管，拆除仪器，注意拆除顺序和组装顺序相反。

注意事项：

(1) 分馏过程需严格控制馏出速度，因此要特别注意调节加热温度，确保合适的馏出速度。

(2) 为提高分馏产率，选择合适的分馏柱是关键。一般选择合适高度的分馏柱，以保证蒸气和冷凝液之间的热交换次数，提高分馏效果。

2.3.2　特殊环境操作

新能源实验中一些常规物质与样品可直接在大气环境中完成处理。但对于一些特殊物质，如对空气、水、二氧化碳等较为敏感的材料，为实现准确合成、分离、提纯等过程，必须使用特殊的气氛保护设备及无水无氧操作。特别是新能源实验中涉及的电池器件，由于电极材料、有机电解液体系对环境中氧和湿度极为敏感，相关操作必须在充满氩气的手套箱中进行。

1. 手套箱无水无氧操作

在密闭的箱体内充满高纯惰性气体，并循环净化系统，过滤其中活性物质的实验室设备称为惰性气体保护箱或真空手套箱。手套箱适用于无水、无氧等环境的操作。

新能源实验中常用的手套箱有两种类型。

(1) 有机玻璃外壳的手套箱：价格较低，无法实现真空换气，用于对水、氧气氛要求不高的实验体系。

(2) 不锈钢外壳的手套箱：价格较高，可实现真空抽气，以及低水、低氧、高惰性气体等条件，用于对气氛要求较高的实验体系。

常用手套箱如图 2.26 所示。

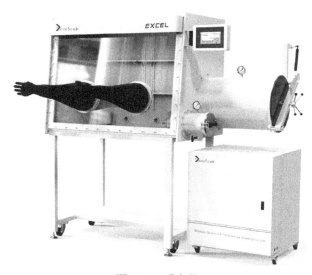

图 2.26　手套箱

手套箱包含主箱体、过渡仓两部分。主箱体含两只或多只手套接口，可满足一人或多人同时使用。主箱体无法自主完成抽真空操作，可依靠过渡仓完成。

操作流程：

(1) 使用手套箱之前，确保箱体内的水、氧含量均属于正常范围(如锂电池装配实验要求均小于 0.1 ppm)。

(2) 若需从外界环境移入手套箱所需物品，首先确保过渡仓的内仓门处于关闭状态，以免在打开外仓门时，箱体内进入空气，破坏主箱体的气体氛围。

(3) 打开外仓门，将所需物品置于过渡仓中，关闭外仓门。重复至少 3 次清洗过渡仓中的气体氛围，确保仓室内的气氛与主箱体内一致。

(4) 佩戴手套，然后进入手套箱体连接的专用手套，为避免污染和破坏专用手套，建议在手套箱内再佩戴一副手套进行保护。

(5) 打开过渡仓的内仓门，取出物品后及时关闭内仓门，然后继续相关实验。

(6) 待实验结束后，整理归置所用物品、工具，将箱体内整理干净。

手套箱清洗步骤如下：

(1) 在手套箱显示屏点击"清洗"，进入程序设置界面。

(2) 确认供气压力为约 0.4 MPa，输入清洗时间，启动"开始清洗"。

(3) 查看此时箱体内压力变化。压力过大或过小，或者无气条件下，显示窗均会弹出错误提示，仪器无法进行正常清洗。应及时调节气压，或者更换气瓶。

手套箱再生步骤如下：

(1) 在手套箱显示屏点击"再生"，进入程序设置界面。

(2) 确认再生气体量充足，再生气压为 0.06～0.08 MPa。确认已关闭净化柱循环。

(3) 再生过程需要 24 h，一旦开始，不可间断。再生开始后 3～6 h 通入再生气体，适当调节气压，保证维持 3 h 的气体供应，可在 6 h 后停止通入再生气体。

(4) 再生过程保持真空泵常开；再生过程若中途停止，12 h 内不可启动，以免对设备造成不必要的损坏。

使用规范及注意事项：

(1) 使用前应熟知手套箱的工作原理与操作流程，初学者使用手套箱应在有经验的科研人员指导下进行操作。

(2) 打开手套箱外仓门前，要确保内仓门处于关闭状态；打开手套箱内仓门前，要确保过渡仓内氛围为纯氩气，若不确定，需先循环清洗仓室至少 3 次；无论是打开内仓门还是外仓门，都应确保门内、外的压力一致。

(3) 若需从外界环境转移物品进入手套箱，应注意：①若转移的物品为易携带或易储存水分、氧气的样品袋、样品瓶等，需确保物品处于开口状态，再置于过渡仓中进行清洗；②若转移的物品为液体或粉末，需确保提前做好包装，清洗过程中适当降低真空净化的速度与强度，并重复多次操作。

(4) 操作手套箱的科研人员不可留长指甲，不可佩戴尖锐首饰，以免对手套造成破坏；实验操作过程中避免使用尖锐器具，以免损坏手套，破坏箱体内的氛围。

(5) 手套箱使用过程中需留意外接钢瓶中气体的剩余量，若气体剩余不足或存在其他问题，应及时更换气瓶，以免破坏箱体内氛围。

(6) 若箱体出现漏气现象，首先确认过渡仓门是否紧闭、手套是否破损，然后检查过渡仓内、外门的胶圈是否被污染或老化。

(7) 使用前后及时做好登记(包括使用者，水、氧含量，钢瓶气体含量)，方便及时了解手套箱实际情况。实验结束后，及时清理箱体内垃圾。

(8) 不定期检查系统线路，确保设备正常运行。

2. 干燥间操作

为了防止水分对锂电池的影响，锂电池生产线需置于干燥间内。干燥间是利用除湿机将室内的空气湿度降低到一定需求范围内的房间。锂电池干燥间是指专用于生产锂电池的湿度相对非常低的房间。

一般干燥间由保温、维护结构，除湿机、空调、风管及工艺管道组成。

锂电池材料中的水分是电芯中水分的主要来源之一，而且环境湿度越大，电池材料越容易吸收空气中的水分。反之，环境湿度控制越好，电池材料吸收空气中水分的能力越有限。某锂电池生产车间的建议湿度控制阶梯如下。

(1) 相对湿度≤30%车间：如搅拌、涂布机头、机尾等。

(2) 相对湿度≤20%车间：如辊压、制片、烘烤等。

(3) 相对湿度≤10%车间：如叠片、卷绕、装配等。

(4) 露点温度≤−45℃车间：如电芯烘烤、注液、封口等。

工作原理：新风经过表冷器制冷到 10℃，冷凝出大部分水，再与回风混合进入干燥转轮，其中再生风经加热器加热到 110～130℃，再经 90°扇形再生活化区将转轮吸收的水分带走排到室外。最后经过后表冷器制冷，将温度控制在 15～21℃送入干燥间，经一定时间的连续制冷、干燥除湿，就可将干燥间内的湿度降到 2%以下。

在锂电池制备过程中，干燥是电池在装芯以后注入电解液之前的工艺，是锂电池生产制备过程中一道核心的工艺。锂电池的干燥过程通常需要在干燥间中进行。因此，影响干燥间的因素主要有以下几个方面。

(1) 外界环境温湿度的影响。

(2) 干燥间内空气的平衡。

(3) 干燥间内人员的控制和加热设备的控制。

(4) 再生空气的温度控制。

(5) 干燥间内化学物质的使用可能影响干燥转轮的效能。

操作流程：

(1) 进入干燥间时，应穿着防静电、防潮洁净服。

(2) 进入干燥间时，按照第一缓冲间→第二缓冲间→第三缓冲间→干燥间的顺序，并且在每一个房间停留满 30 s 后才能进入下一个房间。

(3) 进入干燥间时，每次只能开一道门。

(4) 退出干燥间时，按照与进入干燥间相反的顺序，依次通过干燥间→第三缓冲间→第二缓冲间→第一缓冲间，并且在每一个房间停留满 30 s 后才能进入下一个房间。

注意事项：

(1) 干燥间内无人员时，应关闭新风，减少新风处理量需求，节约能源。

(2) 通过露点传感器监控干燥间内湿度，当湿度高于报警阈值时，主机报警。此时应排查原因。其中一个可能的原因是分子筛吸附剂饱和，需要更换。

(3) 定期进行干燥间内露点温度的检测。

(4) 每季度更换一次新风处理箱的中效过滤器。

(5) 每半年清洗一次空调外机。

(6) 做好干燥室进出人员记录。

3. 洁净间操作

洁净间是指将一定空间范围内空气中的微粒、有害气体、细菌等污染物排除，并将洁净度、温度、压力、振动、噪声、气流速度与分布、照明、静电控制、电磁等参数控制在一定范围内的特殊设计的空间。

根据气流流动方式，洁净间主要分为三大类。

(1) 紊流型洁净间：室内空气气流以非单一方向和非直线型运动所形成的涡流状态。紊流型洁净间结构简单，通常将终端过滤器安装在靠近洁净间的位置，可直通送风口或与送风静压箱连接，回风口均安装在靠近洁净间底部的位置。紊流型洁净间由于涡流存在易造成微尘粒子悬浮于空气中难以排出，因此洁净室等级较低。

(2) 层流型洁净间：室内空气以均匀直线型分布，分为水平层流和垂直层流两种。水平层流型洁净间空气通过过滤器送风，墙壁的回风系统将室内尘埃排放于室外，该方式结构简单，但是一般室内下流侧的污染比较严重。垂直层流型洁净间在房间顶部采用高效过滤器全覆盖，送风口的空气自上而下流动，回风口在靠近室内底部位置，可将室内尘埃迅速排出室外而不影响其他工作区域，该方式便于管理。通常层流型洁净间的造价比紊流型洁净间高。

(3) 复合型洁净间：紊流型与层流型并用，以提供局部超洁净区域。洁净隧道、洁净管道和拼装局部洁净室是常用的三种复合方式。洁净隧道采用高效过滤器或超低微粒空气过滤器对产品制造区域或工作区域进行全覆盖安装，将作业人员工作区域与机器设备隔离，避免设备维修对工艺区域及产品区域的污染。洁净管道对产品的生产环境进行局部的净化处理，将作业人员和产品与尘埃浓度相对较高的环境隔离，从而提高洁净室等级。拼装局部洁净室(如洁净工作台、洁净柜等)可将局部区域的洁净等级大幅提高，以供生产使用。

洁净间一般包括生产区、洁净辅助间(包括人员净化用室、物料净化用室和部分生活用室等)、管理区(包括办公、值班、管理和休息室等)、设备区(包括净化空调系统用房间、电气用房、高纯水和高纯气用房、冷热设备用房等)。

操作流程：

(1) 进入洁净间的人员应严格要求执行人身净化制度、路线和顺序。

(2) 进入风淋室时，必须按规定进行风淋后，方可进入洁净间内。同时，严格按照风淋室的规格和使用要求，控制每次进入风淋室风淋的人数，不允许正在风淋时强行关闭运行风机或电源。一般经过风淋，人体表面散发的灰尘粒子数减少 40%～60%。

(3) 进入洁净间前，个人物品须放入指定的柜子，去掉化妆，摘下首饰，换上指定的洁净服、鞋。

(4) 戴帽时，应将头发全部遮住；穿鞋套时，应将裤脚下摆紧紧裹在鞋套内。

(5) 退出洁净间时，在更衣区前不允许脱掉洁净工作服；脱去工作服后，若再进入洁净间内，仍需按进入洁净间的规定顺序进行。

注意事项：

(1) 严格执行进、出洁净间的管理制度。

(2) 定期检查洁净间内工作人员的操作规范。

(3) 定期对洁净间进行清扫、灭菌。

(4) 进、出人员做好使用记录。

(5) 定期检查线路系统，确保洁净间正常运行。

2.4 化学成分滴定

2.4.1 滴定分析概述

滴定分析法是将一种已知准确浓度的标准溶液滴加到被测物质的溶液中(或者将被

测溶液滴加到标准溶液中)，直到所加的标准溶液与被测物质按化学计量关系刚好完全反应为止，测量标准溶液消耗的体积，并根据标准溶液的浓度和消耗的体积，即可算出待测物质的含量。滴定分析是一种简便、快速和应用广泛的定量分析方法，在常量分析(被测组分的含量在 1%以上)中有较高的准确度(相对误差不大于 0.2%)，但是对于微量组分的测定有相对较大的误差。新能源实验常采用滴定分析确定材料的元素组成。

滴定分析是建立在滴定反应基础上的定量分析法。若被测物 A 与滴定剂 B 的滴定反应式为

$$aA + bB \Longrightarrow dD + eE \tag{2.1}$$

则表示 A 和 B 按照物质的量比 $a:b$ 的关系进行定量反应。这就是滴定反应的定量关系，它是滴定分析定量测定的依据。

依据滴定剂的滴定反应的定量关系，通过测量所消耗的已知浓度($mol \cdot L^{-1}$)的滴定剂的体积(mL)，可以求出被测物的含量。

例如，被测物 A 的摩尔质量为 M，滴定剂 B 的标准溶液浓度为 $c(mol \cdot L^{-1})$，标准溶液消耗的体积为 $V(mL)$，则 A 的质量为

$$m = \frac{acVM}{b \times 1000} \tag{2.2}$$

适合滴定分析的化学反应应具备以下几个条件：

(1) 反应必须按方程式定量地完成，通常要求在 99.9%以上，这是定量计算的基础。

(2) 反应能够迅速完成(有时可加热或用催化剂加速反应)。

(3) 共存物质不干扰主要反应，或者可用适当的方法消除其干扰。

(4) 有比较简便的方法确定计量点(指示滴定终点)。

根据标准溶液和待测组分之间发生的化学反应，滴定法可分为以下四种：

(1) 酸碱滴定法：以质子传递反应(酸碱反应)为基础的一种滴定分析方法，如氢氧化钠测定乙酸。

(2) 配位滴定法：以配位反应为基础的一种滴定分析方法，如 EDTA 测定水的硬度。

(3) 氧化还原滴定法：以氧化还原反应为基础的一种滴定分析法，如高锰酸钾测定铁含量。

(4) 沉淀滴定法：以沉淀反应为基础的一种滴定分析方法，如食盐中氯的测定。

2.4.2　滴定方法

常用的滴定方法有以下四种。

1. 直接滴定法

直接滴定法就是用标准溶液直接滴定被测物质的方法。凡是能同时满足上述滴定反应条件的化学反应都可以采用直接滴定法。直接滴定法是滴定分析法中最常用、最基本的滴定方法。例如，用 HCl 滴定 NaOH，用 $K_2Cr_2O_7$ 滴定 Fe^{2+} 等。但有些化学反应不能同时满足滴定分析的滴定反应要求，这时需要采用其他滴定方法。

2. 返滴定法

在以下情况中不能用直接滴定法，通常采用返滴定法。

(1) 试液中被测物质与滴定剂的反应太慢，被测物质有水解作用，如 Al^{3+} 与 EDTA 的反应。

(2) 用滴定剂直接滴定固体试样时，反应不能立即完成，如 HCl 滴定固体 $CaCO_3$。

(3) 某些反应没有合适的指示剂或被测物质对指示剂有封闭作用，如在酸性溶液中用 $AgNO_3$ 滴定 Cl^-。

返滴定法就是先准确地加入一定量过量的标准溶液 A，使其与试液中的被测物质或固体试样进行反应，待反应完全后，再用另一种标准溶液 B 滴定剩余的标准溶液 A。

例如，对于 Al^{3+} 的滴定，可以先加入已知过量的 EDTA 标准溶液，待 Al^{3+} 与 EDTA 反应完成后，剩余的 EDTA 则利用标准 Zn^{2+}、Pb^{2+} 或 Cu^{2+} 溶液返滴定；对于固体 $CaCO_3$ 的滴定，先加入已知过量的 HCl 标准溶液，待反应完成后，可用 NaOH 标准溶液返滴定剩余的 HCl；对于酸性溶液中 Cl^- 的滴定，可先加入已知过量的 $AgNO_3$ 标准溶液使 Cl^- 沉淀完全后，再以三价铁盐作指示剂，用 NH_4SCN 标准溶液返滴定过量的 Ag^+，出现 $[Fe(SCN)]^{2+}$ 淡红色即为终点。

3. 置换滴定法

对于某些不能直接滴定的物质，也可以使它先与另一种物质发生反应，置换出一定量能被滴定的物质，再用适当的滴定剂进行滴定，这种滴定方法称为置换滴定法。例如，$Na_2S_2O_3$ 不能用来直接滴定 $K_2Cr_2O_7$ 等强氧化剂，因为在酸性溶液中氧化剂可将 $S_2O_3^{2-}$ 氧化为 $S_4O_6^{2-}$ 或 SO_4^{2-} 等混合物，没有一定的计量关系。但是，$Na_2S_2O_3$ 却是一种很好的滴定 I_2 的滴定剂，如果在酸性 $K_2Cr_2O_7$ 溶液中加入过量的 KI，用 $K_2Cr_2O_7$ 置换出一定量的 I_2，再用 $Na_2S_2O_3$ 标准溶液直接滴定 I_2。实际上，$Na_2S_2O_3$ 标准溶液的浓度就是用这种方法标定的。

4. 间接滴定法

有些物质虽然不能与滴定剂直接发生化学反应，但可以通过其他化学反应间接测定。例如，高锰酸钾法测定钙，由于 Ca^{2+} 在溶液中没有可变价态，因此不能直接用氧化还原法滴定。但如果先将 Ca^{2+} 沉淀为 CaC_2O_4，将 CaC_2O_4 沉淀过滤洗涤后用 H_2SO_4 溶解，再用 $KMnO_4$ 标准溶液滴定与 Ca^{2+} 结合的 $C_2O_4^{2-}$，便可间接测定钙的含量。

返滴定法、置换滴定法和间接滴定法大大扩展了滴定分析的应用范围。

2.4.3　标准溶液的配制

标准溶液的配制方法包括直接法和间接法。

1. 直接法

直接法是准确称取一定量的基准物质，溶解后定量转移至一定体积的容量瓶中，用去离子水定容至刻度。根据溶质的质量和容量瓶的体积，即可计算出该标准溶液的准确浓度。

可用直接法配制标准溶液或标定溶液浓度的物质称为基准物质。基准物质必须具备以下条件：

(1) 组成恒定：实际组成与化学式相符。

(2) 纯度足够高：纯度一般在 99.9%以上，杂质含量低于分析方法允许的误差。

(3) 性质稳定：保存或称量过程中不易吸收空气中的水分和 CO_2，不分解，不易被空气氧化。

(4) 摩尔质量较大：称取量大，称量误差小。

(5) 溶解度较大：使用条件下易溶于水(或稀酸、稀碱)。

(6) 反应确定：参加滴定反应时，严格按反应式定量进行，没有副反应。

2. 间接法

对于不满足基准物质条件的物质，需要采用间接法(又称标定法)。间接法是先将该物质大致配成所需浓度的溶液(所配溶液的浓度值应在所需浓度值的±5%范围内)，再用基准物质或另一种标准溶液滴定来获得它的准确浓度。

2.4.4　滴定终点判断

要准确滴定被测组分的含量，如何判断滴定终点至关重要。在滴定实验中，往往没有任何可观察的外部特征可供判断，因此常借助指示剂的颜色变化来确定滴定终点。指示剂在滴定过程中会发生颜色变化，在滴定终点前显示的颜色为前色，到达滴定终点的颜色为后色，当前色和后色共存时为过渡色。当出现过渡色时，说明部分被滴定溶液已经到达终点，此时应轻轻摇动溶液，再以缓慢速度继续滴定，直到出现后色。

根据滴定反应的类型，指示剂也分为酸碱指示剂、金属指示剂和氧化还原指示剂等。滴定突跃范围是选择指示剂的依据，常用指示剂的颜色和变色范围见表 2.1～表 2.3。

表 2.1　常用酸碱指示剂

指示剂	变色范围(pH)	颜色		指示剂变色点 (pK_{HIn})
		酸性	碱性	
甲基橙	3.1～4.4	红	黄	3.4
溴酚	3.0～4.6	黄	紫	4.1
甲基红	4.6～6.2	红	黄	5.0
酚酞	8.0～10.0	无	红	9.1

表 2.2　常用金属指示剂

指示剂	配制方法	直接滴定的离子	颜色		注意事项
			In	MIn	
钙指示剂	1∶100 NaCl(质量比)研磨	pH=12～13，Ca^{2+}	蓝	酒红	Al^{3+}、Co^{3+}、Cu^{2+}、Fe^{3+}、Mn^{2+}、Ni^{2+}、$Ti(IV)$ 封闭指示剂

续表

指示剂	配制方法	直接滴定的离子	颜色		注意事项
			In	MIn	
铬黑 T	1∶100 NaCl(质量比)研磨	pH=10，Ca^{2+}、Zn^{2+}、Mg^{2+}、Pb^{2+}、Mn^{2+}、Cd^{2+}、稀土离子	蓝	红	Al^{3+}、Cu^{2+}、Fe^{3+}、Ni^{2+}等封闭指示剂
磺基水杨酸	50 g·L^{-1} 水溶液	pH=1.5～2.5，Fe^{3+}	无	紫红	—
二甲酚橙	5 g·L^{-1} 水溶液	pH<1，ZrO^{2+}；pH=1～3.5，Bi^{3+}、Th^{4+}；pH=5～6，Tl^{3+}、Zn^{2+}、Pb^{2+}、Hg^{2+}、Cd^{2+}、稀土离子	黄	红	Al^{3+}、Fe^{3+}、Ni^{2+}、Ti(Ⅳ)封闭指示剂
酸性铬蓝 K	1∶100 NaCl(质量比)	pH=10，Mg^{2+}、Mn^{2+}、Zn^{2+}；pH=13，Ca^{2+}	蓝	红	—

表 2.3　常用氧化还原指示剂

指示剂	变色电位/V	颜色		配制方法
		氧化态	还原态	
次甲基蓝	0.36	蓝	无	0.05%水溶液
变胺蓝	0.59(pH=2)	无	蓝	0.05%水溶液
二苯胺	0.76	紫	无	1%浓硫酸溶液
二苯胺磺酸钠	0.85	紫红	无	0.5%水溶液
邻二氮菲-亚铁	1.06	浅蓝	红	0.5 g $FeSO_4$·$7H_2O$ 溶于少量水，加 2 滴硫酸和 0.5 g 邻二氮菲稀释至 100 mL

2.4.5　滴定操作

1. 操作溶液的装入

将溶液装入酸式滴定管或碱式滴定管之前，应将试剂瓶中的溶液摇匀，使凝结在试剂瓶内壁上的水珠混入溶液，在天气较热或室温变化较大时，此项操作更为必要。混匀后的操作溶液应直接倒入滴定管中，不得用其他容器(如烧杯、漏斗等)转移。先用操作溶液润洗滴定管内壁 3 次，每次约 10 mL。然后将操作溶液直接倒入滴定管，直至充满至零刻度以上为止。

2. 滴定管嘴气泡的检查及排除

在滴定管内装满溶液后，应检查滴定管的出口下部尖嘴部分是否充满溶液，是否留有气泡。如果碱式滴定管中有气泡，可将碱式滴定管垂直地夹在滴定管架上，左手拇指和食指捏住玻璃珠部位，使乳胶管向上弯曲翘起，并挤捏乳胶管，使溶液从管口喷出，即可排出气泡。酸式滴定管的气泡一般容易看出，当有气泡时，右手拿滴定管上部无刻度处，并使滴定管倾斜 30°，左手迅速打开旋塞，使溶液冲出管口，反复数次，即可排出酸式滴定管出口处的气泡。

3. 滴定姿势

站着滴定时要求站直，双脚分立同肩宽，身体放松但不可屈腿。有时为了操作方便，也可坐着滴定。

4. 酸式滴定管的操作

使用酸式滴定管时，左手握滴定管，无名指和小指向手心弯曲，轻轻地贴着出口部分，用其余三指(拇指、食指和中指)控制旋塞的转动。应注意不要向外用力，以免推出旋塞造成漏水，应使旋塞稍有一点向手心的回力。当然，也不要过分往里用太大的回力，以免造成旋塞转动困难。

5. 碱式滴定管的操作

使用碱式滴定管时，仍以左手握滴定管，拇指在前、食指在后，其余三个手指辅助夹住出口管。用拇指和食指捏住玻璃珠所在部位，向右边挤乳胶管，使玻璃珠移至手心一侧，溶液即可从玻璃珠旁边的空隙流出。必须注意，不可用力捏玻璃珠，也不要使玻璃珠上下移动，不要捏玻璃珠下部乳胶管，以免空气进入而形成气泡，影响读数。

6. 边滴边摇瓶

滴定操作可在锥形瓶或烧杯内进行。在锥形瓶中滴定时，用右手拇指、食指和中指拿住锥形瓶，其余两指在下侧辅助，使瓶底距滴定台 $2\sim3$ cm，滴定管下端伸入瓶口内约 1 cm。左手握住滴定管，按前述方法，一边滴加溶液，一边用右手摇动锥形瓶。在烧杯中滴定时，将烧杯放在滴定台上，调节滴定管的高度，使其下端伸入烧杯内约 1 cm。滴定管下端应在烧杯中心的左后方处(放在中央影响搅拌，离杯壁过近不利于搅拌均匀)。左手滴加溶液，右手持玻璃棒搅拌溶液。玻璃棒应做圆周搅动，避免碰到烧杯壁和底部。当滴至接近终点只滴加半滴溶液时，用玻璃棒下端承接此悬挂的半滴溶液于烧杯中，但要注意，玻璃棒只能接触液滴，不能接触管尖，其余操作同前所述。

下面以锂电池三元正极材料中的金属元素含量滴定为例，介绍新能源电极材料的定量滴定分析。

2.4.6　三元正极材料中镍钴锰含量的滴定

1. 实验原理

镍钴锰三元材料($Li_\delta Ni_{1-x-y}Co_xMn_yO_2$)是目前商业应用最广泛的高比能锂离子电池正极材料之一，具有比容量高、循环性能优异、热稳定性良好及价格相对低廉等优点。在锂离子电池三元正极材料中，镍、钴、锰三者的元素含量对其电化学性能具有重要的影响，因此在制备三元正极材料后，必须先准确分析其中镍、钴、锰元素的含量。对于微量元素分析，通常采用电感耦合等离子体(ICP)光谱、原子吸收分光光度法等仪器分析方法，但是对于常量分析，在分析元素较多的情况下，由于多种因素相互干扰，难以分别测定。

本实验采用配位滴定法，以紫脲酸胺作指示剂，用乙二胺四乙酸(EDTA)先后滴定镍、钴、锰的总含量和镍的含量。然后采用氧化还原滴定法，以 N-苯代邻氨基苯甲酸作指示剂，用硫酸亚铁铵滴定锰的含量。最后通过差减法推算出钴的含量。在滴定镍时，二价钴和锰会同时被 EDTA 滴定，对镍的测定造成干扰。由于氨与三价钴的配位能力比 EDTA 更强，因此在加入氨水后用过硫酸铵将二价钴氧化为三价钴，同时锰也被氧化为二氧化锰沉淀，过滤后再用 EDTA 标准溶液对滤液进行滴定，即可测得镍的含量。另取一定体积的试样溶液加入适量的磷酸和高氯酸，加热至不再冒烟，使二价锰全部氧化为三价锰。加水稀释，冷却至室温，然后用硫酸亚铁铵标准溶液滴定至微红色。此时，加入 N-苯代邻氨基苯甲酸作为指示剂，再继续用硫酸亚铁铵标准溶液滴定至樱桃红色突变为亮绿色即为滴定终点，从而算出锰的含量。用测得的镍、钴、锰的总含量减去镍和锰的含量，即可算出钴的含量。该方法操作简单快捷，可直接准确测定三元正极材料中的镍、钴、锰的含量。

2. 实验方法

1) 镍、钴、锰总含量的测定

准确称取 0.5000 g 试样，置于 250 mL 烧杯中。加入 5 mL(2 mol·L^{-1})稀硫酸、2 mL 过氧化氢，加热至完全溶解并除去过量的 H_2O_2。将溶液转移至 200 mL 容量瓶中，定容。用移液管准确移取 20.00 mL 溶液至另一个 250 mL 烧杯中，加入 3 mL 抗坏血酸溶液和 10 mL 缓冲溶液，调节 pH = 9。加水至 150 mL，轻轻摇匀，用电热板加热至 40℃，待烧杯口微微冒雾时，再加入 0.05～0.1 g 紫脲酸胺指示剂。用 EDTA 标准溶液滴定至黄色变为淡紫色为终点。记录消耗 EDTA 的体积为 V，按下列公式计算镍、钴、锰的总含量 b：

$$b = \frac{cV}{m \times 1000} \tag{2.3}$$

式中，b 为每克样品中镍、钴、锰总的物质的量(mol·g^{-1})；c 为 EDTA 标准溶液的浓度(mol·L^{-1})；m 为三元材料的质量(g)；V 为滴定终点时消耗 EDTA 标准溶液的体积(mL)。

2) 镍含量的测定

准确移取 20.00 mL 试样溶液置于 250 mL 锥形瓶中，再加入 20 mL 氨水($V_{浓氨水}$：$V_{水}$ = 1∶1)和 2 g 过硫酸铵，溶解后低温加热至沸腾，静置几分钟后过滤，烧杯及滤纸用氨水洗涤数次。取滤液，加入 20 mL 缓冲溶液，加热至 40℃时取下，加入 0.05～0.1 g 紫脲酸胺指示剂，用 EDTA 标准溶液滴定至黄色变为淡紫色为滴定终点。记录消耗 EDTA 的体积为 V_1，按下列公式计算镍的含量 b_1：

$$b_1 = \frac{cV_1}{m \times 1000} \tag{2.4}$$

式中，b_1 为每克样品中镍的物质的量(mol·g^{-1})；c 为 EDTA 标准溶液的浓度(mol·L^{-1})；m 为三元材料的质量(g)；V_1 为滴定终点时消耗 EDTA 标准溶液的体积(mL)。

3) 锰含量的测定

另取 20.00 mL 试样溶液于 250 mL 锥形瓶中，加入 5 mL 磷酸，加热至 50℃左右，加入 5 mL 高氯酸，继续加热至大量冒烟即取下。待二价锰全部被氧化为三价锰，加入 60 mL 稀硫酸溶液($V_{浓硫酸}$ ：$V_{水}$ = 1 ：19)并摇匀，水浴冷却至室温。用硫酸亚铁铵标准溶液滴定至微红色时，加入 2 滴 N-苯代邻氨基苯甲酸作为指示剂，再继续用硫酸亚铁铵标准溶液滴定至樱桃红色变亮绿色即为终点。记录消耗硫酸亚铁铵标准溶液的体积为 V_2，按下列公式计算锰的含量 b_2：

$$b_2 = \frac{cV_2}{m \times 1000} \tag{2.5}$$

式中，b_2 为每克样品中锰的物质的量(mol·g^{-1})；c 为硫酸亚铁铵标准溶液的浓度(mol·L^{-1})；m 为三元材料的质量(g)；V_2 为滴定终点时消耗硫酸亚铁铵标准溶液的体积(mL)。

4) 钴含量的测定

利用差减法计算钴的含量 b_3：

$$b_3 = b - b_1 - b_2 \tag{2.6}$$

2.5　基本理化性质测量

2.5.1　熔、沸点的测定

1. 实验原理

1) 熔点的测定

在 1 atm 下，纯物质在固态和液态之间保持平衡时的温度称为该物质的熔点。通常把固体物质受热后转化为液态时的温度作为该物质的熔点。纯物质一般都有固定的熔点，其熔程(从初熔至全熔的温度变化范围，也称为熔距)一般为 0.5～1℃。当物质含有杂质时，其熔点往往会降低，且熔程较长。有机化合物的熔点一般不超过 350℃，比较容易测定，因此可通过测定熔点来鉴别未知有机物并判断其纯度。

当准确测得某未知物 A 的熔点与文献资料记载的某化合物 B 的熔点相同或非常接近时，可初步判断该化合物即为某化合物 B。但是不同的化合物也可能具有相同或相近的熔点，这时需要进一步判断。把该未知物 A 与标准物质 B 按不同比例混合得到多个样品，分别测定其熔点。如果这些样品的熔点都与标准物质 B 一致，则可以确定 A 和 B 为同一种物质，即鉴定出该未知物。如果其熔程也没有变长，则说明其纯度较高。

2) 沸点的测定

由于分子运动，液体的分子有从表面逸出的倾向。当液态物质受热时，分子逸出加剧，在液面上方形成蒸气，其蒸气压随温度升高而增大。当液体的蒸气压与外界压力相等时，有大量气泡从液体内部逸出，即液体沸腾，此时的温度即为液体在该外界压力下的沸点。

在一定外压下，纯液体有机化合物都有一定的沸点，而且沸程也很小(0.5~1℃)。通过测定沸点可以鉴别有机物的纯度，但要注意的是，混合有机物有时能共沸，也有一定的沸点。

通常所说的沸点是指在 101.3 kPa 下液体沸腾时的温度。由于实验时的大气压不一定是 101.3 kPa，因此所测得的沸点与标准值也会有所偏差。对于一般液体，由大气压变化引起的沸点偏差可用以下公式进行校正：

$$\Delta T = 0.0012 \times (760 - p) \times (T + 273) \tag{2.7}$$

对于水、醇、酸等能发生缔合作用的液体，则用以下公式：

$$\Delta T = 0.0010 \times (760 - p) \times (T + 273) \tag{2.8}$$

式中，ΔT 为温度校正值(℃)；p 为实验时的实际大气压(mmHg)；T 为测得的沸点(℃)。

2. 实验方法

1) 毛细管法测定熔点

(1) 实验装置(图 2.27)：毛细管法通常采用一种特制的熔点测定装置——提勒管(Thiele tube)，因其形状像英文字母 b，又称为 b 形管。其优点是载热液用量少、受热均匀，且管径小，易于观察。

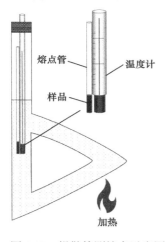

放置被测样品的熔点管一般是内径约 1 mm、长为 5~7 cm 的毛细管，其一端开口，另一端封闭。

根据被测物质的熔点范围，可以选择不同的传热介质(导热液)。通常采用浓硫酸，可用于测定熔点低于 250℃ 的物质。如果测熔点小于90℃的样品，则可以用水作导热液。此外，也可以使用硅油、甘油和液状石蜡等。导热液的用量以略高于 b 形管的上侧管为宜。

(2) 装填样品：取 10~20 mg 预先研细并烘干的样品，堆积于干净的表面皿上，将熔点管开口端插入样品粉末中，使样品进入熔点管中。重复数次，使样品在管内的高度以 3~4 cm 为宜。然后将熔点管封口的一端朝下，在

图 2.27　提勒管测熔点示意图

桌面上轻轻敲击，使样品粉末落于管底。再将其沿约 40 cm 的垂直玻璃管自由下落，重复数次，使样品紧密堆积在熔点管的下端，样品高以 2~3 cm 为宜。

(3) 操作步骤(戴防护镜操作)：将装有样品的熔点管用橡皮圈固定于温度计的下端，使熔点管装样品的部分位于温度计水银球的中部。然后用有缺口的软木塞将带有熔点管的温度计固定到提勒管中，使温度计的水银球位于提勒管两支管的中间处。

用小火加热。开始时升温速率可以稍快，在距离样品熔点 10~15℃时，升温速率应控制在 1~2℃·min⁻¹。如果不了解被测物的熔点范围，可先以 5℃·min⁻¹ 的升温速率粗测一次，再重新取样精测。分别记录当样品开始塌落并出现液相(初熔)和刚好完全转化为液相(全熔)时的温度，即为该样品的熔点范围。如果样品在加热过程中发生变色、发

泡、炭化等现象，也应记录下来，供分析参考。

熔点测定至少要有两次重复实验数据，每次测定必须使用全新的熔点管和新的样品。此外，所使用的温度计必须经过校正。如果没有标准温度计用于校正，可通过测量纯粹有机化合物的熔点并与其标准值对照，判断所用温度计是否示数准确。

2) 数字熔点仪测定熔点

数字熔点仪是一种通过固体熔化时透光率的改变判断熔程的仪器。物质在结晶状态下一般会反射光线，而在熔融状态下透射光线。当物质随着温度升高而熔化时，会产生透光率的跃变。采用光电测量手段即可测出固体的初熔和终熔温度，并通过接口连接计算机显示数据。此方法可以减小肉眼观察和记录读数所产生的误差。

使用不同型号的数字熔点仪，其操作步骤有所不同。以 WRS-1B 型数字熔点仪为例，其操作步骤如下：

(1) 将升温控制开关扳至外侧，开启电源开关。稳定 20 min，此时保温灯亮。初熔灯亮、电表偏向右方，初始温度为 50℃左右。

(2) 通过拨盘设定起始温度，通过起始温度按钮输入次温度，此时预置灯亮。

(3) 选择升温速率，将波段开关扳至需要位置。

(4) 当预置灯熄灭时，起始温度设定完毕，可插入样品毛细管。此时，电表基本指零，初熔灯熄灭。

(5) 调零，使电表完全指零。

(6) 按动升温钮，升温指示灯亮(注意：忘记插入带有样品的毛细管按升温钮，读数屏将出现随机数提示纠正操作)。

(7) 数分钟后，初熔灯先闪亮，然后出现终熔读数显示。欲知初熔读数，按初熔钮即可。

(8) 只要电源未切断，上述读数值将一直保留至测下一个样品。

注意事项：

(1) 样品必须充分烘干并研碎，用自由落体法敲击毛细管，使样品填装紧实，样品填装高度应不小于 3 mm。同一批号样品高度应一致，以确保测量结果的一致性。

(2) 仪器开机后自动预置到 50℃。炉子温度高于或低于此温度都可用拨盘快速设定。

(3) 达到起始温度附近时，预置灯交替发光，此为炉温缓冲过程，平衡后二灯熄灭。

(4) 设定起始温度切勿超过仪器使用范围，否则仪器将损坏。

(5) 某些样品起始温度的高低对熔点测定结果有影响。应先通过实验确定一定的最佳条件。建议提前 3～5 min 插入毛细管，如线性升温速率选 1℃·min⁻¹，起始温度应比熔点低 3～5℃；如升温速率选 3℃·min⁻¹，则起始温度应比熔点低 9～15℃。

(6) 线性升温速率不同，测定结果也不一致。一般升温速率越大，读数值越高。各挡升温速率的熔点读数值可用实验修正值统一。未知熔点值的样品，可先用快速升温粗测，得到初步熔点范围后再精测。

(7) 被测样品最好一次填装 5 根毛细管，分别测定后舍弃最大值和最小值，取中间 3 个读数的平均值作为测定结果，以消除毛细管及样品制备填装带来的偶然误差。

(8) 测完较高熔点样品后再测较低熔点样品，可直接用起始温度设定拨盘及按钮实现快速降温。

(9) 有些样品的熔化曲线中会有缺口出现,指零电流表会产生摆动,终熔读数会变动两次,这是固态结晶在熔化过程中进入半透明视场所致,易影响终熔测定结果。读取终熔数时,需在显示后 10 s 左右,待电流表示值指到最大时读数。若因装样不良而造成上述情况,应再次装样测定。

(10) 毛细管插入仪器前,先用软布将外面沾污的物质清除,否则日久后插座下面会积垢,导致无法检测。

3) 常量法测定沸点

常量法即常压蒸馏法,其装置和操作步骤与蒸馏相同。纯物质的沸点恒定,沸程很小。在蒸馏时,从第一滴液体蒸出至液体全部蒸出,温度变化不超过 2℃。如果温度变化范围超过 2℃,则说明所测液体不纯,应先对其提纯再测定沸点。但有些共沸混合物也有固定的沸点。

操作步骤如下:

(1) 安装仪器:按从下到上、从左到右的顺序安装好蒸馏装置。安装时应注意,温度计的水银球上缘要与蒸馏头侧管的下缘保持同一高度,接液管和接收瓶要与大气相通,切不可构成封闭体系。

(2) 加料:取适量待测液体加入蒸馏烧瓶中,再加入几粒沸石,防止暴沸。

(3) 加热:先接通冷凝水,再加热。冷凝水应自下而上流动,与自上而下的蒸气对流。当液体沸腾时,蒸气到达温度计水银球位置,温度计读数急剧上升。此时,应调节热源,使水银球上液滴和蒸气温度达到平衡,控制馏出液的速度为每秒 1～2 滴。此时的温度计读数即为该馏出液的沸点。

(4) 收集馏液:准备两个接收瓶,一个接收前馏分,另一个接收所测馏分。该馏分蒸出第一滴和最后一滴的温度范围即为其沸程。

4) 微量法测定沸点

对于难以用蒸馏法测定沸点的少量液体,可用微量法测定。

(1) 实验装置:沸点管由粗细不同的毛细管组成外管和内管。外管为内径 2～4 mm、长 6～7 cm 的一端开口玻璃管,内管为内径约 1 mm、长 5～6 cm 的一端开口毛细管。测量时将内管开口向下插入外管中,再将沸点管与温度计固定在一起,使样品所处位置与温度计水银球中部对齐,将温度计和沸点管一起插入加热装置(同熔点测定装置,如提勒管)中。

(2) 操作步骤:取 1～2 滴待测样品滴入沸点管的外管中,液柱高约 1 cm。再将内管开口朝下插入液体中,然后缓慢加热。当温度上升至被测液体沸点以下 10℃左右时,降低加热速度至每分钟升高 1～2℃。对于未知样品,应先粗测获得其沸点范围。当内管中有一连串小气泡快速逸出时,停止加热。此时浴液还有余热,可能使温度继续上升。待其自然降温,内管口气泡冒出速度逐渐减慢。当最后一个气泡将要冒出且液体刚要进入内管的瞬间,内管上方的蒸气压与外界大气压达到平衡,记录此时的温度计读数,即为该被测液体的沸点。待温度下降 15～20℃后,可重新加热再测一次,若 2 次所得温度数值相差 1℃,则所得结果较为准确。

2.5.2　密度的测定

1. 实验原理

密度(ρ)是对特定体积内的质量的度量，其定义是物质单位体积(V)的质量(m)。密度是物质的基本特性，测定密度可以用来鉴别物质，区分类似化合物，检查物质的纯度，以及计算混合物中已知组分的组成等。

物质的密度不仅与物质本性有关，还受外界条件影响。气体的密度受压力和温度的影响很大，而对于固体和液体，其密度受压力影响很小，可忽略不计，但仍受温度影响，所以要在恒温槽中测定。在表示密度时，应注明气压和温度。

根据定义：

$$\rho = m / V \tag{2.9}$$

可知，只需测量物体的质量和体积，即可算出其密度。质量可通过电子天平准确称量，体积的精确测量则需利用比重法，如比重天平法、比重管法和比重瓶法等。本实验分别介绍测定液体、固体和气体密度的方法。

2. 实验方法

1) 密度计法测液体密度

密度计法是测定液体密度的一种简单方法。根据液体密度选择合适的密度计，将其直接插入液体，从密度计的刻度示数即可直接读出液体的密度值。

2) 比重瓶法测液体密度

(1) 用电子天平称量干净的空比重瓶(图 2.28)，质量为 m_0。

(2) 在比重瓶中注满已知密度 ρ_1 的参比液，置于恒温槽中恒温 10 min，用滤纸吸干毛细管孔塞上溢出的液体，取出小瓶，擦干外壁，盖上盖帽，称得质量为 m_1。

(3) 倒出瓶中液体，将比重瓶洗净烘干，加入待测液体，同上步骤，称得质量为 m_2。

(4) 根据下列公式计算待测液体的密度：

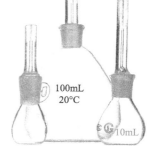

图 2.28　比重瓶

$$\rho = \frac{m_2 - m_0}{m_1 - m_0} \rho_1 \tag{2.10}$$

3) 比重瓶法测固体密度

(1) 用电子天平称量干净的空比重瓶，质量为 m_0。

(2) 在比重瓶中注满已知密度 ρ_1 的参比液(该液体不能溶解但能浸润待测固体)，置于恒温槽中恒温 10 min，用滤纸吸干毛细管孔塞上溢出的液体，取出小瓶，擦干外壁，盖上盖帽，称得质量为 m_1。

(3) 倒出瓶中液体，将比重瓶洗净烘干，加入待测固体，称得质量为 m_2。

(4) 向该瓶中注入上述已知密度液体，放于真空干燥器中抽气约 5 min，使吸附于固体表面的空气全部溢出，再注满上述液体，同样恒温 10 min 后，称得质量为 m_3。

(5) 根据下列公式计算待测固体的密度：

$$\rho = \frac{m_2 - m_0}{(m_1 - m_0) - (m_3 - m_2)} \rho_1 \tag{2.11}$$

4) 振实密度仪测固体的振实密度

图 2.29 振实密度仪

对于粉末固体，涉及多种密度定义。真密度是指固体物质在密实的状态下单位体积的实际质量，即去除内部孔隙或颗粒间的空隙后的密度。与真密度相对应的物理性质还有堆积密度，包括松装密度和振实密度。松装密度指粉末在规定条件下自由充满标准容器后所测得的堆积密度，即粉末松散填装时单位体积的质量。振实密度指在规定条件下容器中的粉末经振实后所测得的单位体积的质量。对于新能源应用中的粉末材料，测定其振实密度具有更重要的参考意义。

振实密度一般用振实密度仪(图 2.29)测定，其操作较为简单，具体如下：

(1) 将粉末样品装入量筒，并记录振实前的体积。

(2) 将量筒安装于振实密度仪振动组件上。

(3) 启动仪器进行振实。

(4) 结束后，记录振实后的体积。

(5) 根据式(2.9)计算出该粉末的振实密度。

5) 杜马氏法测气体密度

气体的密度可用杜马氏法测定。测量时，先称量已知容量的密闭玻璃瓶抽真空后的质量，然后通入待测气体，再称其质量。两次质量之差即为待测气体的质量，将其除以玻璃瓶的容量，即可得出该气体的密度。测定时，要保证玻璃瓶的真空度，其残余压力应小于 13.3 Pa，否则要对残余气体进行校正。由于气体的密度受压力和温度影响显著，在求得密度时还要根据实验时的气压和温度加以校正，或者注明实验条件。

2.5.3 电解质溶液电导的测定

1. 实验原理

电导是反映导体传输电流能力强弱的物理量，它等于电阻的倒数，符号是 G，单位是西门子(S，$1\ \text{S} = 1\ \Omega^{-1}$)。

电解质溶液是第二类导体，不同于金属通过电子传输电流，电解质溶液通过正、负离子的迁移传输电流。根据欧姆定律测得电解质溶液的电阻，即可得到其电导。

$$G = \frac{1}{R} = \frac{I}{E} = \kappa \frac{A}{L} \tag{2.12}$$

式中，R 为溶液电阻(Ω)；I 为通过溶液的电流(A)；E 为插入溶液两极之间的电位差(V)；A 为两极的面积(m^2)；L 为两极之间的距离(m)；L/A 又称为电导池常数 K_{cell}(m^{-1})。当 A 为 1 m^2、L 为 1 m 时的电导称为电导率 κ，单位是 $S \cdot m^{-1}$。

当两极之间的溶液含有 1 mol 电解质，且两极之间的距离为 1 m 时所具有的电导称为摩尔电导率 Λ_m。摩尔电导率 Λ_m 和电导率 κ 的关系为

$$\Lambda_m = \frac{\kappa}{c} \tag{2.13}$$

对于强电解质的稀溶液，有科尔劳施(Kohlrausch)平方根定律：

$$\Lambda_m = \Lambda_m^\infty - A\sqrt{c} \tag{2.14}$$

式中，Λ_m^∞ 为无限稀释时的摩尔电导率；A 为经验常数；c 为溶液浓度。将 Λ_m 对 $\sqrt{c}$ 作图得直线，外推至 $c = 0$ 处即可求得 Λ_m^∞。

弱电解质不符合上述定律，但是符合科尔劳施离子独立迁移定律：

$$\Lambda_m^\infty = \lambda_{m,+}^\infty + \lambda_{m,-}^\infty \tag{2.15}$$

式中，$\lambda_{m,+}^\infty$ 和 $\lambda_{m,-}^\infty$ 分别为无限稀释电解质溶液中正、负离子的摩尔电导率。弱电解质的 Λ_m^∞ 可根据相关强电解质的 Λ_m^∞ 求出。以 HAc 为例

$$\Lambda_m^\infty(\text{HAc}) = \Lambda_m^\infty(\text{HCl}) + \Lambda_m^\infty(\text{NaAc}) - \Lambda_m^\infty(\text{NaCl}) \tag{2.16}$$

弱电解质的电离度 α 与摩尔电导率存在以下近似关系：

$$\alpha = \frac{\Lambda_m}{\Lambda_m^\infty} \tag{2.17}$$

对于 HAc 型弱电解质的水溶液，其电离平衡常数为

$$K = \frac{c\alpha^2}{1-\alpha} = \frac{c\Lambda_m^2}{\Lambda_m^\infty(\Lambda_m^\infty - \Lambda_m)} \tag{2.18}$$

因此，测定不同浓度下 HAc 的 Λ_m，即可算出其电离平衡常数 K。

2. 实验方法

1) 电桥法测定电解质溶液的电导率

采用电桥法(图 2.30)测定电导池中电解质溶液的电阻，需要将两个电极插入溶液中。通电测试时，两电极会发生电解或极化现象，对实验结果造成误差。为了尽可能地避免这一误差，通常采用频率较高的交流电源使正、负极迅速交替变换，并使用镀铂黑的铂电极。R_1、R_2 为已知电阻，R_3 为可连续改变阻值的电阻箱。当调节至电桥平衡时，电解质溶液电阻为

$$R_x = \frac{R_2}{R_1} R_3 \tag{2.19}$$

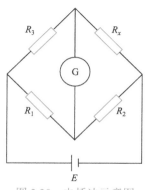

图 2.30　电桥法示意图

操作步骤：

(1) 连接好仪器线路，将装有待测电解质溶液的电导池置于 25.0℃的恒温槽中。

(2) 测定已知 κ 的强电解质稀溶液(如 0.02 mol · L^{-1} KCl 溶液)的电阻，计算出电导池常数 K_{cell}。

(3) 在 25.0℃恒温下分别测定四种电解质(HCl、NaAc、NaCl 和 HAc)的不同浓度(如 0.0500 mol · L^{-1}、0.0200 mol · L^{-1}、0.0100 mol · L^{-1}、0.005 00 mol · L^{-1}、0.002 00 mol · L^{-1}) 稀溶液的电阻，根据公式计算出相应的 κ、Λ_m 和 $\sqrt{c}$ (c 的单位用 mol · m^{-3})。

(4) 数据处理。将 HCl、NaAc 和 NaCl 的 Λ_m 对各自的 $\sqrt{c}$ 作图，拟合得到直线，截距即为其 Λ_m^∞。由这三种电解质的 Λ_m^∞ 即可算出 HAc 的 Λ_m^∞。由式(2.17)和式(2.18)可以进一步算出 HAc 在不同浓度下的电离度和电离平衡常数。

2) 电导率仪测定电解质溶液的电导率

使用电导率仪可以直接测出电解质溶液的电导率。以 DDSJ-308F 型台式电导率仪为例，其操作步骤如下：

(1) 仪器安装。将主机和多功能电极架放在台面上。按照操作说明连接好相应的铂黑电极和温度电极。

(2) 连接正确以后，接通仪器配套的电源适配器，按"开/关"键，打开仪器。

(3) 在起始状态，按"设置"键。分别可以设置测量模式、手动温度、平衡条件、系统设置、电导常数。用"▼"键和"▲"键选择需要设置的参数，然后按"确认"键选择相应的功能模块；按"取消"键退出功能菜单选择。

(4) 设置电极常数。每支电导电极上面都标有本支电极的常数值(参考值)，用户可以直接设置。当电极使用一段时间后，由于各种原因，用户怀疑电极常数不准，或者需要精确测量，则可以使用电导标准溶液重新标定。

(5) 设置完毕，按"测量"键，直接测量，读取数据。

(6) 注意事项：①测试完样品后，所用电极应用去离子水冲洗；②电极插座必须保持清洁、干燥，切忌与酸、碱、盐溶液接触。

2.5.4　溶解度的测定

1. 溶质质量法测定易溶电解质的溶解度

在一定量的水中加入足量的易溶电解质(如硝酸钾)，保持恒温下充分搅拌，待多余的溶质固体在较长时间(5 min)内不再溶解，过滤除去多余固体，即得到饱和溶液。加热蒸干溶剂(水)，称量析出溶质的质量，即可计算该温度下的溶解度 S：

$$S = m_{溶质}/m_水 \times 100 \tag{2.20}$$

操作步骤如下：

(1) 准确称量干燥的蒸发皿的质量并记录。

(2) 在恒温水浴加热下，配制硝酸钾饱和溶液。

(3) 取一定量的硝酸钾饱和溶液倾入蒸发皿中，称量并记录。

(4) 加热蒸发皿中的硝酸钾饱和溶液至溶剂全部蒸干，放入干燥器内冷却后称量并记录。

(5) 根据式(2.20)计算 S。

(6) 重复上述操作, 取两次测定结果的平均值。

2. 电导率法测定难溶电解质的溶解度

由于难溶电解质在水中溶解度很小, 溶液极稀, 正、负离子间相互作用很小, 其饱和溶液的摩尔电导率 Λ_m 可近似认为等于无限稀释摩尔电导率 Λ_m^∞, 根据

$$\Lambda_m = \frac{\kappa}{c} \tag{2.21}$$

可求出浓度 c:

$$c = \frac{\kappa}{\Lambda_m} \tag{2.22}$$

式中, Λ_m 近似等于 Λ_m^∞, 可从数据表中查得; κ 为溶液的电导率, 可用电导率仪测得, 详见 2.5.3 小节。需要注意的是, 由于电解质浓度极低, 水的电导率不可忽略, 因此测得的电导率要减去纯水的电导率, 即

$$\kappa = \kappa_{溶液} - \kappa_{水} \tag{2.23}$$

以 $BaSO_4$ 为例, 其溶解度测定步骤如下:

(1) 超纯水电导率测定: 将电导率仪的铂黑电极用超纯水冲洗 3 次, 插入盛有一定体积超纯水的小烧杯中, 使超纯水液面高出铂片 1～2 cm, 然后进行电导率测定。

(2) $BaSO_4$ 饱和溶液电导率测定: 将电导率仪铂黑电极用 $BaSO_4$ 饱和溶液冲洗 3 次, 插入盛有一定体积 $BaSO_4$ 饱和溶液的小烧杯中, 测定其电导率。测定完毕, 用超纯水冲洗电极数次, 并将其浸泡于超纯水中。

(3) 计算 $BaSO_4$ 溶解度: 根据上述公式计算出浓度 c, 再换算成溶解度 S。

(4) 注意事项: 由于电导率和溶解度受温度影响, 测试应在恒温条件下进行, 设置温度应与 Λ_m^∞ 的标准温度一致。

2.5.5　相变与热分解温度的测定

1. 实验原理

1) 差热分析

物质在受热或冷却过程中, 当达到某一温度时, 往往会发生某种物理或化学变化, 并伴随着焓的改变, 因而产生热效应, 导致物质的温度发生变化。在程序控温下, 测量物质和参比物的温度差随温度或时间变化的技术称为差热分析(differential thermal analysis, DTA)。被测物质在升(降)温过程中, 发生吸热或放热反应, 在差热曲线上出现吸热或放热峰。因此, 该法被广泛应用于研究物质在热反应时的特征温度及吸收或放出的热量, 包括物质相变、分解、化合、凝固、脱水、蒸发等物理或化学反应。当试样发生力学状态变化(如玻璃化转变)时, 虽无吸热或放热, 但比热容有突变, 在差热曲线上

表现为基线的突然变动。物质的热反应可大致分为以下几类:

(1) 吸热反应:结晶熔化、蒸发、升华、化学吸附、脱结晶水、二次相变(如高聚物的玻璃化转变)、气态还原等。

(2) 放热反应:气体吸附、氧化降解、气态氧化(燃烧)、爆炸、再结晶等。

(3) 放热或吸热反应:结晶形态转变、化学分解、氧化还原反应、固态反应等。

DTA 方法分析这些反应,只能反映出物质在某个温度下发生了反应,而不反映物质的质量是否变化,也不论是物理变化还是化学变化。因此,要具体确定反应的实质,还需要用其他方法(如光谱、质谱和 X 射线衍射等)。

一般的差热分析装置由加热系统、温度控制系统、信号放大系统、差热系统、记录系统、气氛控制系统和压力控制系统等组成。

(1) 加热系统:加热系统提供测试所需的温度条件,按炉温可分为低温炉(<250℃)、普通炉、超高温炉(可达 2400℃);按结构形式可分为微型、小型,立式和卧式。系统中的加热元件及炉芯材料根据测试范围的不同可进行选择。

(2) 温度控制系统:温度控制系统用于控制测试时的加热条件,如升温速率、温度测试范围等。它一般由定值装置、调节放大器、可控硅调节器(PID-SCR)、脉冲移相器等组成,随着自动化程度的不断提高,大多数已改为微机控制,提高控温的精度。

(3) 信号放大系统:通过直流放大器把热电偶产生的微弱温差电动势放大、增幅、输出,使仪器能够更准确地记录测试信号。

(4) 差热系统:差热系统是整个装置的核心部分,由样品室、试样坩埚、热电偶等组成。其中,热电偶是关键性元件,既是测温工具,又是信号传输工具,可根据实验要求具体选择。

(5) 记录系统:使用微机进行自动控制和记录,并可对测试结果进行分析,为实验研究提供了便利。

(6) 气氛控制系统和压力控制系统:该系统能够为试验研究提供气氛条件和压力条件,增大了测试范围。

在 DTA 曲线上,由峰的位置可确定发生热效应的温度,由峰的面积可确定热效应的大小。峰面积 A 和热效应 ΔQ 成正比,比例系数 K 可由标准物质实验确定。由于 K 随温度、仪器、操作条件而变,因此 DTA 的定量分析性能不好。此外,为使 DTA 有足够的灵敏度,要求试样与周围环境的热交换小,但因此热电偶对试样热效应的响应也较慢,热滞后增大,这是 DTA 设计原理上不可避免的一个矛盾。

2) 差示扫描量热法

由于 DTA 测量的是样品和参比物的温度差,试样在转变时热传导的变化难以量化,温差与热量变化的比例系数也随实验条件多变,不利于热量变化的定量测定。在 DTA 基础上增加一个补偿加热器,发展成差示扫描量热法(differential scanning calorimetry, DSC)。DSC 直接反映试样在转变时的热量变化,便于定量测定。

DSC 和 DTA 仪器装置相似,所不同的是在试样和参比物容器下装有两组补偿加热丝,当试样在加热过程中由于热效应与参比物之间出现温差 ΔT 时,通过差热放大电路和差动热量补偿放大器,流入补偿电热丝的电流发生变化。当试样吸热时,补偿放大器使试样一边的电流立即增大；反之，当试样放热时则使参比物一边的电流增大，直到两边热量平衡，温差 ΔT 消失为止。换句话说，试样在热反应时发生的热量变化由于及时输入电功率而得到补偿，因此实际记录的是试样和参比物下面两个电热补偿的热功率之差随时间 t 的变化关系。如果升温速率恒定，记录的也就是热功率之差随温度 T 的变化关系，即 DSC 曲线。

在 DSC 中，峰面积是维持试样与参比物温度相等所需要输入的电能的真实量度，它与仪器的热学常数或试样热性能的各种变化无关，可进行定量分析。DSC 曲线的纵坐标代表试样放热或吸热的速度，即热流速度，单位是 $mJ \cdot s^{-1}$，横坐标是温度 T 或时间 t，同样规定吸热峰向下，放热峰向上。试样放出或吸收的热量为热功率对横坐标的积分(峰面积)，峰面积 A 是热量的直接度量，也就是 DSC 直接测量热效应的热量。但试样和参比物与补偿加热丝之间总存在热阻，补偿的热量有些漏失，因此热效应的热量应是 $\Delta Q = KA$，K 称为仪器常数，可由标准物质实验确定。K 不随温度、操作条件而变，这就是 DSC 比 DTA 定量性能好的原因。同时，试样和参比物与热电偶之间的热阻可做得尽可能小，这就使 DSC 对热效应的响应快、灵敏，峰的分辨率好。

DTA、DSC 的原理和操作都比较简单，但要获得精确的结果却不容易，因为影响因素众多，这些因素分为仪器因素和试样因素。仪器因素主要包括炉子大小和形状、热电偶的粗细和位置、加热速度、测试时的气氛、盛放样品的坩埚材料和形状等。升温速率对峰的形状也有影响，升温速率慢，峰尖锐，因而分辨率也高；升温速率快，基线漂移大，一般采用 $10℃ \cdot min^{-1}$。在实验中，尽可能做到条件一致，才能得到重复的结果。气氛可以是静态的，也可以是动态的。就气体的性质而言，可以是惰性的，也可以是参加反应的，视实验要求而定。试样因素主要包括颗粒大小、热导性、比热容、填装密度、数量等。在固定一台仪器的情况下，仪器因素中起主要作用的是加热速度，样品因素中主要影响其结果的是样品的量，只有当样品量不超过某种限度时峰面积和样品量才呈直线关系，超过这一限度就会偏离线性。增加样品量会使峰的尖锐程度降低，因此在仪器灵敏度许可的情况下，试样应尽可能少。试样的量和参比物的量要匹配，以免两者热容相差太大引起基线漂移。试样的颗粒度对那些表面反应或受扩散控制的反应影响较大，粒度小，使峰移向低温方向。试样要装填紧实，否则影响传热。

2. 实验方法

本实验采用差示扫描量热仪测定物质发生相变或热分解的温度。测得的 DSC 曲线中吸热或放热峰的位置对应的温度值即为物质发生相变或分解的温度。不同的仪器使用方法有所不同，以 DSC 404 仪器为例，操作步骤如下：

(1) 接通仪器和外接计算机的电源。

(2) 根据具体实验选择气体种类(如氩气、氮气、氧气等)，打开气瓶阀门总开关，调节减压阀，使出口气流压力保持在 $0\sim0.5$ bar(1 bar = 10^5 Pa)。

(3) 打开仪器运行按钮，启动计算机。

(4) 打开仪器高温炉腔，将事先称量好的坩埚分别放置在托盘的对应位置，确定坩埚和托盘紧密接触、平稳放置后将高温炉腔放下。

(5) 打开测量软件，设定程序。

(i) 点击"文件"菜单下的"新建"，弹出"测量设定"对话框。

(ii) 在"设置"对话框中确认仪器的硬件设置(坩埚类型、冷却设备等)，点击"下一步"，进入基本信息设定。

在对话框的上半部选择测量类型，输入实验室、操作者、样品名称、样品编号、样品质量等参数，并确认当前连接的气体种类。其中，必填的是测量类型、样品名称、样品编号与样品质量四项，对于常规的 DSC 404 测试一般选"样品"，测量后的曲线需要扣除基线使用。在对话框的下半部分，选择温度校正、灵敏度校正与 Tau-R 校正文件。

(iii) 设定温度程序。

编辑温度程序，使用右侧的"步骤分类"列表与"增加"按钮逐个添加各温度段，并使用左侧的"段条件"列表为各温度段设定相应的实验条件(如气体开/关，是否使用某种冷却设备进行冷却，是否使用 STC 模式进行温度控制等)。已添加的温度段显示于上侧的列表中，如需编辑修改可直接鼠标点入，如需插入/删除可使用右侧的相应按钮。

"紧急复位温度"与温控系统的自保护功能有关，指的是如果温控系统失效，当前温度超出此复位温度时系统会自动停止加热。该值一般使用默认值即可(默认为终止温度+10℃，在"设置"选项卡的"紧急温度"中可修改此默认值)。设定好后，点击"下一步"。

(iv) 设定测量文件名和保存路径。

(v) 气体初始化与开始测量。设定好文件名后，会出现气体初始化界面。在测量之前一定要初始化气体开关，确保气流开启并在腔体内流通顺畅之后点击"开始"进入正式测量阶段。

(vi) 仪器运行。

如果需要在测试过程中将当前曲线(已完成的部分)调入分析软件中进行分析，可点击"附加功能"菜单下的"运行实时分析"。如果需要提前终止测试，可点击"测量"菜单下的"终止测量"。

(vii) 测量完成。

测量完成后炉体会自然冷却，待炉体温度降至 50℃以下后，打开炉盖，取出样品。再合上炉盖。若后续还有样品，参比坩埚可不取出。

(viii) 依照之前的顺序，倒序依次关闭设备—关闭气体钢瓶—断电。

注意事项：

(1) 如果称量物质为固体，要事先将其研磨成细粉末；如果称量物质为液体或具有挥发性，则需要在坩埚上添加带有小孔的坩埚盖；如果物质具有腐蚀性，在选择坩埚时要使用特种耐腐蚀坩埚。

(2) 称量物质不可过多，一般以均匀铺满坩埚底部为宜；如果物质具有挥发性，可适量多称取，保证最后测定完毕坩埚内还留有该物质。

(3) 两个空坩埚的质量要尽量保持相等，以减小后续测量过程中由于对比物参数不同带来的误差。

(4) 坩埚要先清洗后装物，防止坩埚内有其他物质存在而影响测试结果。

(5) 如果物质在常温下易挥发，则可将仪器启动后再进行称量，以免称量后等待时间过长使物质挥发过多，影响后续操作。

2.5.6　气体定压比热容的测定

1. 实验原理

根据定压比热容的概念，气体在 t (℃)时的定压比热容表示为

$$c_p = \frac{\mathrm{d}q}{\mathrm{d}t} \tag{2.24}$$

当式(2.24)的温度间隔 $\mathrm{d}t$ 为无限小时，c_p 即为某一温度 t 时气体的真实定压比热容(因为气体的定压比热容随温度的升高而增大，所以在给出定压比热容的数值时，必须指明是哪个温度下的定压比热容)。如果已得出 $c_p = f(t)$ 的函数关系，则温度由 t_1 至 t_2 的过程中所需要的热量即可按下式求得：

$$q = \int_{t_1}^{t_2} c_p \mathrm{d}t = \int_{t_1}^{t_2} (a + bt + ct^2 + \cdots)\mathrm{d}t \tag{2.25}$$

上式采用逐项积分求热量十分复杂。在本实验的温度测量范围内(不高于 300℃)，空气的定压比热容与温度的关系可近似认为是线性，即可表示为

$$c_p = a + bt \tag{2.26}$$

则温度由 t_1 至 t_2 的过程中所需要的热量可表示为

$$q = \int_{t_1}^{t_2} (a + bt)\mathrm{d}t \tag{2.27}$$

由 t_1 加热到 t_2 的平均定压比热容则可表示为

$$c_p \Big|_{t_1}^{t_2} = \frac{\int_{t_1}^{t_2} (a + bt)\mathrm{d}t}{t_2 - t_1} = a + b\frac{t_1 + t_2}{2} \tag{2.28}$$

实验中，通过实验装置的是湿空气，当湿空气气流由温度 t_1 加热到 t_2 时，水蒸气的吸热量可用式(2.27)计算，其中 $a = 1.883$，$b = 0.000\,311\,1$，则水蒸气的吸热量 Q_w (kJ·s^{-1}) 为

$$\begin{aligned}
Q_\mathrm{w} &= m_\mathrm{w} \int_{t_1}^{t_2} (1.833 + 0.000\,311\,1t)\mathrm{d}t \\
&= m_\mathrm{w} \left[1.833(t_2 - t_1) + 0.000\,155\,6(t_2^2 - t_1^2) \right]
\end{aligned} \tag{2.29}$$

式中，m_w 为气流中水蒸气质量(kg·s^{-1})。

干空气的平均定压比热容由下式确定：

$$c_{pm} \Big|_{t_1}^{t_2} = \frac{Q_p}{(m - m_\mathrm{w})(t_2 - t_1)} = \frac{Q_p' - Q_\mathrm{w}}{(m - m_\mathrm{w})(t_2 - t_1)} \tag{2.30}$$

式中，Q_p' 为湿空气气流的吸热量。

实验装置中采用电加热的方法加热气流，由于存在热辐射，不可避免地有一部分热

量散失在环境中，其大小取决于仪器的温度状况。只要加热器的温度状况相同，散热量也相同。因此，在保持气流加热前、后的温度仍为 t_1 和 t_2 的前提下，当采用不同的质量流量和加热量进行重复测定时，每次的散热量是相同的。于是，可在测定结果中消除这项散热量的影响。设两次测定时气体的质量流量分别为 m_1 和 m_2，加热器的加热量分别为 Q_1 和 Q_2，辐射散热量为 ΔQ，则达到稳定状况后可以得到如下的热平衡关系：

$$Q_1 = Q_{p1} + Q_{w1} + \Delta Q = (m_1 - m_{w1})c_{pm}(t_2 - t_1) + Q_{w1} + \Delta Q$$

$$Q_2 = Q_{p2} + Q_{w2} + \Delta Q = (m_2 - m_{w2})c_{pm}(t_2 - t_1) + Q_{w2} + \Delta Q$$

两式相减消去 ΔQ 项，得

$$c_{pm}\Big|_{t_1}^{t_2} = \frac{(Q_1 - Q_2) - (Q_{w1} - Q_{w2})}{(m_1 - m_2 - m_{w1} + m_{w2})(t_2 - t_1)} \qquad (\text{单位：kJ·kg}^{-1}\cdot{}^{\circ}\text{C}^{-1}) \qquad (2.31)$$

2. 实验仪器

实验所用的设备和仪器仪表由风机、流量计、比热容测定仪本体、电功率调节测量系统共四部分组成，实验装置系统如图 2.31 所示。装置中采用湿式流量计测定气流流量，采用小型鼓风机作为气源设备，气流流量用节流阀调整，电加热量使用调压变压器进行调节，并用功率表测量。

比热容测定仪本体由内壁镀银的多层杜瓦瓶、温度计(铂电阻温度计或精度较高的水银温度计)、电加热器、均流网、绝缘垫、旋流片和混流网组成。气体自进口管引入，温度计测量空气进口初始温度，离开电加热器的气体经均流网均流均温，温度计测量出口温度。该比热容测定仪可测量 300℃以下气体的定压比热容。

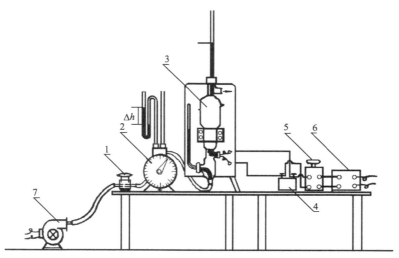

图 2.31　测定空气定压比热容的实验装置

1. 节流阀；2. 流量计；3. 比热容测定仪本体；4. 功率表；5. 调压变压器；6. 稳压器；7. 风机

3. 实验内容

1) 实验步骤

(1) 将两个平板试件仔细地安装在主加热器的上下面，试件表面应与铜板紧密接

触，不应有空隙存在。在试件、加热器和水套等安装入位后，应在上面加压一定的重物，以使它们都能紧密接触。

(2) 将调压变压器调节到合适的电压，使出口温度计读数升高到预计温度。可根据下式预先估计所需电功率：$Q_p = 12\,\Delta t/\tau$，式中，Q_p 为电功率(W)，Δt 为进、出口温差(℃)，τ 为每流过 10 L 空气所需的时间(s)。

(3) 待出口温度稳定后(出口温度在 10 min 之内无变化或有微小起伏，即可视为稳定)，读出下列数据：10 L 气体通过流量计所需时间 τ(s)；比热容测定仪进口温度 t_1(℃) 和出口温度 t_2(℃)；大气压力计读数 B(kPa)；流量计中气体表压 Δh(mmH$_2$O)；电热器的功率 Q_p(W)。

2) 实验数据处理

实验中需要测定干空气的质量流量 m、水蒸气的质量流量 m_w、电加热器的加热量(气流吸热量)Q'_p 和气流温度等数据，测定方法如下。

(1) 干空气的质量流量 m 和水蒸气的质量流量 m_w。

首先，在不启动电加热器的情况下，通过节流阀将气流流量调节到实验流量值附近，测定流量计出口的气流温度 t'_0(由流量计上的温度计测量)和相对湿度 φ。根据 t'_0 与 φ 值，由湿空气的焓湿图确定含湿量，并计算出水蒸气的容积成分 y_w：

$$y_w = \frac{d\,/\,622}{1+d\,/\,622} \tag{2.32}$$

于是，气流中水蒸气的分压力为

$$p_w = y_w p \tag{2.33}$$

式中，p 为流量计中湿空气的绝对压力(Pa)。

$$p = 1000B + 9.81\Delta h \tag{2.34}$$

式中，B 为当地大气压(kPa)，由大气压力计读取；Δh 为流量计上 U 形管压力计读数(mmH$_2$O)。

调节调压变压器到适当的输出电压，开始加热。当实验工况稳定后，测定流量计每通过单位体积气体所需要的时间 τ 及其他数据。水蒸气的质量流量(kg·s^{-1})计算如下：

$$m_w = \frac{p_w V}{R_w T_0} \tag{2.35}$$

式中，R_w 为水蒸气的气体常数，$R_w = 461$ J·kg^{-1}·K^{-1}；T_0 为热力学温度(K)。

干空气的质量流量(kg·s^{-1})计算如下：

$$m_g = \frac{p_g V}{R T_0} \tag{2.36}$$

式中，R 为干空气的气体常数，$R = 287$ J·kg^{-1}·K^{-1}。

(2) 电加热器的加热量 Q'_p。

电加热器的加热量(kJ·h^{-1})可由功率表读出，功率表的读数方法详见说明书。

$$Q'_p = 3.6Q_p \tag{2.37}$$

式中，Q_p 为功率表读数(W)。

(3) 气流温度。

气流在加热前的温度 t_1 为大气温度，用室内温度计测量；加热后的温度 t_2 由比热容测定仪上的温度计测量。

(4) 根据流量计出口空气的干球温度 t_0 和湿球温度 t_w 确定空气的相对湿度 φ，根据 φ 和干球温度从湿空气的焓湿图中查出含湿量 d(g·kg^{-1} 干空气)。

(5) 每小时通过实验装置的空气流量(m^3·h^{-1}) 为

$$V = 36/\tau \tag{2.38}$$

将各量代入式(2.36)可得出干空气质量流量(kg·h^{-1}) 的计算式：

$$m_g = \frac{(1-y_w)(1000B+9.81\Delta h)\times(36/\tau)}{287(t_0+273.15)} \tag{2.39}$$

(6) 将各量代入式(2.35)可得出水蒸气质量流量(kg·h^{-1}) 的计算式：

$$m_w = \frac{y_w(1000B+9.81\Delta h)\times(36/\tau)}{461(t_0+273.15)} \tag{2.40}$$

2.5.7 空气绝热指数的测定

1. 实验原理

气体的绝热指数定义为气体的定压比热容与定容比热容之比，以 κ 表示，即 $\kappa = \dfrac{c_p}{c_V}$ 。

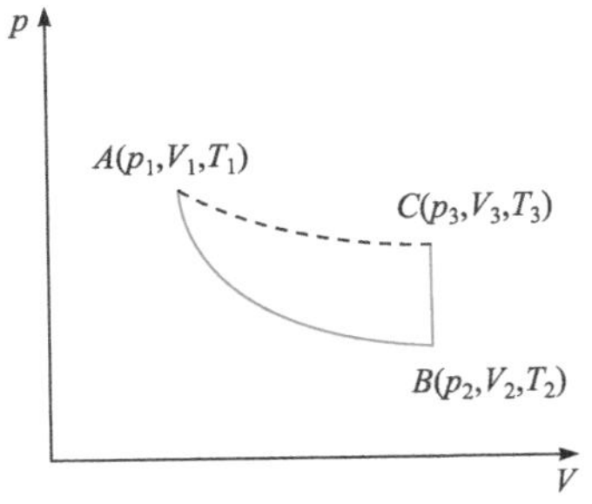

本实验利用一定量空气在绝热膨胀过程和定容加热过程中的变化规律测定空气的绝热指数 κ。该实验过程的 p-V(压力-体积)图如图 2.32 所示。

图中 AB 为绝热膨胀过程，BC 为定容加热过程。因为 AB 为绝热过程，所以

$$p_1V_1^\kappa = p_2V_2^\kappa \tag{2.41}$$

图 2.32　实验过程的 p-V 图

BC 为定容过程：

$$V_2 = V_3 \tag{2.42}$$

假设状态 A 和 C 温度相同，则 $T_1 = T_3$。根据理想气体状态方程，对于状态 A、C，可得

$$p_1V_1 = p_3V_3 \tag{2.43}$$

将式(2.43)两边 κ 次方得

$$(p_1V_1)^\kappa = (p_3V_3)^\kappa \tag{2.44}$$

由式(2.41)、式(2.44)两式得 $\left(\dfrac{p_1}{p_3}\right)^\kappa = \dfrac{p_1}{p_2}$，再两边取对数，得

$$\kappa = \frac{\ln\left(\dfrac{p_1}{p_2}\right)}{\ln\left(\dfrac{p_1}{p_3}\right)} \tag{2.45}$$

因此，只要测出 A、B、C 三状态下的压力 p_1、p_2、p_3 并将其代入式(2.45)，即可求得空气的绝热指数 κ。

2. 实验仪器

空气绝热指数测定仪由刚性容器、充气阀、排气阀和 U 形差压计组成。空气绝热指数测定仪以绝热膨胀和定容加热两个基本热力学过程为工作原理，测出空气绝热指数。

3. 实验内容

(1) 检查装置气密性。通过充气阀对刚性容器充气，使 U 形差压计的水柱 Δh 达到 200 mmH$_2$O 左右，记下 Δh 值，5 min 后再观察 Δh 值，看是否发生变化。若不变化，说明气密性满足要求；若变化，说明装置漏气。若漏气，检查管路连接处，排除漏气。若不能排除，则报告教师做进一步处理。

(2) 使刚性容器内的气体达到状态 A 点。关闭排气阀，利用充气阀(橡皮球)充气，使 U 形差压计的两侧有一个较大的差值。等待一段时间，U 形差压计的读数不再变化以后，记录此时 U 形差压计的读数 h_1，则 $p_1 = p_a + h_1$，p_a 为大气压力。

(3) 放气使刚性容器内的气体由 A 点达到状态 B 点。这是一个绝热过程，因此放气的过程一定要快，使放气过程中容器内气体和外界的热交换可以忽略。转动排气阀进行放气，并迅速关闭排气阀。此时 U 形差压计内读数在剧烈震荡不易读数，待 U 形差压计读数刚趋于稳定时立即读出 h_2 值，$p_2 = p_a + h_2$。

(4) 继续等待 U 形差压计的读数变化。待读数稳定后，读取 h_3 值，$p_3 = p_a + h_3$。稳定过程需要几分钟。利用 k_check.exe 软件检查所测的实验数据(软件使用方法：程序运行后，根据提示首先输入大气压力 p_a 值，然后依次输入 h_1、h_2、h_3 值，程序将给出计算出的绝热指数 κ)。

(5) 重复上述步骤，记录并处理数据。

2.6 机械与力学测量

2.6.1 纳米硬度的测量

1. 实验原理

硬度是固体材料重要的机械性能之一，目前尚无统一的定义。从作用形式上，可定义为"某一物体抵抗另一物体产生变形能力的度量"；从变形机理上，可定义为"抵抗弹性变形、塑性变形和破坏的能力"或"材料抵抗残余变形和破坏的能力"。无论如何定义，在测量固体材料硬度时，总是将一定形状和尺寸的较硬物体(压头)以一定的压力接触被测试材料表面。硬度测量不仅与材料的弹性模量、屈服强度、抗拉强度等力学性能有关，还与测量仪器本身的测量条件有密切关系。硬度是材料对外界物体机械作用(压入或刻划)的局部抵抗能力的一种表现，硬度值越高，表明材料抵抗能力越大，产生变形就越困难。

根据测量时外界物体对材料的作用方式(刻划、压入或弹性碰撞)，硬度可分为划痕硬度、压入硬度和回跳硬度。测试划痕硬度时，选一根从一端到另一端逐渐由硬变软的棒，再以适当的力将被测材料沿棒划过，根据出现划痕的位置确定被测材料的软硬，这是一种粗糙的定性方法。压入硬度测试则是用一定的载荷使规定的压头压入被测材料，以材料表面局部塑性变形的大小来量化材料的软硬程度。由于压头、载荷及载荷持续时间的不同，压入硬度也分为多种，如布氏硬度、洛氏硬度、维氏硬度和显微硬度等。回跳硬度的测试方法是使一特制的小锤从一定高度自由下落，冲击被测材料的表面，通过小锤的回跳高度(材料在被冲击过程中储存并随后释放的应变能)确定材料的硬度。回跳硬度包括里氏硬度和肖氏硬度等。

根据总施加载荷的大小，硬度又分为宏观硬度(一般为 10 N 以上)、显微硬度(一般为 10 mN～10 N)和纳米硬度(一般为 700 mN 以下)。为了获得性能上的突破，新能源材料的尺寸逐渐减小到纳米尺度，材料的变形机制表现出与传统块状材料不一样的规律，因此传统的力学测试手段已难以满足微纳米尺度材料的测试要求，而需要采用具有高的位置分辨率、位移分辨率和载荷分辨率的纳米压痕技术来实现。

纳米压痕技术又称深度敏感压痕技术，它通过计算机控制载荷连续变化，并在线监测压入深度。一个完整的压痕过程包括两个步骤，即加载过程与卸载过程。在加载过程中，给压头施加外载荷，使其压入样品表面，随着实验载荷的不断增大，压痕深度不断增加，当载荷达到最大值时，压痕深度也达到最大值 h_{max}；随后卸载，样品表面会存在残留的压痕痕迹，压痕深度最终回到一固定值，称为残留压痕深度 h_r，也就是压头在材料表面留下的永久塑性变形(图 2.33)。材料的纳米硬度 H 为

$$H = P_{max} / A \tag{2.46}$$

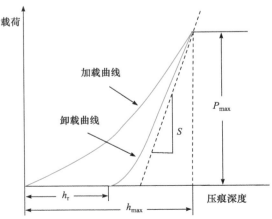

图 2.33　典型的载荷-压痕深度曲线

式中，P_{max} 为载荷的最大值；A 为压痕面积的投影，它是接触深度 h_c 的函数，不同形状压头的 A 的表达式不同。

接触深度 h_c 是指压头压入被测材料时与被压物体完全接触的深度，如图 2.34 所示。在加载的任一时刻都有

$$h = h_c + h_s \tag{2.47}$$

式中，h 为全部深度；h_s 为压头与被测试材料接触处周边表面的位移量。接触周边的变形量取决于压头的几何形状，对于圆锥压头：

$$h_s = \frac{\pi - 2}{\pi}(h - h_r) \tag{2.48}$$

$$h - h_r = 2\frac{P}{S} \tag{2.49}$$

式中，S 为接触刚度，等于卸载曲线开始部分的斜率。

$$S = \frac{\mathrm{d}P_u}{\mathrm{d}h} \tag{2.50}$$

式中，P_u 为卸载载荷。由于卸载曲线是非线性的，通过线性拟合得到的 S 存在明显偏差。Oliver 和 Pharr 提出用幂函数拟合卸载曲线：

$$P_u = A(h - h_f)^m \tag{2.51}$$

式中，A 为拟合参数；h_f 为残留深度；指数 m 为压头形状参数。m、A 和 h_f 均由最小二乘法确定。将式(2.51)代入式(2.50)并微分就可得到刚度值，即

$$S = \frac{\mathrm{d}P_u}{\mathrm{d}h}\bigg|_{h=h_{max}} = mA(h_{max} - h_f)^{m-1} \tag{2.52}$$

则

$$h_c = h - \frac{2}{\pi}(\pi - 2)\frac{P}{S} = h - 0.73\frac{P}{S} \tag{2.53}$$

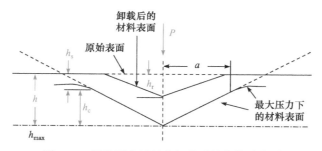

图 2.34　压头压入材料和卸载后的参数示意图

对于钻石三角金字塔 Berkovich 压头，$h_c = h - 0.75\,P/S$。

对于理想压头，压痕面积的投影 $A = 24.56\,h_c^2$。对于非理想压头，则需要进行拟合参数补偿。

2. 实验方法

采用微纳米力学测量系统进行纳米压痕测试。操作步骤如下：
(1) 制好样品，要求样品表面平整。
(2) 打开仪器，进行校准。
(3) 放置样品，设定参数，进行实验，要求完成压深不同的多组实验，主要获得 *P-h* 曲线。
(4) 分析数据，计算被测材料的硬度。

2.6.2 弹性模量的测量

1. 实验原理

当对弹性体施加一个外界作用力时，弹性体会发生形变。材料在弹性变形阶段，其应力和应变呈正比例关系(符合胡克定律)，其比例系数称为弹性模量。弹性模量是描述物质弹性的物理量，是一个统称，根据受力和产生形变的形式不同，可分为多个概念。弹性体在轴向受到外力作用而被拉伸或压缩，作用力除以截面积称为线应力，拉伸或压缩的长度除以原长度称为线应变，线应力除以线应变称为杨氏模量。对弹性体施加一个侧向的力(通常是摩擦力)，弹性体由方形变成菱形，这个形变称为剪切应变，相应的力除以受力面积称为剪切应力，剪切应力除以剪切应变等于剪切模量。对弹性体施加一个整体的压力，这个压力称为体积应力，弹性体的体积减小量除以原来的体积称为体积应变，体积应力除以体积应变等于体积模量。弹性模量是表征固体材料刚性的力学参量。从宏观角度看，弹性模量是衡量物体抵抗弹性变形能力大小的尺度；从微观角度看，弹性模量则是原子、离子或分子之间键合强度的反映。弹性模量与材料的化学成分和温度有关，与其组织变化和热处理状态无关，但是与材料的缠绕形状有一定关系，如将一根钢丝绕成一根弹簧，则其弹性模量会改变，或者将多根钢丝捻制成绞线，其整体弹性模量也会改变。金属合金化对其弹性模量的影响也很小，如各种钢的弹性模量差别不大。

一般情况下，弹性模量指杨氏模量。杨氏模量反映材料弹性形变的难易程度，其测量方法有静态拉伸法、悬臂梁法、简支梁法、共振法、脉冲波传输法等。对于微纳米尺度的材料，也可采用纳米压痕法(详见 2.6.1 小节)。

1) 静态拉伸法测量金属丝的杨氏模量
根据定义，杨氏模量 *E*：

$$E = \frac{F/S}{\Delta L/L} \tag{2.54}$$

式中，*F*(作用力)、*S*(截面积)、*L*(长度)都易测得，而 Δ*L*(长度变化)非常小，不易准确测得。本实验利用读数显微镜测量 Δ*L*(也可利用光杠杆法等其他方法)。为了进一步减少测量时的随机误差，可以依次增大施加的力，记录多个 *L*，通过逐差法算出 Δ*L*。读数显微镜的放大倍数为 *X*，金属丝的直径为 *d*(用螺旋测微器测得)，则

$$E = \frac{4FLX}{\pi d^2 \Delta L} \tag{2.55}$$

2) 纳米压痕法测量薄膜的杨氏模量

在纳米压痕实验(参考 2.6.1 小节)中，由于压头并不是绝对刚性的，需要引入等效弹性模量 E_r，其定义为

$$\frac{1}{E_r} = \frac{1-v^2}{E} + \frac{1-v_i^2}{E_i} \tag{2.56}$$

式中，E_i 和 v_i 分别为压头的杨氏模量和泊松比；E 和 v 分别为被测物体的弹性模量和泊松比。根据卸载曲线，有

$$S = \left.\frac{\mathrm{d}P_u}{\mathrm{d}h}\right|_{h=h_{max}} = \frac{2}{\sqrt{\pi}} E_r \sqrt{A} \tag{2.57}$$

则

$$E_r = \frac{\sqrt{\pi}}{2} \frac{S}{\sqrt{A}} \tag{2.58}$$

根据式(2.56)，可以计算出 E。

2. 实验方法

1) 静态拉伸法测量金属丝的杨氏模量

采用杨氏模量仪进行测试，操作步骤如下：

(1) 调整杨氏模量测量仪。

(i) 调节金属丝铅直：首先调节底脚螺丝，使仪器底座水平(可用水准器)；在砝码盘上加 100 g 砝码，将金属丝拉直；再调节上梁的微调旋钮使上梁夹板水平，直到穿过夹板的金属丝不靠贴小孔内壁；然后调节下梁一侧的防摆动装置，将两个螺丝分别旋进铅直金属丝下连接框两侧的 V 形槽，并与框体之间形成两个很小的间隙，保证既能上下自由移动，又能避免发生扭转和摆动现象。

(ii) 调节读数显微镜：将读数显微镜装到支架上，插入磁性底座，紧靠定位板直边。先粗调显微镜高度，使其与十字叉丝板基本等高，再细调显微镜。细调步骤是先调节目镜看清读数显微镜分划板上的叉丝和整数部分刻度，再移动镜筒看清十字叉丝板的放大的十字叉丝像，使十字叉丝像与分划板上的准丝和平行双线无视差，最后锁住磁性底座。因读数显微镜呈倒像，所以待测金属丝受力伸长时，视场内的十字叉丝像向上移动，金属丝回缩时，十字叉丝向下移动。

(2) 用螺旋测微器在金属丝的不同部位测量直径 d，取平均值。

(3) 测量金属丝的伸长量 ΔL。通过读数显微镜观察下拉金属丝的十字叉丝板，记录砝码盘加 100 g 砝码时十字叉丝像的位置读数 x_1，以后在砝码盘上每增加一个 200 g 砝码，测读一次十字叉丝像数据 $x_i(i=2, 3, \cdots, 11)$，一直加到 2100 g；然后逐一减掉砝码，再测读出一组数据 $x_i'(i=11, 10, \cdots, 2)$，并用钢卷尺测量金属丝长度，只测一次。用逐差法处理数据。

(4) 根据公式计算金属丝的杨氏模量值。

2) 纳米压痕法测量薄膜的杨氏模量

采用微纳米力学测量系统进行纳米压痕测试。操作步骤如下：

(1) 制好样品，要求样品表面平整。

(2) 打开仪器，进行校准。

(3) 放置样品，设定参数，进行实验，完成压深不同的多组实验，主要获得 *P-h* 曲线。

(4) 分析数据，计算被测材料的杨氏模量。

2.7　电化学测量

2.7.1　恒电位仪

1. 概述

恒电位仪(potentiostat，图 2.35)是电化学分析测试中最常使用的仪器之一，它通过控制工作电极和参比电极之间的电位差给工作电极施加指定电位，并检测其电流，从而研究电极的极化行为。按照不同程序施加指定信号，可使电极电位跟踪信号变化，进行不同的研究。在常见应用中，恒电位仪测量工作电极和辅助电极之间的电流，即控制电位测量电流。

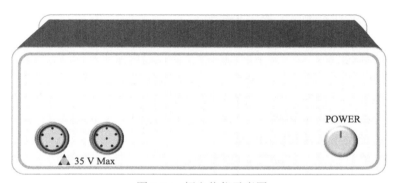

图 2.35　恒电位仪示意图

恒电位仪一般由以下部分构成。

1) 静电计

静电计回路用于测量工作电极和参比电极之间的电压，其输出值具有两方面的作用：一是作为恒电位仪回路的反馈信号；二是需要提供电解池电压时，给出测量值。理想的静电计输入电流应为零，并具有无穷大输入阻抗，这样才不会影响参比电极电位稳定性。

静电计的两个重要特性是带宽和输入电容。带宽描述的是低阻抗条件下，该静电计能够测量的交流频率。静电计带宽必须高于恒电位仪中所有其他电子元件带宽。输入电容与参比电极电阻构成一个 RC 滤波器。如果这个滤波器时间常数太大，将限制静电计的有效带宽，造成系统不稳定。较小的输入电容将有利于仪器稳定运行，并更加耐受高阻抗参比电极。

2) 电流/电压转换器

电流/电压转换器用于测量通过电解池的电流，它强制使电流通过一个电流测量电阻 R_m，依据电阻两端电位下降值计算通过的电流大小，即电解池电流。对于有些实验，电流变化经常达到 10^7 数量级，因此不能用同一个电阻来测电流值，而是在电流/电压转换器回路中引入多个电阻，并使用计算机自动控制，选择相应的电阻来测量电流。

电流/电压转换器的带宽主要依赖于转换器的灵敏度。测量小电流需要大电阻。转换器电阻 R_m 与杂散电容形成 RC 滤波器，限制了电流/电压转换器的带宽。恒电位仪通常不能在高频下准确测量微小电流(如 100 kHz 频率下准确测量 10 nA 电流)，因为在极低电流范围的带宽太低，这一点在电化学阻抗测量中尤为重要。

3) 控制放大器

控制放大器是一种伺服放大器。它会比较测量电位与设定电位的差值，驱动电流在电解池中流动，强制使工作电极电位符合设定值。通常条件下，电解池电压等于信号源的电压。控制放大器输出能力有限，不同仪器的上限值有所不同。

4) 信号电路

信号电路是受计算机控制的电压源，一般由数/模(D/A)转换器输出信号，该转换器可以将计算机产生的数字信号转换成电压信号。通过计算机选择合适的数字阵列，信号电路可以输出恒定的电位、线性变化的电位，以及正弦波。当数/模转换器用来发生如正弦波或线性变化的波形时，实际得到的是模拟波形的等效近似波形，包含微小的电位阶跃，阶跃电位的大小由数/模转换器的分辨率和转换速率决定。

2. 实验方法

1) 安装电解池

电极、电解液、盛放电解液的容器统称为电解池，如图 2.36 所示。测试时，三个电极均浸没在电解液中，通过工作电极流入电解液的电流，通过对电极再流出电解液。

(1) 工作电极。

工作电极的作用是在外加电压条件下，使待测溶液发生电化学反应，从而测定该电极上产生的电流。

(2) 辅助电极。

辅助电极又称对电极，是与工作电极构成电流回路的导体。为避免对电极发生副反应影响测试结果，一般使用惰性导体，如铂或石墨。在某些情况下，对电极与工作电极材料一致。

图 2.36　电解池示意图

(3) 参比电极。

参比电极作为电位基准，用于测量工作电极电位，并不参与电流回路。合格的参比电极在没有电流通过的情况下应具有恒定的电位。为了避免测试条件下电解液等对参比电极的电位造成影响，应根据不同的电解液体系选择合适的参比电极。例如，在酸性和中性条件下，最常见的参比电极有饱和甘汞电极(SCE)和银/氯化银(Ag/AgCl)电极。在碱性条件下，最常用的参比电极则是汞/氧化汞(Hg/HgO)电极。

2) 连接恒电位仪

恒电位仪一般使用三电极连接。W/WS 代表工作电极/工作+传感电极，R 代表参比电极，C 代表辅助电极。

3) 设置参数

设置测试参数，进行测试。

2.7.2　电化学阻抗谱

1. 概述

电化学阻抗谱(electrochemical impedance spectroscopy，EIS)是以小振幅的交流正弦波电势(或电流)为扰动信号，使电极系统产生近似线性关系的响应，测量交流电势与电流信号的比值(交流阻抗)随正弦波频率的变化来研究电极系统的方法，早期称为交流阻抗。电化学阻抗谱是电化学研究的有效工具，在能源材料研究中有广泛的应用。

电化学阻抗谱的研究思路是将电化学系统看成一个由电阻(R)、电容(C)、电感(L)等基本元件按串联或并联等不同方式组合而成的等效电路，根据数学模型或等效电路模型对所测得的阻抗谱进行分析、拟合，可以获得等效电路的构成及各元件的大小，进而分析电化学系统的结构和电极过程的性质等。电化学阻抗谱的主要优点有：

(1) 对样品施加的扰动信号比较小，不会对材料体系的性质造成不可逆的影响，并且扰动与体系的响应之间呈近似的线性关系，使测量结果的数学处理变得简单。

(2) 是一种频率域的测量方法，其自变量是频率而不是时间，速度不同的过程很容易在频率域上分开(速度快的子过程出现在高频区，速度慢的子过程出现在低频区)，有利于研究不同子过程的动力学特征。

(3) 可以测量的频率范围很宽，比其他常规的电化学方法得到更多的动力学信息及电极界面结构的信息。

对于一个稳定的线性系统 M，如以一个角频率为 ω 的正弦波电信号 X(电压或电流)为扰动信号，相应地从该系统输出一个角频率为 ω 的正弦波电信号 Y(电流或电压)为响应信号，此时电极系统的频率响应函数 $G(\omega)$ 就是电化学阻抗。

$$G(\omega) = Y / X \tag{2.59}$$

如果扰动信号 X 为正弦波电流信号，而 Y 为正弦波电压信号，则称 G 为系统 M 的阻抗(impedance)，用 Z 表示。如果扰动信号 X 为正弦波电压信号，而 Y 为正弦波电流信号，则称 G 为系统 M 的导纳(admittance)。阻抗和导纳互为倒数关系，二者统称为阻纳(immittance)。

在一系列不同角频率下测得的一组频率响应函数值就是电极系统的电化学阻抗谱，如图 2.37 所示。

电化学阻抗谱测试的基本条件：

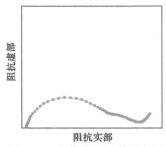

图 2.37　电化学阻抗谱示意图

(1) 因果性条件：电极系统只对扰动信号进行响应，即输出的响应信号只是由输入的扰动信号引起的。

(2) 线性条件：输出的响应信号与输入的扰动信号之间存在线性关系。

(3) 稳定性条件：扰动不会引起系统内部结构发生变化，当扰动停止后，系统能够恢复到原始状态。可逆反应容易满足稳定性条件；不可逆电极过程，只要电极表面的变化不是很快，当扰动幅度小，作用时间短，扰动停止后，系统也能够恢复到接近原始状态，可以近似地认为满足稳定性条件。

(4) 有限性条件：在整个频率范围内所测定的阻抗或导纳值是有限的。

2. 实验方法

1) 构建测试系统

电化学阻抗测试系统一般包括三部分：电极系统、控制电极极化的装置和阻抗测定装置。电极系统除经典三电极外，也可采用双电极测试系统。要尽量减少参比电极和辅助电极自身阻抗过大对测试造成的影响。参比电极应避免进入气泡或堵塞，辅助电极应选择面积大、阻抗可忽略且基本不发生电化学反应的惰性电极。此外，要尽量减少测量连接线的长度，减小杂散电容、电感的影响。互相靠近和平行放置的导线会产生电容。长的导线特别是当它绕圈时就成为电感元件。测定阻抗时要把仪器和导线屏蔽起来。

2) 选择频率范围

测试的频率范围要足够宽，一般使用的频率范围是 $10^5 \sim 10^{-4}$ Hz。要特别重视低频段的扫描，因为反应中间产物的吸、脱附和成膜过程只有在低频时才能在阻抗谱上表现出来。但测量频率很低时，实验时间很长，电极表面状态的变化很大，因此要根据具体实验的需要确定合适的扫描频率低值。

3) 指定电极电势

电化学阻抗谱与电极所处的电势密切相关，阻抗谱与电势必须一一对应。可以先测定极化曲线，在电化学反应控制区[塔费尔(Tafel)区]、混合控制区和扩散控制区各选取若干确定的电势值，然后在相应电势下测定阻抗。

电化学阻抗谱可使用多功能电化学工作站进行测试。

2.7.3　充放电仪

1. 概述

充放电仪主要用于测试化学电源的充放电性能，可以根据设定的程序对化学电源进行充放电，检测其电流、电压等参数随时间的变化，并给出相应曲线，从而分析评估化学电源的容量、能量和功率等各项性能。最常见的化学电源是电池，利用充放电仪可以测得电池的以下信息。

1) 充放电特性曲线

在一定的条件(如恒电流)下对电池充放电，电池的电压随时间不断变化，将电池的

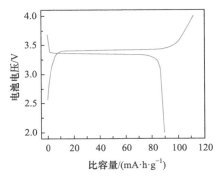

图 2.38　Na₃V₂(PO₄)₃ 充放电特性曲线示意图

电压对充放电时间或(比)容量作图得到的曲线称为充放电特性曲线，如图 2.38 所示。测定电池的充放电曲线是研究电池性能的基本方法之一。通过充放电曲线可以看出电池的充放电平台电压，放电平台越高，表明电池的放电电压越高，越有利于大功率放电。充电平台与放电平台的电压差越大，说明电池的极化越大，即过电位越大。曲线越平坦，表示电池的工作电压越平稳，放电性能越稳定。平台的数量能反映电池发生电化学反应的历程与相应的平衡电压，有助于分析其电化学反应机理。

2) 循环曲线

将电池充放电(比)容量对循环次数作图，可以得到电池的循环曲线。循环曲线反映的是电池在长时间反复充放电后放电能力的保持状况。容量随循环次数的衰减越小，电池的使用寿命越长。

3) 库仑效率

库仑效率也称放电效率，是指电池放电容量与同循环过程中充电容量之比，即放电容量与充电容量的百分比。库仑效率越高，说明电池内部发生的副反应越少，电池的稳定性越好，电量利用效率越高。

4) 倍率性能

使电池以不同的电流密度充放电，电流密度越大，电池的容量越小，稳定性越差。因此，倍率性能是评价电池大电流放电能力的重要指标。可采用台阶实验，使电池先以小电流密度充放电一定次数，再依次增大电流，每个电流下循环相同次数，最后再回到初始小电流循环。电流密度越大，容量保持率越高，且恢复到小电流下容量的程度越高，说明电池的倍率性能越好，越有利于大功率输出。

5) 容量和比容量

容量是充放电过程中电流-时间曲线的积分，通常采用恒流充放电，则容量是电流与时间的乘积。将容量分别除以质量和体积就可以分别计算质量比容量和体积比容量。电极的实际容量可以通过测量单电极放电曲线得到。值得注意的是，电池的容量是其中容量较小的那个电极的实际容量，而不是正、负极容量之和。

6) 能量和比能量

电池的理论能量是指可逆电池在恒温恒压下所做的最大非体积功，即电功，数值上等于理论容量与电动势的乘积。实际能量等于实际放电容量与平均工作电压的乘积，平均工作电压也可用放电曲线的中点电压近似代替。中点电压即放电时间为总放电时间的一半时所对应的工作电压。恒电流放电时，电压-时间曲线的积分面积乘以电流就是实际能量。根据电池的能量、质量和体积可以计算质量比能量和体积比能量。

7) 功率和功率密度

电池的功率是指在一定的放电速率下，单位时间内输出的能量。实际输出功率等于放电电流与工作电压的乘积。随着电池放电电流的增大，功率开始上升，但极化也随之增大，使电压下降，所以功率达一极大值后会减小。根据电池的功率、质量和体积可以计算比功率或功率密度。

2. 实验方法

对于实验研究中常用的扣式电池，可用电池测试系统进行充放电测试。为避免数据波动，最好将电池置于恒温箱中测试。测试步骤如下：

(1) 将组装好的扣式电池用夹具夹好(注意正、负极对应)，记下所连接的通道编号。

(2) 在计算机中启动测试软件，在相应编号的状态框设置测试程序。

(3) 对该次测试进行命名，并设置数据文件保存路径。

(4) 点击"启动"按钮，在弹出的对话框设置电池的理论容量。"活性物质的量"为该被测电池中活性材料的实际质量；"标称比容量"为该电极材料的理论比容量。填入预先算好的数值后点击"确定"。

(5) 测试程序完成后，可双击该状态框或打开数据文件查看测试数据，并根据需要提取数据进行分析。

第3章 新能源材料分析表征实验

实验1 薄膜材料形变测量

实验目的

(1) 了解聚合物薄膜材料的制备方法。

(2) 掌握薄膜材料形变的测量方法。

实验原理

通常薄膜材料的厚度为几微米到几十微米,且其强度、应力和形变都比较小,用检测力学性能参数的常规接触方法难以完成其力学性能参数的测量。因此,可利用非接触式电子散斑干涉技术测量导电高分子薄膜的形变或位移,并采用精度为 0.001 kgf(1 kgf = 9.806 65 N)的加力装置测量其相应的应力。

电子散斑干涉技术(electronic speckle pattern interfermetry,ESPI)是最早的计算机辅助光学测量方法之一。电子散斑干涉仪因非接触、实时、高灵敏度和全场测量等特点被广泛应用于工业无损检测领域。电子散斑干涉技术主要利用激光光源,由反射镜(分光镜)、透镜、显示器、参考物和被测物等部分组成一个光学系统。由于参考物的光强在被测物变形前后没有变化,而被测物的微小变形前后其光强发生变化,因此两光强的对比可反映低频条纹项。根据光波理论,从光波的相位变化和被测物的变形,可以推导出电子散斑干涉法的原理,从而测量微小形变。

主要试剂与仪器

1. 试剂

3-溴噻吩、无水碳酸钠、4-(4-戊基环己基)苯硼酸、无水硫酸镁、四(三苯基膦)钯、二氯甲烷、饱和食盐水、石油醚、三氧化二铝、三氟化硼乙醚、乙醚、氨水、丙酮、乙醇、苯、去离子水。

2. 仪器

(1) 三电极玻璃装置、电化学工作站。

(2) 电子散斑干涉微形变测量系统:激光器(He-Ne 激光器,功率 1.5 mW,波长 632.8 nm)、外部光路(由透镜、反射镜等组成的透镜组,具有分光、反射、成像、产生光斑等功能)、探测系统(采用黑白 CCD 摄像机,有效像素不低于 752H×582V)。

实验内容

1. 聚噻吩薄膜材料的制备

分别将 4.7 g 3-溴噻吩溶于 50 mL 苯中、9 g 无水碳酸钠溶于 45 mL 去离子水中、9.3 g 4-(4-戊基环己基)苯硼酸溶于 60 mL 乙醇和 30 mL 苯的混合溶剂中，再将这三种溶液倒入 200 mL 三颈烧瓶中混合，通氮气 10 min 除氧，然后加入 1 g 四(三苯基膦)钯作催化剂，在氮气保护下加热回流 24 h。待反应完成后，静置分层，水相用二氯甲烷萃取 3 次。萃取完成后，合并有机相，用饱和食盐水洗涤 3 次，并用无水硫酸镁干燥。旋转蒸发除去溶剂，得到黑色固体，再用二氯甲烷溶解后用三氧化二铝脱色，脱色过程中用石油醚淋洗，得到橘黄色液体。再次旋转蒸发除去溶剂，得到黄色固体，用乙醇和石油醚的混合溶剂进行重结晶，干燥后得到白色固体粉末(约 4.8 g)。

电化学聚合使用三电极体系(图 3.1)：铂电极(电极面积为 1 cm²)作为工作电极，不锈钢片(电极面积为 1 cm²)作为对电极，Ag/AgCl 电极作为参比电极。三氟化硼乙醚和乙醚的混合溶液(体积比为 4∶1)作为电解液，单体浓度为 7.5 mmol·L⁻¹，反应在冰水浴中进行，控制反应温度为 0℃。聚合采用恒电流法，在恒电流密度 0.52 mA·cm⁻² 下电解聚合 5 h。聚合物膜从电极上剥离后用乙醚洗涤并干燥，干燥后将聚合物膜放入 25%氨水中浸泡，依次用去离子水、乙醇、丙酮多次洗涤后在 70℃下真空干燥 24 h。

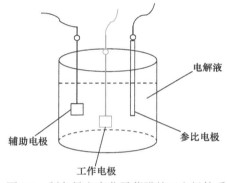

图 3.1　制备导电高分子薄膜的三电极体系

2. 薄膜材料形变的测量

测出材料电子散斑干涉条纹图：当物体形变在某些点产生的相位变化为 0 或 $2\pi n$ 时，此处的光强为 0，得到黑条纹；当相位变化不为 0 或 $2\pi n$ 时，此处光强不为 0，得到散斑形式为黑白相间的条纹图。条纹数目随加力点的不同而变化。载荷越大，条纹数目越多，条纹越密。设定初始状态为无载荷作用时的条纹图，再按照相邻两载荷采集的条纹累加得到形变量的大小演化成 $u = n\lambda/(2\sin\theta)$。因此，物体面内变形程度与光线的入射角、激光波长和条纹数目有关，而入射角和激光波长为常数，只要读出条纹数目，就能精确地测定物体的变形程度。

思考题

(1) 电化学聚合实验过程中如何控制导电高分子材料的厚度？

(2) 导电高分子材料的厚度对材料的力学性能有什么影响？

■■■　实验 2　四探针法测量材料电导率　■■■

实验目的

(1) 了解四探针法测量电导率的基本原理。

(2) 了解四探针微电阻测量仪的组成、原理和使用方法。

(3) 学习电导率测量结果的处理和分析方法。

实验原理

四探针法测量电导率的原理如图 3.2 所示。1、2、3、4 号金属细棒的前端精磨成针尖状，其中 1 号和 4 号与高精度直流稳流电源相连，2 号和 3 号与高精度数字电压表(精确到 0.1 μV)相连。四根探针有两种排列方式：一种是四根探针排成一条直线，探针之间可以等间距也可以非等间距排列；另一种是四根探针呈正方形或矩形排列，该方法更适用于细条状或棒状样品。当稳流电源通过 1、4 号探针并供给试样一个稳定的电流 I 时，2、3 号探针上能测到一个电压值 V。此时可以计算出试样的电阻，再根据电导率是电阻率的倒数，即可计算出材料的电导率。

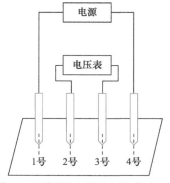

图 3.2 四探针法测量电导率的原理

材料的电阻率 $\rho(\Omega \cdot cm)$ 按照式(3.1)计算：

$$\rho = \frac{V}{I}C \tag{3.1}$$

当试样的电阻均匀分布时，$C(cm)$可由式(3.2)计算：

$$C = \frac{2\pi}{\dfrac{1}{S_1} + \dfrac{1}{S_2} - \dfrac{1}{S_1+S_2} + \dfrac{1}{S_2+S_3}} \tag{3.2}$$

式中，S_1、S_2、S_3 分别为探针 1 与 2、2 与 3、3 与 4 之间的距离。

当测量样品为块状或棒状时，由于其外形尺寸与探针间距离相比几乎为半无限大的边界条件，此时的电阻率可直接由式(3.1)、式(3.2)求出；当测量薄片样品时，其厚度与探针间距离相比不能忽略，因此测量时要根据样品的厚度、形状和测量位置修正系数，其电阻率可由式(3.3)得出：

$$\rho = 2\pi S \frac{V}{I} G\left(\frac{W}{S}\right) D\left(\frac{d}{S}\right) \tag{3.3}$$

式中，$G(W/S)$为样品厚度与探针间距之间的修正函数；$D(d/S)$为样品形状和测量位置之间的修正函数；W 为样品厚度；d 为圆形薄片的直径或矩形薄片的短边长度；S 为探针间距。

与传统电阻测量方法相比，四探针法解决了测试过程中存在接触电阻的问题，并且该系统与试样的连接简单方便，只需把探头压在样品表面，确保探针与样品接触良好即可，无需将导线焊接在试样表面，这在不允许破坏试样表面的电阻实验中占有优势。

主要试剂与仪器

1. 试剂

宽度 2 mm 的薄铜板条形试样、1000 目金相砂纸、铝板、不锈钢板、千分尺和卡尺。

2. 仪器

四探针微电阻测量仪、HY3003-2 恒流源、数字万用表。

实验内容

(1) 切取宽度约 2 mm 的薄铜板条形试样,用 1000 目金相砂纸将其表面磨光,分 3 次测量试样的几何尺寸并取平均值。使用间距为 3 mm 的探头,将四探针用力压在铜板上,调节恒流源电流至 2 A 左右,再读出数字电压表的读数,重复 3 次,取平均值。根据式(3.4)计算材料的电阻率:

$$\rho = \frac{V_{23}}{I} \times \frac{W \times H}{S} \tag{3.4}$$

式中,H 为样品宽度;其他符号含义同前。

(2) 将间距为 3 mm 的探头换成间距分别为 7 mm 和 15 mm 的探头,重复上述步骤。

(3) 将薄铜板改成薄不锈钢板,重复步骤(1)、(2)。

(4) 以步骤(3)计算得到的电阻率为标准值,将与步骤(2)厚度、材质均相同的薄不锈钢板剪成宽度约为 2 mm、3 mm、6 mm、15 mm、60 mm、150 mm 的试样,使用间距为 3 mm 的探头,分别测定相同厚度、不同宽度试样的 V 和 I 的关系。根据式(3.5)关系,绘出 $f(z)$-z(其中 z 为试样的宽度)曲线。

$$\rho = 2\pi s \frac{V}{I} f(z) \tag{3.5}$$

(5) 先测定厚 0.5 mm、宽 2 mm 条形试样的电阻率,以此电阻率为标准值 ρ,使用间距为 3 mm 的探头,分别测定直径均为 $\phi = 45$ mm,材质相同,但厚度分别约为 0.5 mm、1 mm、3 mm、7 mm 和 15 mm(以实测值为准)的不锈钢试样 V-I 的关系并绘制曲线。

(6) 仪器操作步骤。

(i) 按实验要求准备试样。

(ii) 参照图 3.3,将 1# 和 4# 探针(白色导线)和恒流源的输出端完好连接,将 2# 和 3# 探

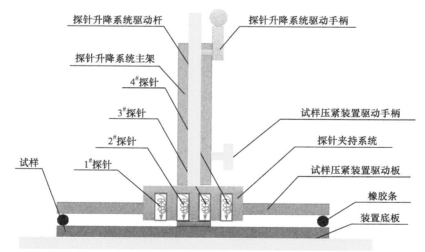

图 3.3　四探针微电阻测量仪示意图

针(红色导线)与数字万用表的两个探针完好连接。

(iii) 打开万用表电源，待其自检完成后，按压数字万用表的 DCV 键，使其显示 DCV。打开恒流源电源，将输出选择设定在 A 上。

(iv) 将试样放在四探针微电阻测量仪主体底板上，旋转试样压紧装置驱动手柄，使橡胶条轻压在试样上。调整试样的位置，使其中心线与四探针所在直线大致重合。旋紧试样压紧装置驱动手柄，保持试样不动。

(v) 轻轻扳动探针升降系统驱动手柄，使四探针压在试样上。

(vi) 调整恒流源输出旋钮，给出所需要的电流值 I(不可大于 3 A)。

(vii) 读取数字万用表的电压读数 V。

思考题

(1) 与传统电导率测量方法相比，四探针法的优势是什么？

(2) 试样的宽度、厚度等参数对实验的结果有什么影响？产生这些影响的原因是什么？

实验 3　材料介电常数测量

实验目的

(1) 了解介电常数的概念。

(2) 掌握室温下用高频 Q 表测定材料介电常数的方法。

实验原理

按照物质介电结构学说，任何物质均由不同的电荷组成，而在电介质中存在原子、分子和离子等微观粒子。当固体电介质置于电场中后会表现出一定的极性，这个过程称为极化。对于不同的材料、温度和频率，各种极化过程带来的影响均不同。某一电介质(如硅酸盐材料、高分子材料)组成的电容器，在一定电压作用下所得到的电容量 C_x 与同样大小的、介质为真空的电容器的电容量 C_0 的比值称为该电介质材料的相对介电常数(ε)。

$$\varepsilon = \frac{C_x}{C_0} \tag{3.6}$$

式中，C_x 为电容器两极板间充满介质时的电容；C_0 为电容器两极板处于真空状态时的电容；ε 为电容量增加的倍数，即相对介电常数。相对介电常数的大小代表该介质中空间电荷相互作用强弱的程度。用于高频绝缘的材料，特别是用于高压绝缘的材料，要求相对介电常数低。在绝缘技术中，特别是在选择绝缘材料或介质储能材料时，都需要考虑电介质的介电常数。对于电容器，特别是小型电容器，则要求相对介电常数较大。由于介电常数取决于极化能力，而极化又取决于电介质的分子结构与分子运动的形式，因此通过对介电常数随电场强度、频率和温度变化规律的研究，可以推断出绝缘材料的分子结构。

介电常数测量过程中常使用陶瓷介电常数测试仪：它由稳压电源、高频信号发生器、定位电压表、宽频低阻分压器及标准可调电容器等组成(图 3.4)。其工作原理如下：高频信号发生器产生输出信号，通过低阻抗耦合线圈将信号馈送至宽频低阻抗分压器。通过控制振荡器的帘栅极电压实现对输出信号幅度的调节。此外，电路中采用宽频低阻分压器的原因是：如果直接测量，必须增加大量电子组件才能测量出高频低电压信号，成本较高，若使用宽频低阻抗分压器，则可使用普通电压表。

采用以上测量电路，介电常数的计算公式为

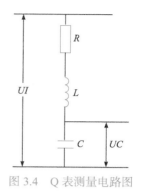

图 3.4 Q 表测量电路图

$$\varepsilon = \frac{(C_1 - C_2)d}{\phi} \tag{3.7}$$

式中，C_1 为标准状态下的电容值；C_2 为样品测试的电容值；d 为试样的厚度(cm)；ϕ 为试样的直径(cm)。

主要试剂与仪器

1. 试剂

样品要求：圆形片，厚度 2 mm ± 0.5 mm，直径 ϕ 38 mm ± 1 mm。

2. 仪器

高频 Q 表(介电常数及介质损耗测试仪)、电感箱、样品夹具、千分游标卡尺。

实验内容

(1) 高频 Q 表适用 110 V/220 V、50 Hz 交流电，使用前要检查电压情况，以保证测试条件稳定。

(2) 开机预热 15 min，使仪器达到稳定工作状态后才能开始测试。

(3) 按部件标准制备好的测试样品，两面用特种铅笔或导电银浆涂覆，使样品两面都各自导电并且不导通，备用。

(4) 选择适当的辅助线圈插入电感接线柱。根据需要选择振荡器频率，调节测试电路电容器使电路谐振。假定谐振时电容为 C_1。

(5) 将被测样品接在 C_x 接线柱上。

(6) 再调节测试电路电容器使电路谐振，此时电容为 C_2。

(7) 用游标卡尺量出试样的直径 ϕ 和厚度 d(分别在不同位置测两个数据，取其平均值)。

实验数据按表 3.1 要求填写，并计算介电常数。

表 3.1 实验数据记录

序号	1	2	3	4	5	平均值
试样厚度/cm						
试样直径/cm						
C_1						
C_2						
ε						

思考题

(1) 测试环境对材料的介电常数有什么影响？为什么？

(2) 试样厚度对介电常数的测量有什么影响？为什么？

实验 4　电解液黏度测量

实验目的

(1) 了解电解液黏度的测定原理和基本公式。

(2) 掌握使用乌氏黏度计测定黏度的方法及实验数据作图处理方法。

实验原理

黏度是液体流动时摩擦力大小的反映，是液体流动阻力的体现。这种阻力反映的是液体中相邻部分的相对移动。电解液是电池的关键组成部分之一，电解液的黏度是电解液重要的物理化学性质，它不仅影响电池的热量和质量传递，也影响电池使用过程中电极片表面的沉积行为。电解液的黏度主要来源于三个部分：溶剂分子间的内摩擦、溶剂分子与溶质分子间的内摩擦，以及溶质分子间的内摩擦。其中，溶剂分子之间的内摩擦又称为纯溶剂的黏度，用 η_0 表示。三种内摩擦的总和表现为电解液的总黏度，用 η 表示。然而，因为液体黏度的绝对值测定困难，一般都是测定溶液与溶剂的相对黏度 (η_r)，即 $\eta_r = \eta/\eta_0$。相对黏度反映的是溶液整体的黏度行为。

实践证明，在同一温度下，含有溶质分子的溶液黏度一般比纯溶剂的黏度大，即 $\eta > \eta_0$。因此，引进增比黏度的概念：相对于溶剂，溶液黏度增加的份数称为增比黏度 (η_{sp})，即 $\eta_{sp} = (\eta - \eta_0)/\eta_0 = \eta_r - 1$。增比黏度反映的是扣除了溶剂分子间的内摩擦后，剩下的纯溶质分子间、溶质及溶剂分子间的内摩擦之和。溶质分子浓度的变化将直接影响 η_{sp} 的数值。对于电解液来说，浓度越大，黏度也越大。为此，常取溶液单位浓度下的黏度来进行比较，从而引入比浓黏度 (η_c) 的概念，以 η_{sp}/c 表示。又将 $\ln\eta_{sp}/c$ 定义为比浓对数黏度。由于 η_c 和 η_{sp} 是量纲一的量，η_{sp}/c 和 $\ln\eta_{sp}/c$ 的单位是由浓度 c 的单位确定的，因此比浓对数黏度的单位为 $mL \cdot g^{-1}$。

本实验采用毛细管法测定溶液的黏度(测定液体通过毛细管的流出时间)。当液体在乌氏黏度计(图 3.5)中因重力作用流出时，遵循泊肃叶定律：

$$\frac{\eta}{\rho} = \frac{\pi h g r^4 t}{8lV} - m\frac{V}{8\pi lt} \tag{3.8}$$

式中，ρ 为液体的密度；l 为毛细管长度；r 为毛细管半径；t 为流出时间；h 为流经毛细管时液体的平均液柱高度；g 为重力加速度；V 为流经毛细管时液体的体积；m 为与仪器几何形状有关的常数。当 $r/l \ll 1$ 时，可取 $m = 1$。对于某一特定黏度计

$$\alpha = \frac{\pi h g r^4}{8lV}, \quad \beta = \frac{mV}{8\pi l}$$

代入式(3.8)可得

$$\frac{\eta}{\rho} = \alpha t - \frac{\beta}{t} \tag{3.9}$$

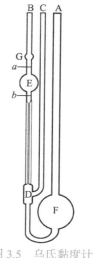

图 3.5　乌氏黏度计

式中，$\beta < 1$，当 $t > 100$ s 时，等式右边第二项 β/t 可以忽略。又因为测定在稀溶液中进行，所以溶液的密度可处理为与溶剂密度 ρ 近似相等。这样，通过分别测定溶液和溶剂流出时间 t 和 t_0，就可计算出 η_r

$$\eta_r = \eta/\eta_0 = t/t_0 \tag{3.10}$$

　　由上述可知，测量电解液黏度的基础是测定 t_0 及浓度 c，实验的准确度关键在于测量液体流经毛细管的时间、溶液浓度及恒温程度等因素。

主要试剂与仪器

　　1. 试剂

　　聚乙烯醇。

　　2. 仪器

　　恒温槽、乌氏黏度计、移液管、停表、洗耳球、弹簧夹、乳胶管、3 号砂芯漏斗。

实验内容

　　1. 实验步骤

　　1) 配制溶液

　　称取聚乙烯醇 0.5 g，将其溶于 100 mL 去离子水，并在容量瓶中定容。初始浓度记为 c_0(溶质的体积忽略不计)。

　　2) 洗涤黏度计

　　先用热液浸泡乌氏黏度计，再用自来水、去离子水分别冲洗几次。每次注意反复冲洗毛细管部分，洗好后烘干备用。其他仪器装置如容量瓶、移液管、洗气瓶等均需要彻底洗净。

3) 安装黏度计

调节恒温槽温度至 30.0℃ ± 0.1℃，在黏度计的 B 管和 C 管都套上乳胶管，然后将其垂直放入恒温槽，使水面完全浸没 G 球，并用吊锤检查是否垂直。放置位置要合适，便于观察液体的流动情况。恒温槽的搅拌速度应调节合适，不致产生剧烈震动，影响测定结果。

4) 溶液流出时间的测定

用移液管吸取上述配制好的已知浓度的聚乙烯醇溶液 10 mL，由 A 管注入黏度计中，在 C 管处用洗耳球打气，使溶液混合均匀，浓度记为 c_1，恒温 15 min，进行测定。将 C 管的乳胶管用夹子夹紧使其不通气，在 B 管处用洗耳球将溶液从 F 球经 D 球、毛细管、E 球吸至 G 球 2/3 处，松开 C 管夹子，使 C 管连通大气，此时 D 球内的溶液回入 F 球，使毛细管以上的液体悬空。毛细管以上的液体下落，当液面流经 a 刻度时，立即按停表开始计时，当液面降至 b 刻度时，再按停表，测得刻度 a、b 之间的液体流经毛细管所需时间。重复以上操作至少 3 次，所得数据相差不大于 0.3 s，取 3 次的平均值为 t_1。

然后依次用移液管由 A 管加入 5 mL、5 mL、10 mL、15 mL 去离子水，将溶液稀释，使溶液浓度分别为 c_2、c_3、c_4、c_5，用同样的方法测定每份溶液流经毛细管的时间 t_2、t_3、t_4、t_5。应注意每次加入去离子水后要充分混合均匀，并抽洗黏度计的 E 球和 G 球，使黏度计内溶液各处的浓度相等。

2. 注意事项

(1) 聚乙烯醇溶质在去离子水中必须完全溶解，否则会影响初始浓度，引起实验偏差。

(2) 所用黏度计必须洗净，因为微量灰尘或油污就会导致局部堵塞，影响溶液在毛细管中的流动，引起较大的误差。检查洗耳球中是否有污染物，不要让污染物堵塞毛细管。

(3) 本实验中溶液的稀释是在黏度计中进行的，因此每次加入溶剂进行稀释必须混合均匀，要注意多次抽洗毛细管(不少于 3 次)，以保持黏度计内各处浓度相等。

(4) 液体黏度的温度系数较大，实验过程中应严格控制温度恒定，溶液每次稀释并恒温后才能测量，否则难以获得重现性结果。

(5) 测定时黏度计要垂直放置，实验过程中不要振动，否则影响实验结果的准确性。

(6) 用洗耳球抽取液体时，要避免气泡进入毛细管及 G、E 球内，若有气泡，则要让液体流回 F 球后重新抽取。

3. 数据记录与处理

(1) 将所测的实验数据及计算结果填入表 3.2。

表 3.2　实验数据及计算结果

原始溶液浓度 c_0 = ＿＿＿＿＿ g·cm^{-3}，恒温温度＿＿＿＿＿℃

c/(g·cm^{-3})	$t_{平均}$/S	η_r	η_{sp}	η_{sp}/c	$\ln\eta_r/c$

(2) 作 η_{sp}/c-c 及 $\ln\eta_r/c$-c 图，并外推到 $c\rightarrow 0$ 求得截距，以截距除以初始浓度即得 η。

思考题

(1) 乌氏黏度计中的支管有什么作用？除去支管是否仍可以测定黏度？

(2) 乌氏黏度计的毛细管太粗或太细，对实验有什么影响？如何选择合适的毛细管开展实验？

(3) 乌氏黏度计为什么始终需要竖直放置？

实验 5　能源材料粒径分析

实验目的

(1) 了解光散射的一般规律。

(2) 掌握光散射法测量颗粒粒度的基本原理和适用的粒度范围。

(3) 掌握 LS603 型激光粒度分布仪的使用方法。

实验原理

粒度是颗粒最基本、最重要的物理参数之一。测量粒度的方法有很多种，如筛分析法、显微镜法(包括光学显微镜法和电子显微镜法)、电传感法(库尔特粒度仪)、重力沉降法、离心沉降法和光散射法等。其中，光散射法包括激光光散射法、X 射线小角度散射法和消光法等。激光光散射粒度测试方法的优点为：测量范围广(1 nm～300 μm)、自动化程度高、操作简单、测量速度快、测量准确和重复性好。其测量原理为：光照射到颗粒上，颗粒的边缘部分发生光散射；被颗粒散射的光都聚焦在检测器的非中心区域，颗粒越小，其产生的散射角越大。图 3.6 为激光光散射粒度测试仪的基本组成，包括激光源、透镜、样品池、样品分散装置、检测器等。

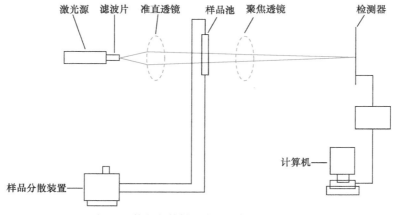

图 3.6　激光光散射粒度测试仪的基本组成

当颗粒直径 $d\ll\lambda(d<0.1\lambda)$ 时，则属于瑞利散射为主的分子散射，照在颗粒上的光

均匀地向各个方向散射。

$$I \propto \frac{V^4}{\lambda^4} \tag{3.11}$$

当 $d \approx \lambda$ 时，则属于米-甘斯(Mie-Gans)散射范围，照在颗粒上的光非均匀地散射。

$$I = I_0 \frac{\pi^2 V^4}{2\lambda^4 r^2}(n_r^2 - 1)^2(1 + \cos^2\theta)P(\theta) \tag{3.12}$$

式中，$P(\theta)$ 为散射因子；I_0 为入射光强度；V 为颗粒的体积；λ 为入射光波长；r 为散射中心 O 与观察点 P 之间的距离，$r \gg \lambda$；n_r 为相对折射率，$n_r = n_2/n_1$；θ 为散射光与入射光的夹角。

当 $d \gg \lambda(d > 10\lambda)$ 时，则属于夫琅禾费(Fraunhofer)衍射范围。

$$R_1 = r\tan\theta \approx r\theta = \frac{1.220\lambda r}{d} \tag{3.13}$$

式中，R_1 为第一暗环半径；θ 为衍射角。

主要试剂与仪器

1. 试剂

三氧化二铝(Al_2O_3)、无水乙醇。

2. 仪器

LS603 型激光粒度分布仪(米氏散射)、超声波清洗器。

实验内容

1. 测量单元预热

打开仪器测量单元的电源，一般要预热 0.5 h，激光的功率才能稳定。判断激光功率是否达到稳定的依据是背景光能分布的零环高度(参考"2.系统对中"部分)是否保持稳定。

2. 系统对中

系统对中是使入射激光束的中心与圆环形光电探测器的中心重合。操作方法如下：

(1) 启动仪器控制软件"OMEC 激光粒度仪"，即可在计算机屏幕上观察到"背景光能分布"图。

(2) 将循环进样样品池插入仪器的测量窗口，然后向循环进样器的进样槽内加入 3/4 高度的分散介质。打开循环进样器的电源，按下控制面板上的"进样控制"按键，使循环进样器内的分散介质循环流动起来。

(3) 交替旋转仪器暗盒上的上、下两个对中旋钮，使"背景光能分布"图中零环(0 号探测器)的光能最高，为 50~60，而其他环的光能相对较低。

3. 系统参数设置

点击控制软件中的"文件"，在下拉菜单中选择"重新开始"，屏幕上弹出"新建"窗口，根据使用的测试条件设置相应的参数。

4. 样品的准备

(1) 在 50 mL 量杯内装入约 25 mL 分散介质。

(2) 取适量有代表性的待测样品，加入量杯中。

(3) 向量杯中加入适量的分散剂(如果有需要)，并用玻璃棒进行搅拌。如果样品在分散介质中的分散性较差，应更换分散介质或分散剂。

(4) 将量杯放入超声波清洗器的水槽内，使水槽内的水面高度达到量杯高度约 1/2 处，打开超声波清洗器的电源，超声分散 2 min。超声分散时注意用玻璃棒进行搅拌。

(5) 关闭超声波清洗器的电源，取出量杯。

5. 背景测量

点击"背景光能分布"图下方的"背景"按钮，待该按钮上的"背景"字样变成"样品测量"字样时，即可进行样品测量。

6. 样品测量

将步骤 4.中准备好的样品边搅拌边倒入循环进样器的进样槽内，并用分散介质冲洗量杯，将冲洗后的分散介质也倒入循环进样器的进样槽内。点击"样品测量"按钮，仪器将根据步骤 3.中设置的测量次数进行测量，测试报告将逐幅显示在屏幕上。测量完毕，将显示"测量结束"。保存和打印测试报告。

7. 样品池的清洗

(1) 测量完毕后，按下循环进样器控制面板上的"排放"按钮，使进样槽内的分散介质排出。注意在分散介质将要排干前，应及时关闭排放阀或循环泵。

(2) 向进样槽内加入去离子水，开启循环泵，洗涤循环进样器和样品池，待"背景光能分布"图中的零环高度基本不再变化时，按下"排放"按钮，并在水将要排干前及时关闭排放阀或循环泵。

(3) 重复上述步骤(2)，直至"背景光能分布"图中的零环高度恢复至对中之后的高度为止。然后将进样槽中的水全部排干，注意在水排干前就要关闭循环泵。

8. 注意事项

(1) 不能用手直接触摸样品池的光学窗口部分。如果光学窗口上有残留的水，可以用镜头纸小心擦干。

(2) 循环进样器的进样槽中没有水或其他分散介质时，不能开启循环泵；同样，在进样槽中的水或分散介质排干前要及时关闭循环泵，否则循环泵将因空载运转而损坏。

思考题

(1) 激光粒度分析仪测试中，分散介质和分散剂的作用分别是什么？对测量结果有什么影响？

(2) 对于一些密度较大的样品，需要在分散介质中加入适量甘油等黏度较大的液体，是什么原因？

实验 6　X 射线衍射与能源材料物相分析

实验目的

(1) 了解 X 射线衍射(X-ray diffraction，XRD)的基本原理。

(2) 学习能源材料的衍射样品的制备。

(3) 学习对 X 射线衍射数据的定性分析。

实验原理

1. X 射线的性质

X 射线是波长介于紫外线和 γ 射线之间的电磁波，波长范围为 0.001～100 nm，一般用于衍射分析的 X 射线波长范围为 0.05～0.25 nm。

2. X 射线的产生

工业用 X 射线可由 X 射线管产生。X 射线管是一个真空管，具有阴、阳两极，其中阴极是钨丝，阳极是金属制成的靶。在阴、阳两极之间施加高直流电压(管电压)，当阴极加热到白炽状态时释放出大量的电子，这些电子在高压电场中被加速，从阴极端飞向阳极端(产生管电流)，最终以很大的速度撞击在金属靶上，失去其所具有的动能，这些动能绝大部分都转换为热能，仅有极少的一部分转化为 X 射线并向四周辐射。

3. X 射线谱

高速运动的电子与物质发生碰撞时，会产生能量转换。这种能量转换形式是当高速运动的电子与原子发生碰撞后，原子中内层(如 K 层)的电子被击出，使原子被电离。由于内层出现电子空位，因此外层电子将跃迁至内层空位，在这个过程中，电子跃迁产生的能量变化将以 X 射线辐射的形式发出。这时产生的 X 射线波长与靶物质有关，由靶物质内部原子的电子壳层结构决定，不同的靶物质产生的 X 射线波长不同，只与靶物质材料有关，具有靶物质的标识特征。这个过程产生的 X 射线称为特征 X 射线或特征辐射。

4. X 射线衍射的基本原理

当一束单色的 X 射线照射到晶体上时，晶体中原子周围的电子受 X 射线周期变化的电场作用而发生振动，使每个电子都变为发射球面电磁波的次生波源，这些电子所发射球面波的频率与入射的 X 射线一致。由于晶体结构具有周期性，晶体中各个原子(原子上的电子)的散射波可以相互干涉而叠加，这个过程称为相干散射或衍射。X 射线在晶体中产生的衍射现象实质上是大量原子散射波相互干涉的结果。每种晶体所产生的衍射花样都能反映出晶体内部的原子分布规律。

　　根据上述原理，某晶体的衍射花样的特征最主要的是衍射线在空间的分布规律和衍射线的强度。衍射线的分布规律由晶胞大小、形状和位向决定，衍射线强度则取决于原子的种类和它们在晶胞的位置。因此，不同的晶体会产生不同的衍射图谱，根据所获得的衍射图谱就能鉴定所测物质的晶体种类。

主要试剂与仪器

　　1. 试剂

　　铁黄样品(主要成分是 Fe_2O_3)。

　　2. 仪器

　　D/Max 2500 转靶 X 射线衍射仪。

实验内容

　　1. 测试步骤

　　(1) XRD 仪器开机，确定钥匙处于开启阶段，打开电源开关，点击绿色启动键，待 OPERATE 灯常亮后，点击 DOOR LOCK 键使警报停止。打开计算机，将 SmartLab Studio 软件打开。进入软件操作界面后，在菜单栏 Control 下拉菜单中选择 XGcontrol，在 X-Ray 栏目下点击 ON，约 1 min，待仪器顶部黄色指示灯亮起后，表明 X 射线管已开启。回到 Control 下拉菜单，选择 Startup/Shutdown，在弹出的界面中选择 Run (Startup)，点击 yes 按钮，约 5 min 左右完成 X 射线管预热。

　　(2) 将适量样品置于样品台凹槽中，用载玻片将样品压平并附着在样品台上。点击 DOOR LOCK 键，待持续短暂的警报声响起后打开舱门，将样品台置于舱体中间支架，关闭舱门，点击 DOOR LOCK 键使警报声停止。在 SmartLab Studio 软件主界面中点击 General Measurment 输入实验参数(表 3.3)，开始测量。

表 3.3　实验参数设定

仪器	扫描范围	扫描速率	电压	电流
D/max 2500 转靶 X 射线衍射仪	$10° \sim 80°$	$8° \cdot min^{-1}$	40 kV	250 mA

　　(3) 取出样品，将仪器恢复到初始状态，关闭计算机。

　　2. 数据处理

　　(1) 打开 Jade 软件，读入衍射数据文件。

(2) 鼠标右键点击 S/M 工具按钮，进入 Search/Match 对话界面。

(3) 选择 Chemistry filter，进入元素限定对话框，选择样品中的元素名称，然后点击 OK 返回对话框，再点击 OK。

(4) 从物相匹配表中选择样品中存在的物相。在所选定的物相名称上双击鼠标，显示 PDF 卡片，按下 Save 按钮，保存 PDF 卡片数据。

(5) 鼠标右键点击"打印机"图标，显示打印结果，按下 Save 按钮，输出物相鉴定结果。从仪器保存的衍射数据中选取衍射角和强度作图，分析衍射峰位置和变化规律，根据物相进行衍射峰标定。

思考题

简述粉末样品进行 XRD 分析时要求粉末较细且粒度均匀，同时样品量不要太少的原因。

实验 7　扫描电子显微镜在能源材料表面形貌分析中的应用

实验目的

(1) 了解扫描电子显微镜的基本结构和工作原理。
(2) 掌握扫描电子显微镜样品的制备方法。
(3) 了解扫描电子显微镜照片的分析与描述方法。
(4) 掌握扫描电子显微镜的基本操作步骤。
(5) 了解扫描电子显微镜附带能谱仪的工作原理。

实验原理

1. 扫描电子显微镜的基本结构

扫描电子显微镜(scanning electron microscope，SEM)结构示意图如图 3.7，一般由以下几部分组成：

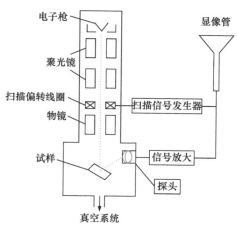

图 3.7　扫描电子显微镜结构示意图

(1) 电子光学系统：电子枪、聚光镜、物镜光阑、样品室等。

(2) 扫描系统：扫描信号发生器、扫描放大控制器、扫描偏转线圈。

(3) 信号探测放大系统：探测二次电子、背散射电子等信号。

(4) 图像显示和记录系统：早期扫描电子显微镜采用显像管、照相机等，数字式扫描电子显微镜采用计算机系统进行图像显示和记录管理。

(5) 真空系统：真空泵高于 10^{-4} Torr(1 Torr =

$1.333\,22 \times 10^2\,Pa)$，常用机械真空泵、扩散泵、涡轮分子泵。

2. 扫描电子显微镜的成像原理

扫描电子显微镜的成像原理与电视机显示的原理相似，显示屏上图像的形成是依靠信息的传送完成的。电子束在样品表面进行逐点扫描，依次记录下每个点的二次电子、背散射电子或 X 射线等特征信号强度，经收集转化为数字信号，经过放大后调制显示器上对应位置的光点亮度，扫描信号发生器产生的同一信号被用于驱动电子束以实现同步扫描，样品表面与显示器上图像始终保持逐点逐行一一对应的几何关系。因此，扫描电子图像所包含的信息能很好地反映样品的表面形貌。

扫描电子显微镜利用电子枪发射电子束经聚焦后在试样表面进行光栅状扫描，通过检测电子与试样相互作用产生的信号，对试样表面成分、形貌及结构等信息进行观察和分析。入射电子与试样之间的相互作用将产生二次电子、背散射电子、吸收电子、俄歇电子、阴极荧光和特征 X 射线等各种信号(图 3.8)。扫描电子显微镜主要利用的是二次电子、背散射电子及特征 X 射线等信号对样品表面的特征进行分析和表征。

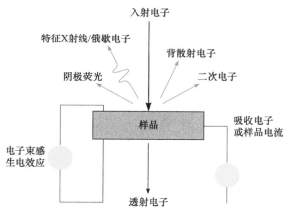

图 3.8　电子与试样相互作用产生的各种信号

3. 能谱仪的工作原理

X 射线能量色散谱(energy dispersive spectroscopy，EDS)分析方法是电子显微技术具有成分分析功能的最基本方法，通常称为 X 射线能谱分析法。

X 射线能谱定性分析的基本原理：各元素的特征 X 射线频率 ν 的平方根与元素的原子序数 Z 呈线性关系。只要是同种元素，不论其所处的物理状态或化学状态如何，所发射的特征 X 射线均具有相同的能量。测量特征 X 射线的强度，可进行有标样定量分析和无标样定量分析。在有标样定量分析中，将样品内各元素的实测 X 射线强度与成分已知的标样的同名谱线强度相比较，再经过背景校正和基体校正，即可计算出各元素的绝对含量。在无标量定量分析中，将样品内各元素同名或不同名 X 射线的实测强度进行相互比较，经过背景校正和基体校正，即可计算出它们的相对含量。如果进行无标量定量分析的样品中各元素均在仪器的检测范围之内，并且不含氢、羟基、结晶水等检测不到的元素或物质，则将它们的相对含量归一化后就能得出绝对含量。

本实验将学习如何制备扫描电子显微镜测试样品并进行测试，由测试结果分析样品形貌信息。

主要试剂与仪器

1. 试剂

块状铝合金。

2. 仪器

JSM-7500F 扫描电子显微镜。

实验内容

1. 制备样品

扫描电子显微镜分析的样品主要有固体粉末样品、固体块状样品、生物样品等。样品形态不同，则样品制备方法也不同。非导体样品需要使用溅射设备喷镀金、铂、银、铬等导电薄层材料，消除扫描电子显微镜观测不导电样品时的荷电效应。需用扫描电子显微镜观测的样品必须干燥、无挥发性、无磁性、有导电性，能与样品台牢固黏结。粉末样品用导电胶黏结后，需敲击检查，并用洗耳球或吹风机吹去黏结不牢的粉末。含有机成分的样品(包括聚合物等)需经过干燥处理。

本实验采用块状样品(铝合金)，先将块状样品表面研磨抛光，大小不超过 20 mm × 18 mm，将样品用导电胶固定在样品台上。样品台表面要求与样品座边缘齐平，若高出样品座边缘，应准确测量高出距离并做好记录。

2. 测试样品

(1) 根据实验要求将样品在样品托上装好。

(2) 打开扫描电子显微镜样品室，将样品托安装在样品座上。

(3) 检查密封圈，关好样品室，按"EVAC"键抽真空，待灯长亮后，用样品杆将样品送入样品室。在计算机界面弹出的窗口中选择所用的样品座，如果样品台高出底座，则填入相应的数值。选择初始工作距离为 8 mm，并在弹出的对话框中选择"是"。等待仪器抽真空至 $5.0×10^{-4}$ Pa 以下。

(4) 真空抽好后，通过软件界面给灯丝加高压(在软件操作界面按"ON"键)。按"GUN"键开启电子枪，在软件界面鼠标左键点击"WD"选取合适的工作距离。

(5) 拍摄低倍、高倍下样品形貌。按"LW"进行高、低倍切换。按操作键盘上的"AUTO"键可以进行自动聚焦，或者旋转其右边旋钮进行手动聚焦。调好焦后，按"FINE"键开始扫描，按"FREEZE"锁定照片，扫描完毕后按"PHOTO"键保存。

(6) 观察结束后，按"GUN"键关闭电子枪，点"OFF"关闭灯丝电压，然后对样品室放气。

(7) 仪器进入交换状态后，用样品杆将样品取出。按"VENT"键放气，然后将样品台取出，关上腔室门。按"EVAC"键抽真空，仪器恢复到初始状态，关闭计算机、仪器电压。

(8) 根据 SEM 图像分析样品的微观形貌，估算粒径，统计粒径分布。

思考题

(1) 简述扫描电子显微镜的基本组成结构及各部件作用。

(2) 扫描电子显微镜实验对测试样品的要求是什么？样品制备方法有哪些？

■ 实验 8　透射电子显微镜在能源材料微结构分析中的应用 ■

实验目的

(1) 熟悉透射电子显微镜的基本结构。

(2) 初步了解透射电子显微镜的操作过程。

(3) 初步掌握样品的制备方法。

(4) 学会分析典型的透射电子显微镜图像。

实验原理

1. 透射电子显微镜的基本结构

透射电子显微镜的结构如图 3.9 所示。

(1) 电子光学系统：照明系统、成像系统、观察记录系统。

(2) 真空系统：机械泵、扩散泵、控制阀门、仪表等。

(3) 操作控制系统。

2. 透射电子显微镜的成像原理

透射电子显微镜(transmission electron microscope，TEM)是以波长极短的电子作为照明源，用电磁透镜聚焦成像的高分辨率、高放大倍数的电子光学仪器。透射电子显微镜将经加速和聚焦的电子束投射到非常薄的样品上，高速电子与样品中的原子碰撞而改变方向，从而产生立体角散射。其成像方式与光学显微镜相似，只是以电子束代替可见光，电磁透镜代替玻璃透镜。

主要试剂与仪器

1. 试剂

多层石墨烯。

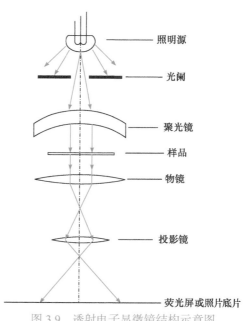

照明源

光阑

聚光镜

样品

物镜

投影镜

荧光屏或照片底片

图 3.9　透射电子显微镜结构示意图

2. 仪器

F200X G2 透射电子显微镜。

实验内容

1. 制备样品

1) 制备粉末样品

制备粉末样品要克服粉末的团聚，保证样品分散均匀。

(1) 分散剂法：分散剂能与材料相互浸润而不溶解；有良好的挥发性，确保纳米颗粒团聚前即黏附于铜网上；在滤纸上有适当的扩散速率。

(2) 超声波法：将粉末材料加入分散剂后采用超声波进行超声处理，经多次实验比较，处理时间一般为 10 min 左右较好。

2) 制备块体材料样品

(1) 离子减薄法：利用加速的惰性气体离子束从两侧轰击样品，使其表面的原子不断被剥离，直至样品厚度达到测试要求为止。

(2) 超薄切片法：在切割之前先用包埋剂对样品进行固定，调节好位置后，样品给进装置自动前进一步切下样品薄片。

常用的块体材料制备技术还有电解减薄法、聚焦离子束法。

2. 进样

以单倾杆为例。点击仪器屏幕上的"Remove Sample"，待指示灯闪烁完毕后，拔出样品杆，将样品放置在样品杆上后压紧，用洗耳球吹去表面多余的样品粉末。点击仪器屏幕上的"Insert Sample"，插入样品杆，选择"Single"，点击"Select"，系统开始抽真空。待真空抽好后，转动样品杆开球阀，再将样品杆送入。

3. 加高压

在操作软件"Set Up"窗口点击"Col. Valves Closed"开阀。

4. 聚光镜对中

先会聚电子束于一点，调节电子束平移至中心，再散开光斑，调节光阑旋钮使其仍在中心，反复几次后，电子束与荧光屏能同心收缩。

5. 合轴

在透射电子显微镜高压稳定之后，应进行系统的合轴调整，一般情况下在 alpha 设为 3 时，平移电子束和电子枪位置，使电子束都能会聚在荧光屏中心。本实验中在"FEG Registers"窗口调用编辑好的合轴文件即可。

6. 调整样品高度，并选取合适的衍射条件

根据薄膜样品边缘出现的菲涅尔条纹的状态调节物镜焦距旋钮。在欠焦状态下孔洞边缘的外侧会出现白色的菲涅尔条纹，在正焦状态下边缘平滑无菲涅尔条纹，而在过焦状态下菲涅尔条纹在边缘内侧。菲涅尔条纹随着欠焦或过焦程度的增大而变宽，因此往条纹变窄的方向调节就能达到正焦状态。按动操作台最右侧向上或向下箭头按钮，即可调节物镜焦距。

7. 物镜消像散

低倍下，若物镜像散使菲涅尔条纹发生扭曲(一部分在边缘内侧，另一部分在外侧)，可以先利用前面的方法将图像调节到欠焦或过焦，然后调节物镜像散使菲涅尔条纹恢复均匀对称，即可消除像散。高分辨模式下，在非晶区域进行调节。先调节物镜光阑的焦距，使图像尽量清晰，对比度合适，然后进行消像散。若过焦与欠焦的图像只有衬度变化，麻点的形状一致，没有方向性，则表明已调好像散。在调节过程中，也可利用快速傅里叶变换(fast Fourier transformation，FFT)进行图像调节。若 FFT 图像调为正圆，则表明已调好像散。

8. 拍照

调整预览参数，按照样品耐受辐照程度，适当延长或缩短曝光时间。预览分辨率可适当降低，拍照分辨率可适当提高。

9. X 射线能谱拍摄

针对石墨烯样品，在 TEM 模式下选取合适的区域，并调焦到正焦。在"FEG Registers"窗口调用合适的合轴文件，点击"HADDF"选项。调节图像焦距，得到清晰的 TEM 图像后，点击拍照按钮，然后点击屏幕右侧元素周期表中碳、氧两种元素，得到各元素在样品中的分布情况。

10. 数据处理

(1) 分析低倍、高倍下样品形貌、粒径大小及粒径分布。
(2) 在高倍下观察晶格条纹，测量条纹间距。
(3) 根据 EDS 谱图确定样品成分比例。

思考题

(1) 简述透射电子显微镜的成像原理。
(2) 透射电子显微镜实验对样品的要求是什么？样品的制备方法有哪些？
(3) 透射电子显微镜明场和暗场成像在操作方法上有什么不同？
(4) 举例说明如何提高透射电子显微镜下图像的衬度。
(5) 透射电子显微镜为什么要在高真空状态下工作？

实验 9　原子力显微镜观察电极表面形态

实验目的

(1) 了解原子力显微镜的基本原理。

(2) 学习对电极表面形态进行分析。

实验原理

原子力显微镜(atomic force microscope，AFM)是通过检测待测样品表面和一个微型力敏感元件之间极微弱的原子间相互作用来研究物质的表面结构及性质的仪器，能在原子尺度上反映材料表面信息。它可以在真空、大气甚至液体中操作，既可以检测导体和半导体表面，又可以检测绝缘体表面，因此迅速发展成为研究纳米科学的重要工具。探针(probe)和扫描管(scanner)是 AFM 的两个关键部件，当探针和样品接近到一定程度时，若有一个足够灵敏且随探针-样品距离单调变化的物理量 $P = P(z)$，那么该物理量可以用于反馈系统(feedback system，FS)，通过扫描管的移动控制探针-样品的距离，从而描绘材料的表面性质。

以形貌成像为例，为了得到样品表面的形貌信息，扫描管控制探针针尖在距离样品表面足够近的范围内移动，探测针尖和样品两者之间的相互作用，在作用范围内，探针产生信号以表示探针-样品距离对应的相互作用大小，这个信号称为探测信号(detector signal)。为了将探测信号与实际作用联系起来，需要预先设定参考阈值。当扫描管移动使探针进入成像区域中时，系统检测探测信号并与阈值比较，当两者相等时，开始扫描过程。

扫描管控制探针在样品表面上方精确地按照预设的轨迹运动，当探针遇到材料表面形貌发生变化时，探针和样品间的相互作用也发生变化，导致探测信号改变，因此与阈值产生一个差值，这个差值称为误差信号(error signal)。仪器使用 Z 向反馈来保证探针能够精确跟踪表面形貌的起伏变化。Z 向反馈回路连续不断地将探测信号和阈值相比较，如果两者数值不等，则在扫描管上施加一定的电压增大或减小探针与样品之间的距离，使误差信号归零。同时，软件系统根据所施加的电压信号生成图像。

以轻敲模式(tapping mode)AFM 为例，其整个扫描过程表述如下：系统以悬臂振幅作为反馈信号，当扫描开始时，悬臂的振幅等于阈值，当探针扫描到样品形貌变化时，振幅发生变化，探测信号偏离阈值而产生误差信号。系统通过比例-积分-微分(proportion integration differentiation，PID)控制器消除误差信号后，引起扫描管运动，从而记录样品形貌。AFM 结构和工作原理如图 3.10 所示。

主要试剂与仪器

1. 试剂

粉末样品(如氧化石墨烯)、硅片、乙醇。

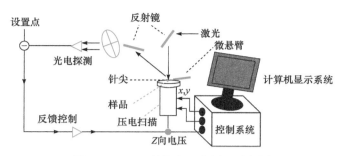

图 3.10　AFM 结构和工作原理示意图

2. 仪器

试管、镊子、一次性滴管、聚四氟乙烯带、量筒、移液枪、电子天平、数控超声波清洗器、原子力显微镜。

实验内容

(1) 样品制备。用电子天平称取少量粉末样品材料，转移至 5 mL 样品管中。用量筒量取 3 mL 乙醇，转移至样品管中。盖上样品管盖，在盖口处缠上聚四氟乙烯带，放入数控超声波清洗器中超声，控制水温不要过高，超声 10~20 min，直至样品均匀分散，形成澄清透明液。取出样品管，用 10 μL 移液枪取 3 μL 液体滴至硅片上，待自然风干后，将样品托吸附在磁性样品盘上。

(2) 设备开机。打开 AFM 主机电源，开启计算机，运行软件。在软件界面点击"SPM init"进行设备初始化，若显示 SPM OK 可继续操作，若不显示则重启软件。

(3) 进样。通过检测组件上的按钮或点"open door"开启样品室舱门，点灯泡按钮照亮，点击软件界面上的"AFM-STM"退针按钮使显微镜探头缩回。用专用镊子将样品和载物片置于样品台上，小心调整样品区域至中央。点击软件界面"AFM-STM"使探头移回后，关闭舱门。

(4) 操作程序。运行软件"camera"功能，点击"play"键，运行"Approach"功能，点击"step move"，将样品降低到安全距离。运行软件"Aiming"功能，点击"tools-motors-video calibration-specify laser step 1"，再利用"Alt+左键"快捷键点击"确定"，再点击出现的红十字中心，使激光和十字匹配。点击"AFM"钮，使针头伸出。点击针悬臂梁中间处，再点击"move laser"使激光移动到点击位置，然后用"Laser X"和"Laser Y"调到最大，点击"Aiming"，使 DFL 和 LF 为 0。运行"Resonance"功能，选择"semicontact"模式，在 probes 里选择对应针尖，点击"Auto"，调节探针悬臂的共振频率。若产生共振，调节"Gain"和"lockgain"大小，保证其乘积大小不变，确定 setpoint 为典型值 Mag 的一半。运行"Approach"功能，自动完成下针，使探针下降至检测距离。点击"Scanning"按钮，开始样品扫描，扫描图像将自动保存至指定文件夹。

(5) 换样品及关机。关闭反馈键"OFF"，点击"Approach"中"move"使样品下降，通常点击三四次。缩回探头，取出样品，若换样，则换样后重复上述步骤；若测试完毕，则关闭舱门。最后依次关闭软件、计算机和 AFM 主机电源。

(6) 根据 AFM 图像分析样品形貌、力曲线、粗糙度等信息。

思考题

(1) AFM 观测对样品的载体有什么要求？

(2) 为什么要预先设置参考阈值？

实验 10　接触角与表面能的测定

实验目的

(1) 了解液体在固体表面的润湿过程，以及接触角的含义与应用。

(2) 掌握用界面张力测量仪测定接触角和表面张力的方法。

实验原理

润湿是在自然界和生产过程中常见的一种现象。润湿是指固-气界面被固-液界面取代的过程。液体由于性质不同，将其滴在固体表面上时，有的铺展开来，有的则黏附在表面上成为平凸透镜状，这种现象就是润湿作用。前者称为铺展润湿，如水滴在干净玻璃板上可以产生铺展润湿；后者称为黏附润湿。如果液体始终不黏附而保持椭球状，则称为不润湿，如汞滴到玻璃板上或水滴到防水布上。上述各种类型示于图 3.11。

图 3.11　各种润湿类型

体系的自由能会在液体与固体接触后降低。因此，可用润湿过程自由能降低的多少来衡量液体在固体上的润湿程度。在恒温恒压下，当液滴放置在固体平面上时，液滴能自动地在固体表面铺展开来，或者以与固体表面呈一定接触角的液滴存在，如图 3.12 所示。

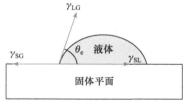

图 3.12　接触角示意图

假定作用在界面方向的界面张力可表示不同的界面间力，则当液滴在固体平面上处于平衡位置时，这些界面张力在水平方向上的分力的矢量和应等于零，这个平衡关系就是著名的杨氏(Young)方程，即

$$\gamma_{SG} - \gamma_{SL} = \gamma_{LG} \cos\theta \tag{3.14}$$

式中，γ_{SG}、γ_{SL} 和 γ_{LG} 分别为固-气界面、固-液界面和液-气界面的张力；θ 为在固、气、液三相交界处，自固体界面经液体内部到气-液界面的夹角，称为接触角，其取值范围为 $0° \sim 180°$。接触角是反映物质与液体润湿性关系的重要尺度。

在恒温恒压条件下，黏附润湿、铺展润湿过程发生的热力学条件分别为

黏附润湿 $$W_a = \gamma_{SG} - \gamma_{SL} + \gamma_{LG} \geqslant 0 \tag{3.15}$$

铺展润湿 $$S = \gamma_{SG} - \gamma_{SL} - \gamma_{LG} \geqslant 0 \tag{3.16}$$

式中，W_a、S 分别为黏附润湿、铺展润湿过程的黏附功、铺展系数。

若将式(3.14)代入式(3.15)、式(3.16)，得到式(3.17)和式(3.18)：

$$W_a = \gamma_{SG} + \gamma_{LG} - \gamma_{SL} = \gamma_{LG}(1 + \cos\theta) \tag{3.17}$$

$$S = \gamma_{SG} - \gamma_{SL} - \gamma_{LG} = \gamma_{LG}(\cos\theta - 1) \tag{3.18}$$

式(3.17)和式(3.18)说明，只要确定了液体的表面张力和接触角，就可以计算出黏附功、铺展系数，据此判断各种润湿现象。同时，润湿情况可以依据接触角的数据来判别。通常润湿与否的界限是接触角是否满足 $\theta = 90°$，当 $\theta > 90°$ 时，称为不润湿；当 $\theta < 90°$ 时，称为润湿，θ 越小，润湿性能越好；当 $\theta = 0°$ 时，液体在固体表面上铺展，固体被完全润湿。

主要试剂与仪器

1. 试剂

去离子水、无水乙醇、十二烷基苯磺酸钠(或十二烷基硫酸钠)。

2. 仪器

界面张力测量仪、微量注射器、容量瓶、镊子、玻璃载片、涤纶薄片、聚乙烯片、金属片(不锈钢、铜等)。

实验内容

1. 接触角的测定

(1) 清洗针管，加入待测液体后将其固定到针管固定架上。如果使用的是自动滴液器，管路也要加入液体。通过测量窗口右下角"Dispenser"栏的控制按钮完成。滴液器要不断运行，直到管路中没有气泡为止。如果使用的是可抛弃的枪头滴液器，One Attension 软件会自动识别滴液器。在"Recipe"中选择枪头的大小(自动单液体滴液器不要同时连接)。准备固体样品然后放到样品台上，在"Theta home"窗口下选择"Sessile drop experiment"。

(2) 开机。将仪器插上电源，打开计算机，双击桌面上的 One Attention 应用程序进入主界面。点击界面右上角的活动图像按钮，将样品台上升或下降直到可以看到摄像头拍摄的载物台上的图像。在样品表面设置基线，调整针管直到在窗口的上部可见，标记"Dispenser holder"的"Home position"。在"Recipe"中输入相关参数。

(3) 调焦。将进样器或微量注射器固定在载物台上方，调整摄像头焦距到 0.7 倍(测小液滴接触角时通常调到 2~2.5 倍)，然后旋转摄像头底座后面的旋钮调节摄像头到载物台的距离，使图像最清晰。

(4) 加入样品。对于手动滴液器，选择 "Start from Trigger"。降低液滴，将 "Trigger" 放在液滴下方。如果没有自动设备存在，点击控制栏的 "Record"。如果有自动设备连接，点击 "Start"。如果有自动滴液固定架，降低液体后会开始记录。对于自动滴液器和滴液器固定架，输入实验名称，选择合适的液滴大小，通常是 3～6 μL。若需要使用 3 μL 以下的体积，降低滴液速度到 0.5～1.0 μL·s^{-1}。

(5) 接样。旋转载物台底座的旋钮使载物台慢慢上升，触碰悬挂在进样器下端的液滴后下降，使液滴留在固体平面上。

(6) 冻结图像。点击界面右上角的冻结图像按钮将画面固定，再点击 "File" 菜单中的 "Save as" 将图像保存在文件夹中。接样后要在 20 s(最好 10 s)内冻结图像。

(7) 量角法。点击量角法按钮，进入量角法主界面，按 "开始" 键，打开之前保存的图像。此时，图像上出现一个由两直线交叉 45° 组成的测量尺，利用键盘上的 Z、X、Q、A 键即左、右、上、下键调节测量尺的位置：首先使测量尺与液滴边缘相切，然后下移测量尺使交叉点到液滴顶端，再利用键盘上 "<" 和 ">" 键即左旋和右旋键旋转测量尺，使其与液滴左端相交，即得到接触角的数值。另外，也可以使测量尺与液滴右端相交，此时应用 180° 减去所见的数值方为正确的接触角数据，最后求两者的平均值。

(8) 量高法。点击 "量高法" 按钮，进入量高法主界面，按 "开始" 键，打开之前保存的图像。然后用鼠标左键依次点击液滴顶端和液滴左、右两端与固体表面的交点。如果点击错误，可以点击鼠标右键，取消选定。

2. 表面张力的测定

(1) 开机(如上 "开机" 步骤)。

(2) 调焦(如上 "调焦" 步骤)。

(3) 加入样品。可以通过旋转载物台右边的采样旋钮抽取液体，也可以用微量注射器压出液体。测表面张力时样品量为液滴最大时的样品量。此时，可以从活动图像中看到进样器下端出现一个清晰的大液泡。

(4) 冻结图像。当液滴欲滴未滴时，点击界面的 "冻结图像" 按钮，再点击 "File" 菜单中的 "Save as" 将图像保存在文件夹中。

(5) 悬滴法。点击 "悬滴法" 按钮，进入悬滴法主界面，按 "开始" 键，打开图像文件。然后用鼠标左键依次在液泡左、右两侧和底部各取一点，在液泡顶部出现一条横线与液泡两侧相交，再用鼠标左键在两个相交点处各取一点，此时跳出一个对话框，输入密度差和放大因子后，即可测出表面张力值(注：密度差为液体样品和空气的密度之差；放大因子为图像中针头最右端与最左端的横坐标之差再除以针头的直径所得的值)。

3. 考察目标

(1) 考察载玻片上水滴的大小(体积)与所测接触角读数的关系，找出测量所需的最佳液滴大小。

(2) 考察水在不同固体表面上的接触角。

(3) 测定等温下醇类同系物(如甲醇、乙醇、异丙醇、正丁醇)在涤纶片和玻璃片上的接触角和表面张力。

(4) 测定等温下不同浓度表面活性剂溶液在固体表面的接触角和表面张力。十二烷基苯磺酸钠溶液浓度(质量分数)：0.01%、0.02%、0.03%、0.04%、0.05%、0.1%、0.15%、0.2%和0.25%。

思考题

(1) 研究材料表面能的意义有哪些？表面能与表面张力有什么区别？
(2) 影响接触角测定的主要因素有哪些？
(3) 在本实验中，滴到固体表面上的液滴的大小对所测接触角读数是否有影响？为什么？

实验 11　氮气吸附在能源材料孔结构和比表面积分析中的应用

实验目的

(1) 了解氮气吸附法测定多孔材料的比表面积及孔径分布的原理。
(2) 掌握氮气吸附法测定比表面积及孔径分布的方法。
(3) 掌握吸附仪器的实际操作和配套软件的使用方法。

实验原理

单位质量材料的总表面积称为材料的比表面积。一般来说，多孔材料的比表面积代表其所有孔隙表面积的总和，其值的大小与颗粒形态和外观相关。单位质量材料孔隙体积随孔径的变化率称为孔径分布。比表面积和孔径分布一定程度上代表材料的微观结构特征，并且对材料的许多宏观理化性质(如吸附、储存、扩散、传热、反应活性等)有很大的影响。因此，准确测定材料的比表面积和孔径分布具有重要意义。

1. 比表面积的测定原理

依据气体分子的吸附特性，可以利用氮气吸附法测定材料的比表面积。在液氮温度(−196.15℃)下，氮气通过物理吸附吸附于材料的表面；当温度恢复到室温时，吸附的氮气从材料表面脱附出来。假定吸附在吸附剂表面的氮气正好是单分子层，如果已知一个氮气分子的横截面积，则氮气吸附的比表面积 S_g 的计算公式为

$$S_g = \frac{N_A \sigma V_m}{22\,400W} \tag{3.19}$$

式中，N_A 为阿伏伽德罗常量，表示 1 mol 气体所含的分子数，即 6.024×10^{23}；σ 为一个氮气分子的横截面积(0.162 nm²)；V_m 为氮气在样品孔隙内表面单层吸附的体积；W 为测试样品的质量。在标准状态下，即当压力为 101.325 kPa、温度为 0℃时，单位物质的量 (1 mol)分子气体的体积约为 22.4 L(22 400 mL)，将 N_A 和 σ 的数据代入式(3.19)，可得材料的比表面积(cm²)为

$$S_g = \frac{4.36V_m}{W} \tag{3.20}$$

因此，如果需要计算某材料的比表面积，须知道氮气在其孔隙内表面单层吸附的体积 V_m。然而在大多数情况下，氮气在材料的孔隙中的吸附并非是单层吸附，也可能是两层或更多分子层的吸附。因此，可假定第一层吸附热为一定值，第二及以上各层的吸附热为另一定值，在这种条件下，通过对气体吸附过程进行热力学与动力学分析，得出氮气在材料的孔隙中真实吸附的体积 V 与单层吸附体积 V_m 之间的关系，可用著名的BET方程表示

$$\frac{p}{V(p_0 - p)} = \frac{1}{V_m C} + \frac{C-1}{V_m C}\frac{p}{p_0} \tag{3.21}$$

式中，V 为氮气在单位质量样品的孔隙中吸附的实际体积；V_m 为氮气在单位质量样品的孔隙中单层吸附时的吸附体积；p 为氮气分压；p_0 为氮气在液氮温度下的饱和蒸气压；C 为与吸附热相关的常数，反映材料的吸附性，C 值越大，则吸附能力越强。式(3.21)适用于 p/p_0 为 0.05～0.35 范围，在这个范围内以 $p/V(p_0-p)$ 对 p/p_0 作图呈线性关系，而且 1/(斜率+截距) = V_m。因此，在此范围内选择 3～5 个不同的 p/p_0 值，测出每个氮气分压下氮气吸附的体积 V，即可得到材料的比表面积 S_g。

2. 孔径分布的测定原理

用气体吸附法测定孔径分布利用的是毛细凝聚现象和体积等效代换的原理。气体在孔中形成凝聚液的难易程度随毛细孔直径的减小而增加，因此在较低的 p/p_0 下即可在孔中形成凝聚液。如果增加孔隙直径，就需要较高的 p/p_0 才能形成凝聚液。样品表面的吸附量由于存在毛细凝聚现象而急剧增加，因为有一部分气体在吸附进入微孔的过程中同时凝聚成液体。当液态吸附质充满样品的全部孔隙时，即其吸附体积达到最大，对应的 p/p_0 也达到最大值 1。氮气从样品中脱附的过程也是一样的，当 p/p_0 接近 1 时，固体样品中氮气的吸附体积最大，当 p/p_0 逐步降低时，最先脱附出来的是大孔中的凝聚液，然后按照孔径尺寸从大到小的顺序，不同尺寸孔中的凝聚液先后脱附出来。为了便于计算，假定样品表面的毛细孔为圆柱形，按直径大小把所有微孔分为若干孔区，产生凝聚现象或从凝聚态脱附出来的孔隙尺寸和氮气的相对压力是一一对应的，依据开尔文(Kelvin)方程，该半径的计算公式为

$$r_k = \frac{-0.414}{\lg\dfrac{p}{p_0}} \tag{3.22}$$

式中，r_k 为产生凝聚现象或从凝聚态脱附出来的孔隙的半径，其值取决于 p/p_0。根据毛细凝聚理论，当 $p/p_0=1$ 时，$r_k=\infty$，即所有孔中都充满了凝聚液，当 p/p_0 逐渐减小到 0.4 时，可得到每个孔区中脱附的气体量，换算成凝聚液体积即为孔的体积。

主要试剂与仪器

1. 试剂

高纯氦气、高纯氮气、待测粉末及多孔能源材料。

2. 仪器

比表面积及孔隙分析仪。

实验内容

1. 样品处理

(1) 取干燥的样品管和带编号的橡胶塞，用泡沫垫固定样品管，用橡胶塞塞住样品管，置于分析天平上称量空样品管、橡胶塞和泡沫垫质量 m_1。用称量纸称量待测样品(样品质量为 $30\sim100$ mg)，用纸槽将样品送入样品管底，样品送入时不可沾到管壁。再次用分析天平称量带样品的样品管、橡胶塞和泡沫垫质量 m_2。

(2) 取出抽真空仪器上的抽气管，扭开管上的铁圈，取出里面的塑料圈和黑色小橡胶圈，将样品管管口处先套上铁圈，再套上塑料圈，在管口上套上黑色小橡胶圈，然后将样品管垂直插入抽气口，最后扭紧铁圈。

(3) 将样品管插入加热区，将对应抽气管上的开关打到"Vac"，将抽气管上的小旋钮往上旋 3 mm 左右。然后按上、下按钮设置目标温度，再按"sec"确定。抽真空 12 h 左右。抽真空完成后，将目标温度设置为 0，再将样品管拿到降温区冷却。

(4) 冷却至室温后，将抽气管上铁圈旋出，将开关打到"Gas"，回填气体，使样品管自动弹出，立即取下铁圈、塑料圈和黑色小橡胶圈，用相应编号的橡胶塞塞住管口，再次称量质量 m_3。称量的同时将抽气管组装好，放回原处，将开关打到"Off"。

2. 比表面积及孔隙测定

(1) 打开 Micromeritics 仪器上的橱窗，将液氮瓶取出，装入液氮(液氮要装在距瓶口 5 cm 处，液氮温度为-200℃，注意自身安全，每做完一个样品都要加一次液氮)。将样品管装在仪器上(装样品管方法与抽真空时装管方法一样，要确保垂直插入，样品管要与旁边空管高度一致)，再套上泡沫盖。将装好液氮的液氮瓶放到仪器的升降梯上，关闭橱窗。

(2) 打开计算机桌面上的 Gemini Ⅶ 程序，进入软件主界面依次点击 File/Open/Sample information，命名文件名后打开，点击 Replace All，替换 C 盘中 Geminil/data/REF，打开 Mesopore 文件。打开后更改 Sample 上的文件名。然后在 Empty tube 处填上空管质量 m_1，在 Sample+tube 处填上第三次称量的带样品的样品管质量 m_3，点击 Save 并关闭。

(3) 依次打开 Unit1/Start analysis/Browse 选中步骤(2)中设定的文件并打开，点击 Start 开始运行仪器。屏幕跳转到分析图表。

(4) 当屏幕左下角出现 ldle，表示测定完成。点击 Reports/Save as，并以.xls 格式保存。复制数据，实验完成，关闭仪器。

(5) 用软件处理数据，计算比表面积数值，利用实验数据绘制吸附量随压力变化的吸、脱附曲线，根据模型绘制孔径分布曲线，分析曲线特征。

思考题

(1) 氮气吸附法测定比表面积和孔径分布的过程中，影响结果准确性的因素有哪些?

(2) 氮气吸附是物理测量方法，其测量比表面积的优缺点是什么？

(3) 为什么吸附过程要在液氮中进行？

(4) 除氮气吸附外，还有什么方法可以测量材料的比表面积和孔径分布，其原理是什么？

实验 12　紫外-可见光谱在能源材料分析表征中的应用

实验目的

(1) 熟悉和掌握紫外-可见光谱的使用方法。

(2) 学习定性判断并分析溶液中所含物质的种类。

(3) 用紫外-可见吸收光谱测定某一位置样品的浓度。

实验原理

1. 紫外-可见光谱测定氨基酸含量的基本原理

基于物质对 200~800 nm 光谱区辐射的吸收特性建立起来的分析测定方法称为紫外-可见吸收光谱法或紫外-可见分光光度法。紫外-可见吸收光谱是由分子外层电子能级跃迁产生，同时伴随着分子的振动能级和转动能级的跃迁，因此吸收光谱是带状光谱。当光作用在物质上时，一部分被表面反射，另一部分被物质吸收。改变入射光的波长时，不同物质对每种波长的光都有对应的吸收程度，用紫外-可见分光光度计可以作出材料在紫外光区和可见光区对紫外光和可见光的吸收光谱曲线。这种分子吸收光谱可广泛用于无机和有机物质的定性和定量测定。

紫外-可见吸收光谱的定量分析可用朗伯-比尔定律(Lambert-Beer's law)$A = \varepsilon bc$ 来描述。式中，A 为吸光度；ε 为摩尔吸光系数；c 为吸光物质的浓度(mol · L^{-1})；b 为吸收层厚度(cm)。通过吸收光谱曲线可以判断材料在紫外光区和可见光区的光学特性，为材料的应用作指导。例如，具有较好的紫外光吸收性能的材料可作为保温吸热材料等；具有较高的紫外光反射特性的材料则可作为优质抗老化材料。

2. 紫外-可见分光光度计的基本构造

紫外-可见分光光度计的部件包括光源、单色器、吸收池、检测器和信号处理器等。光源的功能是提供足够强度、稳定的连续光谱。紫外光区通常用氢灯或氘灯，可见光区通常用钨灯或卤钨灯。单色器的功能是将光源发出的复合光分解并从中分出所需波长的单色光。玻璃吸收池用于可见光区的测量，石英吸收池用于紫外光区的测量。检测器的功能是通过光电转换元件检测透过光的强度，将光信号转变成电信号。将数据传输给计算机，由计算机软件进行处理。

主要试剂与仪器

1. 试剂

$0.2\ mg \cdot mL^{-1}$、$0.4\ mg \cdot mL^{-1}$、$0.8\ mg \cdot mL^{-1}$ 和 $1.0\ mg \cdot mL^{-1}$ 色氨酸标准溶液，待测样品(所有溶液均用去离子水配制)。

2. 仪器

UV-2550 型紫外-可见分光光度计、1 cm 石英比色皿、移液管、薄膜架。

实验内容

1. 液体的测试步骤

(1) 打开电源，开启紫外-可见分光光度计上的开关，打开计算机的 UV probe 软件，让其自检，约 5 min 后，设置仪器相关参数。设置波长范围为 400~200 nm，高速检测，间隔为 0.5 nm。

(2) 空白对比实验。取一定量的去离子水装进 1 cm 石英比色皿至 2/3 高度处，在 Win-UV 主显示窗口下，点击所选图标"基线"，扫描去离子水的测定吸收曲线。

(3) 取不同浓度的色氨酸标准溶液，装进石英比色皿并置于紫外-可见分光光度计中，获得波长-吸收曲线，读取最大吸收的波长数据和吸光度，得到其标准图谱。

(4) 用同样的方法测定未知溶液，获得波长-吸收曲线，读取最大吸收的波长数据和吸光度，得到其图谱。

(5) 将已知浓度的色氨酸标准溶液实验数据用 Excel 作图，得出其最大吸收波长，并根据朗伯-比尔定律画出一条直线(标准曲线)，据此得到未知浓度色氨酸溶液的浓度。

2. 固体的测试步骤

(1) 将粉末样品制成 3 mm 以下的透明色薄膜。

(2) 取下标准样品室的池架，设置薄膜架。无需放置其他附件。

(3) 打开 UV probe 软件，设置仪器参数，将探测器接收模式设为透射率($T\%$)，将狭缝宽(S)设为 2.0。

(4) 在空置(Air)的状态下进行基线校正。

(5) 在薄膜架上设置样品，进行样品测定。

(6) 测试结束，进行数据处理。

思考题

(1) 本实验是采用紫外吸收光谱中的最大吸收波长进行测定，是否可以在波长较短的吸收峰下进行定量测定，为什么？

(2) 根据物质吸收曲线，如何利用紫外吸收光谱进行材料成分的定性分析？

(3) 被测物浓度过大或过小对测量有什么影响？应如何调整？调整的依据是什么？

实验 13　拉曼光谱在能源材料分析表征中的应用

实验目的

(1) 了解拉曼散射的基本原理。

(2) 学习拉曼光谱仪的使用方法，了解简单的谱线分析方法。

(3) 测试四氯化碳的拉曼光谱。

实验原理

1. 拉曼散射的基本原理

如图 3.13 所示，频率为 ν 的单色光在入射被测样品后共有透射、吸收和散射三种去向。光散射可以分为瑞利散射和拉曼散射两种类型：绝大部分的散射光，光子与被测样品分子的作用方式是弹性碰撞，因此散射光的波长相对于入射光波长没有变化，称为瑞利散射；极小部分散射光，光子与被测样品分子的作用方式是非弹性碰撞，光子与被测样品分子之间发生能量交换，使得这部分散射光频率改变，即波长发生偏移，称为拉曼散射。拉曼效应就是指这种频率发生改变的现象。瑞利散射的频率为 ν，频率 $\nu - \Delta\nu$ 称为拉曼散射的斯托克斯线，频率 $\nu + \Delta\nu$ 称为反斯托克斯线。$\Delta\nu$ 通常称为拉曼频移，多用散射光波长的倒数差表示，计算公式为

$$\Delta\nu = \frac{1}{\lambda} - \frac{1}{\lambda_0} \tag{3.23}$$

式中，λ 和 λ_0 分别为散射光和入射光的波长；$\Delta\nu$ 的单位为 cm^{-1}。

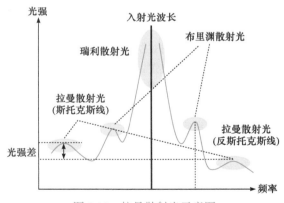

图 3.13　拉曼散射光示意图

2. 拉曼散射的量子理论解释

从量子理论出发，拉曼散射涉及的只是一种中间虚态，并不涉及能级之间的跃迁。图 3.14 描述了拉曼散射的能级变化情况。用频率 ν_0 的激光照射被测样品，分子被激发，

从振动基态 E_1(或振动激发态 E_2)跃至$(E_1 + h\nu_0)$或$(E_2 + h\nu_0)$的虚态，随后又返回振动基态 E_1 或振动激发态 E_2，散射光的能量与入射光能量相同，这个过程就是瑞利散射。而另一种散射过程，散射光的能量与入射光能量不同。这种散射可分为斯托克斯拉曼散射和反斯托克斯拉曼散射两种情况，一种是分子被光子激发，从振动基态 E_1 跃至$(E_1 + h\nu_0)$虚态，随后返回振动激发态 E_2，产生拉曼散射光，能量为 $h(\nu_0 - \Delta\nu)$，这个过程称为斯托克斯拉曼散射；另一种是分子被光子激发，从振动激发态 E_2 跃至$(E_2 + h\nu_0)$虚态，随后返回振动基态 E_1，产生拉曼散射光，能量为 $h(\nu_0 + \Delta\nu)$，这个过程称为反斯托克斯拉曼散射。

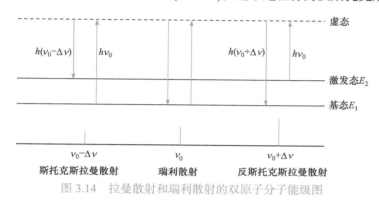

图 3.14　拉曼散射和瑞利散射的双原子分子能级图

3. 拉曼散射的电磁理论解释

入射光照射样品分子时，光电场使分子中的电荷分布呈周期性变化，产生一个交变的分子偶极矩。偶极矩随时间变化二次辐射电磁波即形成光散射现象。分子的极化强度指的是单位体积内分子偶极矩的矢量和，用 P 表示。极化强度正比于入射电场，即 $P = \alpha E$，α 称为分子极化率，在一级近似中被认为是一个常数，则 P 和 E 的方向相同。设入射光为频率 ν 的单色光，其电场强度 $E = E_0 \cos 2\pi\nu t$，则其极化强度为

$$P = \alpha E_0 \cos 2\pi\nu t \tag{3.24}$$

分子极化率α 会随分子的振动导致的原子之间相对位置移动而发生变化，它由两部分组成：一部分是常数α_0，另一部分是以各种简正频率为代表的分子振动对α贡献的总和，这些简正频率的贡献随时间做周期性变化，所以

$$A = \alpha_0 + \sum \alpha_n \cos 2\pi\nu_n t \tag{3.25}$$

式中，α_n 为第 n 个简正振动频率，可以是分子的振动频率或转动频率，也可以是晶体中晶格的振动频率或固体中声子散射频率。因此

$$\begin{aligned}
P &= E_0 \alpha_0 \cos 2\pi\nu t + E_0 \sum \alpha_n \cos 2\pi\nu t \cdot \cos 2\pi\nu_n t \\
&= E_0 \alpha_0 \cos 2\pi\nu t + \frac{1}{2} E_0 \sum \alpha_n [\cos 2\pi(\nu - \nu_n)t + \cos 2\pi(\nu + \nu_n)t]
\end{aligned} \tag{3.26}$$

式中，第一项产生辐射的频率与入射光频率 ν 相同，因而是瑞利散射；第二项为包含分子各振动频率信息 ν_n 在内的散射，其散射频率分别为$(\nu - \nu_n)$和$(\nu + \nu_n)$，前者为斯托克斯拉曼散射，后者为反斯托克斯拉曼散射。

4. 拉曼光谱仪的基本结构

目前常用的拉曼光谱仪根据其分光系统的不同，主要分为光栅型拉曼光谱仪和傅里叶变换拉曼光谱仪。但无论何种拉曼光谱仪，都包括以下几个部分：激光光源(可以从深紫外到近红外，从稳态到超快速)、样品装置(大样品仓、显微光学平台、光纤探头)、滤光系统、单色器(或干涉仪)和检测器等。

主要试剂与仪器

1. 试剂

待测样品(以 CCl₄ 为例)。

2. 仪器

拉曼光谱仪、计算机。

实验内容

(1) 准备样品：用滴管将 CCl₄ 滴到药品匙上，然后将药品匙放在样品架上。

(2) 打开激光器电源。

(3) 调整外光路(由指导教师完成，学生只需了解方法)：

(i) 放入药品匙之前，先观察激光束是否与底板垂直，若不垂直，需进行调节。

(ii) 聚光部件的调整：将药品匙放在样品架上，调节样品台上的微调螺钉使聚焦后的激光束位于样品管的中心。

(iii) 集光部件的调整：调整螺钉移动狭缝使其与亮条纹像平行。

(4) 打开仪器和计算机的电源。

(5) 启动应用程序，出现对话框，重新初始化(光栅重新定位)。

(6) 在参数设置区设置阈值和积分时间及其他参数：模式波长方式，间隔 0.1 nm，负高压(提供给倍增管的负高压大小)8；阈值27，工作波长515～560 nm，最大值16 500，最小值0；积分时间 120 ms。

(7) 点击"单程"扫描，获得谱图。

(8) 与给定的标准谱图对照，峰值较低时，说明进入狭缝的拉曼光较少，进一步调整外光路。方法如下：利用"自动寻峰"找到最高峰值对应的波长，记录下来；点击"定点"，输入最高峰值对应的波长，输入时间长度100 s。依次调节外光路中物镜的俯仰按钮，使对话框出现的能量(左边为时间，右边为能量)出现最大值。

(9) 点击"检索"，在对话框中输入波长 515 nm，点击"单程"扫描，获得谱图。

(10) 存储打印(显示波长和峰值)。

(11) 关闭应用程序，关闭仪器和激光器电源。

(12) 对 CCl₄ 的拉曼光谱图进行分析，确定谱图中的峰体现的样品信息，并根据不同峰位分析其结构含义。

思考题

(1) 简述拉曼光谱的原理。

(2) 与其他光谱技术相比，拉曼光谱具有哪些优势？可用于哪些方面的分析表征？

实验 14　红外光谱在能源材料分析表征中的应用

实验目的

(1) 了解红外光谱法的基本原理。

(2) 掌握红外光谱仪的构造和使用方法。

(3) 掌握溴化钾压片法制备固体样品的方法。

(4) 学习对红外吸收光谱图的解析。

实验原理

1. 红外光谱法的基本原理

红外光谱法(简称 IR)又称红外分光光度分析法，是分子吸收光谱法的一种。红外吸收光谱产生的条件如下：

(1) 电磁波能量与分子两能级差相等。当分子被外界电磁波照射时，若照射的电磁波能量与分子两能级差相等，该分子就吸收该频率的电磁波，从而引起分子对应能级的跃迁，宏观表现为分子透射光强度变小，这决定了吸收峰出现的位置。

(2) 红外光与分子之间有耦合作用，即分子振动时其偶极矩必须发生变化。这实际上保证了红外光的能量能传递给分子，通过分子振动偶极矩的变化实现这种能量的传递。但并不是所有的振动都会产生红外吸收，只有偶极矩发生变化的振动才能引起可观测的红外吸收，这种振动称为红外活性振动；偶极矩等于零的分子振动不能产生红外吸收，这种振动称为红外非活性振动。

利用物质对红外光区的电磁辐射的选择性吸收解析红外光谱，可对物质进行定性分析。化合物分子中存在许多原子团，各原子团被激发后都会产生特征振动，其振动频率也必然反映在红外吸收光谱上。据此可对化合物中的各种原子团进行定性和定量分析。

红外光谱具有非常广泛的样品适用性，能应用于固态、液态和气态样品，可检测无机、有机和高分子化合物。此外，红外光谱还具有测试快速、操作便捷、重复性好、灵敏度高、试样用量少、仪器结构简单等特点。红外光谱在研究高聚物的构型、构象、力学性质等方面有广泛的应用，现已成为物理、天文、气象、遥感、生物、医学等领域最常用和不可缺少的工具之一。

2. 傅里叶变换红外光谱仪的基本构造

傅里叶变换红外光谱仪(Fourier transform infrared spectrometer，FTIR)的原理不同于色散型红外光谱仪，它是基于对干涉后的红外光进行傅里叶变换的原理而开发的红外光谱仪，主要组成包括红外光源、光阑、干涉仪(分束器、动镜、定镜)、样品室、检测器、各种红外反射镜、激光器、控制电路板和电源。分束器(类似半透半反镜)将光源发出的光分为两束，一束经透射到达动镜，另一束经反射到达定镜。两束光分别经定镜和动镜的反射再回到分束器，动镜以一恒定速率做直线运动，因而经分束器分束后的两束光形成光程差，产生干涉。在分束器会合后的干涉光通过样品池，被样品吸收后含有样品信息的干涉光到达检测器，然后通过傅里叶变换对信号进行处理，最终获得吸光度随波数或波长变化的红外吸收光谱图。

傅里叶变换红外光谱法的测试技术包括透射(TR)、衰减全反射(ATR)和漫反射(DRIFTS)。样品的性质决定了相应的样品制备技术及测试方法。其中，最常规的测试方法是 TR 法，而 ATR 法常用于测试某些透光很差、强吸收或腐蚀盐窗的物质，以及不溶、不熔且粉碎困难的弹性物质、表面涂层、纸张、纤维等；DRIFTS 法是近年来发展起来的一项原位技术，通过对催化剂上现场反应吸附态的跟踪表征获得一些有价值的表面反应信息，进而对反应机理进行分析，在催化研究中逐渐受到重视。

主要试剂与仪器

1. 试剂

苯酚样品、苯甲酸样品、溴化钾、无水丙酮、无水乙醇。

2. 仪器

粉末压片机及配套模具、玛瑙研钵、傅里叶变换红外光谱仪。

实验内容

(1) 打开红外光谱仪电源开关，待仪器稳定 30 min 以上，方可测定。

(2) 打开测试软件，设置参数：分辨率 $4\,cm^{-1}$，扫描 16 次，扫描范围 $4000\sim400\,cm^{-1}$。

(3) 固体样品准备：用乙醇洗涤压片所用器具，然后在红外灯下烤干，以下各步骤都在红外灯下完成。称取事先经 105℃脱水干燥后的苯甲酸 10 mg 共 9 份，分别与 0.1 g、0.5 g、1.0 g、1.2 g、1.5 g、1.8 g、2.0 g、2.5 g、3.0 g 溴化钾置于玛瑙研钵中，在红外灯下研磨混匀，至粒径为 2 μm 左右，用不锈钢铲取 70~90 mg 粉末在压片机中压成透明薄片(将样品转移到压片模具中，放好各部件后，把模具置于中心，并旋转压力丝杆手轮压紧模具，顺时针旋转放油阀到底，然后一边放气，一边缓慢上下移动压把，开始加压。观察压力表，当压力加到 16 时，停止加压，维持 30 s，逆时针旋转放油阀，解除加压，压力表指针指 "0"，旋松压力丝杆手轮，取出模具)，本底用同样量的纯溴化钾制作。

(4) 样品的红外光谱测定：小心取出样品薄片，装在磁性样品架上，放入傅里叶变换红外光谱仪的样品室中，在选择的仪器程序下进行测定。通常先测纯溴化钾的空白背景，再将样品置于光路中，测量样品的红外光谱图。扫谱结束后，取出样品架，取下薄片，将压片模具、样品架等擦洗干净，置于干燥器中保存。

(5) 数据处理：对所测谱图进行基线校正及适当平滑处理，标出主要吸收峰的波数值，存储数据后，打印谱图。比较用各种配比的苯甲酸和溴化钾样品所做的红外吸收光谱图，得到最适合的配比，将它的红外吸收光谱图与苯甲酸的标准红外吸收光谱图比较，观察一致性。

思考题

(1) 比较苯甲酸和苯酚红外吸收光谱图的差异，并思考产生差异的原因。

(2) 用傅里叶变换红外光谱仪测试样品的红外光谱时，为什么要先测试背景？

■ 实验 15　固体核磁共振谱在能源材料分析表征中的应用 ■

实验目的

(1) 熟悉固体核磁共振仪的基本构造和主要工作原理。

(2) 了解固体核磁共振的主要应用及所能获得的主要信息。

(3) 掌握固体核磁共振的制样、进样方法及基本操作步骤。

实验原理

1. 固体核磁共振的基本原理

固体核磁共振(solid state nuclear magnetic resonance，SSNMR)是以固态样品为研究对象的核磁共振分析技术。在液体样品中，分子的快速运动将平均掉核磁共振谱线增宽的各种相互作用(如化学位移各向异性和偶极-偶极相互作用等)，从而获得高分辨的液体核磁共振谱图。对于固态样品，分子的快速运动受到限制，化学位移各向异性等因素的存在使谱线增宽严重，相对于液体的核磁共振技术，固体核磁共振技术分辨率较低。因此，在固体核磁共振中，只有采用特殊技术抑制来自强偶极自旋耦合作用导致谱线增宽的影响，才有可能观察到可用于解析物质化学结构的高分辨固体核磁共振谱。

在固体核磁共振测试中，虽然质子的自然丰度与磁旋比都比较高，但是体系中质子数目多，相互偶极自旋耦合强度远高于稀核，如 ^{13}C 和 ^{15}N 等。因此，在大多数情况下，固体核磁共振采用魔角旋转(magic angle spinning，MAS)技术与交叉极化(cross polarization，CP)技术以得到高分辨的杂核固体核磁共振谱。如果在研究中关注化学位移与 J-耦合(不注重化学位移各向异性、偶极自旋耦合和四极相互作用的信息)，可通过魔角旋转技术将样品填充入转子，并使转子沿魔角方向高速旋转，即可实现谱线窄化。对于 ^{13}C、^{15}N 等体系，虽然通过魔角旋转技术有效地抑制了同核偶极相互作用，但是这些核的磁旋比较小，自然丰度较低，如果直接检测这些核将导致整个实验过程的灵敏度降低。为进一步提高这些核的实验灵敏度，又发展了交叉极化技术，该技术可将 ^1H 核的磁化矢量转移到 ^{13}C 或 ^{15}N 等杂核上，从而提高这些杂核的实验灵敏度。

2. 固体核磁共振仪的基本构造

固体核磁共振仪主要由磁体部分、射频发生器、接收器/发射器转换开关、探头、接收器、载气系统及计算机控制单元组成。磁体部分目前主要采用的是超导磁体，这是由于超导磁体能在无外加能量的情况下支持大电流，一旦充电后，超导磁体能够在人为外加干扰的情况下提供极其稳定的磁场。射频发生器是核磁共振仪中产生射频辐射的部分，其产生的信号传入接收器/发射器转换开关，然后通过探头内的样品，含有样品信息的信号到达接收器，由计算机对信号进行处理。载气系统是能够使样品安全地进入及弹出探头系统并保证推动样品管沿魔角方向进行高速旋转的附属设备。

主要试剂与仪器

1. 试剂

金刚烷、聚苯胺粉末、聚酯薄膜。

2. 仪器

固体核磁共振仪。

实验内容

1. 实验步骤

将样品在研钵中研细，直到体系中无任何硬块状碎片存在。然后利用挤压器将所得粉末状样品均匀地填入转子内并夯实。在使用挤压器时，必须保证用力方向始终保持竖直向下，应避免用力扭曲，否则会折断挤压器。在样品制备过程中，样品填充高度至离转子顶部 2 mm 左右处，此高度是为了盖转子的帽而预留的。手动盖上转子的帽，在盖帽过程中应尽可能用较小的力，以免破坏帽上带有的锯齿。用装有乙醇溶剂的洗瓶将转子外部洗干净(注意：应避免盖帽不严导致乙醇进入转子中)。用吸水纸擦干转子外部的乙醇溶液，并用黑色记号笔在转子底部的弧形部分画半个圆弧以利于记录转子的转速。将样品放入磁场中，在气动控制单元中按下 INSER 键，选定样品的转动速率，按下 GO 键，等待样品管旋转稳定。

2. 实验参数的设定

(1) 开启空气压缩机。

拿掉探头上的盖子。

输入 ej，放入新样品后，输入 ij 送入探头中。

输入 new，新建一个实验，填写文件名(name)，实验号(expno，一般氢谱为 1，碳谱 2)，处理号(procno，为 1)；Experiment 选择标准实验，氢谱 PROTON，碳谱 C13CPD；点选 Execute "getprosol"；DIR 选择数据保存的目录，一般默认选择 D 盘，点击 OK。

输入 lock，在弹出的菜单中选择溶剂名称，锁场。

输入 atma，调谐探头(变换杂核核素时，第一次用半自动调谐 atmm)。

输入 topshim，匀场。

输入 rga，自动调整增益。

输入 ased，进入关键参数界面，检查 p1、plw1(脉冲宽度与功率)是否正确，ns、sw是否合适。

输入 zg，采样，碳谱输入 go 可以累加采样结果。

数据处理：输入 efp，进行傅里叶变换，输入 apk，相位校正，输入 abs，基线校正，输入 sref，自动校正内标位移；点击菜单 Process 下 Pick Peaks 图标进行手动标峰，Integrate 手动积分。

输入 plot，打印模板设置，输入 print，打印谱图。

做完全部样品，当弹出最后一个样品后，盖上探头上的盖子，关闭空气压缩机。

(2) 进一步检查实验参数，确认功率参数是安全的，然后开始进行实验。输入指令进行傅里叶变换和相位校正，打印出相应谱图。停止样品旋转，将样品从探头中弹出，停止实验，对相应谱图进行分析。

3. 注意事项

(1) 确保所用核磁管无破损、划痕。
(2) 弹出样品前，一定要检查盖子是否拿掉，以免核磁管碰到盖子破碎。
(3) 放入样品前，要确认有气流，以免核磁管直接掉下去撞到底部破碎。
(4) 采样前要检查脉冲宽度、功率是否正确，以防脉冲宽度、功率太大烧坏探头。

思考题

(1) 比较固体核磁共振与液体核磁共振的原理、谱线特征及相关结构信息的异同点。
(2) 说明固体核磁共振实验中需要特别注意的相关实验细节，并说明原因。

实验 16　能源材料的 X 射线光电子能谱分析

实验目的

(1) 了解 X 射线光电子能谱的基本原理。
(2) 掌握 X 射线光电子能谱的定性分析方法。
(3) 学习能源材料的 X 射线光电子能谱分析。

实验原理

X 射线光电子能谱(X-ray photoelectron spectroscopy，XPS)是一种测量电子能量的谱学技术。原子是由原子核及绕核运动的电子组成的，电子在一定的轨道上运动，并具有确定的能量。若有一束具有足够能量($h\nu$)的 X 射线照射到某一固体样品(M)上，某原子或分子中某个轨道上的电子就可被激发出来，使原子或分子发生电离，激发出的电子获得一定的动能 E，留下一个离子 M^+。此 X 射线的激发过程可表示为

$$M + h\nu === M^+ + e^-$$

(3.27)

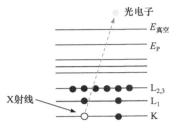

图 3.15　X 射线引发的芯能级电离

式中，e^- 称为光电子。这个电子的能量若高于真空能级，就可以克服表面能垒，逸出该样品表面而成为自由电子。图 3.15 给出了这一过程的示意图。光电子发射过程的能量守恒方程为

$$E_k = h\nu - E_b \tag{3.28}$$

式中，E_k 为某一光电子的动能；E_b 为结合能。式(3.28)是光电子能谱分析的基础，即著名的爱因斯坦光电方程。在实际分析中，采用费米能级(E_f)作为基准(结合能为 0)，若能测得样品的结合能(E_b)值，就可判断出被测元素。被测元素的 E_b 变化与其周围的化学环境有关，根据这一变化，可推测出该元素的化学结合状态和价态。

尽管 X 射线可穿透样品很深，但只有样品近表面一薄层发射出的光电子可以逃逸出来。电子的逃逸深度和非弹性散射自由程为同一数量级，范围可以从约 1 nm(致密材料，如金属)到 5 nm(软物质材料，如聚合物)，因而对检测固体材料表面存在的元素极为灵敏。此外，XPS 是一种非结构破坏性测试手段，并且可获得材料表面丰富的物理化学信息(如组分、化学态、表面吸附、表面态、表面价电子结构、原子和分子的化学结构、化学键合情况等)，因而成为表面分析的有力工具，在凝聚态物理学、表面科学、化学、分子生物学、材料科学、环境生态学等学科领域都有广泛应用。能源材料的 X 射线光电子能谱分析主要是对元素的组成和化学态进行分析。

1. 元素组成的鉴别

元素定性分析的主要依据是不同元素的光电子线和俄歇线的特征能量值具有唯一性。通过测定谱图中不同光电子特征峰的结合能，即可鉴定某特定元素是否存在，给出表面元素的组成。

(1) 全谱扫描(survey scan)：对于一个化学成分未知的样品，首先应做全谱扫描，以初步判定表面的化学成分。做 XPS 分析时，全谱能量扫描范围一般取 0~1200 eV，因为几乎所有元素的最强峰都在这一范围内。通过对样品的全谱扫描，就可检出全部或大部分元素。各种元素都有其特征的电子结合能，因此在 X 射线光电子能谱中有各自对应的特征谱线，即使是周期表中相邻元素同种能级的电子结合能也相差很远，所以可根据这些谱线在能谱图中的位置来鉴定元素种类。对于一般解析过程，首先鉴别那些总是存在的元素的谱线，特别是 C 和 O 的谱线；然后鉴别样品中主要元素的强谱线和有关的次强谱线；最后鉴别剩余的弱谱线，一般假设它们是未知元素的最强谱线。对于 p、d、f 谱线的鉴别，注意一般应为自旋双线结构，它们之间应有一定的能量间隔和强度比。鉴别元素时，需排除光电子能谱中包含的俄歇电子峰。区分出俄歇电子峰的方法是分别用 Mg K$_\alpha$ 和 Al K$_\alpha$ 采集两张谱图，其中动能位移的是光电子峰，没有位移的是俄歇电子峰。

(2) 窄区扫描(narrow scan)：对需要的几种元素的峰可进行窄区域高分辨细扫描。目的是获取更加精确的信息，如结合能的准确位置、鉴定元素的化学状态。

2. 化学态分析

化学态分析的依据是化学位移和各种终态效应,以及价电子能带结构等。XPS 主要通过测定内壳层电子能级谱的化学位移推知原子结合状态和电子分布状态。元素的芯电子结合能会随原子的化学态(氧化态和分子环境等)发生变化,即产生化学位移,此化学位移的信息是元素状态分析和相关结构分析的主要依据。

主要试剂与仪器

1. 试剂

带有自然氧化层的硅片。

2. 仪器

多功能型扫描 XPS 微探针。

实验内容

1. 样品处理和进样

将大小合适、带有自然氧化层的硅片用乙醇清洗、干燥后送入快速进样室。开启低真空阀,用机械泵和分子泵抽真空到 10^{-3} Pa。然后关闭低真空阀,开启高真空阀,使快速进样室与分析室连通,将样品送到分析室内的样品架上,关闭高真空阀。

2. 仪器硬件调整

调整样品台位置和倾角,使掠射角为 90°(正常分析位置),待分析室真空度达到 $5×10^{-7}$ Pa 后,选择并启动 X 射线光源,使功率上升到 250 W。

3. 仪器参数设置和数据采集

定性分析的参数设置为:扫描的能量范围为 $0\sim1200$ eV,扫描步长为 1 eV,分析器通能为 89.0 eV,扫描时间为 2 min。定量分析和化学价态分析的参数设置为:扫描的能量范围依据各元素而定,扫描步长为 0.05 eV,分析器通能为 37.25 eV,收谱时间为 $5\sim10$ min。

4. 定量分析的数据处理

收集 XPS 谱图后,通过定量分析程序,设置每种元素谱峰的面积计算区域和扣除背景方式,由计算机自动计算出每种元素的相对原子百分比。也可依据计算出的面积和元素的灵敏度因子手动计算浓度。最后得出单晶硅片样品表面 C 元素、O 元素和 Si 元素的相对含量。

5. 元素化学价态分析

利用上面的实验数据,在计算机系统上用光标定出 C 1s、O 1s 和 Si 2p 的结合能。

根据 C 1s 结合能数据判断是否有荷电效应存在，如有，先校准每个结合能数据，然后根据这些结合能数据鉴别相应元素的化学价态。

思考题

(1) 比较同一元素不同价态的结合能，有什么规律？

(2) 在 XPS 的定性分析谱图上经常会出现一些峰，在标准数据中难以找到它们的归属，应如何解释？

实验 17　PbTe 热电材料的性能测试

实验目的

(1) 了解热电材料的定义及分类。

(2) 了解热电材料的热电性能表征原理。

(3) 掌握 PbTe 热电材料的性能测试方法。

实验原理

1. 热电材料简介

热电材料是通过运输固体材料中的载流子(电子或空穴)以实现热能和电能相互转换的功能材料。热电材料应用的理论依据是泽贝克(Seebeek)效应和佩尔捷(Peltier)效应。泽贝克效应是指由两种电导体或半导体的温度差异引起物质间的电压差的热电现象。佩尔捷效应是指当电流通过不同的导体组成的回路时，在两种导体的接触处随着电流方向不同出现的吸热或放热现象。

热电材料按照组成元素或化合物种类不同和使用温度不同有多种分类方法。按照化合物种类可将热电材料简单分为：半导体合金型、钴酸盐基氧化物型、硅化物型、笼形化合物型和 Skutterudite 结构的 AB_3(A = Co、Ir、Rh；B = P、As、Sb)材料，如 $CoSb_3$、$Ba_xYb_yCo_4Sb_{12}$ 等。按照使用温度可以将热电材料划分为低温区、中温区、高温区三个温区的材料。PbTe 因其熔点(1196 K)较高、结构各向同性、晶体对称性高、晶格热导率低等优点，成为中温区(500~800 K)优良的商业化热电材料。

热电材料作为一种可直接转化热能与电能的功能材料，在热电发电和热电制冷领域有广阔的应用前景。热电转化技术的特点是结构简单、尺寸便于调节。热电材料可以提供一种安全可靠、无污染、无噪声、全固态的发电和制冷方式，并且能够应用于航空航天、光电子及医药生物等领域。然而，热电材料的热电转换效率较低(目前常规热电设备的转换效率仅 10%左右)，需要进一步提高其综合性能。

2. 性能评价依据

通常用温差电优值(thermoelectric figure of merit，ZT)表征热电材料的性能：

$$ZT = S^2 \sigma T/K \tag{3.29}$$

式中，S、σ、T 和 K 分别为泽贝克系数、电导率、热力学温度和热导率。其中，功率因子 $S^2\sigma$ 反映了热电材料的电传输性能。由式(3.29)可以看出，需要保证材料拥有高电导率、高泽贝克系数和低热导率，才能获得高的 ZT 值。

3. PbTe 热电材料

(1) 优点：ⅣA 族元素 Pb 和ⅥA 族元素 Te 构成了半导体化合物 PbTe，PbTe 的化学键为金属键，是典型的面心立方 NaCl 结构的半导体材料，其禁带较宽，约为 0.3 eV，具有完全的各向同性的热电特性。PbTe 是目前在 400～800 K 温度范围内应用最为广泛的热电材料。它除了具有较高的 ZT 值外，还具有熔点较高、化学性质稳定、载流子浓度可控、各向同性等优点。

(2) 缺点：PbTe 合金材料的载流子浓度很低，通常采用元素掺杂的方式提高载流子浓度，以获得较高的热电性能，最终实现热电性能的提升。常见掺杂杂质主要有 Na_2Te、K_2Te、Ag、Se、Mg、S 等。

主要试剂与仪器

1. 试剂

氢氧化钠(NaOH)、亚碲酸钠(Na_2TeO_3)、三水合乙酸铅[$Pb(Ac)_2 \cdot 3H_2O$]、水合肼($N_2H_4 \cdot H_2O$)、乙醇、去离子水。

2. 仪器

高压反应釜、电子天平、电热鼓风干燥箱、磁力搅拌器、真空干燥箱、万用表、数字式直流四探针测试仪。

实验内容

1. 样品制备

(1) 称取 2 g NaOH 溶于 50 mL 聚四氟乙烯内衬反应釜中，碱浓度为 1 mol·L^{-1}。

(2) 将 1.3295 g Na_2TeO_3 溶于反应釜中并磁力搅拌 15 min，加入 2.2760 g $Pb(Ac)_2$·$3H_2O$ 溶于反应釜中，再磁力搅拌 15 min，然后加入 2 mL 还原剂 $N_2H_4 \cdot H_2O$，最后加去离子水使反应釜填充度达到 80%。将反应釜置于 240℃下反应 24 h。

(3) 反应所得产物用去离子水和乙醇多次清洗，在 50℃下真空干燥 8 h，得到最终产物 PbTe 粉末。

2. 热电性能测试

材料电导率和泽贝克系数的测量示意图如图 3.16 所示。

(1) 电导率测试。样品电导率的测量采用直流四探针法，其测试电路如图 3.17 所示。其中，恒流源由 KEITHLEY2400 数字源表提供，电流和电压信号用 KEITHLEY2700

万用表测量。测试时在回路中通入 10～400 mA 电流，均由万用表读数并记录。将所得的电压值对电流值作图，其斜率即为样品的电阻 R，进一步利用公式 $\sigma = L/RS$(S 为样品的横截面积，L 为两电极间距离)可算出电导率 σ。

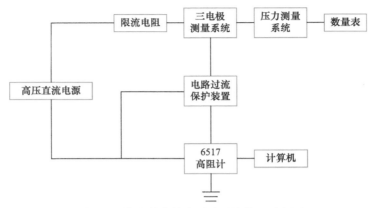

图 3.16   热电性能综合测试系统装置示意图

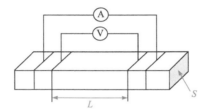

图 3.17   直流四探针法测量电路示意图

(2) 泽贝克系数测量。泽贝克系数的测量方法如下：将条形样品两端固定在刚玉管上，两个 Ni/Cr-Ni/Si(R 型)热电偶连接在样品两端。在其中一端加热，使样品两端产生温差。用热电偶测量所得电动势差对样品两端的温差作图，其斜率即为泽贝克系数。其测量装置如图 3.18 所示。

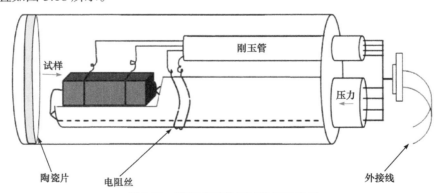

图 3.18   泽贝克系数测试装置示意图

3. 数据处理

(1) 以电导率(S · cm^{-1})为纵坐标、温度(K)为横坐标，绘制电导率随温度变化的曲线。

(2) 以泽贝克系数为纵坐标、温度(K)为横坐标，绘制泽贝克系数随温度变化的曲线。

(3) 对 PbTe 热电材料的电导率、泽贝克系数的数据进行综合分析，并绘制 PbTe 的功率因子随温度变化的曲线，分析得到功率因子峰值处的温度。

思考题

(1) 结构为 PbTe-Pb-Sb 的复合材料作为热电材料有什么优势?

(2) 比较利用热电材料发电和制冷的原理及对材料的要求。

实验 18　电极材料的元素成分分析

实验目的

(1) 了解能谱仪的结构和工作原理。

(2) 掌握能谱仪的分析方法、特点及应用。

(3) 利用能谱仪分析电极材料的元素成分。

实验原理

能谱仪(energy dispersive spectrometer，EDS)作为扫描电子显微镜和透射电子显微镜中的一个重要附件，同主机共用一套光学系统，可以对材料中感兴趣区域的化学成分进行点分析、线分析和面分析。它的主要优点是分析速度快、效率高、稳定性好、重复性好，并且能同时对原子序数为 11~92 的所有元素(甚至 C、N、O 等轻元素)进行快速定性、定量分析，能用于粗糙表面(断口等)的成分分析，以及对材料中的成分偏析进行表征等。图 3.19 展示了通过能谱仪测得的电极材料 $Na_{0.67}MnO_2$ 中的 Mn、Na、O 元素分布。

图 3.19　电极材料 $Na_{0.67}MnO_2$ 的元素分布图示例

1. EDS 的工作原理

探头接受特征 X 射线信号并将特征 X 射线光信号转变成具有不同高度的电脉冲信号，这个信号被放大器放大，然后多道脉冲高度分析器将代表不同能量(波长)X 射线的脉冲信号按高度编入不同频道，谱线在荧光屏上显示，最后利用计算机进行定性和定量计算。

2. EDS 的结构

(1) 探测头：将 X 射线光子信号转换成电脉冲信号，脉冲高度与 X 射线光子的能量成正比。

(2) 放大器：放大电脉冲信号。

(3) 多道脉冲高度分析器：将脉冲按高度不同编入不同频道，也就是将不同的特征 X 射线按能量不同进行区分。

(4) 信号处理和显示系统：鉴别谱，定性、定量计算，记录分析结果。

3. EDS 的分析技术

(1) 定性分析：EDS 谱图中的特定谱峰代表样品中存在的特定元素。分析未知样品的第一步是定性分析，即鉴别所含的元素。如果不能正确地鉴别元素的种类，最后定量分析的精度就毫无意义。一个样品的主要成分通常能够利用 EDS 可靠地鉴别出来，但要做到准确无误地鉴别确定次要或微量元素，需要认真处理谱线干扰、失真和每种元素的谱线系等问题。定性分析又分为自动定性分析和手动定性分析，其中自动定性分析是根据能量位置确定峰位，直接点击“操作/定性分析”按钮，即可在谱的每个峰位置显示出相应的元素符号。自动定性分析识别速度快，但由于谱峰重叠干扰严重，会产生一定的误差。

(2) 定量分析：定量分析是通过 X 射线强度获取组成样品材料的各种元素的浓度信息。目前，测量未知样品和标准样品强度比的方法有多种，可根据实际情况将强度比经过定量修正换算成浓度比。这些修正主要包括原子序数 Z 修正、吸收(absorbance)效应修正、荧光(fluorescence)效应修正，取三种修正的首字母 Z、A、F 称为 ZAF 修正，是最广泛使用的一种定量修正技术。

(3) 元素的面分布分析：在多数情况下，点分布分析只能得到样品某一点的 X 射线谱和成分含量，因为点分布分析只是将电子束打到样品的某一点上。在新型 SEM 中，大多可以获得样品某一区域的不同成分的分布状态，即用扫描观察装置，采用电子束二维扫描样品，测量其特征 X 射线的强度，使与这个强度对应的亮度变化和扫描信号同步在阴极射线管(CRT)上显示出来，就得到特征 X 射线强度的二维分布的像。这种分析方法称为元素的面分布分析方法，它是一种测量元素二维分布的便捷方法。

主要试剂与仪器

1. 试剂

二氧化锰材料或 $LiNi_{0.8}Co_{0.1}Mn_{0.1}O_2$ 三元正极材料。

2. 仪器

冷场发射台式扫描显微镜。

实验内容

1. 采集参数设置

采集参数设置包括电子显微镜图像采集参数设置和能谱采集参数设置。

2. 采集过程

单击采集工具栏中的"采集开始"按钮，采集一幅电子显微镜图像。可以立即采集独立区域的能谱，也可以批量采集多区域的能谱。

1) 采集独立区域的能谱

(1) 单击点扫工具栏中的"立即采集"按钮，使其处于按下的状态。

(2) 选择一种区域形状。

(3) 在电子显微镜图像上指定区域位置。

(4) 等待采集完成。

(5) 若想增加一个新区域，单击指定一个新的区域位置。

2) 批量采集多区域的能谱

(1) 单击点扫工具栏中的"立即采集"按钮，使其处于抬起的状态。

(2) 单击点扫工具栏中的"批量采集"按钮，使其处于按下的状态。

(3) 选择一种区域形状。

(4) 在电子显微镜图像上指定区域位置。

(5) 重复步骤(3)、(4)，指定多个区域。

(6) 单击采集工具栏中的按钮，系统将采集每个区域的谱图。

3. 查看信息

(1) 单击点扫工具栏中的"重新查看"按钮。

(2) 在电子显微镜图像上单击想要查看信息的区域，采用全谱分析模式。该模式可以对所采电子显微镜图像的每个像素点采集一组经过死时间修正的能谱数据。一旦采集并存储后，就可以在脱离电子显微镜支持的条件下，生成能谱进行定性、定量分析，生成面分布图像、线扫描图像、输出报告等。

思考题

(1) 还有其他哪些方法可以进行元素的成分分析?

(2) EDS 进行元素分析有哪些优点和局限性?

实验 19　气相色谱法检测 CO_2 电催化反应产物

实验目的

(1) 学习色谱法的基本原理。

(2) 学习气相色谱仪的使用方法。

(3) 掌握气相色谱数据分析方法。

实验原理

色谱法(chromatography)又称色谱分析法、层析法，是一种分离和分析结合的方法。色谱法利用不同物质在不同相中的选择性分配，用流动相对固定相中的混合物进行洗脱，混合物中不同的物质以不同的速率沿固定相运动，实现混合物中不同组分的分离。色谱法按两相状态可分为气固色谱法、气液色谱法、液固色谱法、液液色谱法；按固定相的几何形式可分为柱色谱法、纸色谱法、薄层色谱法；按分离机制可分为吸附色谱法、分配色谱法、离子交换色谱法、凝胶色谱法、亲和色谱法等。

气相色谱法是利用气体作流动相的色层分离分析方法。气化的试样被载气(流动相)带入色谱柱中，柱中的固定相与试样中各组分分子作用力不同，各组分从色谱柱中流出的时间不同，组分彼此分离。采用适当的鉴别和记录系统，制作标出各组分流出色谱柱的时间和浓度的色谱图。根据图中的出峰时间和顺序，可对化合物进行定性分析；根据峰的高低和面积大小，可对化合物进行定量分析。气相色谱法具有灵敏度高、选择性好、分析速度快、应用广泛、操作简便等特点，适用于易挥发有机化合物的定性、定量分析，其工作原理如图 3.20 所示。

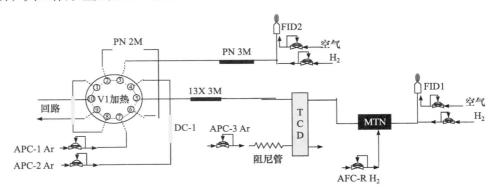

图 3.20　气相色谱工作原理示意图

气相色谱的分离原理：气相色谱系统由盛在管柱内的吸附剂或惰性固体上涂着液体的固定相及不断通过管柱的气体的流动相组成。将欲分离、分析的样品从管柱一端加入后，由于固定相对样品中各组分吸附或溶解能力不同，即各组分在固定相和流动相之间的分配系数有差别，当组分在两相中反复多次进行分配并随流动相向前移动时，各组分沿管柱运动的速率不同，分配系数小的组分被固定相滞留的时间短，能较快地从色谱柱末端流出。以各组分从柱末端流出的浓度 c 对进样后的时间 t 作图，得到的图称为色谱图。图 3.21 展示了典型的气相色谱图，图中组分在进样后至其最大浓度流出色谱柱时所需的保留时间为 t_R，组分通过色谱柱空间的时间为 t_M，组分在柱中被滞留的调整保留时间为 t'_R，其中 t'_R 与 t_M 的比值表示组分在固定相比流动相中滞留时间长多少倍，称为容量因子 k。

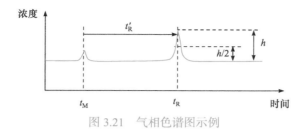

图 3.21　气相色谱图示例

主要试剂与仪器

1. 试剂

混合气体(H_2、O_2、N_2、CO、CH_4、C_2H_4)，氩气。

2. 仪器

气相色谱仪。

实验内容

(1) 打开氩气钢瓶，将减压阀的副控制阀调到 0.6 MPa 左右，然后依次打开氢气发生器、空气压缩机和气相色谱主机。

(2) 双击计算机桌面的 Lab solution 软件，进入后双击 instruments，进入软件，点击左上方的"开始"按钮，等待气相色谱就绪。

(3) 当气相色谱中的火焰离子化检测器(FID)和热导检测器(TCD)分别升温到210℃和150℃后，色谱准备就绪。此时，右键点击屏幕，测试 FID 的斜率，当 FID 的斜率低于1000 时，说明气相色谱仪已经稳定，可以进行样品分析。

(4) 将待测气体用进样器注入色谱进样口中，点击"单次分析"按钮，此时能够听到气相色谱主机发出声音，代表样品开始分析。若有多组样品，可以使用批处理分析功能，实现样品连续进样分析。

(5) 测试完成后，需关闭仪器。点击软件左上方"结束"按钮，待 FID 和 TCD 温度均降至 100℃以下，关闭软件，然后依次关闭气相色谱主机、空气压缩机和氢气发生器，最后关闭氩气钢瓶。

(6) 数据处理：FID 检测 CO、CH_4、C_2H_4，TCD 检测 H_2、O_2、N_2。根据气体在色谱仪中的保留时间不同，可以定性检测气体的种类；根据样品和已知浓度标准样品的相对峰面积，可以定量检测待测气体的浓度。

思考题

(1) 气相色谱法分析有什么特点？FID 和 TCD 两种检测器有什么区别？

(2) 根据 CH_4 和 CO 的色谱图，分别计算两者的容量因子。

实验 20　热分析技术在能源材料热稳定性与相转变分析中的应用

实验目的

(1) 掌握热重分析法和差示扫描量热法的基本原理。

(2) 测定氢化镁的 TG 和 DSC 曲线，并由此确定其热分解机理。

(3) 了解 TG 和 DSC 曲线的影响因素。

实验原理

1. 热分析概述

热分析(thermal analysis)是在程序控制温度下，测量物质的物理性质与温度关系的技术。程序控制温度是指用固定的速率加热或冷却；物理性质则包括质量、温度、热焓等。热分析法主要包括热重分析法、差热分析法和差示扫描量热法，是研究无机物性质的重要分析方法之一。物理性质及热分析技术的对应关系如表 3.4 所示。

表 3.4　热分析过程中测定的主要物理性质与对应的热分析技术

物理性质	热分析技术	缩写
质量	热重分析法(thermogravimetry)	TG
温度	差热分析法(differential thermal analysis)	DTA
热焓	差示扫描量热法(differential scanning calorimetry)	DSC

2. 热重分析法

热重分析法是研究受热过程中物质的质量 m 随温度 T 变化关系的一种方法。所得的质量与温度的关系称为热重曲线。热重曲线一般有两种表示方法，一种是质量变化 dm 或失重百分率 dm/m 对温度的关系曲线，称为热重曲线(TG curves)；另一种是质量变化率 dm/dt(质量变化对时间的一阶导数)对温度 T 的关系曲线，称为微分热重曲线(DTG curves)。

在受热过程中，样品若没有质量变化，则得到一条平行于横坐标轴(温度 T)的水平直线，若在某一温度时，样品开始失重，则在 TG 曲线上出现下降的转折，而在 DTG 曲线上也出现转折，失重速率越大，则转折越陡；样品增重时亦然。因此，可以根据 TG 曲线和 DTG 曲线，对样品在受热过程中的组成、热稳定性、分解可能的中间产物、反应动力学等进行研究。含一个结晶水的草酸钙的 TG 和 DTG 曲线如图 3.22 所示。

3. 差示扫描量热法

物质在受热或冷却过程中发生的物理或化学变化不仅伴随着质量的变化，也常伴随

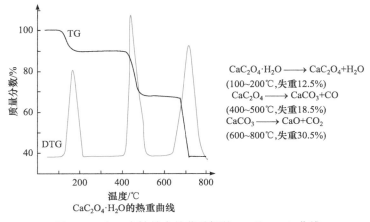

图 3.22　含一个结晶水的草酸钙的 TG 和 DTG 曲线

着热效应的发生。差示扫描量热法测量在控温过程中样品与参比物之间吸、放热速率与温度的关系，即保持样品与参比物之间温度差 $\Delta T = 0$，测定 ΔH 与 T 的关系。当样品发生放热等热效应时，样品温度高于参比物温度，放置在它们下面的一组差示热电偶产生温差电动势 $U_{\Delta T}$，经差热放大器放大后进入功率补偿放大器，功率补偿放大器自动调节补偿加热丝的电流，使样品下面的电流 I_S 减小，参比物下面的电流 I_R 增大，而 $(I_S + I_R)$ 保持恒定值。如果降低样品的温度，升高参比物的温度，使样品与参比物之间的温差趋于零，那么上述热量补偿能及时、迅速完成，使样品和参比物的温度始终维持相同。设两边的补偿加热丝的电阻值相同，即 $R_S = R_R = R$，补偿电热丝上的电功率为 $P_S = I_S^2 R$ 和 $P_R = I_R^2 R$。当样品无热效应时，$P_S = P_R$；当样品有热效应时，P_S 和 P_R 之差 ΔP 能反映样品放(吸)热的功率：

$$\Delta P = P_S - P_R = I_S^2 R - I_R^2 R = (I_S + I_R)(I_S - I_R)R = (I_S + I_R)\Delta U = I\Delta U \qquad (3.30)$$

因为总电流 $I_S + I_R = I$ 为恒定值，所以样品放(吸)热的功率 ΔP 只与 ΔU 成正比。记录 $\Delta P(I\Delta U)$ 随温度 T 的变化就是样品放热速率(或吸热速率)随 T 的变化，这就是 DSC 曲线。DSC 曲线中，其纵坐标是样品与参比物的供热差 $dH/dt(dQ/dt)$，单位为毫瓦(mW)，横坐标为温度。在 DSC 曲线中，必须标明吸热(endothermic)与放热(exothermic)效应的方向(图 3.23)。

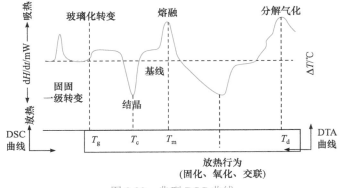

图 3.23　典型 DSC 曲线

主要试剂与仪器

1. 试剂

五水硫酸铜($CuSO_4 \cdot 5H_2O$)。

2. 仪器

同步热分析仪、坩埚、分析天平、镊子。

实验内容

(1) 开机：打开仪器开关和循环水开关，并打开测试软件：manual programming→modify→water flow→OK。

(2) 用高纯氮净化系统，在仪器测量单元上手动测试气路是否通畅，调节相应的流量，并保证出气阀打开。

(3) 称量并放置样品：选择仪器适用的坩埚，在计算机上打开 TG209F1 测量软件，待自检通过后，放入空坩埚，升降支架观察中心位置有无异常；按照工艺要求，新建一个基线文件(此时不用称量)使编程运行；待程序正常结束并冷却后，打开炉子取出坩埚(同样要注意支架的中心位置)。在坩埚内添加 $CuSO_4 \cdot 5H_2O$，样品体积不超过坩埚的 1/3，在保证体积的情况下，称 10 mg 左右，最多不能超过 20 mg。将装有样品的坩埚平整地放入仪器中。

(4) 设置实验程序：首先打开基线文件，选择基线加样品的测量模式，再设置升温程序：平衡 2 min→升温至 900 K (升温速率为 $1.5 \, K \cdot min^{-1}$)。

(5) 关机：待炉内温度降到低于 40℃，关闭气体，打开炉子，取出样品，关循环水→关循环水水阀(modify→water flow→OK)→退出 Data 软件→关仪器主机→关计算机。

(6) 绘制并分析所得 TG 和 DSC 曲线，分析 $CuSO_4 \cdot 5H_2O$ 的热分解机理。

思考题

(1) 为什么要控制升温速率？升温速率过快或过慢对曲线有什么影响？

(2) 如何根据 TG 和 DSC 曲线确定样品发生相变的温度？

(3) 与单独的 TG 和 DSC 分析相比，TG 和 DSC 同步热分析有什么优势？

实验 21　程序升温脱附法在表征固体催化剂中的应用

实验目的

(1) 了解固体催化剂的制备与表征方法。

(2) 掌握程序升温脱附法的原理和使用方法。

(3) 利用程序升温脱附法对样品测试结果进行分析，并做出相应的催化评价。

实验原理

吸附是催化反应的基元步骤之一，也是表征催化剂颗粒表面和孔结构的主要手段。以气体在固体表面的吸附为例，气体与固体表面接触时，气体在固体表面上聚集而使固体表面的气体浓度高于气相中该气体浓度的现象称为吸附现象。吸附是吸附质分子与吸附剂表面分子发生相互作用的结果。根据吸附质分子在吸附剂表面吸附时结合力的不同，吸附可分为物理吸附和化学吸附。化学吸附又分为活化吸附和非活化吸附。非活化吸附不需要活化能，在低温下就能实现；活化吸附需要活化能，并具有较高的吸附热，所以在较高温度下才能实现。

程序升温脱附(temperature-programmed desorption，TPD)技术是预先吸附了某种分子的催化剂，在均匀升温并通过稳定流速的载气条件下，当吸附质被提供的热能所活化至足以克服逸出所需要的能量时产生脱附的技术。在 TPD 曲线中，脱附峰的个数和出现峰的温度能够反映催化剂表面的各种吸附态及其分布，从而与催化剂的表面性质及反应性能关联。吸附质脱附的难易程度主要取决于吸附质与表面相互作用的强度。

脱附气体浓度随着温度变化的函数记录在 TPD 谱图中。对于特定的 TPD 谱图可以做如下分析：谱图通常存在一个或多个谱峰或最大峰温值，峰的形状和最大峰温位置与脱附过程有关，可据此研究气体在催化剂上的吸附特性。从脱附峰的数目可推测吸附在固体物质表面不同吸附强度的吸附物质数目，峰温度表征脱附物质在固体表面的吸附强度，峰面积表征脱附物质的相对量。

TPD 技术具有处理工艺简捷、灵活性高、应用范围广等特点，可以原位考察吸附分子和固体表面的反应情况，可提供材料表面结构的诸多信息，因此成为研究固体表面和催化剂性质的重要手段之一。

程序升温实验在化学吸附仪上进行，与 TPD 类似的技术还包括 TPR(程序升温还原)、TPO(程序升温氧化)和脉冲化学吸附等。

主要试剂与仪器

1. 试剂

N, N-二甲基甲酰胺(DMF)、六水合硝酸镍[$Ni(NO_3)_2 \cdot 6H_2O$]、三氧化二铝(Al_2O_3)、乙醇、去离子水、氩气、氢气、二氧化碳气体。

2. 仪器

ChemBET Pulsar TPR/TPD、气相色谱仪(TCD)、色谱工作站(N2000 型)、温控仪、变压器、反应器。

实验内容

1. 催化剂的制备

本实验采用 Al_2O_3 负载 Ni 基催化剂，其制备过程如下。首先，在 100 mL 玻璃烧杯中加入 9.5 g DMF 和 16.5 g $Ni(NO_3)_2 \cdot 6H_2O$，用玻璃棒搅拌，使其溶解。加入 5.0 g

Al_2O_3，用玻璃棒搅拌 10 min，室温静置过夜。然后，将混合物在 120℃干燥 12 h，置于马弗炉中以 2℃·min^{-1} 的升温速率升至 600℃，焙烧 3 h 后自然冷却至室温。以乙醇、去离子水为溶剂制备 Ni/Al_2O_3 催化剂。与 DMF 浸渍方法相似，仅更换浸渍溶液。焙烧后的样品命名为 NiO/Al_2O_3。将焙烧后的样品置于管式炉中，通入氢气在 550℃还原 2 h，获得 Ni/Al_2O_3。

2. ChemBET Pulsar TPR/TPD 实验设计与操作程序

1) 操作流程

(1) 开机前需检查载气是否打开。

(2) 打开主机电源，打开操作软件。

(3) 进入全自动吸附仪测控系统后，选择反应类型，设置反应参数，编辑自动分析程序。通过调变气体及气路可进行程序升温还原(H_2-TPR)、程序升温氧化(O_2-TPO)、程序升温脱附(NH_3-TPD、CO_2-TPD、CO-TPD)、程序升温表面反应(TPSR)等操作，并可设定程序进行脉冲定量检测。

(4) 峰图出完基线平稳后，保存数据，关闭 TCD。

(5) 关闭主机电源，关闭操作软件，关闭气体。

2) 注意事项

(1) H_2-TPR 样品可先在空气中在一定温度 T_1(一般高于 100℃)下进行预处理，然后降至室温，再将气体换成 H_2/N_2，待基线稳定后即可开始程序升温还原。对于 O_2-TPO，方法与 H_2-TPR 类似，只是相应的预处理气氛改为纯 H_2 或 H_2 混合气。

(2) NH_3-TPD 或 CO_2-TPD，当样品在一定温度 T_1(一般高于 100℃)预处理后，降至吸附温度 T_2(NH_3 吸附可设定为 100℃，CO_2 吸附可设定为 40℃或室温)，在一定时间内吸附饱和，然后将气体切换为载气 N_2 或 He，吹扫除去物理吸附部分，同样待基线稳定后即可开始程序升温脱附(升温至 T_3)。

(3) 在脉冲实验中，进样量的大小影响脉冲吸附实验结果的准确度。一般要求脉冲峰为 3~5 个后，峰的强度不再发生变化，即样品的吸附达到饱和。达到饱和吸附前，吸附峰的数目太多或太少都会给结果带来较大的误差。

(4) 化学吸附仪上可选配连接色谱和质谱等，可以对产物组分及各组分的含量进行分析，从而得到更多有用的信息。

思考题

(1) 程序升温脱附法在使用时需要注意哪些事项？

(2) 采用哪种表征仪器能够对一个未知的催化剂样品进行物相组成分析？

实验22 溶胶-凝胶法制备纳米氧化锌

实验目的

(1) 探索溶胶-凝胶法制备纳米氧化锌的最优工艺过程。

(2) 理解溶胶-凝胶法制备纳米氧化锌的原理、工艺,以及影响氧化锌粉体粒度、形貌和分散度的因素。

实验原理

氧化锌为白色或微黄色晶体粉末,常见六方晶系纤锌矿结构,晶格常数为 $a = 3.24 \times 10^{-10}$ m,$c = 5.19 \times 10^{-10}$ m,密度为 5.68 g·cm^{-3},熔点为1975℃。氧化锌是两性氧化物,溶于酸、碱金属氢氧化物、氨水、碳酸铵和氯化铵溶液,难溶于水和乙醇,无味、无毒、无臭,在空气中易吸收二氧化碳和水。

纳米氧化锌能产生其本体块状材料所不具有的表面效应、体积效应、量子尺寸效应等,在磁、光、电敏感等方面具有一些特殊性能。纳米氧化锌可作为抗菌添加剂、防晒剂、光催化剂、气体传感器、图像记录材料、吸波材料、导电材料、压电材料、橡胶添加剂等,应用于橡胶、油漆、涂料、印染、玻璃、医药、化妆品和电子等工业领域。

纳米氧化锌的制备方法很多,如沉淀法、微乳液法、溶胶-凝胶法等。其中,溶胶-凝胶法因具有反应温度低、易于控制、所制备产物均匀性好、纯度高等优点,引起了广泛关注。溶胶-凝胶法是将金属有机或无机化合物经过溶液水解、溶胶、凝胶而固化,再经热处理而形成氧化物或其他化合物粉体的方法。其操作步骤包括:用液体化学试剂或溶胶作为反应物,在液相中均匀混合并进行反应,生成稳定且无沉淀的溶胶体系;放置一定时间后转变为凝胶,经脱水处理,在溶胶或凝胶状态下成型为制品,再经过烧结固化得到致密的材料。

本实验以乙酸锌[Zn(Ac)$_2$·2H$_2$O]和草酸(H$_2$C$_2$O$_4$)为反应物,通过溶胶-凝胶法制备纳米氧化锌,其化学反应方程式如下:

$$Zn(Ac)_2 + H_2C_2O_4 \longrightarrow ZnC_2O_4 + 2HAc \tag{4.1}$$

$$ZnC_2O_4 \longrightarrow ZnO + CO_2 + CO \tag{4.2}$$

主要试剂与仪器

1. 试剂

以乙酸锌为前驱体,草酸为配位剂,柠檬酸三铵为改性剂,无水乙醇和去离子水为溶剂。在溶胶-凝胶法制备纳米氧化锌的过程中，适宜的乙酸锌浓度为 $0.6\ mol \cdot L^{-1}$，适宜的草酸与乙酸锌物质的量比为 $3:1$，适宜的溶剂用量为 $V_{乙醇}/V_{水}=1\sim3$，适宜的改性剂用量与乙酸锌的质量比为 8%。若要配制 50 mL 乙酸锌水溶液参加反应，则各试剂的推荐用量为

(1) 乙酸锌(m_1)：

$$m_1 = 0.6\ mol \cdot L^{-1} \times 0.05\ L \times 219\ g \cdot mol^{-1} = 6.57\ g$$

(2) 柠檬酸三铵(m_2)：

$$m_2 = m_1 \times 8\% = 6.57\ g \times 0.08 = 0.526\ g$$

(3) 草酸(m_3)：

$$m_3 = 0.6\ mol \cdot L^{-1} \times 3 \times 0.05\ L \times 90\ g \cdot mol^{-1} = 8.1\ g$$

(4) 无水乙醇($V_{乙醇}$)：取 $V_{乙醇}/V_{水}=2$，则

$$V_{乙醇} = 2\ V_{水} = 100\ mL$$

(5) 产物——氧化锌(m_4)：根据反应前后 Zn 元素质量守恒可知

$$m_1 \times 65/219 \times 100\% = m_4 \times 65/81 \times 100\%$$

则

$$m_4 = m_1 \times 81/219 = 6.57\ g \times 81/219 = 2.43\ g$$

2. 仪器

烧杯、天平、磁子、磁力搅拌器、马弗炉。

实验内容

1. 实验步骤

(1) 如图 4.1 所示，称取 8.1 g 草酸，溶于 100 mL 无水乙醇中配成草酸乙醇溶液。

(2) 准确称取 6.57 g 乙酸锌，溶于 50 mL 去离子水中，配成 $0.6\ mol \cdot L^{-1}$ 乙酸锌水溶液，并加入 0.526 g 柠檬酸三铵改性剂。

(3) 将加入改性剂的乙酸锌溶液置于 80℃恒温水浴中，剧烈搅拌 1.5 h，使其充分溶解。

(4) 将搅拌好的乙酸锌溶液缓慢滴加到草酸乙醇溶液中，置于 80℃恒温水浴中保温反应 0.5 h，过滤即得凝胶。

(5) 将白色凝胶分别用去离子水和无水乙醇各洗涤两次，置于真空干燥箱中 80℃干燥 2 h。

(6) 将经过上述步骤生成的干凝胶放入马弗炉中，600℃煅烧 3 h。

(7) 将所得产物分别用去离子水和无水乙醇各洗涤两次，干燥后即得纳米级氧化锌超细粉末。

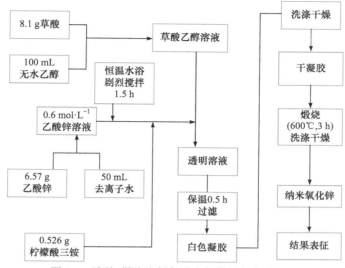

图 4.1　溶胶-凝胶法制备纳米氧化锌的实验过程

2. 影响因素

1) 反应物浓度

当乙酸锌浓度较低时，溶液中过饱和度较小，需要较长时间才能反应完全，颗粒粒径较大；当乙酸锌浓度过高时，改性剂形成的双电层变薄，排斥能降低，团聚现象加剧。因此，乙酸锌浓度必须适宜，适宜的乙酸锌浓度应为 $0.6\ \text{mol}\cdot\text{L}^{-1}$。

2) 改性剂用量

当改性剂含量小于饱和吸附量时，不能完全阻止颗粒的团聚；当改性剂含量大于饱和吸附量时，会阻止颗粒自由移动，致使颗粒团聚长大，改性剂之间也会相互联结。因此，改性剂用量必须适宜，适宜的改性剂用量与乙酸锌的质量比为 8%。

3) 溶剂用量

无水乙醇能提高体系黏度，缩短成胶时间，提高胶体稳定性。当体系的黏度增大时，质点生长速率放慢，有时间生成更多的晶核，得到更多的质点。因此，溶剂用量必须适宜，适宜的溶剂用量为：$V_{\text{乙醇}}/V_{\text{水}}=1\sim3$。

4) 配位剂用量

当草酸与乙酸锌的物质的量比为 1∶1 时，二者恰好满足反应条件，但随着反应的进行，物质的浓度越来越低，反应很慢，难以反应完全；草酸与乙酸锌的物质的量比过高时，将导致反应速率过快，不利于胶体稳定。因此，配位剂用量必须适宜，较适宜的草酸与乙酸锌物质的量比为 3∶1。

5) 配位剂加入方式

向草酸中滴加锌盐，锌盐会立即被草酸包围，其原始浓度降低，短时间内参与反应的离子有限，晶体生长速率不会过快，水解可形成较小的配位体，而且草酸浓度相对较高，会很快形成溶胶。因此，选择将乙酸锌溶液缓慢加入草酸乙醇溶液，以便缩短溶胶形成时间，形成稳定的溶胶体系。

6) 反应温度、时间

反应温度过低、时间过短，不利于水解反应进行，且成胶时间过长；反应温度过高、时间过长，溶剂挥发过快，溶液黏度降低，易引起团聚。因此，反应温度、时间必须适宜，一般取反应温度为 80℃、反应时间为 0.5 h。

7) 干燥温度、时间

实验表明，干燥温度为 70℃时，凝胶不稳定；干燥温度为 80~100℃时，凝胶颜色由无色透明转为黄色不透明，保持稳定；干燥温度高于 100℃时，凝胶逐渐变为黑褐色，凝胶破裂不稳定。因此，干燥温度、时间必须适宜，合适的干燥温度范围为 80~100℃、时间为 2 h。

8) 煅烧温度、时间

煅烧温度过高，前驱体容易产生硬团聚体，颗粒粒度较大；煅烧温度过低，反应不完全。煅烧时间过短，会导致分解不完全，所得产物纯度不够，色泽不好；煅烧时间过长，分散的粒子会产生硬团聚体。因此，在保证前驱体分解完全的基础上，煅烧温度越低、煅烧时间越短越好，最佳煅烧温度为 600℃、时间为 3 h。

9) 其他因素

在溶胶-凝胶法制备纳米氧化锌过程中，反应体系的 pH、搅拌速率、搅拌时间等也会影响反应进程和产物品质。当体系 pH 适宜时，乙酸锌水解速率加快，水解充分，有利于反应充分进行；在配制溶液及反应过程中，剧烈搅拌可以使反应均匀、充分进行，有利于改性剂充分包覆颗粒。

3. 实验结果与表征

通过上述工艺过程制得的氧化锌粒径较小，颗粒较均匀，产率和纯度高。从配位剂结构来分析，草酸具有两个羧基，反应较温和，使水解过程有充分的时间生成大量的晶核，得到较细小的氧化锌前驱体草酸锌，煅烧得到小粒径的氧化锌纳米粉体。纳米粉体氧化锌用乙醇溶液分散，抽滤可得到 ZnO 薄膜。

1) X 射线衍射

从 XRD 的结果可以确定晶体的物相、晶格常数和颗粒大小，还可根据峰的强度、择优取向如何以及哪一衍射面有此现象，初步断定可能存在的形貌。

通过 XRD 测试 ZnO 获得 ZnO 薄膜的 X 射线衍射谱，可进一步分析谱峰，根据 XRD 数据利用布拉格公式 $2d\sin\theta = n\lambda$ (式中，d 为晶面间距，θ 为入射 X 射线与相应晶面的夹角，n 为衍射级数，λ 为 X 射线的波长)计算样品的晶格常数、分析 ZnO 薄膜晶态和晶体结构以及轴择优取向。衍射峰半高宽(FWHM)的大小反映了薄膜结构特性的优劣，衍射峰半高宽越小，薄膜品质越优。利用 X 射线衍射谱由谢乐公式 $d = K\lambda/B\cos\theta$ 计算出样品的粒径大小，其中 d 为晶粒的平均粒径，K 为谢乐常数，λ 为 X 射线的波长 0.1542 nm，θ 为衍射角。若 B 为衍射峰的半高宽，则 $K = 0.89$；若 B 为衍射峰的积分高宽，则 $K = 1$。

2) 高分辨透射电子显微镜

输出明场图像的衬度大小与样品的密度、厚度相关，因此可以形成明暗不同的影像。

获取室温下 300~800 nm 测定的 ZnO 薄膜的透射谱。根据公式 $d = 1/[2n(1/K_2 - 1/K_1)]$，式中，$d$ 为薄膜厚度，n 为薄膜透射率，K_1、K_2 为透射曲线两相邻峰值对应的波长，计算出薄膜的厚度。由透射谱分析 ZnO 薄膜在可见光区域内薄膜的平均透射率和样品的吸收边，从而分析其光学性质。

3) 扫描电子显微镜

在扫描电子显微镜上可以得到样品的 SEM 图像，因此可以通过扫描电子显微镜观察 ZnO 薄膜的表面形貌。当加速电压为 20 kV 时，能够得到高放大倍数下的表面图和对应的截面 SEM 图，据此可以得到薄膜表面结构和晶粒粒径。若想更清楚地看到个别晶粒的大小，可以选择更大的放大倍数来观察晶粒大小和 ZnO 薄膜的截面 SEM 图。

4) 光致发光

ZnO 薄膜的光致发光(photoluminescence)测量是在 Xe 灯激光下，用荧光光谱仪测试，激发波长为 365 nm。

绘出室温下纳米 ZnO 薄膜的光致发光谱，样品的激发波长为 365 nm。紫外发光的强弱可能由厚度决定，厚度越大，发光越强。

思考题

(1) 溶胶-凝胶法制备材料有哪些优点？

(2) 纳米氧化锌粉体有哪些用途？

实验 23　氧化石墨烯与还原氧化石墨烯的制备、表征与性能测试

实验目的

(1) 了解石墨、氧化石墨及石墨烯的组成、结构与性质。

(2) 掌握氧化石墨烯的剥离与还原方法。

(3) 学习紫外分光光度计、红外光谱仪、拉曼光谱仪等仪器的使用，熟悉氧化石墨烯与还原氧化石墨烯的光谱数据分析。

实验原理

石墨烯(graphene)是一种由碳原子以 sp² 杂化轨道组成的呈蜂巢晶格的新型二维碳材料，其结构示意图如图 4.2 所示。石墨烯是目前世界上最薄但最坚硬的纳米材料，单层石墨烯的厚度约为 0.334 nm，而石墨烯的理论杨氏模量和固有的拉伸强度分别可达 1.0 TPa 和 130 GPa。石墨烯具有良好的光学特性，它几乎是完全透明的，在较宽波长范围内其吸收率约为 2.3%。石墨烯具备优异的热传导性能，单层石墨烯的导热系数可高达 5300 W·m^{-1}·K^{-1}，高于碳纳米管、金刚石和硅晶体。石墨烯的电阻率约为 10^{-6} Ω·cm，比铜和银更低，是目前世界上电阻率最低的材料，因此被期待用于开发新一代电子元件或晶体管。石墨烯作为一种透明的良好导体，也适合用来制造透明触控屏幕和光板。

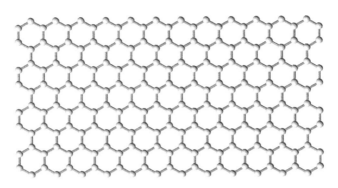

图 4.2 石墨烯结构示意图

目前，石墨烯的制备方法主要有微机械剥离法、气相沉积法、溶剂热法及化学氧化-还原法等。化学氧化-还原法是制备石墨烯的常用方法之一，该方法制备成本低廉，且可以制备稳定的石墨烯悬浮液，解决了石墨烯不易分散的问题。化学氧化-还原法是指将天然石墨与强酸和强氧化性物质反应生成氧化石墨(GO)，再经过超声分散制备成氧化石墨烯(单层氧化石墨)，然后加入还原剂去除氧化石墨表面的含氧基团(如羧基、环氧基和羟基)，最终制得石墨烯。

湿化学法采用价格低廉的石墨粉作为原料，通过选用不同的表面活性剂，如 N-甲基吡咯烷酮(NMP)、十二烷基苯磺酸钠(SDBS)、邻二氯苯(ODCB)和脱氧胆酸钠(SDC)，即可在水溶液中分散制得单层或少层(以两层和三层为主)石墨烯。

采用改进的赫默斯(Hummers)法可以将石墨氧化成氧化石墨，通过超声剥离获得氧化石墨烯溶液，并用水合肼将其还原；或者通过湿化学法，选择合适的聚合物作为客体，可制备从纳米到毫米级厚度的由石墨烯组装而成的薄膜。

主要试剂与仪器

1. 试剂

pH 试纸、乙醇、石墨、浓硫酸、高锰酸钾、五氧化二磷、过二硫酸钾、硝酸钠、去离子水、盐酸、过氧化氢、肼、脱氧胆酸钠。

2. 仪器

圆底烧瓶、布氏漏斗、抽滤瓶、烧杯、离心机、玻璃棒、电子天平、滤纸、称量纸、磁子、集热式加热搅拌器、真空泵、紫外分光光度计、真空干燥箱、傅里叶变换红外光谱仪、超声波清洗器。

实验内容

1. 赫默斯法

1) 预氧化

将 5 mL 浓 H_2SO_4、1 g $K_2S_2O_8$ 和 1 g P_2O_5 配成混合液，加热到 80℃，再加入 2 g 石

墨粉，得到蓝色混合物，放置 6 h 并冷却至室温。然后用去离子水稀释，过滤并反复清洗，直至滤液为中性。滤饼在真空氛围下干燥一整夜，即可得到预氧化的石墨。

2) 二次氧化

取 6 g KMnO₄ 和 1 g NaNO₃ 加入 46 mL 浓 H₂SO₄ 中，冷却至 0℃，缓慢加入 2 g 氧化石墨粉并不断搅拌和冷却，其温度不应超过 20℃。然后将混合物升温至 35℃，不断搅拌，保持至少 2 h，反应后缓慢加入 92 mL 水。静置约 15 min 后，加入 280 mL 水和 5 mL 质量分数为 30% 的过氧化氢溶液，此时溶液变成亮黄色。加入 500 mL 体积分数为 10% 的盐酸，搅拌 0.5 h 后静置数小时，将上清液倒掉。重复此步骤 3 次，然后用乙醇和水离心清洗氧化石墨烯样品 3 次，真空干燥。

3) 氧化石墨烯的还原

将 100 mg GO 置于 250 mL 圆底烧瓶中，加入 100 mL 水，超声数小时后得到均匀的黄褐色溶液，即为剥离的氧化石墨烯溶液。加入 1.00 mL(32.1 mmol)肼，并在 100℃ 下油浴回流 24 h，GO 逐渐变为黑色。过滤，并用水和乙醇洗涤数次，干燥后即得到还原后的氧化石墨烯，即石墨烯样品。

2. 湿化学法

以 SDC 作为表面活性剂，采用超声分散技术制备石墨烯水溶液。在 100 mL 烧杯中加入 120 mg 石墨粉、90 mg 脱氧胆酸钠和 10 mL 去离子水。将混合物溶液超声分散 2 h，在 5000 r·min⁻¹ 转速下室温离心分离 1 h。取出上层清液，制得石墨烯水溶液。将下层的黑色沉淀取出，用去离子水小心洗涤 2~3 次以除去 SDC，烘干后收集剩余的石墨粉，可计算出石墨烯水溶液中石墨烯的质量浓度。

3. 表征分析

用紫外分光光度计、红外光谱仪、拉曼光谱仪及热重分析仪等对制备的氧化石墨及石墨烯进行表征，分析还原前后其结构与组成的变化。紫外吸收光谱中 253 nm 处的吸收峰为石墨烯结构的特征吸收峰，可证明水溶液中石墨烯的存在。红外光谱测试石墨烯氧化后的—OH、—COOH、C—O—C 和—C=O 官能团，证明石墨烯变成氧化石墨烯。热重分析能够测量氧化石墨烯和石墨烯中的含氧基团经加热发生的质量变化。

拉曼光谱是研究石墨烯的重要手段。石墨烯的拉曼光谱由若干峰组成，在 514.5 nm 波长的激光激发下，其对应的特征峰分别为位于 1582 cm⁻¹ 附近的 G 峰和位于 2700 cm⁻¹ 左右的 G′峰。如果石墨烯的边缘较多或含有缺陷，还会出现位于 1350 cm⁻¹ 左右的 D 峰，以及位于 1620 cm⁻¹ 附近的 D′峰。G 峰是石墨烯的主要特征峰，是由 sp² 杂化碳原子的面内振动引起的，该峰能有效反映石墨烯的层数，但极易受应力的影响。D 峰通常被认为是石墨烯的无序振动峰，该峰出现的具体位置与激光波长有关，它是由晶格振动离开布里渊区中心引起的，用于表征石墨烯样品中的结构缺陷或边缘。G′峰也称为 2D 峰，是双声子共振二阶拉曼峰，用于表征石墨烯样品中碳原子的层间堆垛方式。通过分析所制备的石墨烯样品的拉曼光谱，可判断石墨烯样品的品质。

思考题

(1) 为什么要采用两步氧化法制备氧化石墨?

(2) 为什么氧化石墨可均匀分散在水溶液中?

(3) 在离心清洗氧化石墨的过程中,经常要加一些盐酸使氧化石墨沉降以便更好地离心,其原理是什么?

实验 24　水热法制备 MnO_2 纳米线

实验目的

(1) 初步掌握水热合成的基本操作。

(2) 了解 MnO_2 纳米材料的制备方法。

实验原理

MnO_2 为黑色无定形粉末或黑色斜方晶体,是一种两性氧化物,常用作氧化剂、除锈剂和催化剂。MnO_2 具有结构多样性,还具备储存、脱嵌离子的功能,被广泛用于电池材料中。

MnO_2 有多种晶型结构,如 α、β、γ 等 5 种主晶及 30 余种次晶。通常 MnO_2 的活性随其所含结晶水的增加而增强,结晶水能促进质子在固体相中的扩散,因此 γ-MnO_2 是各种晶型 MnO_2 中活性最佳的。但在非水溶液中,MnO_2 所含的结晶水反而会使其活性下降。例如,在 Li-MnO_2 电池正极材料(图 4.3)中,以 α-MnO_2 性能最差,含少量水分的 γ-MnO_2 较差,无结晶水的 β-MnO_2 较好,γ/β-MnO_2(混合相)最好。因此,γ-MnO_2 在作为阴极材料之前,必须对其进行热处理,并且要除去水分,使晶型结构从 γ-MnO_2 转变为 γ/β-MnO_2 混合相。

图 4.3　隧道型 MnO_2 结构示意图

固体钽电解电容器的阴极材料也是 MnO_2。由于它的电化学性能很大程度上由阴极决定,因此对 MnO_2 要求很高,MnO_2 必须全部为 β 晶型,同时对其含量、粒度、比表面积、电导率等都有较高的要求,这导致定向合成具有特定径向结构的 MnO_2 有极高的挑战性。

水热法是一种液相化学法,是指在密封的压力反应釜中,以水为溶剂,在高温高压条件下合成纳米材料的热合成方法。水热法根据反应类型的不同可分为:水热沉淀法、水热氧化法、水热还原法、水热水解法、水热合成法、水热结晶法等。

水热法的特点是：①反应物活性的改变有可能代替固相反应，并且可以制备固相反应难以得到的材料；②易于生成介稳态、中间态及特殊相，进而形成具有特殊凝聚态的化合物等；③得到的产物具有蒸气压高、合成熔点低、能高温分解等特点；④可连续生产，原料廉价易得，容易得到适合化学计量比的高纯度纳米氧化物；⑤得到的晶体缺陷少、生长取向好且晶体粒度可控；⑥制备的材料具有粒径小、分布均匀、分散性好等优点。用水热法制备的晶体一般无需烧结，这就可以避免在烧结过程中晶粒长大且杂质容易混入等缺点。

影响水热合成的因素有：水热温度、升温速率、搅拌速率及水热反应时间等。水热法制备 MnO_2 材料是近年来的研究热点，通过改变水热温度、反应时间、反应物的浓度和添加不同的离子，可以得到不同形貌、不同晶体结构的 MnO_2 纳米材料。

本实验预先用水热法合成 MnOOH 纳米线，再将前驱体煅烧脱水，形成 MnO_2 纳米线。具体反应为

$$C_6H_{12}N_4 + 6H_2O \longrightarrow 6HCHO + 4NH_3 \tag{4.3}$$

$$2HCHO + MnO_4^- \longrightarrow MnOOH + 2HCOO^- + H^+ \tag{4.4}$$

在该反应中，MnO_4^- 作为氧化剂和锰元素的来源，$C_6H_{12}N_4$ 提供的 HCHO 作为还原剂。最后 MnOOH 在 300℃煅烧 2 h 生成 MnO_2 纳米线。

主要试剂与仪器

1. 试剂

六次甲基四胺($C_6H_{12}N_4$)、高锰酸钾($KMnO_4$)、硫酸钠(Na_2SO_4)、硫酸(H_2SO_4)、去离子水、无水乙醇。

2. 仪器

磁力搅拌器、电热鼓风干燥箱、真空干燥箱、马弗炉、烧杯、不锈钢反应釜和聚四氟乙烯衬套。

实验内容

准确称取 0.0632 g(10 mmol)$KMnO_4$ 和 0.0561 g(10 mmol)$C_6H_{12}N_4$，溶于 40 mL 去离子水中，磁力搅拌至完全溶解，配成物质的量比 1∶1 的溶液。

将此均匀溶液全部转入 50 mL 聚四氟乙烯衬套的不锈钢反应釜中，此时溶液量占反应釜总体积的 80%。将反应釜密封置于电热鼓风干燥箱中 130℃恒温反应 5 h，然后自然冷却至室温。

将得到的沉淀物 MnOOH 离心，用水和无水乙醇反复清洗。将产物置于真空干燥箱中 60℃干燥过夜，在马弗炉中 300℃煅烧 2 h 后，自然冷却至室温。得到的最终产物即为 MnO_2 纳米线，对其进行 XRD、TEM、XPS 及电化学表征。

1. 水热反应操作步骤

将反应物倒入聚四氟乙烯衬套内，并保证加料总体积小于衬套容积的 80%。确保釜体下垫片位置正确(凸起面向下)，放入聚四氟乙烯衬套和上垫片，先拧紧釜盖，然后用钢棒把釜盖旋扭拧紧为止。将水热反应釜置于干燥箱内，按照规定的升温速率升温至所需反应温度，反应温度必须低于安全使用温度。反应结束后，自然冷却至室温，取出反应釜，进行后续相关操作。水热反应釜每次使用后要及时将其清洗干净，衬套和外套分开，50℃下干燥，以免锈蚀。釜体、釜盖线密封处要格外注意清洗干净，并严防将其碰伤损坏。溶剂热反应的溶剂严禁使用低沸点易挥发溶剂，因其容易产生过高内压而发生爆炸。反应体系若有气体产生，如氮气、氢气等溶解度低的气体，不适合采用水热/溶剂热反应；学生拿不准的体系，如确需进行反应，应在指导教师的指导下进行。合理安排反应时间，反应尽可能不要过夜进行。

2. 水热反应操作注意事项

使用前：聚四氟乙烯衬套需用酸液(根据实验要求)浸泡一段时间，可将聚四氟乙烯衬套表面的附着物清洗干净。

使用中：将溶剂和样品加入聚四氟乙烯衬套中，并保证加料系数小于 80%。盖好压紧(即使压紧，聚四氟乙烯衬套盖子和聚四氟乙烯衬套接口处仍有约 1 mm 的缝隙)，再把聚四氟乙烯衬套放至不锈钢反应釜中(反应釜里面的垫片是凸起面朝下)，两片垫片配合盖好，拧紧釜盖，一般不必用钢棒助力拧紧，普通男士手拧力量已经足够。将装好反应物并拧紧的水热反应釜置于干燥箱中加热，当温度达到 100℃时，保持 1 h，再升温到所需温度，保持 2 h。加热温度不能超过 230℃。

使用后：反应结束后，不可立即把水热反应釜拧开，要确认釜内温度低于反应体系中溶剂沸点后，先用钢棒把釜盖旋转钮松开，然后将釜盖打开。冷却后外罐可以很轻松地打开，如果打不开，再用钢棒助力打开。实验结束要及时将其清洗干净，以免锈蚀。釜体、釜盖线密封处要格外注意清洗干净，并严防将其碰伤损坏。

3. 样品表征

参考"实验 22　溶胶-凝胶法制备纳米氧化锌"中的"3.实验结果与表征"部分。

思考题

(1) 水热合成需要注意哪些问题？

(2) 纳米二氧化锰有哪些新能源方面的用途？

实验 25　溶剂热法制备 MoS_2 微/纳米材料

实验目的

(1) 学习溶剂热法制备 MoS_2 粉体的基本操作。

　　(2) 掌握固体粉末称量、一定浓度溶液的配制及产物的分离等材料制备的基本操作。

　　(3) 掌握电子天平、超声波清洗器、高压反应釜、恒温箱等设备的使用方法和注意事项。

　　(4) 掌握纳米材料物相和形貌表征的基本方法。

实验原理

　　二硫化钼(MoS_2)是一种过渡金属层状二元硫化物，具有优良的光学、电学、磁学、热学和力学性能，在光电催化、电化学储能、太阳能电池、电子器件及固体润滑等诸多领域都有广泛的应用，备受研究人员的关注。如图 4.4 所示，MoS_2 晶体呈现出典型的层状结构，其基本单元由 S—Mo—S 共价键组成，两层硫原子之间由一层金属钼原子隔开；MoS_2 层间则是靠较弱的范德华力发生相互作用，因此容易通过一定的机械或化学手段实现层与层之间的剥离，得到少层甚至单层的 MoS_2。一方面，MoS_2 的性质与层数有直接关系，如 MoS_2 块体为间接带隙半导体，其禁带宽度约为 1.3 eV；而单层 MoS_2 为直接带隙半导体，其禁带宽度增大为 1.8 eV，这种可调节的禁带宽度为其作为高效光电材料提供了可能性。另一方面，MoS_2 独特的层状结构在电化学能量储存和转换中也具有重要的应用价值。作为锂离子电池(LIB)电极材料，MoS_2 与锂离子之间的氧化还原反应具有高度的可逆性，具有高比容量及良好的倍率和循环性能。

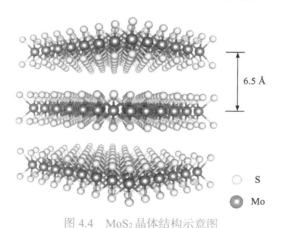

图 4.4　MoS_2 晶体结构示意图

　　除层数外，MoS_2 的性能也受其形貌与粒径的影响，因此实现 MoS_2 的可控合成十分重要。MoS_2 材料主要包括纳米颗粒、纳米复合物、纳米薄层、富勒烯状纳米笼及纳米管等。与块体材料相比，MoS_2 纳米材料在能源应用中通常展现出更加优异的性能。

　　目前，MoS_2 的制备方法主要包括电解法、高温固相法、前驱体分解法、氢气还原法、液相还原法、化学气相沉积法和激光真空溅射法等。但是，上述方法存在合成温度较高、反应条件苛刻、制备工艺复杂等问题。相比之下，溶剂热法的反应条件温和，得到的产物纯度高，并且通过改变溶剂和反应参数可以方便地实现晶体的可控生长，有利于制备具有特殊形貌的 MoS_2 微/纳米材料。本实验采用溶剂热法，以不同的 Mo 源和 S 源为反应物，并改变溶剂的种类，对比制备微/纳米结构 MoS_2 材料。

主要试剂与仪器

1. 试剂

钼酸钠、仲钼酸铵、钼酸铵、硫脲、硫代硫酸钠、乙二醇、丙三醇、正丙醇、乙醇、去离子水。

2. 仪器

X 射线衍射仪、扫描电子显微镜、电子天平、磁力搅拌器、超声波清洗器、电热鼓风干燥箱、真空干燥箱、循环水式真空泵、烧杯、量筒、磁子、药匙、称量纸、高压水热反应釜、抽滤瓶、滤纸、培养皿、镊子。

实验内容

1. 实验一

(1) 称取 0.4119 g 钼酸钠和 0.3425 g 硫脲于 100 mL 烧杯中，用量筒量取 50 mL 乙二醇，沿杯壁缓慢倒入烧杯中，用干净的镊子夹取一枚磁子小心放入混合液中，磁力搅拌直至固体完全溶解。

(2) 取出磁子，将烧杯转移至超声波清洗器中超声处理 3 min。

(3) 将烧杯中的溶液转移至 100 mL 反应釜中，密封，置于电热鼓风干燥箱中 160℃恒温反应 24 h。

(4) 待反应釜自然冷却至室温后取出，将所得浆液用布氏漏斗抽滤分离，并分别用去离子水和无水乙醇清洗 2 次，直至不再有液体滴出。

(5) 将所得湿滤饼取出并转移至培养皿中，置于真空干燥箱中 90℃干燥 6 h，即得最终产物。

(6) 称量所得产物的质量并计算产率。

(7) 用 X 射线衍射仪表征所得产物的物相，用扫描电子显微镜表征所得产物的形貌，用 N_2 吸附仪测量产物的比表面积和孔容，分析颗粒尺寸和孔径分布。

2. 实验二

(1) 称取 6.1794 g 仲钼酸铵和 5.3284 g 硫脲于 100 mL 烧杯中，用量筒量取 60 mL 丙三醇，沿杯壁缓慢倒入烧杯中，用干净的镊子夹取一枚磁子小心放入混合液中，磁力搅拌直至固体完全溶解。

(2) 取出磁子，将烧杯转移至超声波清洗器中超声处理 5 min。

(3) 将烧杯中的溶液转移至 100 mL 反应釜中，密封，置于电热鼓风干燥箱中 180℃恒温反应 18 h。

(4) 待反应釜自然冷却至室温后取出，将所得浆液用布氏漏斗抽滤分离，并分别用去离子水和无水乙醇清洗 3 次，直至不再有液体滴出。

(5) 将所得湿滤饼取出并转移至培养皿中，置于真空干燥箱中 90℃干燥 6 h，即得最终产物。

(6) 称量所得产物的质量并计算产率。

(7) 表征所得产物的晶相和形貌，测量比表面积和孔径。

3. 实验三

(1) 称取 0.3920 g 钼酸铵和 0.3162 g 硫代硫酸钠于 100 mL 烧杯中，用量筒量取 70 mL 正丙醇，沿杯壁缓慢倒入烧杯中，用干净的镊子夹取一枚磁子小心放入混合液中，磁力搅拌直至固体完全溶解。

(2) 取出磁子，将烧杯转移至超声波清洗器中超声处理 5 min。

(3) 将烧杯中的溶液转移至 100 mL 反应釜中，密封，置于电热鼓风干燥箱中 190℃ 恒温反应 12 h。

(4) 待反应釜自然冷却至室温后取出，将所得浆液用布氏漏斗抽滤分离，并分别用去离子水和无水乙醇清洗 2 次，直至不再有液体滴出。

(5) 将所得湿滤饼取出并转移至培养皿中，置于真空干燥箱中 90℃ 干燥 6 h，即得最终产物。

(6) 称量所得产物的质量并计算产率。

(7) 表征所得产物的晶相和形貌，测量比表面积和孔径。对三个实验制备的样品进行分析比较。

以上三个实验采用不同的钼源(钼酸钠、仲钼酸铵、钼酸铵)和硫源(硫脲、硫代硫酸钠)，并选择三种溶剂介质(乙二醇、丙三醇、正丙醇)，可根据实验室具体条件选择性开展。反应前驱体的差异将影响产物的微观结构和结晶性。不同的溶剂由于黏度、沸点、饱和蒸气压、对反应物溶解能力与溶剂化构型的区别，也会影响产物的择优取向生长，进而影响形貌。在溶剂热合成实验中，可以通过控制前驱体的种类、溶剂、浓度、温度、反应时间等变量，探究实验参数对产物形貌、物相、晶型、尺寸、比表面积等理化性质的影响规律。

思考题

(1) 不同反应溶剂和前驱体对产物的物相和形貌有什么影响？

(2) 为什么抽滤得到的 MoS_2 样品需在真空干燥箱中进行干燥处理？

(3) 制备 MoS_2 能否采用水热合成法？为什么？

实验 26　氧化铝硬模板法制备一维纳米阵列

实验目的

(1) 学习氧化铝硬模板法制备一维纳米阵列的基本原理。

(2) 认识模板法制备过程中参数对产物形貌的影响机制。

(3) 掌握利用氧化铝模板制备铜纳米线的操作方法。

(4) 熟悉电沉积法的基本操作。

实验原理

一维纳米材料一般包括纳米线、纳米棒、纳米管和纳米带等，由于其独特的形貌和电荷传输性质，在光、电、热、磁等领域都有重要的应用。一维纳米材料的主要制备方法有气相法、水(溶剂)热合成法、外磁场驱动自组装法及模板法等。模板法根据其自身的特性一般可分为软模板法和硬模板法。软模板主要涉及一些具有两亲特性的有序聚合物，其表面携带能选择性吸附在晶体特定晶面的基团，因此反应物在一定程度上可以自由通过模板剂的包裹。硬模板一般是指具有特殊微纳结构的聚合物、硅基模板与阳极氧化铝(anodic aluminum oxide，AAO)模板，具有一定的硬度和自支撑能力，反应物被限制在模板的孔隙或通道中而无法自由穿过模板壁。其中，AAO 模板法是常见的制备一维纳米材料阵列的方法，具有工艺流程相对简单、产物形貌均一性好、产物尺寸可控性强等特点，被广泛应用于制备一维半导体和金属纳米阵列。

铝是一种常见的两性金属，化学性质较为活泼，暴露在空气中时能与空气中的氧结合形成一层致密的氧化膜($0.01\sim0.02$ μm)，阻止内部的金属进一步被氧化。通过电化学氧化的方法可以实现对氧化膜厚度、孔隙率等参数的可控生长，其中阳极氧化的工艺流程较为成熟，制备成本较低，最终成膜质量高，得到了广泛的应用。当以高纯铝金属为阳极、酸性溶液为电解质时，通电后发生水的分解反应并在阳极产生氧气，因此铝在发生化学或电化学溶解反应时会与氧结合形成一层多孔氧化膜。上述过程涉及的阳极反应主要包括：

水氧化 $$H_2O \longrightarrow [O] + 2H^+ + 2e^- \tag{4.5}$$

氧化膜形成 $$2Al + 3[O] \longrightarrow Al_2O_3 \tag{4.6}$$

氧化膜溶解 $$Al_2O_3 + 6H^+ \longrightarrow 2Al^{3+} + 3H_2O \tag{4.7}$$

图 4.5 为 AAO 模板制备和电沉积一维纳米线阵列制备过程示意图。采用两步阳极氧化法，可在高纯度铝基底上得到高度有序的 AAO 多孔薄膜。将经过抛光的高纯铝板在恒电压下进行第一步阳极氧化，其表面形成一层不规则多孔氧化铝薄膜；通过湿化学法将所得氧化层除去，并在此基础上进行第二步恒电压阳极氧化，制备所需的多孔 AAO 模板。AAO 薄膜中的孔道呈现高度有序的排布状态，具有六方密排的均匀周期性结构，相互平行且垂直于铝基底。通过改变阳极氧化反应参数，可以在一定范围内对 AAO 模板的孔道长径比和孔间距进行调控。在获得所需孔分布的 AAO 模板后，可以采用电沉积或其他方法(如溶胶-凝胶法、浸渍法等)对孔隙进行填充。最后，将 AAO 模板刻蚀除去，即可得到纯度高、形貌均一的一维纳米阵列。

AAO 模板制备过程中涉及成孔和孔道生长等多种复杂的化学与电化学反应过程，其形成机理主要有 O'sulliavan 和 Wood 等提出的正六边形模型。如图 4.6 所示，每个六棱柱单元可以看作一个元胞，呈正六边形紧密垂直排列于铝基底表面，多孔层与铝基底之间存在一层致密的氧化层(阻挡层)。这种结构形成的机理一般可以理解为如下过程：

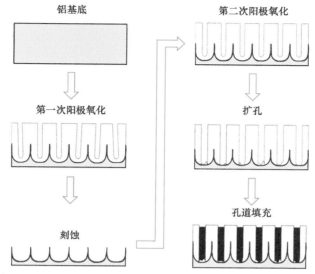

图 4.5　AAO 模板制备和电沉积一维纳米线阵列制备过程示意图

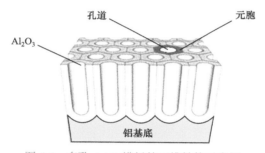

图 4.6　多孔 AAO 模板的三维结构示意图

当反应开始时，铝的表面迅速生成一层致密的氧化铝薄膜。生成的氧化膜体积增大，发生膨胀从而产生应力。界面处的应力一方面促使氧化铝薄膜上的基本单元相互挤压，从而发生自组装形成有序的六角结构；另一方面使薄膜表面凹凸不平，产生缺陷引发电流密度的局部不均。在凹陷处电流密度增大，加速了氧化膜底部阻挡层的局部溶解形成孔道，同时孔道底部与铝基底的界面处又形成新的阻挡层。这一过程不断进行，最终形成 AAO 的有序多孔结构。

主要试剂与仪器

1. 试剂

高纯铝片(99.999%)、草酸、磷酸、铬酸、硫酸、无水乙醇、高氯酸、氢氧化钠、硼酸、氯化铜、五水合硫酸铜、五水合四氯化锡。

2. 仪器

精密电子天平、磁力搅拌器、超声波清洗器、直流稳压电源、自动喷金机、扫描电子显微镜、X 射线衍射仪、片状电极夹具、碳棒。

实验内容

实验流程如图 4.7 所示，主要包括铝基底预处理、阳极氧化处理与电沉积三个部分。

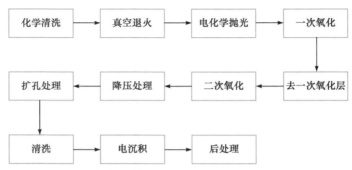

图 4.7　AAO 的制备与模板电沉积法制备一维纳米线的工艺流程

1. 铝片的化学清洗

在 100 mL 烧杯中倒入适量无水乙醇，将高纯铝片剪裁为合适的尺寸(2.5 cm × 5 cm)并放入烧杯，转移到超声波清洗器中超声处理 15 min。用镊子将铝片取出，用去离子水反复冲洗干净。另取 100 mL 烧杯倒入适量 1 mol · L^{-1} 氢氧化钠溶液，放入高纯铝片，继续超声处理 10 min。用镊子将铝片取出，用去离子水反复冲洗干净。

2. 铝片的真空退火处理

用镊子将铝片转移到坩埚中，在真空环境下进行退火处理(550℃保温 4 h)。这一步的目的是让铝片的晶粒长大，减小内部机械应力，有利于优化 AAO 形成孔道的有序性。

3. 铝片的电化学抛光

将无水乙醇与高氯酸以 4∶1 的体积比配制成抛光液，以处理好的高纯铝片为阳极、自制铝片为阴极，采用两电极体系施加 12 V 电压进行电化学抛光，保持 10 min 左右后取出，用去离子水反复冲洗干净。

4. 铝片的阳极氧化

(1) 进行第一步氧化。

以处理好的高纯铝片为阳极、自制铝片为阴极，以 0.3 mol · L^{-1} 草酸溶液为电解液，采用两电极体系，施加 60 V 电压并保持 5 h。电解液的温度保持在 0～5℃，并在阳极氧化过程中将电解液置于冰水浴中进行搅拌，氧化完成后取出烘干。

(2) 采用化学法去除阻挡层。

配制浓度为 6%(质量分数，下同)磷酸与 1.8%铬酸的混合液作为刻蚀液。将第一步氧化后的铝片浸没到刻蚀液中，在 60℃下保持 5 h，用去离子水反复冲洗干净并烘干。

(3) 采用与第一步氧化完全相同的实验条件对铝片进行二次氧化，步骤完成后烘干。

(4) 去除铝基底。

将步骤(3)所得铝片浸没在 1 mol·L⁻¹ CuCl₂ 溶液中，直至基底完全溶解得到透明薄膜，用去离子水反复冲洗干净并烘干。

(5) 扩孔处理。

将所得 AAO 薄膜浸没到 5%磷酸溶液中，在 50℃下保持 30 min，用去离子水反复冲洗干净并烘干，即得所需 AAO 薄膜。

(6) 改变扩孔时间，观察所得 AAO 薄膜孔径的变化。

5. 电镀法制备一维铜纳米线

(1) 将制备好的 AAO 薄膜其中一面用自动喷金机进行喷金处理 10 min。

(2) 配制电解液，其组成为：五水合硫酸铜 120 g·L⁻¹，硼酸 30 g·L⁻¹，随后用 0.1 mol·L⁻¹ 硫酸将电解液的 pH 调至 3～4。

(3) 在室温下以 AAO 薄膜为阳极、碳棒为阴极，进行两电极电沉积，施加电压为 15 V，沉积时间 10 min。

(4) 将沉积后的薄膜取出，用去离子水反复冲洗干净，转移至 3 mol·L⁻¹ 四氯化锡水溶液中浸泡 1 h。

(5) 离心收集所得产物，用去离子水反复清洗至上清液 pH 呈中性。

(6) 将所得产物转移至真空干燥箱中，在 80℃下干燥 1 h，即得铜纳米线。

(7) 用 X 射线衍射仪、扫描电子显微镜对制备的铜纳米线的晶相和形貌进行表征。

思考题

(1) 在进行阳极氧化步骤前，为什么需要对铝片进行化学抛光处理？

(2) 阳极氧化过程中每一步的参数如何影响 AAO 薄膜的形貌？

(3) 在电沉积前为什么需要对 AAO 模板进行喷金处理？

(4) 本实验中，电沉积过程采用的是直流稳压电源，能否施加交流电压进行电沉积？二者有什么区别？

实验 27　介孔钛硅分子筛的合成与表征

实验目的

(1) 了解介孔分子筛材料的特性和用途。

(2) 学习利用表面活性剂诱导合成介孔钛硅分子筛的方法。

实验原理

多孔性固体材料可分为微孔(microporous，孔径< 2 nm)材料、介孔(mesoporous，孔径 2～50 nm)材料和大孔(macroporous，孔径> 50 nm)材料三类(表 4.1)。其中，介孔材料按照其化学组成一般分为硅基介孔材料和非硅基介孔材料两大类。硅基介孔材料组成主要包括硅酸盐和硅铝酸盐等，如 M41S、SBA、HMS、FSM 系列等。非硅基介孔材料组成主要包括过渡金属氧化物及以磷酸盐和硫酸盐等为代表的非氧化物，如 TiO_2、ZrO_2、SnO_2、Ta_2O_5、WO_3、介孔炭等。硅基介孔材料又可分为如下几类：①具有不同孔道网络结构、孔尺寸及孔体积的介孔氧化硅材料；②表面改性的介孔氧化硅材料；③含有有机成分的介孔氧化硅材料；④孔壁掺杂其他金属(杂原子)的介孔氧化硅材料。此外，近年来还发现了多种具有高度有序介孔结构的材料，如六方相的 MCM-41、SBA-1，立方相的 MCM-48，层状不稳定的 MCM-50，三维六方结构的 SBA-2，低有序度的六方结构的 MSU、HSM 等。介孔材料的不同分类方法及类别见表 4.2。

表 4.1 不同孔径的无机材料

材料类型	定义孔径	例子	实际孔径
微孔材料	<2 nm	沸石	<1.42 nm
		活性炭	0.6 nm
介孔材料	2～50 nm	溶胶	>10 nm
		柱层状黏土	1 nm，10 nm
		M41S	1.6～10 nm
大孔材料	>50 nm	多孔玻璃	>50 nm

表 4.2 介孔材料分类

分类依据	类别
组成	硅基介孔材料、非硅基介孔材料
介观结构	二维六方(*P6mm*)、三维六方(*P63/mmc*)、立方(*Pm3n*)、立方(*Ia3d*)、层状(*P2*)
名称	MCM、SBA、MSU、HMS、FSM-16

分子筛具有有序而均匀的孔道结构，是一类常见的介孔材料，被广泛用于吸附分离、离子交换及催化反应等领域。分子筛骨架可以通过杂原子同晶置换而丰富其应用范围。由于钛原子的变价性能，含钛分子筛被广泛应用于催化氧化反应。1983 年，Taramasso 等发现了具有 MFI 结构的钛硅沸石微孔分子筛 TS-1，随后其他结构的钛硅微孔分子筛如 TS-2、Ti-β、Ti-APSO-5、Ti-MWW 等相继开发出来，并成功地应用于环烯烃、环烷烃及不饱和醇等的催化氧化。但由于受到孔径的限制，这些钛硅微孔分子筛对分子直径大于 0.6 nm 的有机化合物不能表现出其优良的催化性能。

1992 年，美国 Mobil 公司的研究者首次报道了 M41S 系列硅基介孔分子筛，揭开了分子筛应用研究的新纪元。随着具有介孔孔径的含钛分子筛 Ti-MCM-41 的成功合成(图 4.8)，含钛分子筛在有机化合物选择氧化领域的应用范围越来越广。钛掺杂的介孔分子筛改善了微孔钛硅酸盐催化剂的催化环境，打破了微孔无机骨架的尺寸限制，为催化有机大分子底物提供了可能性，在精细化工领域和制药行业具有极大的应用前景。近年来，各国研究者采用不同的表面活性剂和不同的合成工艺相继合成出多种新型的钛硅介孔分子筛，如 Ti-MCM-41、Ti-HMS、Ti-MCM-48、Ti-MSU、Ti-SBA-15、Ti-MMM 和

Ti-SBA-1 等，并在催化新反应如光催化、酸催化等方面进一步拓展了钛硅分子筛的应用范围。

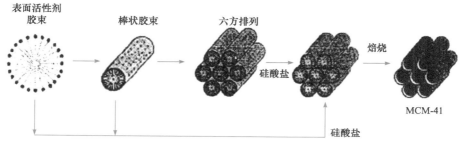

图 4.8　结构导向剂合成介孔材料机理示意图

介孔材料的合成可归纳为：以表面活性剂分子聚集体为模板，通过模板和无机物之间的界面组装，实现对介观结构的剪裁。介孔材料合成涉及溶胶-凝胶化学、主客体模板化学和超分子化学。同样，介孔 TiO$_2$ 的合成一般也需要加入模板剂，通过模板剂的协同作用或分子自组装及无机前驱体与模板剂分子之间的相互作用，形成稳定的分子聚集体，然后用溶剂萃取或(和)焙烧等方法去除模板剂，形成介孔结构。

主要试剂与仪器

1. 试剂

十六烷基三甲基溴化铵(CTAB)、正硅酸乙酯(TEOS)、十二烷基胺(DDA)、无水乙醇、异丙氧基钛(TTIP)、氢氧化钠、去离子水。

2. 仪器

烧杯、马弗炉、管式炉、X 射线衍射仪、氮气吸脱附测试仪、扫描电子显微镜、透射电子显微镜、傅里叶变换红外光谱仪。

实验内容

(1) 称取 2.5 g 十六烷基三甲基溴化铵溶解于 66 mL 去离子水中，待溶解完后，搅拌 10 min，慢慢加入 10 mL 正硅酸乙酯，继续搅拌至溶液呈均相。

(2) 称取 0.92 g 十二烷基胺溶解于 30 mL 乙醇中，在搅拌状态下加入 4.25 g 异丙氧基钛，继续搅拌至溶液呈均相。

(3) 将步骤(2)得到的混合物缓慢加入步骤(1)的溶液中，然后用 NaOH 溶液调节溶液 pH 至产生沉淀，继续搅拌 2 h。

(4) 在 90℃下晶化 1 d，过滤后先用大量水洗涤，再用少量乙醇洗涤，收集固体样品并在 90℃干燥，550℃焙烧 24 h 得到介孔材料。

(5) 用 X 射线衍射仪、氮气吸脱附测试仪、透射电子显微镜、扫描电子显微镜及傅里叶变换红外光谱仪对合成的介孔材料进行表征分析。

思考题

(1) 制备介孔材料的表面活性剂除阳离子表面活性剂如十六烷基三甲基溴化铵外，还有阴离子表面活性剂、非离子表面活性剂、Gemini 表面活性剂等。结合文献，就以上表面活性剂进行讨论，并各举两例。

(2) 介孔材料最大的用途之一是作为催化剂的载体，而具有催化活性的物种一般是过渡金属和稀土金属。如何将金属或其氧化物掺杂到介孔中？常见方法有哪些？

实验 28   电沉积法制备 Cu 薄膜材料

实验目的

(1) 掌握金属的电沉积原理。

(2) 学习电化学工作站的使用方法。

(3) 学习金属薄膜材料的表征方法。

实验原理

超薄铜箔作为锂离子电池的负极集流体，在电池中既充当负极活性物质的承载体，又充当负极电子流的收集与传输体。因此，铜箔集流体对锂离子电池的电化学性能有很大的影响。随着锂离子电池的不断发展，对铜箔的要求越来越高，特别是在提高抗拉强度、抗氧化等方面。

电沉积法是制备铜箔的主要方法之一。电解液中的金属离子在直流电的作用下还原并在基体表面沉积形成金属镀层的过程称为电沉积。电沉积过程中，电解液的组成(如浓度、配位剂、添加剂)和电镀条件(如温度、酸度、电流密度、电极电位、搅拌等)都会影响沉积产物的形态和性质。电路完整的情况下电镀过程可以一直进行，镀层金属从离子状态发生反应生成金属，需要经过离子液相传质、前置转换、电荷转移、形成晶体几个主要步骤。以硫酸铜镀液为例，电极反应中 Cu^{2+} 向阴极移动，SO_4^{2-} 则向阳极移动，一般两个电极分别为钛阴极和铅阳极或不溶性阳极，两个电极反应如下：

阴极反应

$$Cu^{2+} + 2e^- \longrightarrow Cu \qquad E(Cu^{2+}/Cu) = +0.34\,V \qquad (4.8)$$

阳极反应

$$H_2O - 2e^- \longrightarrow 2H^+ + \frac{1}{2}O_2 \qquad E(O_2/H_2O) = +1.23\,V \qquad (4.9)$$

要提高铜箔的抗拉强度，可以向铜箔中加入添加剂，改变沉积过程中铜的结晶行为，使铜粒子之间更加致密、铜箔厚度更薄。使用较多的添加剂包括明胶、硫脲、Cl⁻等，其中明胶可促进表面平滑、坚固；硫脲起缓冲作用，同时减少明胶的极化作用，使结晶粒变得平滑；添加 Cl⁻使 Ag⁺沉淀，减少贵金属损失，同时与明胶发生协同作用。大部分添加剂的主要原理是增强铜在阴极上的吸附，并有效地抑制铜离子的阴极还原，抑制其电结晶，改变晶体生长方式，细化晶粒，从而获得平整、结晶细小的铜镀层，提高铜箔的抗拉强度和平整度。

提高铜箔的抗氧化性能主要有钝化和喷涂黏合剂两类方法，其中电解液的配制和黏合剂至关重要。黏合剂主要为硅烷偶联剂、氨基硅烷偶联剂、硫基硅烷偶联剂、环氧基硅烷偶联剂中的一种或多种组合。

目前，大多数铜箔制造工厂使用辊式连续电解法生产电解铜箔，安装一个旋转阴极滚筒和不溶性阳极材料浸渍在电解液中，通电后，溶液中的铜沉积到钛辊的表面上，然后将此铜箔剥离、清洗、干燥、卷绕，再进行表面处理。辊式连续电解法生产电解铜箔包括生箔制造、表面处理和分切检验三个主要过程，工艺流程如图 4.9 所示。

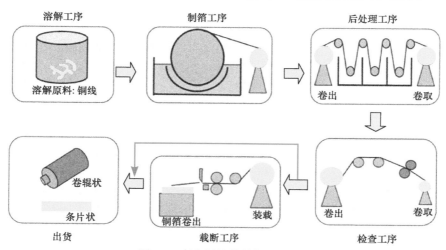

图 4.9　商业铜箔的制备工艺流程

本实验采用电沉积法，在不同载体上制备 Cu 薄膜材料。

主要试剂与仪器

1. 试剂

硫酸铜、硫酸、去离子水、十六烷基三甲基溴化铵(CTAB)、氯化钠。

2. 仪器

磁力搅拌器、烧杯、电解槽、甘汞电极、对电极(铂电极片)、工作电极夹、电化学工作站、基底片(Cu 片、导电玻璃、光滑钛片)、X 射线衍射仪、扫描电子显微镜。

实验内容

1. 恒流电沉积制备铜纳米颗粒

1) 电解液的准备

(1) 配制 200 mL 电解液，控制硫酸铜浓度为 50 g · L^{-1}，硫酸浓度为 150 g · L^{-1}。

(2) 取少量电解液加入氯化钠添加剂，Cl⁻浓度分别为 0 mol · L⁻¹、0.01 mol · L⁻¹、0.05 mol · L⁻¹；再取少量电解液加入 CTAB 添加剂，浓度分别为 0.001 mol · L⁻¹、0.005 mol · L⁻¹、0.01 mol · L⁻¹，放入磁子，在磁力搅拌器上搅拌至澄清。

2) NaCl 添加剂浓度的调控

CTAB 添加剂浓度为 0.001 mol · L⁻¹，分别配制含有 0 mol · L⁻¹、0.03 mol · L⁻¹、0.05 mol · L⁻¹ 氯化钠添加剂的硫酸铜电解液。

3) CTAB 添加剂浓度的调控

(1) 氯化钠添加剂浓度为 0.01 mol · L⁻¹，分别配制含有 0 mol · L⁻¹、0.003 mol · L⁻¹、0.005 mol · L⁻¹ CTAB 添加剂的硫酸铜电解液。

(2) 探究不同添加剂种类和浓度对电沉积形成铜的形貌影响。

4) 电沉积

(1) 将电解液倒入电解槽中。

(2) 准备基底片(Cu 片、导电玻璃、光滑钛片)，用工作电极夹夹好。

(3) 将工作电极、参比电极和对电极固定，并将其分别与电化学工作站的工作线路连接。

(4) 将电化学工作站打开，确定保存位置，选择恒流电沉积模式，电流密度为 30 A · dm⁻²，处理时间 10 s，进行电沉积。

5) 后续处理

(1) 将工作电极取出，分别用去离子水和乙醇清洗，然后置于真空干燥箱中 50℃烘干，保持 2 h。

(2) 将样品进行 XRD、SEM 测试，分析晶相和表面粗糙度。

2. 循环伏安法电沉积制备铜

1) 电解液的准备

(1) 配制 200 mL 电解液，控制硫酸铜浓度为 50 g · L⁻¹，硫酸浓度为 150 g · L⁻¹。

(2) 用电子天平称取 116.88 mg 氯化钠，加入配制好的电解液中，Cl⁻浓度为 0.01 mol · L⁻¹；再加入 CTAB 添加剂，浓度为 0.001 mol · L⁻¹，放入磁子，在磁力搅拌器上搅拌至澄清。

2) 电沉积

(1)～(3)与上述实验步骤相同。

(4) 将电化学工作站打开，确定保存位置，选择循环伏安法模式，电位区间为 −1.2～0.8 V(相对于饱和甘汞电极)，扫描速率为 5 mV · s⁻¹，以开路电压为起始电位，设置为负扫，循环次数为 20，完成电沉积。

3) 扫描速率的调控

其他操作与上述循环伏安实验步骤相同，分别用 2 mV · s⁻¹、10 mV · s⁻¹、20 mV · s⁻¹、50 mV · s⁻¹ 的扫描速率进行循环伏安电沉积。

探究不同循环伏安扫描速率对电沉积形成铜的形貌影响。

思考题

(1) 对比 Cl⁻含量，观察电沉积产物晶相变化，分析原因。

(2) 对比 CTAB 含量，观测电沉积产物表面粗糙度，探讨如何优化浓度。

(3) 对比循环伏安扫描速率，分析铜成核生长速率对形貌的影响。

实验 29　导电聚合物材料聚吡咯的制备

实验目的

(1) 掌握化学氧化聚合法和电化学聚合法制备聚吡咯的基本原理和方法。

(2) 掌握四探针法测量材料电阻率的基本原理和操作方法。

实验原理

导电聚合物是一类人工合成的高分子材料，与之相关的研究起步较晚。1974 年，日本筑波大学白川英树课题组的研究人员在合成聚乙炔(polyacetylene，PA)薄膜时加入了过量的催化剂，意外地合成出高顺式聚乙炔薄膜，并发现其具有一定的导电性，打破了"聚合物材料是绝缘体"的传统观念。导电聚合物同时具备类似于金属的优良导电性和高分子材料的性能，如较小的密度、良好的耐腐蚀性能等，在电化学储能、传感、防腐保护、光电器件等诸多领域都有广泛的应用。

导电聚合物的合成方法主要分为化学氧化聚合法和电化学聚合法。化学氧化聚合法是将聚合物的单体溶解于溶剂中，单体在氧化剂的诱导下发生聚合反应，最终得到聚合物。氯化铁、过硫酸铵和过氧化氢都是制备导电聚合物常用的氧化剂。通过控制氧化剂的种类、浓度、反应介质的 pH 等参数，可以实现对产物的产率和性能的调控。化学氧化聚合法的优点是合成工艺流程简单、成本低廉，适合大规模的工业化生产，其不足之处在于副产物较多、所得聚合物的纯度较低。电化学聚合法是在电场的作用下，电解液中的单体在电极表面发生氧化聚合并形成导电聚合物薄膜的制备方法。具体操作方法包括恒电位法、恒电流法和循环伏安法等，改变电压、电流和氧化时间等参数可以调控聚合物薄膜的形貌和厚度等。电化学聚合法的优势在于产物纯度较高、实验的重现性好，但对生产工艺流程要求较高，且存在产量低的问题。

聚吡咯(polypyrrole，PPy)是一类常见的导电聚合物，其合成机理如图 4.10 所示，分为以下三个步骤：

(1) 吡咯单体在氧化剂或电极作用下失去电子发生氧化反应，生成阳离子自由基。

(2) 相邻的两个阳离子自由基通过碰撞发生偶合反应，分别失去一个质子(氢离子)生成吡咯二聚体。

(3) 吡咯二聚体失去一个电子生成二聚体阳离子自由基，与单体阳离子自由基发生偶合反应生成三聚体，如此循环使聚合体的分子链不断生长，直至反应终止。

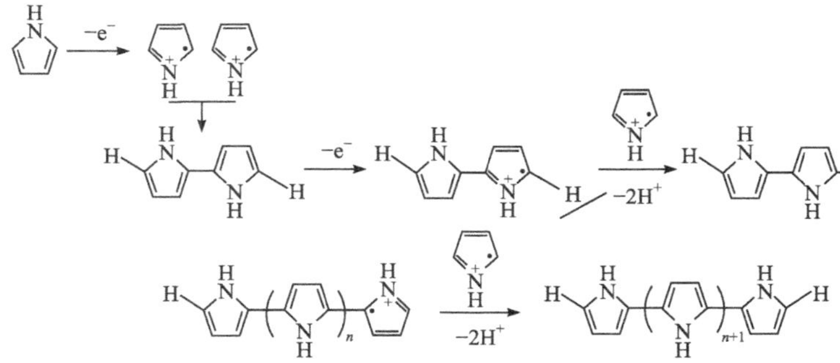

图 4.10 由吡咯单体氧化聚合制备聚吡咯的示意图

反应过程中，由于阳离子自由基之间存在静电排斥力，需要体系中阴离子的参与实现对其电荷的平衡，因此吡咯的聚合过程也是一个阴离子掺杂的过程。纯聚吡咯的本征导电性较差，阴离子杂质的存在对其导电性的提高起到了至关重要的作用。

主要试剂与仪器

1. 试剂

吡咯单体、过硫酸铵、对甲苯磺酸钠、无水乙醇、去离子水。

2. 仪器

磁力搅拌器、循环水式真空泵、电化学工作站、粉末压片机、真空干燥箱、烧杯、磁子、抽滤瓶、漏斗、滤纸、量筒、导电玻璃。

实验内容

1. 化学氧化聚合法制备聚吡咯

(1) 量取 0.25 mL 吡咯与 45 mL 去离子水混合配制成吡咯溶液。
(2) 称取 0.822 g 过硫酸铵，加入 45 mL 去离子水使其溶解，配制成过硫酸铵溶液。
(3) 在冰浴下保持不断搅拌的状态，将过硫酸铵溶液缓慢滴加到吡咯溶液中，并继续搅拌 1 h。
(4) 将所得悬浊液进行抽滤，用去离子水和乙醇反复洗涤 3 次，置于真空干燥箱中 80℃ 干燥 6 h，记为样品 A。

2. 电化学聚合法制备聚吡咯

(1) 配制 0.1 mol · L^{-1} 吡咯与 0.1 mol · L^{-1} 对甲苯磺酸钠的混合溶液作为电镀液。
(2) 采用三电极体系，导电玻璃为工作电极，铂片为对电极，饱和甘汞电极为参比电极，在密闭电解槽中进行电化学聚合。实验过程中持续向阳极附近通氩气保护，并对电镀液进行持续搅拌。
(3) 对工作电极施加 1.0 V 恒定电压，保持 20~30 min 后停止。

(4) 用去离子水和乙醇反复冲洗所得镀膜的表面，置于真空干燥箱中 80℃ 干燥 6 h，记为样品 B。

3. 聚吡咯脱掺杂制备本征态聚吡咯

(1) 配制 50 mL 10% 氨水溶液。

(2) 称取约 0.5 g 样品 A，浸渍于 10% 氨水溶液中，持续搅拌 12 h 进行脱掺杂，抽滤，用去离子水反复洗涤直至滤液的 pH 接近 7 后，再用乙醇洗涤两次，将所得滤饼转移到真空干燥箱中 80℃ 干燥 6 h，记为样品 C。

4. 聚吡咯的导电性测试

(1) 分别取 0.5 g 样品 A、B 和 C，用粉末压片机在 14 MPa 压力下压制成圆片。

(2) 采用四探针法测量样品的电阻率，则样品的电阻率可以通过如下公式计算得到：

$$\rho = C\frac{V_{23}}{I} \tag{4.10}$$

式中，C 的大小取决于四个探针的排列方式和针距，在探针的位置确定后是一个常数；V_{23} 为 2、3 两个探针之间的电压(V)；I 为通过样品的电流(A)。

思考题

(1) 通过两种方法制备的聚吡咯样品的电阻率有什么区别？为什么？

(2) 合成聚吡咯的过程中，影响合成的条件有哪些？

(3) 对比掺杂态和本征态聚吡咯的电阻率，产生这种差别的原因是什么？

实验 30　沉淀晶化法制备球形 Ni(OH)$_2$

实验目的

(1) 了解球形 Ni(OH)$_2$ 的物理性质和电化学性能。

(2) 学习用沉淀晶化法制备球形 Ni(OH)$_2$。

(3) 理解合成条件对球形 Ni(OH)$_2$ 的影响。

实验原理

镍氢电池具有比容量高、功率大、记忆效应小、价格低廉、安全性能好等优异性能，广泛应用于移动通信、笔记本电脑、便携式电子产品、摄像机等领域。由于电池的设计均以正极容量为限制标准，因而提高镍正极的性能尤为重要。Ni(OH)$_2$ 作为镍电极的活性物质，其性能好坏直接影响电池质量的高低，因此开发研究兼具高活性和高密度的球形 Ni(OH)$_2$ 用于镍氢电池的正极是其中的关键。

球形 Ni(OH)$_2$ 的制备一般使用沉淀晶化法，其反应方程式为

$$MSO_4 + 2NaOH = M(OH)_2 + Na_2SO_4 \text{(M 代表 Ni、Co、Zn)} \tag{4.11}$$

Ni(OH)$_2$ 的溶度积(2.02×10^{-15})很小，是一种难溶化合物，它在水溶液中易生成小晶核而难以长大。当 NiSO$_4$ 与 NaOH 反应时，如果对反应过程和结晶过程不加以有效控制，则生成的 Ni(OH)$_2$ 颗粒很细，呈现胶体态。为了获得高密度的球形颗粒，需要加入氨对结晶过程进行控制。氨在反应过程中的作用如下：

$$M^{2+} + nNH_3 + (6-n)H_2O \longrightarrow [M(NH_3)_n(H_2O)_{6-n}]^{2+} \tag{4.12}$$

$$[M(NH_3)_n(H_2O)_{6-n}]^{2+} + 2OH^- \longrightarrow M(OH)_2 + nNH_3 + (6-n)H_2O \tag{4.13}$$

采用控制结晶的连续工艺，在氨的存在下，将镍盐溶液和氢氧化钠溶液在一定搅拌强度下按照一定的流量比例同时加入反应釜中，控制反应体系的温度、pH、时间，得到 Ni(OH)$_2$ 沉淀，主要流程如图 4.11 所示。

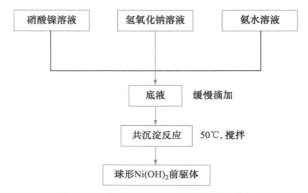

图 4.11　球形 Ni(OH)$_2$ 前驱体制备流程

Ni(OH)$_2$ 沉淀生成过程包括两个阶段，即晶核的形成和晶体的生长。这两个过程决定了形成的 Ni(OH)$_2$ 颗粒的大小，如果晶核形成速率很快，而晶体的生长速率很慢或接近停滞，可得到分散度很好的溶胶，陈化时聚沉为胶体沉淀。如果晶核形成速率很慢，并有一定的晶体生长速率，便可得到颗粒较大的球形 Ni(OH)$_2$ 沉淀。为得到良好的球形 Ni(OH)$_2$ 沉淀，必须控制各种工艺条件，以控制溶液的过饱和度，从而控制 Ni(OH)$_2$ 晶核的成核率，使其有利于球形颗粒的生长。晶核形成速率主要由沉淀时的条件决定，其中最重要的是溶液中生成沉淀物质的过饱和度，其与沉淀剂的性质、温度等因素有关。在实验中，能否获得球形 Ni(OH)$_2$，关键在于决定沉淀时晶核形成速率大小的各种工艺因素(反应物的浓度、滴加速度、釜内溶液的 pH、氨水浓度等)是否得到有效的控制。

pH 是影响球形 Ni(OH)$_2$ 性能最敏感和最关键的因素，对其密度、微晶粒径、比表面积、比容量等均有很大的影响。pH 升高，Ni(OH)$_2$ 的放电比容量增加，聚集球粒径减小，微晶变小，比表面积增加，密度也随之下降，电极的体积比容量也降低。此外，搅拌强度和氨镍比对球形 Ni(OH)$_2$ 性能的影响也至关重要。搅拌强度影响球形 Ni(OH)$_2$ 的球形度和微晶尺寸，其密度与颗粒的形貌、粒径及其分布密切相关。规则的球形颗粒堆积时粒子间的接触面较小，没有团聚和粒子架桥的现象，颗粒间的空隙较小，故粉体的堆积密度较高。如果由球形颗粒组成的粉体具有理想的粒径分布，使得小颗粒能够填补在大颗粒的间隙之间，则粉体的堆积密度更高，小粒度能提高充放电反应的均匀性并缩短质子扩散距离，有利于提高电化学活性。

本实验采用沉淀晶化法制备球形 $Ni(OH)_2$，通过控制反应温度、pH、搅拌强度和氨镍比四个反应条件，制备形貌完好、粒径分布合理的球形 $Ni(OH)_2$ 颗粒。

主要试剂与仪器

1. 试剂

六水合硫酸镍、氨水、氢氧化钠、去离子水。

2. 仪器

不锈钢反应釜、电动搅拌装置、加热装置、抽滤装置、电热鼓风干燥箱、扫描电子显微镜、透射电子显微镜、蠕动泵、pH 计、锥形瓶、量筒、磁力搅拌器。

实验内容

1. 球形 $Ni(OH)_2$ 的制备

(1) 称取 1000 g $NiSO_4 \cdot 6H_2O$ 粉末，置于 5 L 锥形瓶中，加入去离子水后配制成 2 L 溶液，放入磁子，在磁力搅拌器上搅拌至粉末完全溶解。

(2) 称取 320 g NaOH 粉末，置于 5 L 锥形瓶中，加入 4 L 去离子水后放入磁子，在磁力搅拌器上搅拌至粉末完全溶解。

(3) 配制 2 L 0.5 mol · L^{-1} 氨水溶液，置于 5 L 锥形瓶中。

(4) 在 5 L 不锈钢反应釜中加入 2 L 去离子水作为底液，并加热至 50℃。

(5) 将硫酸镍溶液、氨水、氢氧化钠溶液并流加入反应釜中，硫酸镍溶液与氨水的流速为 1 mL · min^{-1}。通过蠕动泵的转速调控氢氧化钠溶液的流速，控制反应釜内反应体系的 pH 维持在 10.0～10.5，转速为 600 r · min^{-1}。

(6) 连续反应至硫酸镍溶液与氨水全部加入完毕，停止加料，保持反应温度继续搅拌 2 h。随后将料液接出，用布氏漏斗抽滤，用去离子水冲洗多次，至滤液澄清。

(7) 将过滤后的滤饼放入电热鼓风干燥箱，110℃干燥 12 h，得到球形 $Ni(OH)_2$ 粉末。

2. 堆积密度测试

堆积密度是微粉的一项重要技术参数。可流动的微粉以某种特定的方式和途径流入容器，其质量与体积之比即为堆积密度。

用药匙将待测 $Ni(OH)_2$ 粉末轻轻放入质量为 m_1 的 10 mL 量筒，装满后再次称量其质量，记为 m_2。用力尽可能震动，直到其体积不再变化为止，记下体积 V，即得松装密度 $\rho_b(g \cdot cm^{-3})$ 和振实密度 $\rho_t(g \cdot cm^{-3})$。

$$\rho_b = \frac{m_2 - m_1}{10} \tag{4.14}$$

$$\rho_t = \frac{m_2 - m_1}{V} \tag{4.15}$$

3. 扫描电子显微镜分析

扫描电子显微镜是利用聚集得到的非常细的高能电子束在样品上扫描，激发出各种物理信号，包括二次电子、背散射电子、透射电子、吸收电子、可见光和 X 射线等。通过对这些信息的接收、放大和显示成像，对样品进行分析，可以得到关于样品形貌等各种信息。

4. 透射电子显微镜分析

透射电子显微镜可以看到在光学显微镜下无法看清的小于 0.2 μm 的细微结构，能提供晶体材料及其表面上原子分布的真实空间图像，还能提供原子分辨率的点阵图像，是用于观察和分析样品精细结构的有效方法。

思考题

(1) 镍氢电池为什么采用 $Ni(OH)_2$ 作为正极材料？
(2) 采用沉淀晶化法制备球形 $Ni(OH)_2$ 的优势是什么？
(3) 在合成过程中，为什么反应结束后还要继续搅拌陈化 2 h？
(4) 进行过滤操作时，有哪些需要注意的事项？

实验 31　共沉淀法制备 $LiNi_{1/3}Co_{1/3}Mn_{1/3}O_2$ 三元正极材料前驱体

实验目的

(1) 掌握共沉淀法制备镍钴锰草酸盐前驱体的制备工艺。
(2) 学习合成条件对草酸盐前驱体形貌的影响。
(3) 了解镍钴锰三元正极材料前驱体的各项技术指标要求。

实验原理

高温固相反应法具有方法简单、工艺流程短等优点，是目前合成商用锂离子电池正极材料的首选方法。$LiNi_{1/3}Co_{1/3}Mn_{1/3}O_2$ 作为一种多元复合材料，镍、钴、锰在材料中的分散均匀性对其电化学性质有重要影响。早期采用直接高温固相法合成时虽经球磨混合，但原料中的镍、钴、锰仍很难达到原子级水平混合，合成的产品难以形成均匀固溶体，阳离子混排严重，影响电化学性能；且产品形貌、粒度不易控制，产品振实密度也较小。升高合成温度，可提高产品密度，但易发生烧结现象，导致产品电化学性能下降。

先制备均匀分散的镍钴锰前驱体再合成 $LiNi_{1/3}Co_{1/3}Mn_{1/3}O_2$ 是一种较好的合成策略，合成的产品具有较理想的层状结构和较好的电化学性能。这类方法主要包括共沉淀法、溶胶-凝胶法、喷雾热解法等。其中，溶胶-凝胶法可克服固相法的一些缺点，合成的样品具有较好的电化学性能，但合成前驱体较麻烦，需消耗大量的有机试剂，成本高，不便于工业化生产。喷雾热解法也对设备要求高，工艺控制复杂，难以大规模应用。而共沉淀法不仅产物形貌易于控制，技术也相对成熟，便于规模化生产，是目前使用最为广泛的合成方法。

本实验以草酸作为沉淀剂，制备镍钴锰草酸盐前驱体。影响沉淀过程的因素包括 pH、温度、陈化时间、搅拌速率等，其中最主要的影响因素是 pH 和温度。

在反应过程中, 由于草酸不断分解, 溶液的pH不断下降, Ni^{2+}会残留在溶液中, 不能完全沉淀下来。根据沉淀反应理论, 要使沉淀反应完全, 就必须使反应溶液保持合适的pH。因此, 在反应开始前要将草酸溶液的pH调至7.0左右, 使溶液中有足够的 $C_2O_4^{2-}$ 参与反应。反应过程中应保持 pH 稳定。当 pH 较小时, Ni^{2+}难以进入沉淀晶格, 导致产物的镍含量偏低, 而且过低的 pH 会减慢反应速率; 当 pH 较大时, 又会导致 Mn^{2+}被氧化, 难以生成符合化学计量比的产物, 而且此时沉淀易呈现凝胶状, 难以沉淀。因此, 一般采用的沉淀 pH 为 7.0 左右, 此时沉淀的效果较好。

除 pH 外, 温度也是一个重要的调控条件, 主要表现为对草酸盐沉淀结晶的影响。升高温度可以加快反应速率, 但温度太高反而会使草酸分解, 因此温度控制在反应中十分重要。当温度升高时, 沉淀物的溶解度变大, 溶液的过饱和度降低, 此时更容易生成较小晶体或胶状沉淀。

本实验使用 $H_2C_2O_4 \cdot H_2O$ 作为沉淀剂, 陈化时间设置为 2 h, 以期制备化学计量比准确、原子混合均匀、形貌良好的镍钴锰草酸盐前驱体。共沉淀反应装置示意图如图 4.12 所示。

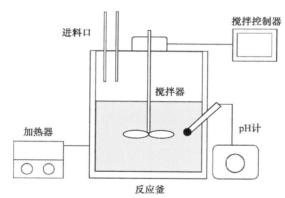

图 4.12　共沉淀反应装置示意图

主要试剂与仪器

1. 试剂

硫酸镍、硫酸钴、硫酸锰、草酸、氨水、去离子水。

2. 仪器

不锈钢共沉淀反应釜、电动搅拌装置、加热装置、抽滤装置、电机鼓风干燥箱、蠕动泵、pH 计、锥形瓶、量筒、磁力搅拌器。

实验内容

1. 镍钴锰草酸盐前驱体的合成

(1) 按照 1∶1∶1(物质的量比)分别称取 0.8 mol 硫酸镍、硫酸钴和硫酸锰, 置于 5 L

锥形瓶中，加入去离子水，配制成 2 L 镍钴锰混合溶液，用磁力搅拌器搅拌至金属盐完全溶解。

(2) 称取 260 g $H_2C_2O_4 \cdot H_2O$，配制成 4 L 约 0.6 mol·L^{-1} 草酸溶液，搅拌至其完全溶解。

(3) 配制 2 mol·L^{-1} 氨水溶液，置于锥形瓶中。

(4) 在 5 L 不锈钢共沉淀反应釜中加入配制好的 4 L 草酸溶液，并加热至 50℃。

(5) 在 800 r·min^{-1} 的搅拌速率下，将镍钴锰混合溶液加入反应釜中，混合溶液的流速设为 1 mL·min^{-1}。通过蠕动泵的转速调控氨水的流速，控制反应釜内反应体系的 pH 维持在 7.0 左右，保持反应溶液温度为 50℃。

(6) 连续反应至镍钴锰混合溶液加入完毕，停止加料，保持反应温度继续搅拌 2 h，随后将料液接出，用布氏漏斗抽滤，用去离子水冲洗多次，至滤液澄清。

(7) 将过滤后的滤饼放入电热鼓风干燥箱，110℃干燥 12 h，得到镍钴锰草酸盐前驱体粉末。

2. 形貌观察

前驱体的形貌在很大程度上影响随后合成的电极材料的性能。用扫描电子显微镜观察前驱体的形貌，包括颗粒的大小、球形度、粒径分布、表面平整度等。

3. 堆积密度测试

参照实验 30 测试镍钴锰三元正极材料前驱体样品的堆积密度。

4. 元素含量分析

电感耦合等离子体发光光谱分析是检测样品中所含元素的种类和含量的有效手段，其具有环形结构、温度高、电子密度高、惰性气氛等特点，用它作激发光源具有检出限低、线性范围广、电离和化学干扰少、准确度和精密度高等优势。

思考题

(1) 与其他方法相比，共沉淀法制备镍钴锰前驱体具有什么优点？

(2) 为什么用草酸作为沉淀剂？用草酸有哪些优势？

(3) 使用共沉淀反应釜操作时，有哪些需要注意的事项？

实验 32　固相法制备 $LiNi_{1/3}Co_{1/3}Mn_{1/3}O_2$ 三元正极材料

实验目的

(1) 学习高温固相制备 $LiNi_{1/3}Co_{1/3}Mn_{1/3}O_2$ 三元正极材料的方法。

(2) 了解煅烧温度、时间、锂盐配比及煅烧流程对材料形貌结构的影响。

(3) 掌握三元正极材料电化学性能的测试手段与评价标准。

实验原理

在获得三元材料的前驱体之后，需要将前驱体与锂盐混合后进行煅烧，得到具有电化学活性的正极材料。用共沉淀法制备镍钴锰草酸盐前驱体之后，本实验采用固相法合成 $LiNi_{1/3}Co_{1/3}Mn_{1/3}O_2$ 三元正极材料，并了解制备过程中的影响因素。

镍钴锰草酸盐前驱体在煅烧前需要进行预烧，否则在高温固相反应时会释放出大量的 CO_2 气体，导致物料疏松多孔，反应物料接触度降低，不利于扩散反应进行。同时，CO_2 气体排出还会引起金属锂挥发，增加锂的损失，导致材料缺锂，引起产物中阳离子混排加剧。

预烧后的镍钴锰草酸盐前驱体与锂盐混合均匀后，在一定压力下压成固体圆片进行煅烧。压片可以改善正极材料的结晶性，降低晶体结构中的阳离子混排度，从而提高其电化学性能。提高压片的压力可以减少原料中颗粒间的孔隙度，提高有效组分的接触扩散，从而改善固相化学反应的扩散速率，促进反应快速进行。颗粒间的紧密接触也有利于熔融的 Li_2O 渗透，减少 Li_2O 在反应时的挥发损失。

在煅烧过程中，首要的影响因素是空气流量。镍钴锰草酸盐前驱体中 Ni、Co、Mn 的价态基本为二价，在与锂盐混合采用固相化学反应制备 $LiNi_{1/3}Co_{1/3}Mn_{1/3}O_2$ 正极材料时必须保证充足的氧化气氛。因此，在高温烧结过程中，保证炉膛内氧气的分压对整个烧结过程十分重要。

此外，烧结过程中的温度是影响正极材料的关键因素，对所得样品的晶体结构、粒径和形貌均具有重要影响。烧结温度过低，所得正极材料晶体结构发育不良，电化学性能差；温度过高，则样品粒径显著增大，影响 Li^+ 在颗粒内部扩散，同样降低其电化学性能。煅烧过程温度较高、时间长，元素 Li 易以 Li_2O 的形式挥发，造成产物缺锂，使 3b 位置的 Ni^{2+} 占据 Li^+ 的 3a 位置，这种阳离子混排会导致电极材料的电化学性能恶化。因此，在合成过程中需加入过量的锂盐弥补锂的高温挥发损失，避免产物缺锂。但如果配锂量过高，则会导致材料颗粒表面的残碱含量升高，影响后期正极浆料的制备。因此，要控制合适的锂盐配比，以获得较好的煅烧效果。

煅烧时间对材料的结晶性具有明显的影响，反应时间过短，离子扩散和晶格重组未完成，则产物结晶性不好，晶体结构中阳离子混排严重。反应时间的延长有利于提高正极材料的结晶度，但是煅烧时间过长反而会降低结晶度，这可能与锂盐的挥发严重有关。

综合已有的研究成果，本实验采用的最佳工艺条件为：镍钴锰草酸盐前驱体预煅烧温度 500℃、压片压力 6 MPa、合成温度 850℃、反应时间 20 h、氧气流量 0.8 L·min^{-1}、锂/金属(物质的量比)1.05。具体的操作流程如图 4.13 所示。

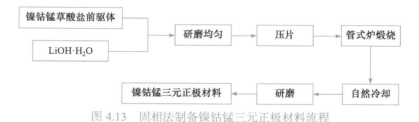

图 4.13　固相法制备镍钴锰三元正极材料流程

合成三元正极材料后，还需对正极材料的表面形貌、晶体结构与化学组成进行测试，以确定合成材料的基本性质，并测定材料的振实密度。

主要试剂与仪器

1. 试剂

镍钴锰草酸盐前驱体、$LiOH \cdot H_2O$。

2. 仪器

管式炉、气体流量计、氧气钢瓶、研钵、瓷舟、压片模具、压片机。

实验内容

1. 镍钴锰三元正极材料的合成

(1) 按照锂盐与前驱体金属含量的物质的量比为 1.05∶1 称取 5 g 镍钴锰草酸盐前驱体和相应质量的 $LiOH \cdot H_2O$，在研钵中混合，研磨均匀。

(2) 取适量研磨充分的前驱体与锂盐的混合物装于压片模具中，用压片机压片，并保持压力为 6 MPa，静置 20 min，制成小圆片。

(3) 将压好的前驱体混合物小圆片置于瓷舟中，放入管式炉的中部位置，通入氧气气流，控制氧气流量为 0.8 L·min⁻¹。

(4) 设置煅烧程序，升温速率 5℃·min⁻¹，从室温升至 500℃，保温 6 h，然后继续升温至 850℃，保温 20 h。程序结束后，自然冷却至室温。

(5) 将煅烧完毕的小圆片取出，置于研钵中，研磨成粉末，收集得到镍钴锰三元正极材料。

2. 粒度测试

采用激光粒径分析仪进行粒度分布分析，测试条件如下：用无水乙醇或水作分散剂，取一定量粉末超声分散 5 min 后转入样品池进行测试，测试转速为 1800 r·min⁻¹。激光器发出的单色光经光路变换为平面波的平行光，射向透光样品池，分散在液体介质中的大小不同的颗粒遇光后发生不同角度的衍射、散射，投向光信息接收器，经过计算机处理后转化成颗粒的分布信息，从而得到样品颗粒粒度的统计分布结果。在统计分布结果中，D 表示粉体颗粒的直径，D_{50} 表示累计 50%点的直径或称通过粒径，又称平均粒径或中位径。

3. 比表面积测定

比表面积的大小直接影响电极材料的容量，进而影响倍率、循环性能；同时，比表面积不同的正极材料对电池生产过程中的涂布工艺要求也不同。取 2 g 正极材料粉末，用比表面积分析仪进行氮气吸脱附测试，得到颗粒的比表面积。

4. 堆积密度测试

参照实验 30 测试镍钴锰三元正极材料样品的堆积密度。

5. 形貌及结构分析

用扫描电子显微镜及透射电子显微镜观察、分析材料的形貌及结构特征。

6. 元素含量分析

用电感耦合等离子体发光光谱分析检测样品中所含元素的种类和含量。

思考题

(1) 三元材料中的三种元素分别有什么作用？为什么要采用这三种元素？

(2) 煅烧过程中的升、降温速率对材料的合成是否有影响？是否存在合适的升、降温速率？

(3) 三元正极材料的颗粒是越大越好还是越小越好？有什么评价标准？

实验 33　$LiFePO_4$ 颗粒的制备及表面包覆

实验目的

(1) 掌握溶剂热法制备 $LiFePO_4$ 的实验方法与操作流程。

(2) 学习碳表面包覆 $LiFePO_4$ 的制备方法，并探究其对性能的影响。

(3) 了解 $LiFePO_4$ 在电池材料中的应用与评价指标。

(4) 了解常见的材料物理性能表征方法。

实验原理

1997 年，古迪纳夫等首次报道具有橄榄石型结构的 $LiFePO_4$ 能可逆地嵌入和脱出锂离子，其具有无毒、对环境友好、原材料来源丰富、比容量高、循环性能好等特点，因此成为锂离子电池的理想正极材料。$LiFePO_4$ 主要以磷酸铁锂矿的形式存在于自然界中，属于正交晶系，空间群为 *Pnma*，晶胞参数为：$a = 1.0332$ nm，$b = 0.601$ nm，$c = 0.4692$ nm。其中，O 原子以轻微扭曲的六方密堆积排列，P 原子占据 O 原子构成的阵列的四面体位，Li、Fe 占据 O 原子构成的阵列的八面体位，FeO_6 组成的八面体以共用点的形式分布在 *bc* 面，LiO_6 组成的八面体以共用边的形式沿着 *b* 轴方向形成一长链。一个 FeO_6 八面体同两个 LiO_6 八面体共用一条边，而 PO_4 四面体同一个 FeO_6 八面体共用一条边，同两个 LiO_6 八面体共用两条边，Li^+ 具有一维可移动性，其晶体结构如图 4.14 所示。

$LiFePO_4$ 的理论比容量为 170 mA·h·g^{-1}，理论放电电压为 3.5 V(*vs.* Li)，但实验值一般在 3.4 V 左右。$LiFePO_4$ 在充放电过程中是两相共存，其充放电过程表示如下：

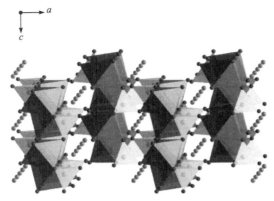

图 4.14　磷酸铁锂晶体结构示意图

充电 $$LiFePO_4 - xLi^+ - xe^- \longrightarrow xFePO_4 + (1-x)LiFePO_4 \qquad (4.16)$$

放电 $$FePO_4 + xLi^+ + xe^- \longrightarrow xLiFePO_4 + (1-x)FePO_4 \qquad (4.17)$$

$LiFePO_4$ 在电解质中具有很高的化学相容性，在充放电过程中具有优异的结构稳定性，因此具有突出的安全性能和循环稳定性。目前 $LiFePO_4$ 材料的合成方法主要包括高温固相法、碳热还原法、溶胶-凝胶法、溶剂热法及微波合成法等。其中，溶剂热法可以制备各种形貌的纳米颗粒，得到的产物颗粒粒径小、分布好、纯度高，并且可通过操作控制形貌，方法简单。本实验采用溶剂热法合成 $LiFePO_4$，以乙二醇为溶剂，可以防止颗粒团聚，减小尺寸。

由于自身结构特性，$LiFePO_4$ 的电子电导率和锂离子扩散速率较低，在动力电池中倍率性能较差，难以满足动力电池对高功率密度的要求。提高 $LiFePO_4$ 倍率性能的常见方法有：①减小粒径以缩短电子和离子的传输路径；②掺杂外来离子；③表面包覆导电层(如碳、银和导电聚合物等)。其中，导电碳包覆是提高 $LiFePO_4$ 电化学性能最有效的方法之一，它有利于 Li^+ 的传输，可增强导电性，同时阻碍 $LiFePO_4$ 晶粒持续生长，控制其粒径。此外，碳包覆还可以阻碍 Fe^{3+} 生成，保证材料的纯度。本实验采用葡萄糖作为碳源，通过煅烧实现碳包覆 $LiFePO_4$，具体流程如图 4.15 所示。

图 4.15　碳包覆 $LiFePO_4$ 颗粒的制备流程

主要试剂与仪器

1. 试剂

$FeSO_4 \cdot 7H_2O$、H_3PO_4、$LiOH \cdot H_2O$、$FeC_2O_4 \cdot 2H_2O$、$NH_4H_2PO_4$、Li_2CO_3、乙二

醇、无水乙醇、丙酮、葡萄糖。

2. 仪器

高压反应釜、管式炉、氩气钢瓶、磁力搅拌器、电热鼓风干燥箱、真空干燥箱、抽滤装置、研钵、瓷舟、球磨装置。

实验内容

1. $LiFePO_4$ 颗粒的制备

(1) 按照物质的量比 1:1:1 称取 1 g $LiOH \cdot H_2O$、H_3PO_4 和 $FeSO_4 \cdot 7H_2O$，依次加入 100 mL 乙二醇-水(体积比为 15:1)混合溶剂中。

(2) 在氮气保护下将混合溶剂磁力搅拌 1 h，搅拌均匀后，快速将溶液转入 150 mL 聚四氟乙烯内衬高压反应釜中，密封。

(3) 将密封好的反应釜放入电热鼓风干燥箱中，180℃反应 10 h，反应结束后自然冷却。

(4) 将冷却后的反应釜取出，将溶液进行减压过滤，用水和无水乙醇反复多次冲洗过滤。

(5) 将过滤后的材料在真空干燥箱中 80℃干燥 10 h，得到 $LiFePO_4$ 样品。

2. 碳包覆 $LiFePO_4$ 的制备

(1) 按照物质的量比 1:1:1 称取 1 g $FeC_2O_4 \cdot 2H_2O$、$NH_4H_2PO_4$、Li_2CO_3 置于球磨罐中，加入 2 g 葡萄糖作为碳源。

(2) 加入一定量的丙酮作为媒介，球磨 6 h，制备得到流变体。

(3) 将流变体置于电热鼓风干燥箱中，设置温度 40℃，进行鼓风干燥，除去丙酮。

(4) 将材料置于真空干燥箱中，100℃真空干燥 10 h，随后研磨得到前驱体。

(5) 将前驱体在惰性气氛中 350℃预烧 2 h，然后在 700℃正式烧结 10 h，得到碳包覆的 $LiFePO_4$ 正极材料。

3. 物相分析

用 X 射线衍射仪表征所合成物质的物相。

4. 粒度测试

参照实验 32，用激光粒径分析仪进行 $LiFePO_4$ 和碳包覆 $LiFePO_4$ 正极材料的粒度分布分析。

5. 堆积密度测试

参照实验 30 测试 $LiFePO_4$ 和碳包覆 $LiFePO_4$ 正极材料的堆积密度。

6. 形貌及结构分析

用扫描电子显微镜及透射电子显微镜观察、分析材料的形貌及结构特征。

7. 元素含量分析

用电感耦合等离子体发光光谱分析检测样品中所含元素的种类和含量。

思考题

(1) $LiFePO_4$ 正极材料的评价指标有哪些?

(2) 与其他正极材料相比, $LiFePO_4$ 作为正极材料具有哪些优势?

(3) $LiFePO_4$ 正极材料的制备方法有哪些? 制备方法与产品性能之间有什么关系?

(4) 考虑到工业化应用, 如何设计制备高性能的 $LiFePO_4$ 正极材料?

实验 34　静电纺丝法制备 $Li_3V_2(PO_4)_3$ 纤维材料

实验目的

(1) 掌握通过静电纺丝合成 $Li_3V_2(PO_4)_3$ 纤维材料的方法。

(2) 了解 $Li_3V_2(PO_4)_3$ 纤维材料的物理特性与电化学性能。

(3) 学习静电纺丝机的使用方法与注意事项。

实验原理

$Li_3V_2(PO_4)_3$ 作为磷酸盐系中最有发展前景的材料之一, 受到众多科研人员的关注。与 $LiFePO_4$ 相比, $Li_3V_2(PO_4)_3$ 具有热力学结构稳定、安全环保、储量丰富等优势, 其还具有更高的电压和离子电导率, 以及在所有磷酸盐中最高的理论比容量。

$Li_3V_2(PO_4)_3$ 有两种结构, 一种是斜六方结构, 另一种是单斜结构, 二者都是由 VO_6 八面体与 PO_4 通过共用顶点的方式连接而成, 但是它们组成 $V_2(PO_4)_3$ 单元的内部连接方式不同。斜六方结构为 $R3$ 空间群, 晶胞参数为 $a = 0.8316$ nm, $c = 2.2484$ nm, VO_6 八面体和 PO_4 四面体通过顶点互连的方式形成“灯笼”式单元框架; 单斜结构则属于 $P21/n$ 空间群, $a = 0.8605$ nm, $b = 0.8591$ nm, $c = 1.2038$ nm, $\beta = 90.6°$, 晶体结构与斜六方相似, 但是更加稠密, 其三维网络结构是略微扭曲的 VO_6 八面体与 PO_4 四面体通过共用 O 顶点构成, 阳离子迁移率相对较小。在锂离子脱嵌过程中, 晶格中占据位点的数目发生改变, 进而改变迁移率的大小, 迁移率不断变化的过程会发生结构重排, 而更加稠密的单斜结构的 $Li_3V_2(PO_4)_3$ 发生重排的概率更小。因此, 单斜结构的 $Li_3V_2(PO_4)_3$ 具有更好的热力学稳定性和电化学性能。此外, 单斜结构的 $Li_3V_2(PO_4)_3$ 能够在热反应中直接获得, 而斜六方结构的 $Li_3V_2(PO_4)_3$ 只能先制备出 $Na_3V_2(PO_4)_3$, 然后通过 Li^+ 取代 Na^+ 的方法得到。

$Li_3V_2(PO_4)_3$ 具有三维骨架结构, 拥有三维锂离子扩散通道, 其锂离子扩散系数明显高于同类型的其他过渡金属磷酸盐化合物。而同样作为磷酸盐系的 $LiFePO_4$, 只具有一个在 b 轴方向进行锂离子扩散的路径, 因而 $Li_3V_2(PO_4)_3$ 的锂离子电导率比 $LiFePO_4$ 高得多。然而, $Li_3V_2(PO_4)_3$ 的结构排列中, VO_6 八面体被 PO_4 四面体分开, 具有导电性的 V 离子均被隔开排布，导致其固有的电子电导率较低，这严重限制了 $Li_3V_2(PO_4)_3$ 的倍率性能。

为了提高材料的电导率，可以设计三维网络结构材料，其具有较大的比表面积、较高的稳定性、较大的离子扩散通道和连续的电子传导载体，能够提高电池的比容量、循环稳定性和倍率性能，增强快速充放电能力等。近年来，三维网络结构材料的制备技术在电极材料中研究较多。

静电纺丝技术是指聚合物溶液或熔体在静电场中带电后，在高压静电作用下，液滴表面形成圆锥状的泰勒锥，当压力达到一定值时，其液滴克服表面张力形成持续喷射的细流，进而形成纳米纤维。因为能够较好地合成纳米纤维材料且合成工艺简单，静电纺丝技术已经得到了广泛的应用。静电纺丝装置主要由高压电源部分、喷射部分和接收部分组成(图 4.16)。高压电源作为静电纺丝机最重要的部分，为装置提供持续的高压静电。喷射部分由推进泵、注射器、塑料胶管和导电针头组成。将聚合物溶胶装进注射器中，在推进泵的作用下，溶胶沿着塑料胶管导入针头。注射器为医用注射器，针头的样式有很多，包括单头、多头、同轴等，且均能导电。接收部分常用的装置有平板接收和滚筒接收，平板接收的纤维比较蓬松，均一性相对较差，而滚筒接收的纤维均匀致密，纤维的方向具有较高的一致性。三部分共同组成高压静电纺丝机，在各部分的配合作用下，高压静电纺丝机能够制备出均匀、连续、完好的纳米纤维材料。

有很多因素影响高压静电纺丝过程而导致纺丝效果大不相同，其主要的影响因素可以分为三个方面：溶胶自身的性质、纺丝过程中的工艺参数和纺丝过程中的环境条件。

(1) 溶胶自身的性质：纺丝前驱体的配制对纺丝效果的影响非常明显，不同的聚合物(PAN、PVP、PVDF、PMMA 等)和溶剂(DMF、乙醇、水)，纺出的丝性质差异很大，还包括溶胶配制的黏度、浓度、电导率等。

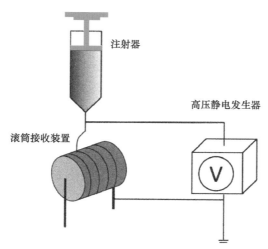

图 4.16　静电纺丝装置示意图

(2) 纺丝过程中的工艺参数：包括电压、推进泵的推进速度、针头直径、针头到接收板的距离、接收滚筒的转速等。

(3) 纺丝过程中的环境条件：包括温度、湿度和气流速度等。严格控制纺丝过程中的环境参数对于纺丝极为重要，尤其是温度和湿度。

主要试剂与仪器

1. 试剂

聚丙烯腈(PAN)、N, N-二甲基甲酰胺(DMF)、硝酸、草酸、偏钒酸铵、乙酸锂、磷酸。

2. 仪器

电子天平、磁力加热搅拌器、高压静电纺丝机、中温管式炉。

实验内容

1. $Li_3V_2(PO_4)_3$ 纳米纤维电极材料前驱体的制备

(1) 溶胶采用的溶剂为 DMF，聚合物为聚丙烯腈。

(2) 先向 DMF 中加入 0.5 mL HNO_3 和 1.26 g $H_2C_2O_4 \cdot 2H_2O$，然后按照化学计量比依次称取 0.585 g NH_4VO_3、0.765 g $LiAc \cdot 2H_2O$、0.865 g H_3PO_4(80%，质量分数)，室温下搅拌 3 h 后得到均匀澄清的溶液 A。

(3) 将 4 g 聚丙烯腈加入 DMF 中，在室温下搅拌，得到澄清透明的溶胶 B。

(4) 将溶液 A 逐滴缓慢地向溶胶 B 中滴加，室温下搅拌至溶胶均匀澄清，得到纺丝需要的溶胶。

(5) 设置纺丝电压为 25 kV，纺丝所用的针头直径为 0.6 mm，推进泵向前推进的速率为 1.2 mL $\cdot$ h^{-1}，滚筒接收器到针头的距离约为 15 cm，滚筒的转速为 200 r $\cdot$ min^{-1}，纺丝的温度为 25℃，湿度控制在 30%以下。经过一段时间的纺丝后，得到均匀致密的前驱体膜。

2. $Li_3V_2(PO_4)_3$ 纳米纤维电极材料前驱体的热处理

(1) 将制备好的纤维膜取下，用两块石墨板压住以保持样品形貌，在空气中低温预处理。温度为 260℃，时间为 2 h，升温速率为 1℃ $\cdot$ min^{-1}。

(2) 将预处理后的样品进行高温煅烧，使用氩气气氛，升温速率 2℃ $\cdot$ min^{-1}，保温时间 10~30 h，保温温度 700~850℃，随后自然冷却至室温，得到所需的 $Li_3V_2(PO_4)_3$ 纤维电极材料。

(3) 将材料按照所需尺寸直接进行裁剪，即得到 $Li_3V_2(PO_4)_3$ 正极片。

3. 物相分析

用 X 射线衍射仪表征所合成物质的物相。

4. 形貌及结构分析

用扫描电子显微镜及透射电子显微镜观察、分析材料的形貌及结构特征。

5. 元素含量分析

用电感耦合等离子体发光光谱分析检测样品中所含元素的种类和含量。

思考题

(1) 与其他常见的正极材料(钴酸锂、磷酸铁锂)相比，$Li_3V_2(PO_4)_3$ 正极材料具有哪些优缺点？

(2) 静电纺丝法制备的 $Li_3V_2(PO_4)_3$ 具有哪些形貌结构特点？

(3) 静电纺丝法制备 $Li_3V_2(PO_4)_3$ 过程中需要调控的影响因素有哪些？

(4) 静电纺丝法制备 $Li_3V_2(PO_4)_3$ 是否具有工业化生产的可能性？其主要的障碍是什么？

实验 35　喷雾干燥法制备尖晶石 $LiMn_2O_4$ 正极材料

实验目的

(1) 了解尖晶石 $LiMn_2O_4$ 正极材料的结构特征与电化学性能。

(2) 了解尖晶石 $LiMn_2O_4$ 正极材料的制备方法与形貌特征。

(3) 掌握喷雾干燥法制备尖晶石 $LiMn_2O_4$ 正极材料的实验原理与操作。

实验原理

随着人们对动力锂离子电池功率密度的要求越来越高，具有高放电电压的正极材料受到广泛关注。在目前商业化的锂离子电池正极材料中，$LiCoO_2$ 价格昂贵、热稳定性差、有毒性，难以在动力电池中广泛应用；纳米 $LiFePO_4$ 颗粒振实密度小、放电电压较低，也较难满足高能量动力电池的要求；尖晶石 $LiMn_2O_4$ 正极材料以其资源丰富、成本低廉、安全性高、无污染等优点而备受关注。

$LiMn_2O_4$ 属于立方尖晶石结构($Fd\bar{3}m$)，该结构中，O 原子为面心立方密堆积，占据晶格中的 32e 位置，Li 原子占据 1/8 的四面体 8a 位置，Mn 原子占据 1/2 的八面体 16d 位置，其余的 7/8 四面体间隙(8b 及 48f)及 1/2 的八面体间隙 16c 为全空。在脱锂状态下，有足够的 Mn 存在每一层中保持 O 原子理想的立方密堆积状态，构成一个有利于 Li^+ 扩散的 Mn_2O_4 骨架。四面体晶格 8a、48f 及立方体晶格 16c 共面而构成互通的三维离子通道，Li^+ 通过 8a-16c-8a 的路径进行嵌入和脱出，其扩散系数达 $10^{-14}\sim10^{-12}\,m^2\cdot s^{-1}$。充电时，$Li^+$ 从 8a 位置脱出，Mn^{3+} 氧化为 Mn^{4+}，$LiMn_2O_4$ 的晶格发生各向同性收缩，晶格常数从 0.824 nm 逐渐收缩到 0.805 nm(2.5%)；放电则反之。整个过程中尖晶石结构保持立方对称，没有明显的体积膨胀或收缩。

尖晶石 $LiMn_2O_4$ 虽然有很多优点，但是其存在容量衰减快，特别是在高温下衰减特别严重的问题。目前研究认为，在循环过程中，导致其衰减特别快的原因主要有以下几点：锰的溶解、姜-泰勒效应、电解液的分解、氧缺陷的存在等。许多研究认为，这些不足与材料的制备条件密切相关，要克服这些不足，关键是要在工艺制备方法上有所创新。制备方法和制备条件决定了材料的形貌、粒度及粒径分布、比表面积、结晶形态和结晶度、晶格缺陷等性质，这些物理及化学性质直接影响锂离子的嵌入和脱出反应，即对材料的比容量和循环性能有着决定性的影响。球形或类球形的正极材料可以使电极材料与电解液之间的副反应降至最低，从而减少电池充放电过程中的容量损耗，有利于锂离子电池正极材料获得更好的电化学性能。

喷雾干燥法是制备球形材料最常用的方法之一，可以在非常短的时间内实现热量与质量的快速转移，使物料干燥并形成规则的球形颗粒，在制备各种复合组分特别是组分要求精确的粉体材料上有突出的优势。采用该法制备的材料具有非聚集、球形形貌、粒径大小可控且分布均匀、颗粒之间化学成分分布均匀等优点。

按照原料状态的不同，喷雾干燥法可以分为溶液喷雾干燥法和浆料喷雾干燥法。溶液喷雾干燥法采用可溶性盐作为原料，原料混合均匀，但容易出现偏析现象，且产气较多，容易形成大量空心、破碎的不规则粒子。浆料喷雾干燥法则是采用不可溶的碳酸盐或金属氧化物作原料，原料相对廉价且没有腐蚀性，可以通过高速搅拌制浆改善混合的均匀性，且得到的产物形貌规整。

本实验以碳酸锂和电解二氧化锰(EMD)为原料，通过浆料喷雾干燥法制备球形尖晶石 $LiMn_2O_4$ 正极材料。首先将原料通过搅拌制成均匀浆料，然后对浆料进行喷雾干燥，最后对干燥产物进行焙烧得到球形均匀的尖晶石 $LiMn_2O_4$ 产物，具体流程如图 4.17 所示。

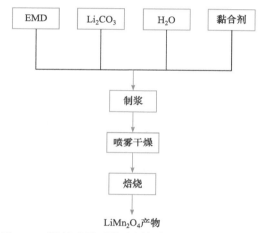

图 4.17　浆料喷雾干燥法制备尖晶石 $LiMn_2O_4$ 流程

主要试剂与仪器

1. 试剂

电解二氧化锰、碳酸锂、聚乙二醇。

2. 仪器

管式炉、球磨机、电子天平、喷雾干燥机、电动搅拌器。

实验内容

1. 尖晶石 $LiMn_2O_4$ 正极材料的制备

(1) 以碳酸锂、电解二氧化锰为原料，按照 $LiMn_2O_4$ 的化学计量比，准确称取适量的固体原料。

(2) 在固体原料中加入一定量的水混合，在球磨机中循环球磨 2 h，制成均匀浆料。

在制浆过程中可以在原料中加入 3%(质量分数)的聚乙二醇作为黏结剂。

(3) 将得到的均匀浆料通过喷雾干燥机进行干燥，控制进口温度为 350℃，压缩空气压力为 0.5 MPa，塔内压力为–200 Pa 左右，在收集口收集干燥好的前驱体粉末。喷雾干燥机的工作原理是空气通过过滤器和加热器，进入干燥塔顶部的空气分配器，然后呈螺旋状均匀地进入干燥室。料液由料液槽经过滤器由泵送至干燥塔顶的离心雾化器，使料液喷成极小的雾状液滴，料液与热空气并流接触，水分迅速蒸发，在极短的时间内干燥为成品。成品由干燥塔底部和旋风分离器排出，废气由风机排出。

(4) 将 $LiMn_2O_4$ 正极材料的前驱体按照一定的升温程序，先在空气气氛中 900℃煅烧 20 h，然后在氧气气氛中 770℃煅烧 30 h，自然冷却，得到尖晶石 $LiMn_2O_4$ 正极材料。

2. 物相分析

用 X 射线衍射仪表征所合成物质的物相。

3. 形貌及结构分析

用扫描电子显微镜及透射电子显微镜观察、分析材料的形貌及结构特征。

4. 元素含量分析

用电感耦合等离子体发光光谱分析检测样品中所含元素的种类和含量。

5. 粒径分布测试

用激光粒径分析仪对材料进行粒度分布分析。

思考题

(1) 尖晶石正极材料的制备方法主要有哪些？喷雾干燥法具有什么优点？
(2) 使用喷雾干燥法制备尖晶石正极材料的过程中有哪些注意事项？
(3) 制备过程中影响尖晶石 $LiMn_2O_4$ 正极材料性能的因素有哪些？
(4) 喷雾干燥法制备的球形形貌的 $LiMn_2O_4$ 正极材料具有哪些优势？

实验 36　固态电解质 $Li_{1.3}Al_{0.3}Ti_{1.7}(PO_4)_3$ 陶瓷的制备

实验目的

(1) 学习固态电解质的基本性质和导电原理。
(2) 掌握 $Li_{1.3}Al_{0.3}Ti_{1.7}(PO_4)_3$(LATP)陶瓷的制备、成型方法。
(3) 学习全固态电解质的电导率测试方法。

实验原理

在锂二次电池中，液态电解质是目前最常用的电解质，但其存在易泄漏、易燃及化学稳定性较差等问题，严重阻碍了高性能电池的发展。与液态电解质相比，固态电解质具有良好的化学稳定性，且不会出现过渡金属离子溶解的问题，还可以有效抑制锂电池中锂枝晶的生长，与高容量电极材料兼容性更好，因此有望用于发展下一代高安全性、高能量密度和宽工作温度范围的全固态锂二次电池。

$Li_{1.3}Al_{0.3}Ti_{1.7}(PO_4)_3$ 固态电解质将 Al^{3+} 掺杂到 $LiTi_2(PO_4)_3$ 中，属于 NASICON(钠超离子导体)结构。NASICON 结构的分子式一般可写为 $AM_2(RO_4)_3$，其中 A、M 和 R 一般分别为一价、四价和五价离子。在 $LiTi_2(PO_4)_3$ 固态电解质中，TiO_6 八面体和 PO_4 四面体顶点相连，形成刚性骨架，构成三维网络结构，Li^+ 可以在三维网络的通道中传递。此外，导电离子 Li^+ 在不同的位置迁移的速度和程度取决于三维网络结构的大小，因此此类电解质的电导率受物相、纯度、孔隙率及结构的稳定性影响较大。$LiTi_2(PO_4)_3$ 本身的电导率很低，约为 $10^{-6}\,S \cdot cm^{-1}$，达不到实际应用的水平。通过 Al^{3+} 的掺杂，引入晶格缺陷，形成 LATP 体系，Al^{3+} 部分取代 Ti^{4+}，填充的 Li^+ 填充空位，从而促进锂离子的扩散，使其具有较低的活化能、较高的离子电导率。另外，Al^{3+} 掺杂能够改善固态电解质的烧结性能，使材料的致密度得到较大的提高，电导率也随之升高。

溶胶-凝胶法作为常用的材料制备方法，在合成固态电解质方面也具有广阔的应用前景。与其他制备方法相比，溶胶-凝胶法由于经过溶液反应步骤，很容易均匀定量地掺入一些微量元素，实现分子水平的均匀掺杂。另外，与固相反应相比，化学反应更容易进行，而且合成温度更低。一般认为溶胶-凝胶体系中组分的扩散在纳米范围内，而固相反应时组分扩散是在微米范围内。综合以上特性，本实验采用溶胶-凝胶法作为制备 LATP 固态电解质的方法。

主要试剂与仪器

1. 试剂

乙酸锂、硝酸铝、磷酸三乙酯、钛酸四丁酯、聚乙二醇、无水乙醇、导电银浆。

2. 仪器

磁力搅拌器、烧杯、培养皿、玛瑙研钵、真空泵、干燥箱、压片机、电阻炉、电化学工作站。

实验内容

1. $Li_{1.3}Al_{0.3}Ti_{1.7}(PO_4)_3$ 的制备

(1) 将 2.653 g 乙酸锂(LiAc)和 2.251 g 硝酸铝[$Al(NO_3)_3 \cdot 9H_2O$]加入 10 mL 无水乙醇中充分混合搅拌。

(2) 待粉末完全溶解后，向混合液中加入 11.3 mL 磷酸三乙酯[$PO(OC_2H_5)_3$]，混合均匀，调节溶液的pH至5，滴入11.57 g 钛酸四丁酯[$Ti(OC_4H_9)_4$]并在磁力搅拌器上不断搅拌。

(3) 将混合均匀的前驱体溶胶放入干燥箱中 60℃干燥 10 h，以加速凝胶的形成。

(4) 将上述步骤中制备的干凝胶放入电阻炉中，900℃煅烧 2 h，去除有机物，制备

LATP 前驱体。

(5) 将煅烧好的前驱体放入玛瑙研钵中，加入适量聚乙二醇于粉末中作为黏结剂，使制备的前驱体粉末分散均匀，同时降低原料的粒径，使后续的固相反应更加充分。

(6) 将混合好的 LATP 前驱体放入钢制模具中，在模具外施加 20 MPa 压力，并保压 1 min，使固态电解质样品成型。

(7) 将少量 LATP 母粉铺于氧化铝陶瓷垫片上，随后将已经成型的样片放于其上，置于电阻炉中 950℃煅烧 2 h，待冷却后将 LATP 片取出。

2. $Li_{1.3}Al_{0.3}Ti_{1.7}(PO_4)_3$ 电化学阻抗测试

LATP 固态电解质的电化学特性采用电化学阻抗谱进行测试，并计算其离子电导率。

(1) 取烧结完好的样品，用 No.1200 砂纸打磨两端表面，并测量样品的厚度 L 及直径 D，计算样品面积 A。

(2) 将样品置于无水乙醇中超声清洗 5 min，干燥后在样品两端表面均匀涂抹常温快干导电银浆，干燥后夹在电化学工作站测试用的电极两端。

(3) 用电化学工作站对样品进行电化学阻抗测试，测试频率为 1～100 kHz，测试电压为 10 mV。所得曲线用拟合软件拟合出等效电路，以及相应的晶粒电阻 R_g 和晶界电阻 R_b，样品总电阻 R 即为上述两者之和。样品各部分离子电导率 σ 的计算公式为

$$\sigma = L / (R \times A) \tag{4.18}$$

式中，σ 为样品电导率($S \cdot cm^{-1}$)；L 为样品厚度(cm)；A 为样品面积(cm^2)；R 为样品电阻(Ω)。

3. 实验结果分析

(1) 以阻抗实部为横坐标、虚部为纵坐标，绘制电化学阻抗谱图及拟合曲线，并计算样品各部分离子电导率。

(2) 对测试结果进行分析。

思考题

(1) 在煅烧过程中添加 LATP 母粉的作用是什么？
(2) 采用何种表征仪器能对 LATP 样品进行物相及成分分析？

实验 37　电弧熔炼法制备 AB_5 型稀土系储氢材料

实验目的

(1) 学习电弧熔炼技术的基本原理和操作步骤。
(2) 了解 AB_5 型储氢材料的储氢机制和应用范围。
(3) 学习 AB_5 型储氢材料的基本表征方法。

实验原理

AB$_5$ 型储氢合金具有高的储氢容量和良好的电化学反应动力学等特性，是最早商业化的储氢合金。具有六方结构的 LaNi$_5$ 合金是最具代表性的 AB$_5$ 型储氢合金，在储氢过程中，氢原子可以进入 LaNi$_5$ 晶胞的三个八面体间隙和三个四面体间隙中，形成 LaNi$_5$H$_6$，因此一个 LaNi$_5$ 晶胞理论上可以吸收 6 个氢原子，储氢量约为 1.4%(质量分数)。LaNi$_5$ 具有易活化、不易中毒、吸放氢速度快等优点，并以此为基础衍生出一系列性能优越的 AB$_5$ 型储氢合金。

真空等离子体电弧熔炼技术是制备提纯高纯金属及合金的常用技术，于 20 世纪 60 年代在我国发展起来。真空等离子体电弧熔炼利用电弧电离产生的等离子体使金属或合金熔体达到极高温度，从而有效地去除金属和合金中的高饱和蒸气压的金属杂质与间隙相杂质。本实验采用等离子体电弧熔炼炉制备提纯合金，熔炼炉配有钨电极、水冷铜坩埚、分子泵、气源等，其结构如图 4.18 所示。

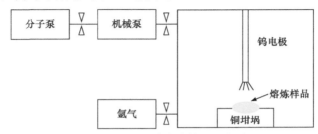

图 4.18 电弧熔炼炉装置示意图

本实验将系统学习 LaNi$_5$ 储氢合金的制备方法，熟悉电弧熔炼炉的结构原理和熔炼工艺；掌握 X 射线衍射仪的原理和使用方法，分析 LaNi$_5$ 储氢合金晶体结构及晶格常数。

主要试剂与仪器

1. 试剂

高纯金属镧、金属镍、乙醇。

2. 仪器

真空感应熔炼炉。

实验内容

1. 准备工作

(1) 按照化学计量比配制金属镧及金属镍原料，物质的量比为 1∶5，配料总质量约为 15 g。

(2) 打开控制柜电源及冷却水柜电源，观察循环水是否正常。检查高压气瓶(氩气)减压阀的气体流量调节阀是否完好。用万用表检查腔底和腔壁，腔壁和电弧枪均未短路。

2. 抽真空

(1) 打开腔体放气阀后打开熔炼炉腔体门，用吸尘器吸去杂物，并用干净的脱脂棉等蘸乙醇擦拭真空室内部及坩埚表面，待乙醇干燥后将配好的合金原料置于铜坩埚内，并在中间坩埚放入金属钛作为纯化剂，关闭熔炼炉腔体门及放气阀。

(2) 确保所有阀门处于关闭状态，检查控制柜电源情况，打开机械泵后打开腔体机械泵阀门，腔内开始抽真空，待一段时间后，打开真空显示器，待真空达到 8 Pa 以下时，关闭腔体机械泵阀门，关闭真空显示器。

(3) 打开电磁阀，显示稳定后运行分子泵，待分子泵示数稳定后打开闸板阀，抽高真空。约 20 min 后打开真空显示器，待真空度达到实验要求时(一般为 2×10^{-3} Pa)，关闭真空显示器及闸板阀。

(4) 缓慢打开氩气阀充氩气，并观察压力计示数，至 0.05 MPa 时关闭。分子泵转速降为 0 时依次关闭电磁阀、机械泵、分子泵电源。实验中需谨慎操作分子泵闸板阀，高真空后首先关闭分子泵闸板阀，禁止大气直接进入分子泵，否则引起警报，损坏分子泵。

3. 熔炼过程

(1) 确认真空显示器和照明灯关闭，熔炼电流和电磁搅拌电流均为 0。
(2) 打开照明，调节电极高度至钛表面 1～3 mm 处，关闭照明开关，关好护目镜。
(3) 进行气氛纯化，启动熔炼开关，观察电压正常后，打开引弧开关，出现火花后将钨电极快速提升至钛块表面 20～30 mm 高度，增大熔炼电流，适当时间后，关闭电流及熔炼开关。
(4) 抬高电极移至待熔炼样品的坩埚，重复上述熔炼步骤，待金属熔为液体后利用电磁搅拌对合金液进行搅拌，适当时间后，关闭磁搅拌电流，减小熔炼电流，熄灭电弧，关闭熔炼开关。
(5) 若熔炼效果不够理想，待合金完全凝固后，利用机械手将其翻转过来，再重复熔炼。
(6) 待样品熔炼完毕后，关闭熔炼炉电源，等待 15 min 至腔体冷却，打开放气阀，放入空气至压力为 0。
(7) 清洗真空室内部及坩埚表面，降下炉盖，抽低真空至 10 Pa。

4. 停机步骤

确保各阀门已关闭，机械泵、分子泵处于关闭状态。关闭冷却水柜电源，关闭控制柜电源及电弧熔炼总电源。

5. 注意事项

(1) 刚熔炼完时，腔内温度过高，切勿打开照明灯。
(2) 在引弧期间，人体不要接触电弧枪，以免触电。
(3) 利用机械手翻转时，机械手容易碰到电弧枪，应保持熔炼电流和"启动"开关关闭。

(4) 本电弧熔炼炉的起弧为电弧枪与样品直接起弧，电弧枪不可接触腔内任何物品，并禁止在熔炼时直接在腔底铜台上移弧。

6. 实验结果分析

学习 X 射线衍射仪的结构、原理、使用步骤，对原料和待测样品进行物相分析。绘制 $LaNi_5$ 合金样品 X 射线衍射图谱，分析 $LaNi_5$ 合金晶体结构及晶格常数等参数。

思考题

(1) 在合金熔炼过程中钛的作用是什么？
(2) 电弧熔炼过程中的注意事项有哪些？

实验 38　高速球磨法制备镁基合金储氢材料

实验目的

(1) 掌握镁基合金储氢材料的制备、成型方法。
(2) 了解镁基合金的储氢机制。
(3) 掌握热重-差示扫描热分析的原理、使用方法及镁基合金储氢量的计算方法。

实验原理

以 Mg_2Ni 为代表的镁基储氢合金具有储氢量高(H/M 值为 3.6%，质量分数)、价格低廉、资源丰富等突出优点，多年来一直受到广泛的关注。高速球磨技术工艺设备简单，能够快速高效地制备 Mg_2Ni 储氢合金。与传统方法制备的储氢合金相比，高速球磨制备的储氢合金具有易于活化、吸放氢动力学性能好、高倍率放电能力强、循环寿命长和放电容量大等优点，是制备新型储氢合金、提高储氢合金性能的有效方法。

高速球磨法是将原料粉末按一定配比机械混合，在保护性气氛下，在高速球磨机等设备中长时间研磨，最终达到原子级混合形成均匀的亚稳相，从而实现合金化的目的。高速球磨过程可分为如下几个阶段：①原材料粉末在磨球的作用下与磨球及其他元素粉末相互碰撞，产生强烈的塑性变形，发生冷焊并形成具有层片状结构的复合粉末；②在进一步球磨过程中，复合粉末因加工硬化而碎裂并暴露出新的原子表面反复发生焊合，其层状复合结构不断细化，同时固相粒子间开始扩散并逐渐形成固溶体；③粉末如此不断重复冷焊、碎裂、再焊合的过程，层状结构进一步细化和卷曲，单个粒子逐步转变成混合体系，并最终最大限度地畸变为亚稳结构。这种机械合金化的方法与传统方法有明显不同，它利用机械能，不需用任何加热手段，在远低于材料熔点的温度下由固相反应制取合金。但它不同于普通的固态反应过程，在机械研磨过程中合金会产生大量的应变、缺陷等，对于熔点相差较大的元素，它比熔炼法更具优势。

储氢材料的储氢性能可以通过差示扫描量热法(DSC)和热重法(TG)进行表征。差示扫描量热法是在程序控温下，测量样品与参比物的热流差和温度关系的一种技术，用于分析测试材料中与时间、温度有关的转变所对应的温度和热流量之间的关系，从而提供与物理、化学变化过程中有关的吸热、放热、热容变化等定性或定量的信息，主要用于熔化及结晶转变、二级转变、氧化还原反应、裂解反应等的定性分析研究，还能测定多种热力学和动力学参数，如比热容、反应热、转变热、反应速率等。热重法是在程序控温下，借助热天平以获得物质的质量与温度关系的一种技术。利用加热或冷却过程中物质质量变化的特点，可以对材料进行定量分析。热重法能进行热分解反应过程分析与脱水量测定，也可用于生成挥发性物质的固相反应分析。

　　本实验将系统学习镁基合金储氢材料的制备方法，了解高速球磨反应器的结构原理和球磨合金化机制，熟悉综合热分析仪的原理和使用方法，并计算产物的储氢量。

主要试剂与仪器

　　1. 试剂

　　高纯镁粉、高纯镍粉、高纯氩气、高纯氢气。

　　2. 仪器

　　行星式球磨机、真空手套箱、同步热分析仪。

实验内容

　　1. Mg_2Ni 储氢合金制备

　　本实验采用机械球磨的方法制备 Mg_2Ni 储氢合金。为了防止合金在球磨的过程中与其他气体发生反应，配料和装料过程需要在真空手套箱中完成。

　　(1) 分别称取高纯镁粉 11.21 g 与高纯镍粉 8.79 g，然后将金属粉末与不锈钢球放入球磨罐中，不锈钢球与金属粉末的质量比为 20∶1。

　　(2) 设定球磨机转速为 600 r·min^{-1}，球磨时间为 12 h。由于合金粉末在球磨过程中容易黏结在球磨罐壁上，为保证反应充分进行，每球磨 2 h 将球磨罐取出，在真空手套箱中刮取黏结在罐壁上的粉末并研碎，继续球磨。

　　(3) 向球磨罐内充入 0.4 MPa 的高纯氢气(纯度为 99.99%)，使样品在高纯氢气气氛下进行机械反应球磨，每研磨 2 h 向球磨罐内补充氢气，保证罐内有足够的氢气参与反应，经过 10 h 充氢反应后取样测试。

　　(4) 用同步热分析仪对制备的储氢材料进行差示扫描量热测试及热重测试。获得材料从室温起发生相变时的吸热转变、放热转变及质量变化信息，从而为材料的放氢机理分析提供一定依据。取 15 mg 左右储氢合金置于氧化铝坩埚中，整个升温过程通入纯度为 99.99%、流速为 50 mL·min^{-1} 的氩气作保护气氛，防止样品在加热过程中被氧化。设定温度区间为室温～500℃，升温速率为 10℃·min^{-1}。

　　2. 实验结果分析

　　(1) 以差热反应测试温度为横坐标、反应强度为纵坐标绘制差热反应曲线，以热重分析测试温度为横坐标、质量损失率为纵坐标绘制热重曲线。

　　(2) 对测试结果进行分析。

思考题

(1) 机械球磨过程中转速与球磨时间会对样品产生什么影响？
(2) 镁基合金储氢及氢释放机制是什么？

实验 39　热电材料的制备

实验目的

(1) 掌握负载型电极的制备和成型方法。
(2) 了解热电效应的基本原理，计算泽贝克系数和电导率等参数。
(3) 了解负载型电极的表征仪器及其原理。

实验原理

温差发电技术是一种将热能直接转换为电能的新型清洁能源技术，具有安全可靠、

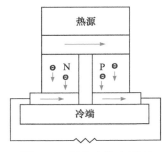

图 4.19　泽贝克效应原理

无污染、长寿命等优点，日益受到广泛关注。温差发电的核心是热电材料，它是一种基于热电效应实现热能和电能之间直接转化的材料，其能量转换机制称为泽贝克效应。如图 4.19 所示，泽贝克效应可以简单解释为在温度梯度下导体内的载流子从热端向冷端迁移并逐渐堆积，从而在材料内部形成电势差。在该电势差作用下产生一个反向电荷流，当热运动的电荷流与内部电场达到动态平衡时，半导体两端形成稳定的温差电动势。

泽贝克效应的实质在于两端接触时产生的接触电势差，该电势差是由两端电子溢出功和电子浓度不同造成的。温差电动势率可以定义为

$$S = \lim_{\Delta T \to 0} \frac{V_{ab}}{\Delta T} \tag{4.19}$$

式中，ΔT 为两个结点的温差；V_{ab} 为两结点处的电动势；S 为泽贝克系数($V \cdot K^{-1}$)，它主要由材料的本身性质决定，并受温度影响。金属的泽贝克系数一般较小，只有 $10^{-6}\,V \cdot K^{-1}$ 左右；半导体的泽贝克系数较大，可以达到 $10^{-4}\,V \cdot K^{-1}$ 以上，因此半导体可用于温差发电。Bi_2Te_3 基合金及其固溶体是最早被关注的热电材料，也是研究比较成熟、应用最为广泛的热电材料，在低温热电器件领域已得到一定应用。

本实验将系统学习负载型碲化铋热电材料的制备和成型方法，熟悉其电学性能测试系统的结构原理和测试流程，计算材料的电导率及泽贝克系数。

主要试剂与仪器

1. 试剂

二氧化碲(TeO_2)、五水合硝酸铋[$Bi(NO_3)_3 \cdot 5H_2O$]、浓硝酸、无水乙醇。

2. 仪器

超声波清洗器、磁力搅拌器、电子天平、直流电源、电学性能测试系统。

实验内容

1. 电沉积法制备碲化铋热电材料

(1) 量取 34.6 mL 浓硝酸，用 40 mL 去离子水稀释。

(2) 向上述硝酸溶液中添加 1.197 g TeO_2 粉末，加入磁子，将烧杯密封，防止水分蒸发。

(3) 将上述溶液置于磁力搅拌器上，设置温度为 80℃，转速为 600 r·min^{-1}，搅拌至 TeO_2 粉末完全溶解。

(4) 关闭磁力搅拌器，冷却后将 2.426 g $Bi(NO_3)_3·5H_2O$ 粉末倒入上述溶液中，常温下设置转速为 600 r·min^{-1}，搅拌至粉末完全溶解后将溶液取下备用。

(5) 将混合液倒入 500 mL 容量瓶中，加去离子水定容。

(6) 将 ITO(氧化铟锡)玻璃片(1 cm × 4 cm)置于超声波清洗器中，分别用去离子水及无水乙醇清洗 10 min，清洗干净后吹干备用。

(7) 将清洗干净的 ITO 玻璃片用电极夹夹好，电解池使用霍尔槽，以石墨电极作阳极、ITO 玻璃片作阴极，分别接直流电源的正极和负极，并且阳极和阴极相对平行以确保电极表面电场均匀，从而确保基底上沉积薄膜组分均匀。

(8) 加载恒定电压为–1.3 V，加载时间 180 s，加载完成后将电极片取下，用去离子水及无水乙醇清洗，烘干备用。

2. 碲化铋热电材料电学性能测试

碲化铋热电材料的电学性能测试主要包括电导率和泽贝克系数的测量。本实验利用电学性能测试系统对材料的电学性能进行测试表征，具体步骤如下：

(1) 将规定尺寸的样品垂直放置在两个电极之间。

(2) 充入腔体保护性气体，防止升温过程中材料在空气中发生化学反应或其他成分变化。

(3) 启动加热器，通过加热器加热样品的一端，可以在材料的两端建立起一定的温度梯度，并分别由两个热电偶记录样品两端的温度 T_1 和 T_2。

(4) 测量两个热电偶之间的电压，可测得整个回路的电势差ΔU，得到整个回路的泽贝克系数。

3. 碲化铋热电材料电导率测试

(1) 电导率测试的原理是四探针法，为了消除热电效应产生的影响，测试过程中正反两次通电，分别得到 $U_1 = I_1R$，$U_2 = I_2R$，材料电阻的计算公式为

$$R = \frac{U_2 - U_1}{I_2 - I_1} \qquad (4.20)$$

(2) 用游标卡尺测量试样的厚度和宽度，可获得横截面积 S，再乘以两个热电偶的接触点之间的距离 l，计算得到样品的有效体积，则材料电导率的表达式为

$$\sigma = l / (R \times S) \tag{4.21}$$

4. 实验结果分析

(1) 以测试温度为横坐标、泽贝克系数为纵坐标，绘制温度与泽贝克系数关系图。多次测量材料电导率，确定材料最终电导率。

(2) 对测试结果进行分析。

思考题

(1) 除泽贝克效应外，热电效应还有哪些？

(2) 电沉积碲化铋过程中如何控制碲化铋涂层厚度？

(3) 测定碲化铋涂层成分及物相表征的方法有哪些？

实验 40　压电材料的制备

实验目的

(1) 掌握压电效应的原理。

(2) 学习锆钛酸铅压电陶瓷的制备工艺流程。

(3) 了解压电陶瓷的电学性能测试原理及方法。

实验原理

当某些晶体被施加压力、张力或切向力时，会发生与应力成比例的介质极化，同时在晶体两端面出现数量相等、符号相反的束缚电荷，这种现象称为正压电效应，如图 4.20 所示。具有压电效应的陶瓷称为压电陶瓷。压电陶瓷在未经极化时并没有压电性能，这是由于陶瓷片内电畴是向各个方向的，从而在整体上表现为零。如图 4.21 所示，在极化过程中，各电畴的自发极化在外电场的作用下，按外电场的方向一致排列，其内

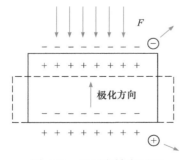

图 4.20　正压电效应原理

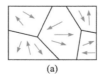 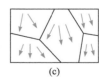

图 4.21　压电陶瓷极化示意图：(a) 未极化；(b) 极化中；
(c) 极化后

部极化强度不为零；当撤掉电场后，虽然有些电畴的极化方向会得到一定程度的复原，但大多数沿原来电场的方向排列陶瓷内部的剩余极化强度不为零；这样经过极化后，在陶瓷的上、下表面出现了束缚电荷，于是产生了压电效应。

锆钛酸铅(PZT)压电陶瓷具有出色的压电性和介电性，且容易制成各种形状和尺寸，因此被广泛应用于军事、医疗、交通、通信等领域。PZT 压电陶瓷的特性参数受生产制备过程各因素影响较大，同时 PZT 压电器件的性能主要由其中的 PZT 压电陶瓷元件决定，因此对 PZT 压电陶瓷的测试在其实际生产、理论研究及应用开发中都具有较大意义。

PZT 压电陶瓷具有钙钛矿型晶体结构，其中铅占据八个顶角，氧占据面心，而锆、钛占据中心。在居里温度以上时，其晶格为正立方体，锆、钛居于晶格正中心，晶格对称，无电偶极矩；在居里温度以下时，其晶格为长方体，锆、钛偏离中心位置，晶格不对称，电荷分布不对称，晶格具有电偶极矩。在常温情况(居里温度以下)下，当晶体受到外力作用时，晶体变形，由于电偶极矩的存在，压电陶瓷表面有电荷产生，即产生正压电效应。

本实验将系统学习锆钛酸铅压电陶瓷的制备和成型方法，以及极化装置和准静态 d_{33} 测量仪的结构原理和测试方法，测试压电陶瓷的电学性能。

主要试剂与仪器

1. 试剂

Pb_3O_4、TiO_2、ZrO_2。

2. 仪器

电子天平、研钵、粉末压片机、箱式电阻炉、干燥箱、压片模具、温度控制仪、准静态 d_{33} 测量仪、极化装置、阻抗分析仪。

实验内容

1. PZT 粉料的称量与预烧

PZT 陶瓷为含铅陶瓷，其烧结温度较高，氧化铅在高温环境下容易挥发，因此应向烧结粉末中加入过量 Pb_3O_4，其具体工艺如下：

(1) 用电子天平称取 24.00 g Pb_3O_4、2.32 g TiO_2 和 3.58 g ZrO_2。

(2) 将称量好的原料倒入研钵中，加入适量乙醇将原料混合均匀，研磨约 30 min 后将混合均匀的原料取出，置于干燥箱中烘干备用。

(3) 将干燥后的混合粉料放入电阻炉中进行预烧，预烧流程如下。

温度：25~500℃；升温速率：240℃ · h^{-1}。

温度：500~700℃；升温速率：120℃ · h^{-1}。

温度：700℃；保温：1 h。

温度：700～900℃；升温速率：120℃·h^{-1}。

温度：900℃；保温：3 h。

(4) 达到保温时间后，关闭电阻炉电源，随炉冷却，炉温降到 200℃以下，坯件可出炉。

2. PZT 粉料的造粒与成型

(1) 将预烧好的粉料再次研磨 30 min，然后加入 3～4 滴浓度为 5%的聚乙烯醇水溶液，混合均匀后置于干燥箱中烘干。

(2) 将烘干的粉料用压片机压制成无裂纹且不分层的圆片，圆片的直径为 10 mm、厚度约1mm。

3. PZT 陶瓷的预烧排塑与烧结

将圆片置于氧化铝坩埚中，并用坩埚盖上，然后放入电阻炉中进行预烧排塑和烧结。预烧排塑和烧结是两个独立的工艺，预烧排塑后应使样品完全冷却后再进行烧结工艺。预烧排塑工艺如下。

温度：20～100℃；升温速率：50℃·h^{-1}。

温度：100～500℃；升温速率：120℃·h^{-1}。

温度：500～870℃；升温速率：180℃·h^{-1}。

温度：870℃；保温：2 h。

达到保温时间后，关闭电源，随炉冷却至 200℃以下，便可出炉。

再次进行烧结，烧结温度 1200℃，保温时间 1 h，升温速率 300℃·h^{-1}。

4. PZT 陶瓷的上电极与极化

用细砂纸将陶瓷片打磨平整光滑，在光滑的陶瓷表面镀上电极，然后用耐压测试仪进行极化。

5. PZT 陶瓷的电学性能测试

用数字电桥测试陶瓷的电容量和介电损耗，用准静态 d_{33} 测量仪测试样品的压电常数，用阻抗分析仪测试样品的机电耦合系数 k_p 等，并对实验结果进行分析。介电常数的计算公式为

$$\varepsilon_r = 4Ct / \pi\varepsilon_0 d^2 \tag{4.22}$$

式中，C 为电容(F)；t 为样品的厚度(m)；d 为样品的直径(m)；ε_0 为真空介电常数 (8.85×10^{-12} F·m^{-1})。

思考题

(1) 简述压电常数 d_{33} 与极化的关系。

(2) 逆压电效应的原理是什么？

实验 41　稀土发光粉体材料的制备

实验目的

(1) 掌握共沉淀-水热合成法制备稀土发光粉体材料的方法。

(2) 了解 X 射线衍射分析在稀土发光粉体材料结构表征中的作用。

(3) 了解扫描电子显微镜分析在稀土发光粉体材料形貌表征中的作用。

(4) 学习利用荧光光谱研究稀土发光粉体材料的发光性能。

实验原理

稀土有机配合物是稀土荧光材料之一，主要用作光致发光和电致发光材料，用于制备可控性的转光农膜、荧光防伪油墨、荧光涂料、荧光塑料等高分子化合物和电致发光器件。本实验将共沉淀法与水热合成法相结合，设计合成稀土配合物及稀土掺杂铝酸盐两种发光粉体材料。以芳香羧酸、邻菲咯啉、噻吩甲酰三氟丙酮等为配体，采用共沉淀法合成具有优良光致发光性能的稀土有机配合物。利用尿素作为沉淀缓冲剂，分别以 NH_3 和 $(NH_4)_2CO_3$ 作为沉淀剂制备稀土掺杂铝酸锶发光材料。最后通过紫外光谱分析，比较配体在配位前后紫外特征吸收峰的变化，采用 EDTA 滴定法测定稀土有机配合物中稀土离子的含量，通过荧光检测仪考察稀土有机配合物的发光性能。

稀土发光机理主要有空穴转移模型、位型坐标模型、电子陷阱模型、热致发光和能量传递等五个模型。稀土离子的基态和激发态都为 $4f^n$ 电子构型，由于 f 轨道被外层 s 和 p 轨道有效地屏蔽，f-f 跃迁呈现尖锐的线状谱带，其激发态具有相对长的寿命，这是稀土离子发光的独特优势；但是稀土离子在紫外和可见光区的吸收系数非常小，这是稀土离子发光的弱点。而某些有机化合物 $\pi \rightarrow \pi^*$ 跃迁的激发能量低，且吸收系数大，作为配体与稀土离子配位后，若其三重激发态能级与稀土离子激发态能级相匹配，当配体受到紫外光或可见光照射时，发生 $\pi \rightarrow \pi^*$、$n \rightarrow \pi^*$ 吸收，经过 S_0 单重态到 S_1 单重态的电子跃迁，再经过系间穿越到三重态 T_1，然后由最低激发三重态 T_1 向稀土离子振动能级进行能量转移，稀土离子基态受激发后跃迁到激发态，当电子由激发态能级回到基态时，发出稀土离子的特征荧光。

主要试剂与仪器

1. 试剂

氨水、尿素、硼酸、浓硝酸、硝酸锶、氧化铕、氧化镝、碳酸铵、颗粒状活性炭、九水合硝酸铝、芳香羧酸、邻菲咯啉、噻吩甲酰三氟丙酮、乙醇钠、EDTA、六次甲基四胺、无水乙醇、浓盐酸。

2. 仪器

电子天平、紫外三用仪、管式炉、磁力搅拌器、循环水多用真空泵、水热反应釜、电热鼓风干燥箱、真空干燥箱、荧光光谱仪、X 射线衍射仪、冷场发射扫描电子显微镜。

实验内容

  1. 稀土掺杂铝酸锶发光粉体材料的制备

  1) 稀土 M(Eu、Dy)硝酸盐溶液的配制

  $0.1\ mol \cdot L^{-1}$ $M(NO_3)_3$ 水溶液的制备：称取适量的稀土氧化物 M_2O_3 于烧杯中，取少量去离子水润湿固体，在 60℃下搅拌并逐滴滴加适量的浓硝酸，盖上表面皿，反应一段时间，待 M_2O_3 完全溶解后，在 80℃下加热搅拌蒸发溶液至黏稠。加入一定量的去离子水使固体溶解，冷却至室温，转移至容量瓶中，定容待用。

  $1\ mol \cdot L^{-1}$ $Al(NO_3)_3$ 溶液的配制：称取 375.13 g 九水合硝酸铝固体，溶解后转移至 1 L 容量瓶中，定容待用。

  $1\ mol \cdot L^{-1}$ $Sr(NO_3)_2$ 溶液的配制：称取 211.62 g 硝酸锶固体，溶解后转移至 1 L 容量瓶中，定容待用。

  $0.2\ mol \cdot L^{-1}$ H_3BO_3 溶液的配制：称取 12.36 g 硼酸固体，溶解后转移至 1 L 容量瓶中，定容待用。

  $1\ mol \cdot L^{-1}$ $(NH_4)_2CO_3$ 溶液的配制：称取 96.09 g 碳酸铵固体，溶解后转移至 1 L 容量瓶中，定容待用。

  2) 共沉淀-水热合成法制备发光粉体材料

  将 2.88 g 尿素溶于 20 mL 去离子水中，依次向烧杯加入 16 mL $Al(NO_3)_3$ 溶液和 8 mL $Sr(NO_3)_2$ 溶液，以及一定配比(0∶1、1∶1、1∶0，物质的量比)的 $Eu(NO_3)_3$ 和 $Dy(NO_3)_3$ 溶液，搅拌 30 min，用滴液漏斗缓慢滴加氨水或碳酸铵溶液，调节溶液 pH，出现白色胶状沉淀。适时加大搅拌速率并适度加入一定量的去离子水，放缓氨水滴加速度，调节反应体系的 pH 至 8，停止滴加氨水。剧烈搅拌 2 h 后，转移至含聚四氟乙烯内衬的水热反应釜中，在 140℃下恒温反应 12 h，冷却至室温、抽滤，用去离子水洗涤 2~3 次后，在 80℃下鼓风干燥 12 h，称量后放入玛瑙研钵中，并加入一定量的固体硼酸作为助熔剂，充分研磨后得到前驱体。取一定量的前驱体粉末在管式炉内高温保温 2 h，通 10%氢氩还原气，即制得发光粉体。

  2. 稀土配合物发光粉体材料的制备

  1) 稀土氯化物的制备

  称取 2 mmol 稀土氧化物置于烧杯中，加入 30 mL 浓盐酸，在恒温磁力搅拌器上加热至溶解完全，呈无色透明溶液。继续加热，直至液体完全被蒸干，得到白色粉末状稀土氯化物。待其冷却后，加入 15 mL 去离子水溶解，得无色透明的稀土氯化物水溶液。

  2) 稀土有机配合物的合成

  称取 4 mmol 配体，溶于 10 mL 去离子水，得无色透明溶液。将配体水溶液逐滴加入上述稀土氯化物水溶液中，观察混合后溶液的状态变化。反应 0.5 h 后，用玻璃棒沾上反应液并点在滤纸上，用电吹风机烘干，在紫外灯下检测其发光现象。用乙醇钠-无

水乙醇溶液调节反应液 pH 为 6～7，观察其变化。反应 0.5 h 后，用玻璃棒沾上反应液点在滤纸上，用电吹风机烘干，在紫外灯下检测 pH 的变化对配合物发光强度的影响。继续反应 1 h，静置使沉淀完全析出、抽滤，用去离子水洗涤至产物无氯离子，再用无水乙醇洗涤一次，将产物真空干燥至恒量，碾磨得稀土有机配合物粉末。

3) 稀土有机配合物中稀土离子含量的测定

称取 0.25 g 二甲酚橙，用 50 g 去离子水溶解制成 0.5%二甲酚橙指示剂。称取 40 g 六次甲基四胺溶液，用 160 mL 去离子水溶解，制成 20%六次甲基四胺溶液。称取 0.02 mol EDTA 配成 100 mL EDTA 标准溶液。各取 50 mL 浓硝酸和高氯酸配成 100 mL 混酸溶液。

用电子天平称取 50 mg 样品加入少量混酸，在 100 mL 烧杯中加热硝化分解。沉淀完全硝化分解后，用去离子水稀释至 60 mL 左右，用 20%六次甲基四胺溶液调 pH 为 5～6，然后移入 100 mL 容量瓶中，洗涤烧杯和磁子，加去离子水配制成 100 mL 待测溶液。

用 20 mL 移液管准确移取 20 mL 待测溶液于 100 mL 锥形瓶中，加入适量去离子水稀释，然后滴加 2 滴二甲酚橙作指示剂。用 EDTA 标准溶液进行滴定，至溶液由紫红色刚好变成亮黄色即为滴定终点。记录消耗的 EDTA 标准溶液的体积。重复测定 3 次。至少保留 3 对合格数据。要求极差小于 0.05 mL。

稀土离子 M^{n+} 的质量：

$$m = c(\text{EDTA}) \times V(\text{EDTA}) \times M \times 5 \tag{4.23}$$

式中，M 为稀土元素的摩尔质量；5 为稀土离子与 EDTA 的配位数。

稀土离子在配合物中的质量分数为

$$w = [m / m(\text{配合物})] \times 100\% \tag{4.24}$$

3. 稀土发光材料的表征与发光性能评价

(1) 用 X 射线衍射仪、冷场发射扫描电子显微镜对目标产物的晶型、形貌进行分析。

(2) 用紫外分光光度计分析比较配体在配位前后紫外特征吸收峰的变化。

(3) 用荧光光谱仪研究稀土掺杂铝酸锶长余辉发光材料的发光性能。

思考题

(1) 试述稀土有机配合物的发光与稀土离子电子结构的关系。

(2) 试述稀土有机配合物的紫外特征吸收峰与其发光性能的关系。

(3) EDTA 滴定法在化学分析中有哪些应用?

实验 42　化学气相沉积法制备碳纳米管

实验目的

(1) 掌握化学气相沉积法制备碳纳米管的基本原理和操作方法。

(2) 通过改变反应参数，实现碳纳米管的可控生长。

(3) 熟悉实验室气体的安全操作规范。

实验原理

碳元素有多种同素异形体，碳纳米管(carbon nanotube，CNT)是其中之一。它由单层或多层碳原子围绕一个固定的中轴呈一定的角度卷曲而成，包括单壁碳纳米管(SWNT)和多壁碳纳米管(MWNT)，其结构如图 4.22 所示。碳纳米管的直径为几纳米至几十纳米，其长度可能从几微米到几毫米不等，是准一维材料。多层碳纳米管的层间距在一定范围内保持固定，根据制备方法的不同为 0.34～0.36 nm。独特的结构使碳纳米管具备优异的电学和力学性能。一方面，碳纳米管具有与石墨烯类似的网络结构，碳原子之间通过共价键相互作用，能在保持柔性的同时达到相当于钢材 100 倍的抗拉强度，质量却只有后者的 1/6；另一方面，碳纳米管沿径向表现出优异的导电性，电导率约比铜高 5 个数量级。

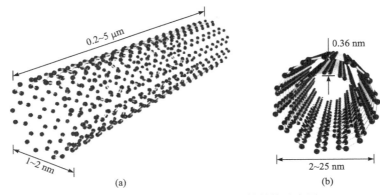

图 4.22　单壁(a)和多壁(b)碳纳米管结构示意图

目前，碳纳米管的制备方法主要可以分为两大类，即物理法和化学法。其中，物理法制备碳纳米管一般采用石墨作为碳源，包括电弧放电法和激光灼烧法。电弧放电法的基本原理是：在含有石墨的反应腔体中充满保护性的惰性气体，升温至 3000～7000℃后碳源蒸发、重组生成含有无定形碳、富勒烯和碳纳米管等多种结构的碳材料，是早期制备碳纳米管的一种常用方法。但这种方法反应温度高，对实验设备要求苛刻，并且产物的除杂和分离是一大难点。相比之下，激光灼烧法采用高能激光对样品进行局部加热，并且引入了金属作为反应催化剂，因此在 1200℃左右就可以得到产率较高的碳纳米管。物理法所得产物的特点是碳纳米管纯度较低且表面存在一定的缺陷，碳纳米管之间无序度高、容易发生缠绕和团聚现象，进而对其性能造成影响。

化学气相沉积(chemical vapor deposition，CVD)是目前制备碳纳米管最常用的方法之一，反应条件较为温和，得到的产物形貌可控性高、杂质与缺陷含量较少，并且可以方便地对其进行掺杂和改性。反应装置如图 4.23 所示，具体方法为，在反应腔中放入基底与催化剂，在惰性气体的保护下加热到指定温度后连续通入碳源进行反应，碳源在热与催化剂作用下分解并释放出碳原子，碳原子依附基底生长，即可得到纯度高、方向性好的碳纳米管阵列，产物的形貌可以是粉末或薄膜。控制反应温度、反应腔内的真空度、前驱体碳源、催化剂和基底的种类等实验参数，可以方便地实现不同种类和形貌碳纳米管的大规模生产。

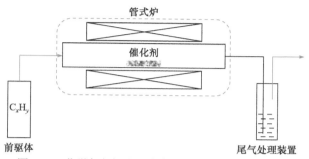

图 4.23　化学气相沉积法制备碳纳米管的装置示意图

化学气相沉积法制备碳纳米管的机理主要有两种模型，即顶部生长模型[图 4.24(a)]和底部生长模型[图 4.24(b)]。顶部生长模型认为，当金属催化剂与基底之间的相互作用较弱时，碳氢前驱体首先在催化剂表面发生分解生成碳原子；碳原子通过表面扩散或渗透的方式运动到金属催化剂的底部发生沉积与生长，进而将金属催化剂推离基底表面；随着上述反应的进行，碳纳米管不断生长，直至金属的表面被过剩的碳原子包裹无法继续催化反应的进行，碳纳米管停止生长。底部生长模型用于解释当催化剂与基底之间相互作用较强的情况：首先，碳氢前驱体在金属催化剂表面发生类似的分解反应，但此时碳链的生长不足以克服金属催化剂和基底之间的相互作用，因此选择在金属催化剂远离基底的一侧沉积并生长；随着反应的进行，前驱体分解生成的碳原子溶解并在高温下重组形成碳纳米管，直至金属表面被多余的碳原子覆盖无法继续催化分解反应时，碳纳米管停止生长。一般来说，无论碳纳米管的生长遵循上述哪种机理，多壁与单壁碳纳米管的形成很大程度上由催化剂的尺寸决定。当催化剂的粒径为几纳米的级别时，产物倾向

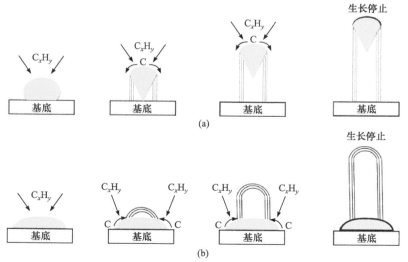

图 4.24　碳纳米管的生长机理示意图：(a) 顶部生长模型；(b) 底部生长模型

于生成单壁碳纳米管；当催化剂的粒径为几十纳米的级别时，产物倾向于生成多壁碳纳米管。

主要试剂与仪器

1. 试剂

去离子水、丙酮、盐酸、高纯氩气、乙炔、泡沫镍。

2. 仪器

扫描电子显微镜、管式炉、配气系统(如配气柜)、分子泵、数字真空计、超声波清洗器、真空干燥箱、洗气瓶、烧杯、镊子。

实验内容

1. 基底预处理

选取泡沫镍作为生长碳纳米管的基底和催化剂。首先将泡沫镍(面密度 350 g · m^{-2}，厚度 1.6 mm)剪裁为 2.5 cm × 2.5 cm 大小，分别用丙酮、去离子水和 6 mol · L^{-1} 盐酸超声清洗 10 min，除去表面的油污、杂质和氧化层，最后用去离子水反复冲洗干净，在真空干燥箱中 80℃ 干燥 1 h 后取出备用。

2. CVD 装置的气密性测试

将待沉积的泡沫镍置于石英坩埚中并放入管式炉的反应腔体中间，进气端和出气端分别通过法兰盘连接配气系统和分子泵。开启分子泵，直至真空度小于 10 Pa 并保持稳定，说明反应装置气密性良好。否则，检查反应腔体的洁净程度、连接处的密封性等。

3. 碳纳米管的生长

(1) 向管式炉中以 200 mL · min^{-1} 的恒定流量通入氩气 15 min。

(2) 设置升温程序，以 10℃ · min^{-1} 速率升温到 650℃。

(3) 当温度升高到设定温度后，向反应腔体内以 20 mL · min^{-1} 恒定流量通入乙炔，控制反应时间为 10 min。

(4) 反应结束后，立即关闭碳源，停止加热，并继续在氩气保护下使反应腔体自然冷却至室温。

(5) 关闭氩气开关，关闭分子泵，取出样品。

4. 实验条件的探索

改变氩气和乙炔气体的流量、反应温度和反应时间，用扫描电子显微镜观察所得样品的形貌，研究实验条件对碳纳米管生长的影响。

思考题

(1) 不同的反应条件如何影响碳纳米管的形貌和尺寸？
(2) 用其他金属基底能否实现碳纳米管的生长？
(3) 本实验中碳纳米管的生长适用于哪种模型？生长停止的条件是什么？

实验 43　原子层沉积法制备负载型催化剂

实验目的

(1) 学习原子层沉积法的基本原理和操作方法。
(2) 掌握利用原子层沉积法制备氧化铝和钯金的方法。
(3) 探索反应条件与产物形貌之间的关系。

实验原理

原子层沉积(atomic layer deposition，ALD)也称原子层外延(atomic layer epitaxy)，是一种基于有序、表面自饱和反应的化学气相沉积技术，起源于二十世纪六七十年代。随着制备工艺的进步、半导体行业的兴起和微纳米技术的发展，原子层沉积技术受到越来越多研究人员的关注。顾名思义，原子层沉积是一种可以在基底上以单原子层的形式沉积颗粒或薄膜的技术。气相反应前驱体以交替脉冲的形式通入反应腔体中，在基底表面吸附沉积并发生气固相化学反应，最终生成目标产物。大部分 ALD 的工艺流程都是基于两种前驱体的反应并生成二元化合物，因此不是所有单质或化合物都可以通过 ALD 制备。原子层沉积技术的基本原理如图 4.25 所示，具体步骤如下：

(1) 将待沉积的基底转移到反应腔体中，并保持腔体的高真空状态。
(2) 以惰性气体作为载气，以脉冲的形式将前驱体 A 通入反应腔体中。
(3) 前驱体 A 在基底表面发生吸附，用惰性气体吹扫多余的反应物和副产物。
(4) 以惰性气体作为载气，以脉冲的形式将前驱体 B 通入反应腔体中。
(5) 前驱体 B 在基底表面与 A 发生反应，用惰性气体吹扫多余的反应物和副产物。
(6) 重复步骤(2)~(5)以实现产物在基底表面的逐层生长。

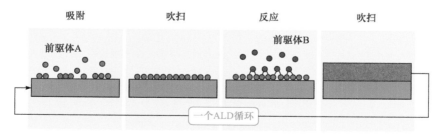

图 4.25　原子层沉积技术生长单原子层薄膜的示意图

与其他沉积方法相比，原子层沉积技术最主要的优势是可以实现以单原子层厚度的精确性完成材料的生长。除此之外，传统蒸镀或溅射等沉积方式都会在具有特殊形貌的基底上形成阴影区，导致成膜不均匀；相比之下，基于自饱和吸附原理的 ALD 技术生长的薄膜具有良好的台阶覆盖度，甚至可以实现在微孔或介孔中的沉积，在半导体器件制备、能量储存、新型催化剂的制备等领域都有广泛的应用。为了实现高质量薄膜的生长，需要满足以下三个条件：

(1) 反应前驱体具有良好的挥发性、一定的热稳定性和较高的反应活性。

(2) 精确控制前驱体脉冲的时间，一方面保证基底表面前驱体的饱和吸附(对于颗粒的生长则恰恰相反)，另一方面避免通入过多的反应物造成浪费。

(3) 沉积的温度应控制在一定的窗口范围内，温度过低会导致反应不完全，温度过高会导致已经吸附在表面的前驱体发生脱附或产物分解。

贵金属负载型催化剂具有分散性高、比表面积大等特点，相比传统催化剂表现出更加优异的催化活性。然而，金属纳米颗粒长期工作后会发生团聚，导致催化性能下降。利用原子层沉积技术在负载型催化剂表面包覆一层惰性的保护层，可以有效防止纳米颗粒的团聚。氧化铝(Al_2O_3)是催化领域中常用的载体，其合成是原子层沉积技术的一个典型案例，最常用的前驱体为三甲基铝(trimethylaluminum，TMA)和去离子水，其主要化学反应过程可以表示为

$$AlOH^* + Al(CH_3)_3 \longrightarrow AlOAl(CH_3)_2^* + CH_4 \tag{4.25}$$

$$AlCH_3^* + H_2O \longrightarrow AlOH^* + CH_4 \tag{4.26}$$

式中，星号表示基底上的吸附位，原理如图 4.26 所示，总反应方程式为

$$2Al(CH_3)_3 + 3H_2O \longrightarrow Al_2O_3 + 6CH_4 \tag{4.27}$$

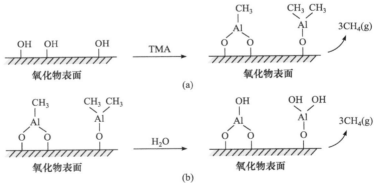

图 4.26 氧化铝在氧化物表面生长的原理示意图：(a) TMA 与氧化物表面羟基的反应；(b) 水与基底上吸附的含 Al 官能团的反应

钯(palladium，Pd)是常见的贵金属催化剂，采用 ALD 技术制备时常见的前驱体为六氟乙酰丙酮钯[palladium(Ⅱ) hexafluoroacetylacetonate，Pd(hfac)$_2$]和福尔马林溶液，其主要化学反应过程可以表示为

$$AlOH^* + Pd(hfac)_2 \longrightarrow AlOPd(hfac)^* + hfac \tag{4.28}$$

$$AlOPd(hfac)^* + HCHO \longrightarrow AlOPdH_x^* + hfac + CO + 0.5(1-x)H_2 \tag{4.29}$$

主要试剂与仪器

1. 试剂

硅胶粉、三甲基铝、去离子水、六氟乙酰丙酮钯、福尔马林溶液(37%甲醛和15%甲醇水溶液)。

2. 仪器

原子层沉积装置、石英坩埚、配气柜、透射电子显微镜。

实验内容

1. 氧化铝基底的沉积

(1) 在硅胶粉颗粒的表面均匀包覆一层氧化铝作为负载贵金属的基底。开启 ALD 设备和水冷，将硅胶粉均匀分散在石英坩埚底部并放置在进样室的托盘上，进样室先抽真空，再以 300 mL·min^{-1} 的流量充高纯氮气至 1.0 Torr。

(2) 设置氮气的流量为 50 mL·min^{-1}，三甲基铝和水蒸气的温度保持在 25℃，前驱体流经的通道温度保持在 200℃，防止其凝结，反应腔体加热至 200℃。

(3) 设置脉冲和吹扫的时间均为 60 s，以三甲基铝→吹扫→水蒸气→吹扫的顺序循环 20 次。

(4) 开启源瓶，进行工艺流程。生长完毕后，关闭源瓶，并在氮气下稳定 20 min。

2. 在氧化铝基底表面沉积 Pd 纳米颗粒

(1) 将六氟乙酰丙酮钯的温度保持在 60℃，福尔马林蒸气保持在 25℃，设置脉冲和吹扫时间均为 300 s，以六氟乙酰丙酮钯→吹扫→福尔马林→吹扫的顺序循环 4 次。

(2) 开启源瓶，进行工艺流程。生长完毕后，关闭源瓶，并在氮气下稳定 20 min。

3. 在氧化铝基底表面沉积氧化铝薄层包覆的 Pd 纳米颗粒

(1) 在实验内容 2.的基础上，设置三甲基铝和水蒸气的脉冲时间分别为 60 s 和 120 s，吹扫时间为 180 s，以三甲基铝→吹扫→水蒸气→吹扫的顺序循环 10 次。

(2) 开启源瓶，进行工艺流程。生长完毕后，关闭源瓶，并在氮气下稳定 20 min。

(3) 关闭真空泵，将反应腔体充气至 1 atm，取出样品，关闭腔体，抽真空。

(4) 清洗管道，将反应腔体温度和管道温度设为室温，关机。

4. 实验条件的探索

用透射电子显微镜观察所得材料的形貌，改变反应参数，探究其对产物形貌的影响。

5. 注意事项

(1) 反应腔体和管道必须保持洁净，防止污染基底表面，影响沉积质量。

(2) 操作过程中注意不要划伤法兰盘的表面和边缘，以免影响气路的密封性。

(3) 开启氮气钢瓶的减压阀阀门时，注意输出气体压力不要超过气体流量计的最大耐受值。

(4) 实验中涉及有毒气体，反应产生的废气需要按照规范收集或排放。

(5) 在工艺开始前一定要开启源瓶，工艺结束后(清洗管道前)一定要关闭源瓶。

思考题

(1) ALD 技术如何实现精确可控原子层数沉积？

(2) 选择反应前驱体源有什么要求？

(3) 如何计算沉积速率？

实验 44　硅薄膜的磁控溅射制备

实验目的

(1) 掌握硅薄膜样品的制备工艺。

(2) 了解磁控溅射的原理及技术特点。

(3) 了解薄膜材料的各种表征仪器的原理和用途。

实验原理

硅薄膜具有制备成本低、工艺成熟、易集成、无毒、基底选择多等特点，在集成电路、太阳能电池、光电探测器等方面具有广泛的应用。磁控溅射是在靶阴极表面引入磁场，利用磁场对带电粒子约束提高等离子体密度，在低气压下进行高速溅射的方法。磁控溅射是微电子制造中不用蒸发而进行金属膜沉积的主要方法，其特点显著，已经得到了广泛的应用。

磁控溅射原理如图 4.27 所示。在电场的作用下，电子在飞向基底的过程中与氩原子发生碰撞，使其电离产生 Ar^+ 和新的电子；新电子飞向基底，Ar^+ 在电场作用下加速飞向阴极靶，并以高能量轰击靶表面，使靶材发生溅射。在溅射粒子中，中性的靶原子或分子沉积在基底上形成薄膜，而产生的二次电子受到电场和磁场的作用产生漂移，其运动轨迹近似于一条摆线。若为环形磁场，电子就以近似摆线形式在靶表面做圆周运动，它们的运动路径不仅很长，而且被束缚在靠近靶表面的等离子体区域内，在该区域中电离出大量的 Ar^+ 轰击靶材，从而实现高沉积速率。随着碰撞次数的增加，二次电子的能量消耗殆尽，逐渐远离靶表面，并在电场作用下最终沉积在基底上。

磁控溅射技术有许多特点：首先，磁控溅射技术应用范围广，由于其独特的溅射机制，可以溅射一切具有一定耐热能力的金属和半导体材料。如果使用射频电源，还可以溅射介质、化合物、有机物甚至是绝缘材料。其次，磁控溅射装置操作较为简单。在镀膜过程中，工作压力、电功率等溅射条件相对稳定，使得沉积速率较为稳定，因此可以通过简单控制溅射时间对膜厚进行精确控制。最后，磁控溅射不仅对基底加热少，而且

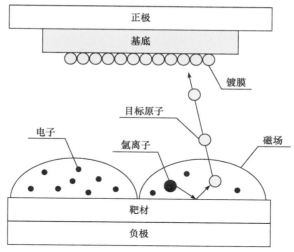

图 4.27　磁控溅射原理

由于电子的能量很低，传递给基底的能量很小，基底温度较低，可在常温基底上沉积高质量的薄膜。因此，磁控溅射成膜率高，基底温度低，膜的黏附性好。

主要试剂与仪器

1. 试剂

硅靶材、ITO 导电玻璃基底、丙酮、乙醇。

2. 仪器

镊子、真空计、磁控溅射装置、超声波清洗器、分子泵、机械泵。

实验内容

1. 磁控溅射法制备硅薄膜

(1) 将 ITO 导电玻璃基底置于丙酮溶液中超声清洗 10 min，然后将其置于乙醇溶液中超声清洗 10 min，用去离子水冲洗后，用氮气将基底吹干备用。

(2) 打开磁控溅射装置总电源开关，打开氮气钢瓶放气阀。

(3) 打开真空室舱门，放入硅靶材和基底，调整角度和距离，关闭真空室舱门。

(4) 启动机械泵，打开旁抽阀、真空计，测量真空，当真空计显示的真空度小于 20 Pa 时，关闭旁抽阀、真空计。

(5) 打开电磁阀，启动分子泵，打开闸板阀抽高真空，当真空度降到 10^{-4} Pa 时，关闭闸板阀。

(6) 打开磁控溅射加热温控电源，设置预加热温度，开启加热开关，调节功率旋钮加热，持续 30 min。

(7) 通入一定量的气体(氩气、氧气、氮气)，调节溅射室气压至启辉气压，调整射频电源功率值在 200 W 以下。启动后，调节溅射室气压至工作气压，将硅靶材预溅射 15 min，去除靶材表面附着的杂质。

(8) 用计算机软件控制，打开基底挡板，开始溅射镀膜，同时开始计时。

(9) 待沉积结束后，先关闭基底挡板，再关闭射频电源及流量计电源。

(10) 关闭溅射室进气阀，关闭相应气瓶阀门，全部打开闸板阀，打开真空计、电离开关，用分子泵直接抽气，当真空度降到 10^{-4} Pa 时，关闭闸板阀。

(11) 关闭分子泵，频率降到零，转速低于 80 r·min^{-1} 时关闭电磁阀，再关闭机械泵。

(12) 当基底温度降为室温时，打开氮气钢瓶阀门，向溅射室内充入氮气。当舱内气压达到大气压时打开舱门，戴上清洁手套，从样品台上取出镀好的样品。

(13) 关闭真空舱门，用机械泵抽真空后关闭所有阀门，使系统保持真空。先关闭各路仪表电源，再关闭装置总电源。

2. 实验结果分析

研究磁控溅射硅薄膜的物相及形貌，探究溅射时间与膜厚的关系，用扫描电子显微镜探究硅薄膜的形貌和厚度随溅射时间的变化。

思考题

(1) 试述磁控溅射镀膜的适用范围及特点。

(2) 如何提高磁控溅射薄膜的均匀性？

(3) 表征硅薄膜形貌及物相的常规仪器有哪些？

实验 45　全无机钙钛矿太阳能电池材料的制备

实验目的

(1) 学习太阳能电池的结构和基本工作原理。

(2) 掌握无机钙钛矿 CsPbX$_3$(X=Br 或 I)的制备方法。

(3) 了解评价太阳能电池性能的主要指标，并掌握相应的测试方法。

实验原理

1. 全无机钙钛矿太阳能电池的工作原理

太阳能电池是一种基于半导体的光伏效应将太阳能直接转化为电能的能量转换器件。每吸收一个光子，半导体内部就会产生一个电子-空穴对。半导体根据其内部多数载流子种类可以分为 P 型(空穴)和 N 型(电子)半导体。上述两种半导体接触形成 PN 结，由于二者内部电子电势的不同，在界面处会发生载流子的扩散与复合，并形成空间电荷区。当一定波长的光照射到 PN 结上，产生的载流子在内建电场的作用下发生分离，最终使得两种半导体在 PN 结区域都积累了大量的过剩载流子。积累的载流子形成与内建电场相反的电场，在抵消内建电场的同时使 N 区带负电、P 区带正电，在 PN 结两端形成电势差。当 PN 结的两端通过导线与负载相连后，由于电势差的存在，就会产生由 P 区经外电路流向 N 区的电流。由此可见，半导体光吸收层的结构和性质对太阳能电池的性能有直接影响。

早期太阳能电池主要是基于硅基半导体吸收层发展起来的。硅基太阳能电池具有技术成熟、稳定性好、载流子迁移率高等优势，但对高纯硅的需求使电池的制备工艺要求和成本高。相比之下，钙钛矿太阳能电池具有制备工艺简单、成本低的优势，引起了诸多研究人员的关注，有望成为下一代太阳能电池。钙钛矿原胞的结构如图 4.28 所示，化学通式为 ABX_3，其中 A 可以为碱金属离子或有机离子团(如甲胺离子，$CH_3NH_3^+$)，B 一般为可以形成正八面体配位场的过渡金属离子(如 Pb、Sn)，X 可以是卤离子或氧离子。根据 A 的不同，可以将钙钛矿分为有机钙钛矿和无机钙钛矿。近年来，有机-无机杂化钙钛矿太阳能电池发展迅速，其光电效率已经由早期的 3.8%提升至 23.3%，单考虑这一指标已经可与大部分其他种类的太阳能电池相媲美。但由于有机钙钛矿中的有机成分极易挥发，且对空气中的水和氧气都比较敏感，在实际应用中将对电池的寿命造成严重的影响。为了解决这一问题，往往需要复杂苛刻的封装工艺对太阳能电池进行保护，这又不可避免地导致电池的成本提高。相比之下，全无机钙钛矿太阳能电池具有远高于有机-无机杂化钙钛矿太阳能电池的热稳定性和水、氧耐受性，虽然目前光电效率与后者相比还存在一定差距，但依然具有广阔的发展前景。

全无机钙钛矿太阳能电池的基本结构如图 4.29 所示。太阳光被钙钛矿吸收后产生光生载流子，分别注入空穴传输层和电子传输层，进而在阴极和阳极之间形成光电压。防反射层的存在可以在一定程度上提高太阳光的利用率。钙钛矿、电子传输层和空穴传输层采用的材料的性质与成膜工艺等对电池的性能均有重要影响。因此，改变薄膜的制备方法、优化材料本身的性质和电池结构是提升电池性能和稳定性的三种最重要的方法。

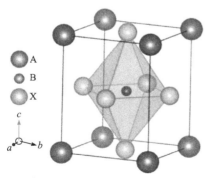

图 4.28 钙钛矿原胞结构示意图

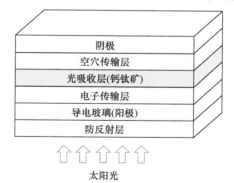

图 4.29 全无机钙钛矿太阳能电池基本结构侧视图

2. 太阳能电池的主要评价指标

1) 开路电压
太阳能电池的开路电压(U_{oc})为电流为 0 时的电压，该值与电池面积大小无关。对于一个特定的电池，开路电压与入射光强度和测试环境的温度有关。

2) 短路电流

在一定的温度和辐照度条件下，太阳能电池在端电压为零时输出的电流称为短路电流(I_{sc})。该值与电池的面积有关，对于一个特定的电池，面积越大，短路电流越大。

3) 最大输出功率

在一定的温度和辐照度条件下，调节太阳能电池的负载电阻到某一值 R_m 时，相应的电池输出功率 P_m(U_m 与 I_m 的乘积)为最大，则该条件下为太阳能电池的最佳工作状态，I_m 为最佳工作电流，U_m 为最佳工作电压，R_m 为最佳负载电阻，P_m 为最大输出功率。

4) 填充因子

填充因子(filling factor，FF)定义为太阳能电池的最大输出功率与开路电压和短路电流的乘积之比，即

$$FF = \frac{P_m}{U_{oc}I_{sc}} = \frac{U_m I_m}{U_{oc}I_{sc}} \tag{4.30}$$

电池的串联电阻越小，填充因子越大，则电池的最大输出功率越接近极限功率，电池性能越好。

5) 转换效率

转换效率定义为电池的最大输出功率与电池接收到全部入射光辐射功率的比值，表示为

$$\eta = \frac{P_m}{A_t P_{in}} \tag{4.31}$$

式中，A_t 为包括栅线面积在内的太阳能电池总面积；P_{in} 为单位面积入射光功率。太阳能电池转换效率的损失主要包括三个方面：①多余的光能极易以热能的形式损耗；②电子与空穴的寿命较短，有可能在分离前发生复合；③薄膜之间的界面存在接触电阻，引发损耗。

3. 太阳能电池性能测试

太阳能电池各参数的测量对其性能的评价至关重要，因此这种测量必须在规定的标准太阳光下进行才有参考意义。对地面应用，规定的标准辐照度(入射到单位面积上的光功率)为 100 mW·cm^{-2}，且具有均一性。此外，对于特定的太阳能电池，不同波长的光会导致不同的响应，因此从测试角度考虑，需要规定一个标准的地面太阳光谱。目前国内外通用的标准为，在晴朗的天气下，当太阳透过大气层到达地面所经过的路程为大气层厚度的 1.5 倍时，其光谱为标准地面太阳光谱，简称 AM1.5 标准太阳光谱。实验室一般采用 AM1.5 滤光片得到 AM1.5G 光谱，并采用光度计调整入射光辐照度至标准辐照度。

主要试剂与仪器

1. 试剂

丙酮、乙醇、异丙醇、甲醇、去离子水、钛酸异丙酯、二乙醇胺、N, N-二甲基甲酰胺

(DMF)、溴化铅、溴化铯、导电炭黑、聚偏氟乙烯(PVDF)、导电银胶、FTO(掺杂氟的二氧化锡)导电玻璃。

2. 仪器

台式旋涂机、机械泵、超声波清洗器、电热鼓风干燥箱、管式炉或马弗炉、太阳模拟器、电化学工作站、标准硅太阳能电池、无极变温式加热台、刮刀。

实验内容

1. 钙钛矿太阳能电池的制备

以 CsPbBr₃ 为光吸收层的全无机钙钛矿太阳能电池的制备流程如图 4.30 所示。

(1) 将 FTO 导电玻璃(2.5 cm × 2.5 cm)依次用适量的丙酮、乙醇和去离子水清洗干净，烘干后将一侧约 0.5 cm 用透明胶带封住，转移到台式旋涂机的样品台上，镀有 FTO 的一面向上。

(2) 打开与台式旋涂机相通的机械泵开关，并将旋涂机的转速调至 $7000\ r \cdot min^{-1}$。

(3) 将配制好的钛酸异丙酯($0.5\ mol \cdot L^{-1}$)和二乙醇胺($0.5\ mol \cdot L^{-1}$)的乙醇溶液缓慢滴加到旋转中的 FTO 表面，旋涂过程持续 30 s。

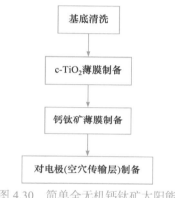

图 4.30　简单全无机钙钛矿太阳能电池制备流程

（流程图内容：基底清洗 → c-TiO₂薄膜制备 → 钙钛矿薄膜制备 → 对电极(空穴传输层)制备）

(4) 将旋涂机的转速逐渐调小至零后，关闭机械泵，小心用镊子夹住导电玻璃的侧面将其转移至管式炉或马弗炉中，以 $2℃ \cdot min^{-1}$ 的速率升温至 500℃并保持 2 h，自然冷却至室温后取出。

(5) 将步骤(4)中的导电玻璃再次转移至旋涂机的样品台上，打开与其相通的机械泵开关，并将转速调至 $2000\ r \cdot min^{-1}$。

(6) 将 $1.0\ mol \cdot L^{-1}$ 溴化铅的 DMF 溶液旋涂在导电玻璃表面，持续 30 s。

(7) 将旋涂机的转速逐渐调小至零后，关闭机械泵，小心用镊子夹住导电玻璃的侧面将其转移至电热鼓风干燥箱中，在 80℃下保持 30 min。

(8) 将步骤(7)所得样品浸没在 $0.07\ mol \cdot L^{-1}$ 溴化铯的甲醇溶液中，保持 10 min 后取出，用异丙醇反复冲洗干净，转移至培养皿中，待其自然晾干。

(9) 将导电玻璃转移至加热台上，在 250℃下处理 5 min。

(10) 按照 95∶5(质量比)的比例称取适量导电炭黑与聚偏氟乙烯于研钵中，并加入适量 DMF 不断研磨至形成黏稠浆料。

(11) 用刮刀将上述混合浆料涂覆成膜，转移至加热台上，在 80℃下处理 60 min。

2. 太阳能电池性能测试

(1) 将透明胶带撕下，取两根导线，分别滴加适量导电银胶粘在碳对电极和未镀膜的 FTO(光阳极)上，待其自然干燥。

(2) 采用两电极测试体系，调整模拟光源至标准状态，用标准硅太阳能电池对测试环境进行校正。

(3) 以 FTO 为负极、碳层为正极，模拟太阳光从待测电池背部照射，直接用电化学工作站测量其开路电压和短路电流。

(4) 采用线性扫描伏安法，扫描速率为 $5 \ mV \cdot s^{-1}$，扫描电压窗口为开路电压～0 V，记录电池的伏安特性曲线。

(5) 根据测试结果，计算该电池的填充因子与转换效率。

思考题

(1) 太阳能电池中各层的厚度对其性能有什么影响?

(2) 本实验中为什么采用碳膜作为空穴收集层和对电极? 可作空穴收集层和对电极的材料还有哪些? 其优势和劣势分别是什么?

(3) 除旋涂外，还有哪些适合制备薄膜的工艺?

实验目的

(1) 学习锂离子电池电解液的配制方法。

(2) 学习电解液电导率的测试方法。

(3) 了解锂离子电池电解液的相关知识。

实验原理

1. 锂离子电池电解液

电解液是锂离子电池四大关键材料之一，被称为锂离子电池的"血液"。它是电池中离子传输的载体，也是锂离子电池具有高电压、高比能量等优点的重要保证。锂离子电池电解液的基本要求大致有五点：①高离子电导率，一般应达到 $1 \times 10^{-3} \sim 2 \times 10^{-2}$ mS·cm^{-1}；②高热稳定性和化学稳定性，在电压范围内不发生分解；③较宽的电化学窗口，在较宽的电压范围内保持电化学性能稳定；④与锂离子电池中其他组分如电极材料、集流体和隔膜等具有良好的相容性；⑤安全、无毒、无污染。由于锂离子电池充放电电位较高且负极金属锂化学活性高，因此电解质必须采用无水有机化合物。但有机物离子电导率都较差，通常在有机溶剂中加入可溶解的导电电解质盐以提高离子电导率。因此，电解液一般是在一定条件下，由高纯度的有机溶剂、电解质锂盐、必要的添加剂等原料按一定比例配制而成。

常见的溶剂有：环状碳酸酯类，如碳酸乙烯酯(EC)、碳酸丙烯酯(PC)；链状碳酸酯类，如碳酸二乙酯(DEC)、碳酸二甲酯(DMC)、碳酸甲乙酯(EMC)；羧酸酯类，如甲酸甲酯(MF)、乙酸甲酯(MA)、丙酸甲酯(MP)、丙酸乙酯(EP)。合适的溶剂应具有高介电常数和低黏度等特性。环状碳酸酯类(如 PC、EC)极性强，介电常数高，但黏度大，锂离子迁移易受到抑制。而链状碳酸酯类(如 DMC、DEC 等)黏度小，但介电常数也低。因此，通常认为 EC 与一种链状碳酸酯组成的混合溶剂是锂离子电池优良的电解液，如EC/DMC、EC/DEC 等。需要注意的是，有机溶剂在使用前必须严格控制质量，如要求纯度尽量达到 99.9%以上，水分含量达到 10 ppm(1 ppm=10^{-6})以下。有机溶剂的水含量对于配制合格的电解液有决定性的影响。水含量越低，越能抑制 LiPF$_6$ 的分解、减缓固态电解质界面(SEI)膜的腐蚀等。为了使水分含量满足要求，通常可以利用分子筛吸附、常压或减压精馏、通入惰性气体等方法。对于实验研究，可直接购买处理过的合格溶剂。

常见的锂盐有 LiPF$_6$、LiClO$_4$、LiBF$_4$、LiAsF$_6$ 等。其中，LiPF$_6$ 综合性能优异，既不

像 LiClO$_4$ 氧化性较高而容易发生爆炸，也不像 LiAsF$_6$ 有剧毒，是目前锂离子电池中使用最广泛的锂盐。

常见的添加剂有成膜添加剂、导电添加剂、阻燃添加剂、过充保护添加剂、改善高低温性能的添加剂、多功能添加剂等。可以根据实际需求选择合适的添加剂。

目前锂离子电池常用的商业化电解液多为 LiPF$_6$ 的碳酸酯类混合电解液，它具有较高的离子电导率和较好的电化学稳定性。

2. 电导率仪测试电解液电导率

电导率仪的电导电极通常分为光亮铂电极和铂黑电极，需要结合电解液的大致电导率和不同型号电导电极的测试范围选择。光亮铂电极可测量的电导率较小，而铂黑电极可测量的电导率较大。有机电解液的电导率相对较低，大约几到几十毫西门子每厘米，因此一般使用光亮铂电极。由于电解液对水极其敏感，因此有机电解液电导率的测试应在充满高纯氩气、无水无氧的手套箱中进行。同时应注意，温度对电导率影响较大，为方便比较，电导率仪应保持在相同温度下测试。

主要试剂与仪器

1. 试剂

六氟磷酸锂(LiPF$_6$)、碳酸乙烯酯(EC)、碳酸二甲酯(DMC)、碳酸甲乙酯(EMC)。

2. 仪器

药匙、称量纸、玻璃瓶、电子天平、电导率仪、手套箱、量筒。

实验内容

1. 配制两种不同的锂离子电池电解液

1) 配制 6 mL 1.0 mol · L^{-1} LiPF$_6$ 的 EC/DMC(1/1，体积比)电解液

先计算出配制 6 mL 电解液所需 LiPF$_6$(固体)的质量为 0.911 g，EC(固体)的质量为 3.965 g，DMC(液体)为 3 mL。将准备好的玻璃瓶、量筒、称量纸、电导率仪等仪器放入手套箱，玻璃瓶和量筒使用前先用乙醇清洗并干燥。开始配制前，先将手套箱中的电子天平调平。在玻璃瓶内放入一片锂片，以除去电解液中微量的水。用量筒量取 3 mL DMC，倒入玻璃瓶中。用电子天平准确称取 3.965 g EC 固体，倒入玻璃瓶中，盖好盖子，轻轻摇晃，直至 EC 完全溶解。最后，用电子天平准确称取 0.911 g LiPF$_6$ 固体，倒入玻璃瓶中，缓慢晃动直至锂盐完全溶解，电解液即配制完成。需要注意的是，在用电解液装配电池前，配制的电解液需在手套箱中静置一段时间。

2) 配制 7 g 1.0 mol · L^{-1} LiPF$_6$ 的 EC/EMC(4/6，质量比)电解液

先计算出配制 7 g 电解液所需 LiPF$_6$(固体)的质量为 0.953 g，EC(固体)的质量为 2.80 g，EMC(液体)为 4.158 mL。配制方法与上面相同，先将 EMC 倒入玻璃瓶中，然后依次溶解 EC、LiPF$_6$，即得到所需电解液。

2. 测试电解液的电导率

1) 电导率仪的使用

用去离子水将电导电极冲洗干净，将电极电线接入电导率仪，接通仪器电源。待仪器预热 15 min 后，将"温度补偿"旋钮标线置于实际测试温度。调节"常数"旋钮使仪器显示值为所用电极的常数标称值，然后按"测量/转换"键使仪器处于测试状态(测量指示灯亮)，显示稳定后的值即为该温度时的测试值。若屏幕出现"OUL"，表示超出量程范围，应选高一挡量程(按"量程"键时四个量程循环选择)；若读数很小，需选择低一挡量程。将电导率仪转移到手套箱前，先用标准溶液标定电导率常数 K，电导率常数一般标记在电导电极上。测试时，直接将电导电极放入所配 1.0 mol·L^{-1} LiPF$_6$ 的 EC/DMC 电解液中(注意：电导电极片必须完全浸润)稳定 1 min 左右，仪器自动读取电解液电导率，平行测定 3 次，记录读数。用 EC/DMC(1/1，体积比)溶液冲洗电导电极，然后擦干备用。

2) 不同温度电解液电导率测试

将电解液加热至 25℃、30℃、35℃和 40℃，分别测试其电导率，每个温度下平行测定 3 次，记录读数。

测试 1.0 mol·L^{-1} LiPF$_6$ 的 EC/EMC 电解液电导率，测试步骤同上。

3) 数据处理

根据公式 $G_t = G_{tcal}[1 + \alpha(T - T_{cal})]$($G_t$ 为某一温度下的电导率；G_{tcal} 为标准温度下的电导率；T 为电解液温度；T_{cal} 为温度修正值；α 为标准温度下溶液的温度系数)，以电解液电导率为纵坐标、温度为横坐标作图，得到电导率与温度之间的关系。

思考题

(1) 为什么选择 LiPF$_6$ 作为电解液的常用锂盐？它存在哪些优点和缺点？目前研究较多的新型锂盐有哪些？

(2) 不同电解液测试得到的电导率存在差异，分析电解液电导率的影响因素有哪些。

(3) 测试电解液电导率还有哪些其他方法？

实验 47　扣式锂离子电池的组装及性能测试

实验目的

(1) 学习锂离子电池的构造和基本工作原理。
(2) 学习组装 CR2032 型扣式锂离子电池。
(3) 学习锂离子电池的性能测试方法。

实验原理

1. 基本概念

首次放电容量、循环次数和保留容量是衡量电池循环性能的主要指标。

电池循环充放电是指连续重复进行多次充电-放电的行为，电池循环充放电的次数称为循环次数。电池的放电容量是指电池完全充满电后可以放出的电量。首次放电容量是指电池进行第一次充电-放电测试时电池的放电容量。保留容量是指电池完成一定次数的充放电循环后电池依旧保持的放电容量。

2. 扣式电池的结构及原理

锂离子电池实际上是一种锂离子浓差电池，由两种锂离子可嵌入的物质组成正、负极。充电时，锂离子从正极脱嵌经过电解质嵌入负极。此时，负极处于富锂状态，正极处于贫锂状态，同时电子的补偿电荷从外电路供给碳负极，从而保证负极的电荷平衡。即当对电池充电时，电池的正极上脱嵌锂离子，脱嵌的锂离子经过电解液运动到负极。而负极碳在微观下呈层状多孔结构，锂离子到达负极后就嵌入碳层的微孔中，嵌入的锂离子越多，说明充电容量越高。放电时则相反，锂离子从负极脱嵌，经电解质嵌入正极。人们将这种靠锂离子在正、负极之间的转移完成电池充放电、具有独特机理的锂离子电池形象地称为"摇椅式电池"。

扣式电池主要由正极、隔膜、负极、有机电解质和电池外壳五个部分组成。

(1) 正极由涂覆于导电集流体上的活性物质组成，集流体一般使用厚度为 $10\sim20$ μm 的电解铝箔，正极活性物质一般为锰酸锂或钴酸锂，现在的电动汽车则大多使用镍钴锰酸锂(俗称三元)或三元加少量锰酸锂。此外，磷酸铁锂($LiFePO_4$)由于具有其他几种材料所不具备的长循环寿命和高安全性等优势，被视为理想的正极材料。

正极反应(以 $LiFePO_4$ 为例)为放电时锂离子嵌入，充电时锂离子脱出。

充电时：
$$LiFePO_4 \longrightarrow Li_{1-x}FePO_4 + xLi^+ + xe^- \tag{5.1}$$

放电时：
$$Li_{1-x}FePO_4 + xLi^+ + xe^- \longrightarrow LiFePO_4 \tag{5.2}$$

(2) 隔膜是经特殊成型的高分子薄膜，薄膜有微孔结构，可以阻止电子通过，而锂离子可以自由通过。隔膜的作用是防止正、负极短路，并在电池充放电过程中提供锂离子运输通道。简言之，隔膜就是一层多孔的塑料薄膜，它直接影响电池的容量、循环性能及安全性能。隔膜因造孔工艺难度大，在锂离子电池的部件中技术要求非常高。

(3) 负极导电集流体使用厚度为 $7\sim15$ μm 的电解铜箔，常用的活性物质为石墨或近似石墨结构的多孔碳材料。负极反应为放电时锂离子脱出，充电时锂离子嵌入。

充电时：
$$xLi^+ + xe^- + 6C \longrightarrow Li_xC_6 \tag{5.3}$$

放电时：
$$Li_xC_6 \longrightarrow xLi^+ + xe^- + 6C \tag{5.4}$$

(4) 电解液的作用是在电池正、负极之间传导离子，是锂离子电池具有高电压、高比能量等性能的保证。常用的电解液采用 1 mol $\cdot$ L^{-1} LiPF$_6$，溶剂为体积比 $1:1$ 的碳酸乙烯酯(EC)和碳酸二乙酯(DEC)。

主要试剂与仪器

1. 试剂

负极壳、负极片、隔膜、正极壳、正极片、垫片、弹片、$LiPF_6$ 电解液。

2. 仪器

一次性滴管、镊子(至少有一把是塑料镊子)、扣式电池冲片机、扣式电池封口机、充放电测试仪。

实验内容

1. 正极材料的制备

(1) 称取适量的活性物质 $LiFePO_4$(100 mg)、导电剂 Super P(12.5 mg)和真空烘干的黏结剂 PVDF(聚偏氟乙烯，12.5 mg)，三者的质量比为 8∶1∶1。这个比例可以根据实际情况调节，但需要大量的实验摸索。一般来说，正极材料活性物质含量不低于 75%，导电剂和黏结剂含量不低于 5%。称取 Super P 时动作要慢，因为其密度非常小，容易在空气中飘散。

(2) 将称取的三种物质放入玛瑙研钵中混合，进行适度的初步研磨，使三种物质由颗粒状逐渐变为粉体状，并且达到混合均匀的状态。

(3) 将三者的混合物转移至匀浆机的匀浆盒中，用滴管向其中加入适量的 *N*-甲基吡咯烷酮(NMP)，作为黏结剂的溶剂。开启匀浆机，在高速旋转作用下，三种物质逐渐混合均匀。匀浆机不可长时间运转，一次匀浆时间控制在 5 min。

(4) 初次匀浆完毕后，视浆料的黏稠程度判断是否继续向体系中加入 NMP。最好的浆料状态为：晃动匀浆盒时，混合物既不是黏度很大无法流动，又不是像水一样易流动而不挂壁。如果浆料太稠，可以再加入一滴 NMP 持续匀浆，太稀则可以将匀浆盒放入电热鼓风干燥箱烘干一段时间。如此往复，直至浆料黏稠度达到理想状态，并且确保整个匀浆时间不少于 20 min。

2. 隔膜处理

将隔膜用扣式电池冲片机制备直径 16 mm 的圆形隔膜片，用乙醇清洗 3 次后，置于 40℃真空干燥箱至完全干燥，装进密封袋备用(若隔膜比较卷曲，可用书本压平)。

3. 电池组装

(1) 电池组装流程见表 5.1，将组装好的电池用扣式夹具夹好，记下电池所在位置编号，当计算机启动电池测试系统时找到对应的电池编号。

表 5.1 电池组装流程

步骤	步骤描述	步骤说明
1	确定水、氧含量，查看手套箱数字显示屏上的水、氧含量示数，最好控制在 0.1 ppm 以下	若水、氧含量过高，应检查手套是否破损或对手套箱进行再生

续表

步骤	步骤描述	步骤说明
2	将负极壳开口面向上，平放于电池托盘上	
3	用镊子将负极片置于负极壳中	应放于电池壳正中
4	用滴管吸取电解液，浸润负极片表面	酌量吸取电解液，此过程以完整均匀地浸润电极片表面为目标。注意润湿过程中，滴管和电极片一定不能接触
5	夹取隔膜，覆盖电极片	用镊子夹取隔膜装入电池负极壳；将隔膜先对准电池壳边缘，然后缓缓退出镊子，均匀覆盖
6	用滴管吸取电解液，润湿隔膜表面	用滴管前端轻轻触碰隔膜，使其更加平整均匀，边缘与电池壳接触更为严密，尽量避开隔膜的褶皱
7	夹取正极片置于隔膜正中	确保镊子夹取的力度合适，不会损伤正极片，防止弯折或扭曲正极片，使其平整地置于隔膜正中
8	夹取垫片置于正极片上，严格对齐	毛刺面朝上，垫片如果略微放偏可调整
9	夹取弹片置于垫片上，严格对齐	
10	用镊子夹取正极壳覆盖	
11	用塑料镊子夹起电池，负极朝上置于封口机的工作槽口，开始压制电池，完成后用塑料镊子将电池放回电池托盘	放入封口机前，用纸巾擦干电池表面。夹取电池时镊子应夹紧，避免漏液、内部滑移等

(2) 右键点击该编号对应的状态框，点击"启动"，在打开的对话框中进行参数设置。本实验可按表 5.2 设置。

表 5.2   测试参数设置流程

步骤	工作模式	结束条件	GOTO
1	静置	步骤时间≥8:00:00	下一步
2	倍率充电：1 C	电压≥4 V	下一步
3	倍率放电：1 C	电压≤2 V	下一步
4	如果	充放电循环≤50 次	2
	否则	充放电循环>50 次	停止

(3) 对电池进行命名及保存路径设置。

(4) 完成后，点击"启动"，在弹出的对话框中进行磷酸铁锂理论容量的设置，"活性物质的质量"为正极材料的实际质量，"标称比容量"设置为 170 $mA \cdot h \cdot g^{-1}$(此处为 $LiFePO_4$ 的标称比容量，不同电极材料其值不同)，点击"确定"。

(5) 测试一定时间后，可双击电池编号窗口，在数据显示框中查看各次循环的实际容量。

4. 实验结果分析

(1) 以首次比容量($mA \cdot h \cdot g^{-1}$)为横坐标、电压(V)为纵坐标，绘制首次充放电曲线。以循环次数为横坐标、比容量(mA·h·g⁻¹)为纵坐标，绘制循环性能曲线。

(2) 对测试结果进行分析。

思考题

(1) 电池组装过程中，对电池性能有影响的环境因素及操作步骤有哪些?

(2) 电解液的量对电池性能是否有影响?

实验 48　三元正极材料的热稳定性测试

实验目的

(1) 了解三元正极材料的热稳定性特点。

(2) 了解电极材料热稳定性的测试方法与评价指标。

(3) 掌握差示扫描分析仪的基本原理和实验操作。

实验原理

电动汽车的续航里程很大程度上取决于电池能量密度的大小，为了满足人们对长续航里程的不断追求，锂离子电池的能量密度需不断提升。由于常见的钴酸锂、磷酸铁锂等正极材料的理论容量有限，因此使用高容量的镍基三元正极材料成为动力电池发展的重要方向。但随着三元材料中镍元素含量的逐渐升高，在带来更高放电容量的同时也造成了材料循环稳定性与热稳定性的下降，使动力电池容易发生起火爆炸事故，产生了严重的安全隐患。

正极材料的热稳定性决定了电池的安全性，热稳定性越好，电池的安全性越高。因此，提高镍基三元电极材料的热稳定性具有重要的意义。镍基的三元材料主要包括NCM111(Ni∶Co∶Mn = 1∶1∶1，物质的量比，下同)、NCM622(Ni∶Co∶Mn = 6∶2∶2)、NCM811(Ni∶Co∶Mn = 8∶1∶1)及 NCA(镍钴铝)等，随着镍元素含量的逐渐提高，材料的放电容量逐渐增加。充电过程中，镍元素失去电子被氧化成四价，高价态的镍具有很强的氧化性，易与电解液发生氧化还原反应，产生气体并放出热量，最终导致电池热失控。

为了评价三元正极材料的热稳定性，可以用差示扫描分析仪采取差示扫描量热法(DSC)进行测试。DSC 是在等速率升温(降温)的条件下，测量输入样品与参比物的热量的功率差随温度的变化。DSC 直接反映样品在发生转变或反应时的热量变化，便于定量测定，样品在升、降温的过程中吸热或放热，在 DSC 曲线上就会显示吸热或放热的峰形，产生的热效应大致可以归结为以下几类:

(1) 发生吸热反应，如结晶熔化、升华、蒸发、吸附、脱结晶水、二次相变等。

(2) 发生放热反应，如气体吸附、氧化降解、燃烧、爆炸、重结晶等。

(3) 发生放热或吸热反应，如结晶形态转变、化学分解、氧化还原、固态反应等。

目前常用的差示扫描分析仪为热流型，主要部件包括炉子、热敏板、炉温热电偶、加热均温块、加热均温块热电偶、样品支持器等，结构如图 5.1 所示。

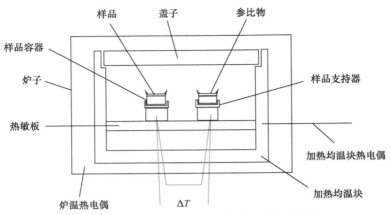

图 5.1   热流型差示扫描分析仪基本结构示意图

主要试剂与仪器

1. 试剂

NCM111 正极片、NCM811 正极片、锂片、隔膜、DMC、$LiPF_6$ 电解液。

2. 仪器

手套箱、充放电仪、电池拆解器、刮刀、分析天平、移液枪、差示扫描分析仪、坩埚、坩埚压合器。

实验内容

(1) 将 NCM111 和 NCM811 正极片在手套箱内组装成扣式半电池,随后将扣式电池置于充放电仪上进行充电和放电,设置充电电流为 1 mA,充电截止电压为 4.5 V,放电截止电压为 2.5 V,分别在充电和放电结束后取下电池。

(2) 将充电和放电结束后的 NCM111 和 NCM811 电池用电池拆解器拆开,将正极片取出,用 DMC 溶剂清洗干净后,置于玻璃板上静置等待溶剂挥发。电池拆解器的使用:将组装电池模具替换成拆解模具,然后把电池放到卡槽中,压手柄至不能压动为止。该操作与压制电池操作区别仅在于模具不同,其余步骤均相同。

(3) 将溶剂挥发干净的极片上的电极材料用刮刀刮下,用分析天平测定其质量并记录数据。随后将电极材料装入坩埚中,用移液枪滴加电极材料 30%(质量分数)的电解液,用坩埚压合器将坩埚封好。

(4) 差示扫描分析仪的使用:打开保护气源氮气,调节压力为 0.2~0.4 MPa。打开仪器电源 220 V,插入数据线与计算机连接。打开差示扫描分析仪分析软件,点击"设置"中的"通讯连接"。连接后调节流量控制阀到所需流量,在设备触摸屏操作界面设定样品参数和仪器运行参数程序。从室温开始升温测试,升温速率为 $10℃ \cdot min^{-1}$,温度上限为 350℃,N_2 流量为 $10 L \cdot min^{-1}$。打开仪器舱体,将坩埚放入差示扫描分析仪中后关闭舱体。点击软件上的"开始"键,仪器开始运行。待实验完毕后,关闭软件和计算机，待炉温低于 300℃后再关闭仪器主机，最后关闭压缩气体钢瓶阀门。以温度为横坐标、质量分数为纵坐标，观察记录两者不同状态的测试曲线，分析两种电极材料及其在不同状态下的热稳定性差异。

(5) 数据分析与讨论：比较不同曲线的放热峰温度及放热量，分析不同电极材料组分及充放电截止电压对放热反应的影响，据此讨论应如何提高三元正极材料的热稳定性。

思考题

(1) 为什么要将电极材料充电(脱锂态)后进行热稳定性测试？
(2) 在制作 DSC 测试样品时，为什么要加入一定量的电解液？
(3) 如何通过 DSC 曲线分析电极材料热稳定性的差异？
(4) 测试时不同条件的设定对 DSC 曲线有什么影响？

实验 49　循环伏安法在化学电源研究中的应用

实验目的

(1) 学习循环伏安法的基本原理。
(2) 学习循环伏安法测定过程的基本参数设置。

实验原理

循环伏安法(cyclic voltammetry，CV)是一种常用的电化学研究方法。该法控制电极电势以不同的速率，随时间以三角波形一次或多次反复扫描，在电极上交替发生不同的还原和氧化反应，并记录电流-电势曲线。根据曲线形状可以判断电极反应的可逆程度，中间体、相界吸附或新相形成的可能性，以及偶联化学反应的性质等。扣式电池循环伏安法是在工作电极上施加对称的三角波扫描电势，即从起始电势 E_0 开始扫描到终止电势 E_1 后，再回扫至起始电势，记录得到相应的电流-电势(i-E)曲线。图 5.2 表明，三角波扫描的前半部记录的是峰形的阴极波，后半部记录的是峰形的阳极波。一次三角波电势扫描，在电极上完成一个还原-氧化循环，从循环伏安曲线的波形及其峰电势和峰电流可以判断电极反应的机理。

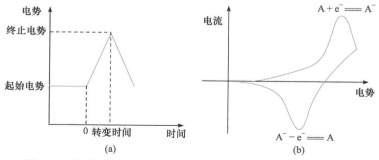

图 5.2　循环伏安法原理：(a) 循环电势扫描；(b) 循环伏安曲线

主要试剂与仪器

1. 试剂

实验 47 组装的扣式电池或市售扣式锂电池。

2. 仪器

电化学工作站。

实验内容

1. 实验步骤

(1) 连接扣式电池和电化学工作站，电化学工作站四条线的连接方式为：红线和白线接负极，绿线和黑线接正极。

(2) 启动电化学工作站，运行测试软件，在 control 菜单中点击 open circuit potential 查看并记录开路电压。

(3) 在 setup 菜单中点击 technique，在弹出菜单中选择 "Cyclic Voltammetry"。

(4) 在 setup 菜单中点击 parameters，在弹出菜单中输入测试条件：

Init E (V)	0.8	Segment	2
High E (V)	0.8	Smpl Interval(V)	0.001
Low E (V)	−0.2	Quiet Time (s)	2
Scan Rate (V/s)	0.02	Sensitivity (A/V)	5e−5

(5) 在 control 菜单中点击 run experiment，进行测试，得到电池的循环伏安曲线。

(6) 测试完毕后，点击 file 菜单中的 save as 选项，在弹出菜单中选择文件存储的位置并进行命名和保存，保存格式为.bin。

(7) 将保存的文件转化为.txt 格式以方便后续作图，点击 file 菜单中的 convert to txt 选项进行转换。

2. 实验结果分析

(1) 以电势/V 为横坐标、电流/A(或 mA)为纵坐标绘制循环伏安曲线。

(2) 对测试结果进行简单分析。

思考题

(1) 从循环伏安曲线可以测定哪些电极反应的参数?

(2) 从这些参数如何判断电极反应的可逆性?

实验 50　交流阻抗法测试锂离子扩散系数

实验目的

(1) 学习电化学工作站测试交流阻抗的基本原理。
(2) 学习用交流阻抗法计算锂离子扩散系数。

实验原理

交流阻抗法是控制通过电化学系统的电流(或系统的电动势)在小幅度的条件下随时间按正弦波规律变化，同时测量系统电动势(或电流)随时间的变化，或者直接测量系统的交流阻抗，进而分析电化学系统的反应机理、计算系统的相关参数的方法。电极阻抗的奈奎斯特(Nyquist)图如图 5.3 所示。从图中可见，高频区是一个代表电荷转移反应的容阻弧，低频区是一条代表扩散过程的直线[R_O：电解液和电极之间的欧姆电阻；C_{dl}：电极/电解液界面的双电层电容；R_{ct}：电荷转移电阻；Z_W：瓦尔堡(Warburg)阻抗]。

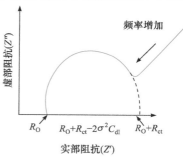

图 5.3　电极阻抗的 Nyquist 图

对于 $\omega \rightarrow 0$ 的低频区，有

$$Z' = R_O + R_{ct} + A_W \omega^{-1/2} \tag{5.5}$$

以此求得 A_W，则锂离子扩散系数为

$$D_{Li^+} = 0.5 \left[\frac{V_m}{FAA_W} \left(-\frac{dE}{dx} \right) \right]^2 \tag{5.6}$$

式中，ω 为角频率；A_W 为瓦尔堡系数；D_{Li^+} 为 Li^+ 在电极中的扩散系数；V_m 为活性物质的摩尔体积；F 为法拉第常量(96 485 $C \cdot mol^{-1}$)；A 为浸入溶液中的电极面积；dE/dx 为库仑滴定曲线的斜率，即开路电压对电极中 Li^+ 浓度曲线上某浓度处的斜率。但由于放电曲线上出现电压平台，因此 dE/dx 值难以确定。对式(5.6)进行变换处理得

$$D_{Li^+} = 0.5 \left(\frac{RT}{n^2 F^2 c A A_W} \right)^2 \qquad \left(\omega \gg \frac{2D_{Li^+}}{L^2} \right) \tag{5.7}$$

式中，R 为摩尔气体常量；T 为热力学温度；n 为转移电子数；c 为电极中 Li^+ 的浓度；L 为电极厚度。

主要试剂与仪器

1. 试剂

组装好的锂离子扣式电池[正极：$LiFePO_4$；负极：石墨；隔膜：PP 隔膜；电解液：

1 mol·L^{-1} LiPF$_6$溶于溶剂体积比为 1∶1 的碳酸乙烯酯(EC)和碳酸二乙酯(DEC)]。

2. 仪器

电化学工作站。

实验内容

(1) 连接扣式电池和电化学工作站，电化学工作站四条线的连接方式为：红线和白线接负极，绿线和黑线接正极。

(2) 启动电化学工作站，运行测试软件，在 control 菜单中点击 open circuit potential 查看并记录开路电压。

(3) 在 setup 菜单中点击 technique，在弹出菜单中选择 "A. C. impedance"。

(4) 在 setup 菜单中点击 parameters，在弹出菜单中输入测试条件：

Init E (V)	0
High Frequency (Hz)	100 000
Low Frequency (Hz)	0.1
Amplitude (V)	0.005
Quiet Time (sec)	2

(5) 在 control 菜单中点击 run experiment，进行测试，得到电池的交流阻抗曲线。

(6) 测试完毕后，点击 file 菜单中的 save as 选项，在弹出菜单中选择文件存储的位置并进行命名和保存，保存格式为.bin。

(7) 将保存的文件转化为.txt 格式以方便后续作图，点击 file 菜单中的 convert to txt 选项进行转换。

(8) 将.txt 格式的数据导入 Origin 作图软件，以 $\omega^{-1/2}$ 为横坐标、Z'为纵坐标作图，平台部分的斜率即为 A_W[根据式(5.5)得到]，然后代入式(5.6)或式(5.7)，即可计算锂离子扩散系数。

思考题

(1) 阻抗奈奎斯特图不同频率区域的曲线特征应如何拟合？

(2) 尝试推导实验所用公式的求解过程。

实验 51　恒电流间歇滴定技术测试离子扩散系数

实验目的

(1) 学习恒电流间歇滴定技术的基本原理。

(2) 学习用恒电流间歇滴定技术测试离子扩散系数。

实验原理

扩散是传质的重要形式。以锂离子电池或钠离子电池为例，锂(钠)离子在电极材料中的嵌入、脱出过程就是一种扩散。此时，锂(钠)离子的扩散系数 D 在很大程度上决定了反应速率，也影响电池的充放电容量、功率密度等综合性能表现。因此，确定扩散系数对研究电极材料的电化学性能具有重要意义。

恒电流间歇滴定技术(galvanostatic intermittent titration technique，GITT)是由一系列"脉冲+恒电流+弛豫"过程组成。在一段时间内没有电流通过电池的过程称为弛豫过程。因此，GITT 主要设置的参数有两个：电流强度(i)与弛豫时间(τ)。

GITT 首先施加正电流脉冲，电池电动势快速升高，与 iR 降成正比。其中，R 为整个体系的内阻，包括未补偿电阻 R_{un} 和电荷转移电阻 R_{ct} 等。随后，维持充电电流恒定，使电动势缓慢上升。此时，需要用菲克第二定律描述电动势 E 与时间 t 的关系。菲克第一定律只适用于各处的扩散组元的浓度只随距离变化而不随时间变化的稳态扩散。实际上，大多数扩散过程都是在非稳态条件下进行的，因此需应用菲克第二定律。接着，中断充电电流，电动势迅速下降，下降的值与 iR 降成正比。最后，进入弛豫过程。在弛豫期间，电极中的组分通过锂离子扩散趋向于均匀，电动势缓慢下降，直到再次平衡。重复以上过程：脉冲、恒电流、弛豫、脉冲、恒电流、弛豫……，直到电池完全充电。放电过程与充电过程相反。GITT 的核心公式为

$$D = \frac{4}{\pi}\left(\frac{iV_m}{Z_A FS}\right)^2\left(\frac{\dfrac{dE}{d\delta}}{\dfrac{dE}{dt^{1/2}}}\right)^2 \tag{5.8}$$

式中，i 为电流；F 为法拉第常量(96 485 C·mol^{-1})；Z_A 为离子的电荷数；S 为电极/电解液接触面积；$dE/d\delta$ 为库仑滴定曲线的斜率；$dE/dt^{1/2}$ 为电动势与时间的关系；D 为离子在电极中的扩散系数。

当电流 i 很小且弛豫时间 τ 很短时，dE 与 $dt^{1/2}$ 呈线性关系，式(5.8)可以化简为

$$D = \frac{4}{\pi\tau}\left(\frac{n_m V_m}{S}\right)^2\left(\frac{\Delta E_s}{\Delta E_t}\right)^2 \tag{5.9}$$

式中，τ 为弛豫时间；n_m 为物质的量；V_m 为电极材料的摩尔体积；S 为电极/电解液接触面积；ΔE_s 为脉冲引起的电压变化；ΔE_t 为恒电流充(放)电的电压变化。

主要试剂与仪器

1. 试剂

组装好的扣式电池或市售锂/钠离子电池(扣式电池组装步骤参见实验 47)。

2. 仪器

蓝电电池测试系统。

实验内容

以由负极材料硬碳组装的钠离子电池为例进行 GITT 测试(图 5.4)。首先，在恒定电流密度下从开路电压开始放电到 0.01 V，以相同电流密度充电到 3.0 V。然后以一定的电流密度恒电流放电 0.5 h，静置 10 h，再恒电流放电 0.5 h，静置 10 h，重复上述过程，直到电压达到 0.01 V 下限。进入充电阶段，每次恒电流充电 0.5 h，静置 10 h，其余设置与放电环节类似。

将局部放大，在恒电流密度充电下，可以清晰地看到脉冲引起的电压变化 ΔE_s 和恒电流充(放)电的电压变化 ΔE_t (图 5.5)，将其代入式(5.9)，即可求出离子扩散系数(D)。

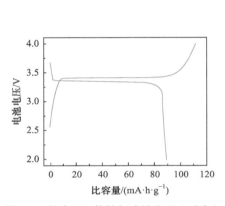

图 5.4　实验室组装的扣式钠离子电池负极
材料硬碳的 GITT 测试结果

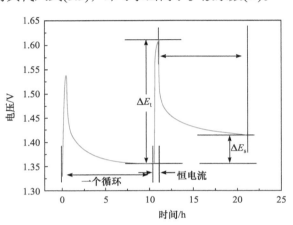

图 5.5　简化 GITT 核心公式求解扩散系数

思考题

恒电流间歇滴定技术所得曲线与电池的充放电曲线有什么异同？

实验 52　电催化分解水制氢

实验目的

(1) 了解电催化分解水制氢的意义。
(2) 掌握分解水制氢的反应原理。
(3) 掌握分解水制氢的测试过程。

实验原理

目前全球面临能源危机及环境污染问题，发展可持续的清洁能源和能源转换技术成为当代社会最迫切的需求。目前应用较为广泛的间歇性可再生清洁能源(如太阳能、风能等)受限于自然条件，存在输出功率不稳定的问题，造成资源严重浪费。解决这一问题的重要途径之一是将这些可再生能源转换成化学能(如氢、乙醇等)储存，再通过燃料电池将化学能转换成电能使用。氢能作为一种理想的清洁能源，是这些过程中最重要的能源转换载体之一，具有燃烧热高、清洁无毒、无污染等优点。

理想的氢能由可再生能源产生的热能、光能、电能直接实现水分解产生，从而实现热能、光能、电能与氢能之间的转化，机械能和生物质能等也可以通过间接途径转化成氢能。理论上这些理想的转换模式可实现高效、清洁、可持续的能源转化及储存。在整个机制中，催化分解水制氢是一系列能源转化过程中最重要的过程。光催化分解水是光能直接转换为氢能，目前仍处于理论研究阶段，但随着技术的发展、关键问题的解决，未来可能实现实用化。电催化分解水具有能量转换效率高、转换方便等优势，是目前可再生能源转化成氢能的最便捷途径。

电解水反应包括阴极析氢反应(HER)和阳极析氧反应(OER)两个半反应，HER 热力学平衡电势为 0 V(*vs.* RHE)，OER 热力学平衡电势为 1.23 V(*vs.* RHE)。但 HER 和 OER 过程都具有较高的过电势，电解效率低，造成能源浪费，因此需要使用催化剂降低其过电势。目前 HER 主要使用 Pt 基贵金属催化剂，而 OER 主要使用 Ir、Ru 等贵金属氧化物催化剂。

HER 过程可能涉及福尔默-海洛夫斯基(Volmer-Heyrovsky)或福尔默-塔费尔机理。在酸性溶液中，HER 按照以下反应进行：

$$H^+ + e^- + * \longrightarrow H_{ads}\,(福尔默反应) \tag{5.10}$$

$$H^+ + e^- + H_{ads} \longrightarrow H_2 + *\,(海洛夫斯基反应) \tag{5.11}$$

$$H_{ads} + H_{ads} \longrightarrow H_2 + 2*\,(塔费尔反应) \tag{5.12}$$

式中，*代表催化剂表面的活性位点；H_{ads} 代表在活性位点上的吸附态氢原子。

在中性和碱性条件下，由于溶液中氢离子浓度较低，HER 过程通过另一种福尔默和海洛夫斯基反应机理进行

$$H_2O + e^- + * \longrightarrow H_{ads} + OH^-\,(福尔默反应) \tag{5.13}$$

$$H_{ads} + H_2O + e^- \longrightarrow H_2 + OH^- + *\,(海洛夫斯基反应) \tag{5.14}$$

通过以上步骤可知，HER 反应由质子的消耗(福尔默反应)开始，之后的氢脱附过程可能经历两种反应路径，即电脱附(海洛夫斯基反应)过程或质子的重新结合(塔费尔反应)过程。HER 反应机理可以根据实验测定的塔费尔斜率推测得到。

根据 Sabatier 原则，一个高活性的 HER 催化剂应使氢原子 H*在其表面的吸附既不太强也不太弱。H*吸附在催化剂表面的自由能(ΔG_{H*})接近 0 时，整个反应的反应速率达到最大，反应速率由 HER 交换电流密度 j_0 表示。实验得到的 j_0 值与由量子化学计算得到的 ΔG_{H*} 之间存在紧密的联系，如图 5.6(a)所示。

近年来许多研究工作致力于开发高效、稳定、廉价的电催化分解水制氢催化剂，降低电催化分解水制氢的过电势，进而提高能源利用效率。电催化分解水制氢的性能主要通过电化学信号及产生气体的量等标准来评价。分解水的两个半反应都是在强极化区分

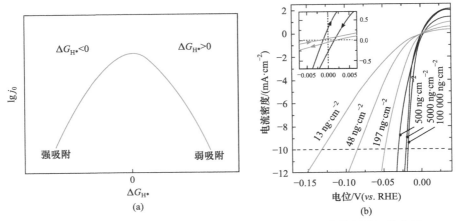

图 5.6 　 $\lg j_0$ 与 ΔG_{H*} 之间的关系(a)和不同载量的市售 Pt/C 催化剂的极化曲线(b)

解水产生气体的反应，虽然分属阴、阳两极，分别发生还原和氧化反应，但是评价方法、体系基本相似。本实验以电催化分解水制氢为例，评价方式主要包括以下几种。

(1) 电化学极化曲线(循环伏安法)：一般利用线性极化曲线或循环伏安曲线初步评价电催化剂的电催化分解水制氢性能，测试前首先进行多次循环伏安测试，在相应条件下得到稳定的催化电极表面，如图 5.6(b)所示。正式的性能测试需要在低扫描速率下完成，同时电极保持持续且稳定的旋转以去除电极表面形成的气泡，从而减小浓差极化。可以在极化曲线上得到析氢的起始电势(电流密度为 $0.5\sim2$ mA·cm^{-2} 时的电势值或强极化区的延长线与电流密度为 0 的交点电势值)及电流密度为 10 mA·cm^{-2} 时的电势值。10 mA·cm^{-2} 为太阳能电池效率为 12.3%时所能提供的电流密度，这一数值对太阳能转化成氢能被利用具有极为重要的意义。当具有相同的电流密度时，较小的析氢过电势表明催化剂活性较高。

(2) 塔费尔曲线：塔费尔曲线用方程表示为 $\eta = a + b\lg j$(η 为过电势，j 为电流密度，b 为塔费尔斜率)。塔费尔曲线可以通过电压及电流的对数拟合而得，在塔费尔方程中可以得到两个重要参数，分别为塔费尔斜率 b 及交换电流密度 j_0。电极反应的催化机理及动力学过程可以通过塔费尔斜率 b 反映。交换电流密度 j_0 为过电势 $\eta = 0$ 时的电流密度，其值与参与反应的反应物浓度及在平衡电势下的自由活化能相关。一般来说，高的交换电流密度和低的塔费尔斜率代表高的电催化活性。

(3) 稳定性：一个理想的催化剂不仅需要高的电催化活性，也需要好的稳定性，其催化活性和稳定性在实际应用时具有同等重要的作用。电催化分解水制氢反应一般是在强酸或强碱(pH 为 0 或 14)环境中进行，故其稳定性测试也应在相同条件下进行。稳定性测试主要分为两种方法：一种是测试电流密度-时间(i-t)曲线，通常设定大于或等于 10 mA·cm^{-2} 的电流密度和 10 h 以上的测试时间；另一种是进行多次相应区域的极化曲线或循环伏安曲线测试，一般循环次数至少为 5000 次。通过对比稳定性测试前后极化曲线的变化情况评价催化剂的稳定性。

(4) 法拉第效率(FE)：FE 是评价电催化体系的电子利用率的重要参数，电催化分解水制氢反应的法拉第效率通过气体产生量进行评价。法拉第效率=实际产氢量/理论产氢量×100%。

(5) 转换频率(TOF)：TOF 表示单位时间内催化剂表面每个活性位点的电子转换效率。转换频率可用来表示每个催化活性位点的本征活性。

主要试剂与仪器

1. 试剂

乙醇、硫酸、KOH、高纯氩气(99.999%)。

2. 仪器

电化学工作站、石墨棒电极、硫酸亚汞电极、Hg/HgO 电极、铂片、超声波清洗器。

实验内容

1. 搭建电解池

本实验使用 H 型玻璃电解池，其包括以下几个部分：工作电极和参比电极放置腔、对电极放置腔、电解质溶液放置腔及通气排气附件等。工作电极与毛细管垂直对放，距离一般控制在 5 mm 左右，目的是减小溶液的 iR 降；对电极必须与工作电极平行且对电极的面积必须是工作电极面积的 10 倍左右，以使电流在工作电极上分布均匀。玻璃电解池放置阴、阳极的两端各有一个通气排气口，可以将电解产生的气体排出，避免气泡对电化学测试产生干扰，同时便于收集产生的气体以测量其体积。

2. 制备工作电极

将铂片工作电极用金相砂纸手动抛光 10 min，然后依次在硫酸、去离子水和乙醇溶液中超声清洗，最后用大量去离子水冲洗电极表面以确保电极洁净，晾干后备用。

3. 电化学极化曲线测试

电化学极化曲线在典型的三电极体系中测试，其中面积为 1 cm² 的铂片为工作电极，石墨棒为对电极，Hg/HgO 电极为参比电极，1 mol · L⁻¹ KOH 为电解液。每次测试前，持续通入高纯氩气 30 min，然后密封电解池。在相同体系中以 50 mV · s⁻¹ 的扫描速率进行至少50次循环伏安扫描，以得到稳定的电极表面，稳定后每两次循环伏安曲线能重合。再进行极化曲线测试，扫描速率为 5 mV · s⁻¹。测试完成后，按相同步骤用铂片工作电极在 0.5 mol · L⁻¹ H₂SO₄ 电解液中进行分解水产氢测试，参比电极为硫酸亚汞电极，保存数据。

4. 稳定性测试

利用电化学工作站的恒电流或恒电位测试技术对电催化剂进行稳定性评价。以恒电流测试为例，设置电流密度为 10 mA · cm⁻²，在 1 mol · L⁻¹ KOH 电解液中测试 1 h，测试体系温度恒定在 25℃左右。用相同的测试方法完成催化剂在 0.5 mol · L⁻¹ H₂SO₄ 电解液中的稳定性评价。

5. 法拉第效率测试

利用电化学工作站恒电流测试方法，测试电流密度为 $10\,\mathrm{mA\cdot cm^{-2}}$，运行时间为 $1\,\mathrm{h}$，用排水法收集阴极产生的气体，每隔 $20\,\mathrm{min}$ 记录一次产生氢气的体积。将实际产生的气体量与理论产氢量进行对比，计算法拉第效率。

6. 塔费尔斜率计算

用极化曲线中的电位与电流密度的对数作图，取直线段数据拟合，利用塔费尔方程获得塔费尔斜率。

测试完成后，按相同步骤以石墨棒为工作电极进行电催化产氢测试，保存数据，与以铂片为工作电极的数据进行对比，综合评价两个工作电极的优劣。

思考题

(1) 进行分解水制氢实验时，酸性和碱性电解质的性能是否相同？原因是什么？
(2) 不同工作电极性能不同的原因是什么？
(3) 电解水产氢活性的影响参数有哪些？
(4) 为什么选取电流密度为 $10\,\mathrm{mA\cdot cm^{-2}}$ 作为对比的依据？

实验 53   旋转圆盘电极测试氧还原

实验目的

(1) 了解质子交换膜燃料电池的组成。
(2) 学习氧还原的工作原理。
(3) 了解氧还原电催化剂的研究现状。
(4) 掌握氧还原催化性能的测试方法。

实验原理

质子交换膜燃料电池(PEMFC)是将燃料及氧化剂的化学能转化为电能的装置，其结构相对简单、能量密度高、供给的燃料来源丰富、可再生环境友好、污染少且储存安全。PEMFC 包括阴极和阳极，分别充满电解质，主要反应是阳极燃料的氧化和阴极氧气的还原。以氢氧燃料电池为例，其简单的工作原理是：氢气到达阳极，在催化剂的作用下发生氧化反应，最终生成氢离子和电子，电子从外电路流向阴极，氢离子到达阴极，在阴极催化剂的作用下与氧气发生还原反应，最后生成的产物是水。目前，氢的阳极反应已经有了较高效的催化剂，但阴极氧还原反应(ORR)由于是多步骤反应，反应动力学非常缓慢，即使是在氧还原活性最好的 Pt 基催化剂上，其过电势通常也大于 $0.3\,\mathrm{V}$。在相同的极化电流下，氧电极反应的过电势比阳极氢氧化的过电势高大约 10 倍，因此决定电池性能优劣的主要因素之一是阴极氧还原反应。

氧还原反应是一个多电子转移的过程，涉及多步基元反应和多种中间产物，如 O_2^{2-}、O^{2-}、HO^{2-}、H_2O_2，以及铂的表面氧化物和氢氧化物等。为了探究氧还原的反应机理，就需要确认反应中包含的所有中间产物，涉及的各基元反应和反应动力学参数等。根据文献报道，氧还原反应有以下三种可能的途径，如图 5.7 所示。

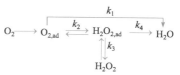

图 5.7　氧还原反应机理示意图

(1) 直接反应途径：直接发生四电子还原生成水(速率常数为 k_1)，即

$$O_2 + 4H^+ + 4e^- \longrightarrow 2H_2O \qquad E_0 = 1.23 \text{ V} \tag{5.15}$$

(2) 连续反应途径：首先发生两电子还原反应生成过氧化氢(速率常数为 k_2)，过氧化氢继续发生两电子还原反应生成水(速率常数为 k_4)，或者过氧化氢直接变成最终产物(速率常数为 k_3)，即

$$O_2 + 2H^+ + 2e^- \longrightarrow H_2O_2 \qquad E_0 = 0.67 \text{ V} \tag{5.16}$$

$$H_2O_2 + 2H^+ + 2e^- \longrightarrow 2H_2O \qquad E_0 = 1.77 \text{ V} \tag{5.17}$$

反应过程中往往是混合机理，两种反应机理同时存在。由于四电子反应机理的放电效率高于两电子，阴极氧还原催化剂在保证低过电势催化还原的同时还要尽可能满足四电子反应机理，提高燃料电池效率。

为了研究电极表面电流密度的分布情况，消除传质扩散层的影响，研究者经常采用旋转圆盘电极(rotating disk electrode，RDE)来评价阴极氧还原反应催化剂的催化性能。旋转圆盘电极是以玻璃电极为中心，外部采用绝缘材料(如聚四氟乙烯等)包裹，绕其通过圆心的垂直轴进行自身旋转的电极，其结构和电极附近流动轨迹示意图见图 5.8。

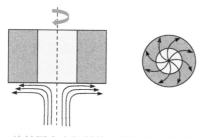

图 5.8　旋转圆盘电极结构示意图(侧面图和底部图)

工作电极直接安装在电动机上，利用电动机控制电极在电解液中以不同的转速旋转，使液体沿着旋转轴输送到电极表面然后沿着电极径向甩出，在电极表面扩散层以外的区域，溶液的流动方式为层流。经过一系列研究，对于氧还原反应在电极表面达到极限扩散控制的情况，反应物氧气在电极表面的浓度为零，不因时间变化而变化，得到旋转圆盘电极的极限扩散电流表达式[列维奇(Levich)方程]为

$$i_L = 0.62nFAD_0^{2/3}\omega^{1/2}\nu^{-1/6}c_0 \tag{5.18}$$

式中，n 为反应转移电子数；A 为电极的几何面积；D_0 为物质的扩散系数；ν 为溶液的运动黏度；ω 为电极转速；c_0 为溶液的本体浓度。从式(5.18)可以看出，极限扩散电流的大小正比于反应物的本体浓度和电极转速的平方根。在铂碳催化剂表面发生的氧还原反应极限扩散电流与电极转速之间的关系如图 5.9 所示。

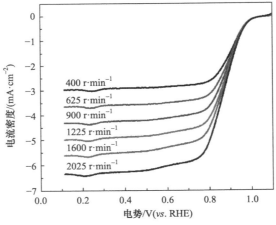

图 5.9　0.1 mol · L⁻¹ KOH 中 20% Pt/C 催化剂在不同电极转速下的极化曲线

旋转圆盘电极通过不同的转速控制溶液相的传质过程，能够建立均一、稳定的表面扩散状况，具有易于建立稳态、极化曲线重现性好的优点，适用于测定溶液中扩散过程参数或研究固体电极的电化学反应动力学参数。旋转圆盘电极利用高速旋转，使扩散控制或混合控制的电极过程变为电化学控制，继而采用稳态法测量动力学参数。在强极化条件下，当工作电极为旋转圆盘电极时，适用于 Koutecký-Levich 方程(K-L 方程)，公式如下：

$$\frac{1}{I}=\frac{1}{I_K}+\frac{1}{0.62nFAc_0D_0^{2/3}v^{-1/6}\omega^{1/2}}\tag{5.19}$$

式中，I 为极限扩散电流；I_K 为受动力学控制的反应电流；n 为电子转移数；F 为法拉第常量(96 485 C · mol⁻¹)；D_0 为 O₂ 的扩散系数(1.9×10⁻⁵ cm² · s⁻¹)；v 为运动黏度(0.01 cm² · s⁻¹)；c_0 为氧气在电解质中的饱和浓度(1.2×10⁻⁶ mol · cm⁻³)；ω 为旋转圆盘电极的转速(r · min⁻¹)。

目前已报道了多类材料用作氧还原电催化剂，包括 Pt 等贵金属及其合金、过渡金属氧化物、过渡金属大环化合物、杂原子掺杂碳基材料等。理解氧还原反应的机理是设计高效的氧还原催化剂的基础。此外，掌握评价催化剂氧还原活性的方法对于评价催化剂的性能有重要意义。本实验以市售铂碳(Pt/C)催化剂为标准催化剂，利用旋转圆盘电极和电化学工作站研究其氧还原性能，并计算反应的转移电子数。

主要试剂与仪器

1. 试剂

市售 20% Pt/C 催化剂、Nafion 溶液、导电炭黑、异丙醇、乙醇、高氯酸、高纯氮气(99.999%)、高纯氧气(99.999%)、去离子水。

2. 仪器

电化学工作站、玻碳电极、银/氯化银电极、石墨棒电极、旋转圆盘电极、超声波清洗器、移液枪。

实验内容

1. 搭建电解池

本实验使用 H 型玻璃电解池，这种电解池具有操作简单、容易加工等优点。电化学电解池包括参比电极放置腔、对电极放置腔、电解质溶液放置腔及通气附件等。工作电极与毛细管垂直对放，距离一般控制在 5 mm 左右，目的是减小溶液的 iR 降。对电极必须与工作电极平行且对电极的面积必须是工作电极面积的 10 倍左右，以使电流在工作电极上分布均匀。玻璃电解池的左边还有一个三通通气阀，实验前可以调节氮气或氧气通入电解质溶液中，当电解质溶液饱和后将气体导向电解质溶液的上方，不仅可以维持溶液中氧气一直处于饱和状态，还可以避免氧气气泡对电化学测试产生干扰。

2. 制备玻碳工作电极

将玻碳电极依次用粒径 1 μm 和 50 nm 的 Al_2O_3 粉手动抛光 10 min，然后依次在去离子水和乙醇中超声清洗，最后用大量去离子水冲洗电极表面以确保电极洁净，晾干后备用。

3. 制备薄膜电极

称取一定量的市售 20% Pt/C 催化剂，配制成 2 mg·mL^{-1} 的分散液(水∶异丙醇∶Nafion = 3∶1∶0.02，体积比)，超声 30～60 min 使其均匀分散，将配制好的催化剂浆液倒置，底部无沉淀为最佳。用移液枪吸取 20 μL 催化剂浆液滴于玻碳电极上，滴加的同时保证分散液全部均匀分布于电极表面，然后置于水饱和蒸气压氛围内使其自然晾干。再用此方法制备 3 个载量相同的工作电极，进行性能对比，保证测试的重复性。

4. 不同转速下的线性伏安曲线扫描

测试前，向高氯酸(0.1 mol·L^{-1})溶液中通入 30 min 氧气，得到氧气饱和的电解质溶液。饱和后将通气管上拉，使管口位于液面上方，保持相同的流速。依次改变旋转圆盘电极的转速为 250 r·min^{-1}、600 r·min^{-1}、900 r·min^{-1}、1600 r·min^{-1}、2500 r·min^{-1}，在氧气饱和的高氯酸溶液中进行线性扫描，以银/氯化银电极作为参比电极，电压测试区间为–0.2～0.8 V，扫描速率为 5 mV·s^{-1}。测试完成后，按相同步骤依次对制备的其他工作电极进行氧还原测试，保存数据。

5. 数据处理

根据线性扫描曲线，将几组不同工作电极在 1600 r·min^{-1} 下的数据作图，以可逆氢电极(RHE)电位为横坐标、电流密度为纵坐标，得到氧还原极化曲线。对比几组曲线，观察所得的曲线是否平稳，并将所测曲线的起始电位和半波电位与文献中市售 Pt/C 催化剂的氧还原数据进行对比。

6. 计算 ORR 转移电子数

将几组工作电极在不同转速下的氧还原数据作图，得到每个工作电极在不同转速下的氧还原极化曲线。同时选取 0.6 V、0.7 V、0.8 V(vs. RHE)下的 $1/I$ 对 $\omega^{-1/2}$ 作图得到 K-L 曲线。根据 K-L 方程计算得出电子转移数 n。由电子转移数 n 判断 Pt/C 催化氧还原中按照两电子和四电子转移途径的情况，并与文献中市售 Pt/C 催化剂的氧还原数据进行对比。

思考题

(1) 在测试催化剂氧还原性能时选取高氯酸的原因是什么?

(2) 影响氧还原活性的因素有哪些?

(3) 如何选取半波电位和起始电位?

(4) 评价催化剂氧还原活性的参数有哪些?

(5) 工作电极上活性物质的量与氧还原活性是否为线性关系?

实验 54　空气电极制作与锌空气电池模型器件组装

实验目的

(1) 学习空气电池的组成、构造和工作原理。

(2) 学习组装锌空气电池。

(3) 掌握锌空气电池的性能测试方法。

实验原理

1. 金属空气电池简介

(1) 定义：以空气中的氧作为阴极(正极)活性物质，以金属作为阳极(负极)活性物质组成的电池称为金属空气电池。常见的金属阳极有：锂、钠、锌、镁、铝和铁等。

(2) 反应机理：电池运行过程中，金属电极发生溶解或沉积，放电产物溶解在碱性电解液中；空气中的氧气在负载电催化剂的空气电极中进行氧还原(ORR)或氧析出(OER)电化学反应，完成电能与化学能之间的相互转换。

(3) 特点：金属空气电池发生的化学反应与普通化学电池相似，其优势在于作为正极的氧气通过多孔材料中的催化剂从空气中直接获取。空气穿过正极到达与电解质接触的正极活性表面，在该活性表面上正极催化剂促进氧气在电解液中反应，而催化剂本身不会消耗或变化。因为一种活性物质在电池外，所以电池内的体积大部分可用于放置另一种活性物质(活性金属)，从而使金属空气电池具有非常高的体积比能量。

2. 锌空气电池

1) 原理

锌空气电池又称锌氧电池，是以锌为负极、活性炭吸附空气中的氧或纯氧为正极活

性物质，以高浓度的氢氧化钾为电解液的高能化学电源。放电时正、负极和总反应的化学方程式为

负极：
$$Zn + 2OH^- \longrightarrow ZnO + H_2O + 2e^- \tag{5.20}$$

正极：
$$O_2 + 2H_2O + 4e^- \longrightarrow 4OH^- \tag{5.21}$$

总反应：
$$2Zn + O_2 \longrightarrow 2ZnO \tag{5.22}$$

2) 氧还原机理

实际上空气正极的反应非常复杂，化学反应体系有一个影响整个体系的反应动力学和相应性能的速率限制反应。锌空气电池中，这个反应是氧气的还原过程，同时产生过氧化物游离基团(HOO^-)

过程 1：
$$O_2 + H_2O + 2e^- \longrightarrow HOO^- + OH^- \tag{5.23}$$

过程 2：
$$HOO^- \longrightarrow OH^- + 1/2\ O_2 \tag{5.24}$$

(1) 过氧化物分解为羟基和氧气的过程是反应的速控步。

(2) 为了加快预氧化物的还原和反应速率，在空气正极中使用催化剂提升过程 2 的反应速率。

(3) 这些催化剂是典型的金属化合物或配合物，如银、氧化钴、贵金属及其化合物、混合金属化合物等。

主要试剂与仪器

1. 试剂

聚丙烯腈(PAN，重均分子量 $M_w = 150\ 000$ 和 $M_w = 85\ 000$)、N, N-二甲基甲酰胺 (DMF，无水，99.8%)、硝酸铜$[Cu(NO_3)_2 \cdot 3H_2O，99\%]$、乙酸钴$[Co(Ac)_2 \cdot 4H_2O，99\%]$、电池壳、锌箔、隔膜。

2. 仪器

电子天平、水浴锅、一次性滴管、镊子、磁力搅拌器、静电纺丝仪、高温管式炉、电池测试系统、电化学工作站、可充空气电池测试装置。

实验内容

1. 静电纺丝法制备双功能氧电催化剂 $CuCo_2O_4$@C 多孔纳米管

(1) 称取 1.5 g 低分子量 $PAN(M_w = 85\ 000)$溶解在 18 mL DMF 中作为内核前驱体溶液，称取 2.0 mmol 硝酸铜、4.0 mmol 乙酸钴和 1.3 g 高分子量 $PAN(M_w = 150\ 000)$溶解在 18 mL DMF 中作为外壁前驱体溶液。两种前驱体溶液均连续搅拌 12 h，得到黏性前驱体纺丝液。

(2) 将内核和外壁前驱体溶液分别转移到同轴静电纺丝仪连接内核和外壁的注射器

中。在针尖处施加 16 kV 高压，溶液给液速率为 0.9 mL·h⁻¹。将纺丝得到的纳米纤维薄膜前驱体在真空干燥箱中 60℃干燥 6 h。

(3) 将上述纤维前驱体置于高纯度氮气环境下 250℃稳定 2 h，然后升温至 800℃碳化 1 h。在加热过程中，PAN 经过碳化和硝酸盐分解，形成氮掺杂的碳纳米管，并释放出 NO_2、CO_2 等气体，形成多孔结构。最后，在流动空气中加热到 350℃氧化，得到具有纯晶体结构的 $CuCo_2O_4$@C 多孔纳米管(CCO@C)。

2. 氧还原和氧析出测试

氧析出测试和氧还原测试在装配旋转圆盘电极装置(RRDE-3A)的电化学工作站上进行。其中，铂网电极为对电极，直径 4 mm 的玻碳电极(GCE)为工作电极，饱和甘汞电极(SCE)为参比电极。所有电位换算成 RHE 电位($E_{RHE} = E_{SCE} + 0.059 \times pH + 0.241$)。

将 4.0 mg 电催化剂在 500 μL 乙醇、500 μL 异丙醇和 50 μL Nafion 溶液(5%，质量分数)配制成的溶液中溶解并超声 60 min，形成均相溶液。取 3.3 μL 均相溶液滴在 RRDE 上，采用线性扫描伏安法(LSV)在氧饱和的 0.1 mol·L⁻¹ KOH 电解液中测定材料的 ORR 活性，扫描速率为 5 mV·s⁻¹，转速分别为 400 r·min⁻¹、625 r·min⁻¹、900 r·min⁻¹、1225 r·min⁻¹、1600 r·min⁻¹、2025 r·min⁻¹ 和 2500 r·min⁻¹。

用移液枪取 9.2 μL 均相溶液滴在玻碳电极上，电极质量负载为 0.28 mg·cm⁻²。采用 LSV 在氧饱和的 1 mol·L⁻¹ KOH 溶液中，以 5 mV·s⁻¹ 扫描速率在 0~0.8 V 电位窗口下进行扫描。再采用循环伏安法(CV)测定负载量为 0.1 mg·cm⁻² 催化剂的电化学双电层电容(C_{dl})。采用 LSV 在 5 mV·s⁻¹ 扫描速率下，通过 Autolab 电化学方法进行极化曲线测量。

3. 组装锌空气电池

1) 制备电极片

将 4.0 mg 电催化剂(CCO@C)溶于 500 μL 乙醇、500 μL 异丙醇和 50 μL Nafion 溶液(5%)中，超声搅拌 60 min，形成均相催化剂油墨。将均相催化剂油墨均匀喷涂于碳纸上，负载量为 1 mg·cm⁻²，制成电极片。

2) 锌空气电池组装与测试

可充放电的锌空气电池在二次空气电池测试装置(图 5.10)中进行测试。其中，金属锌板(厚度为 0.25 mm)为负极，负载电催化剂 CCO@C 的碳纸为正极，0.2 mol·L⁻¹ ZnO 溶于 6.0 mol·L⁻¹ KOH 溶液中为电解液。将螺杆穿过塑料板 1，放上锌负极，再依次放上防枝晶隔膜、O 形圈和塑料板 2。在塑料板 2 上放上第二个 O 形圈，并放上空气电极。放上塑料板 3，依次放上垫片、螺帽和垫片，并将装置拧紧，加液后扣上塑料板 2 顶端的硅胶帽，测试装置组装完成。采用电化学工作站对其进行 LSV 极化曲线测试；采用电池测试系统对其在 10 mA·cm⁻² 电流密度下进行恒电流充放电循环曲线测试，时间为 10 min。

4. 实验结果分析

(1) 以电流密度(mA·cm⁻²)为纵坐标、电位(V)为横坐标，绘制样品 ORR 极化曲线。

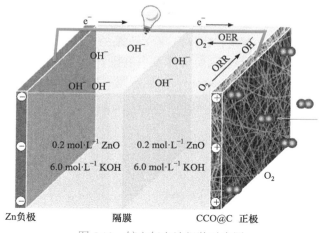

图 5.10　锌空气电池组装示意图

（2）利用 K-L 方程计算并分析该活性材料的 ORR 活性，获得特定电位下表观电子转移数等性能指标。

思考题

（1）氧电极催化剂的种类有哪些？反应机理是什么？
（2）比较锌空气电池、锂空气电池、铝空气电池、镁空气电池的工作原理及优缺点。

实验 55　二氧化碳电催化还原制备甲酸

实验目的

（1）了解二氧化碳电催化还原制备甲酸的基本原理。
（2）了解电催化还原方法的优点与技术挑战。
（3）学习掌握二氧化碳电催化还原制备的甲酸性能的基本测试方法。

实验原理

随着人类社会的不断进步，尤其是工业和交通业的迅猛发展，化石燃料的消耗越来越多。化石燃料在使用过程中会释放大量的 CO_2 气体，如果不经控制排入环境中，则会导致大气中 CO_2 的浓度持续增加，加剧温室效应。如何合理地处理 CO_2 的排放是一个亟待解决的问题。利用电化学方法将 CO_2 还原为含碳有机原料或燃料，既能缓解温室效应，又能带来一定的经济效益，具有广阔的应用前景。与传统的化学还原法相比，电化学还原 CO_2 可在常温常压下进行并利用可再生清洁能源，但仍然面临还原效率较低、产物选择性低等问题。反应过程中将 CO_2 溶解至电解液后扩散到阴极表面参与反应，为了提高还原效率和法拉第效率，需要采用特定的催化剂。以 CO_2 还原制备甲酸为例，通常用 Hg、Cd、Pb、Tl、In 和 Sn 等金属块状电极作为阴极，因为它们的析氢过电势高，可以减少析氢副反应。

CO_2 电化学还原的电解液体系主要有水溶性介质和有机溶剂介质。若将 CO_2 还原为低碳物甲酸，必须进行加氢处理。CO_2 电化学还原的反应机理复杂，还没有统一的定论。目前研究人员普遍认为在酸性水溶液体系中电化学还原 CO_2 的机理为：气态 $CO_2(g)$ 首先溶解于水溶液中形成水合态 $CO_2(aq)$，然后吸附在电极表面成为吸附态 $CO_2(ad)$，吸附态 $CO_2(ad)$ 得到电子生成吸附态 $\bullet CO_2^-(ad)$ 自由基负离子，如果此时加氢则形成 $HCOO^-$，进而生成甲酸，见图 5.11。

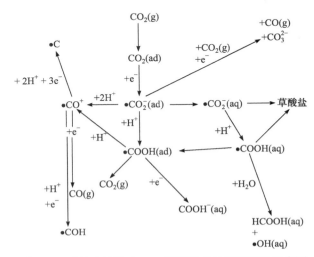

图 5.11　酸性水溶液中 CO_2 还原反应的不同路径示意图

主要试剂与仪器

1. 试剂

碳酸氢钾($KHCO_3$)、市售锡粉(Sn)、异丙醇、Nafion、高纯氩气(99.999%)、高纯 CO_2(99.999%)。

2. 仪器

分析天平、电化学工作站、超声波清洗器、电解池、pH 计、试管、量筒、容量瓶。

实验内容

1. 搭建电解池

本实验使用 H 型玻璃电解池，其包括以下几个部分：工作电极和参比电极放置腔、对电极放置腔、电解质溶液放置腔及通气排气附件等。工作电极与毛细管垂直对放，距离一般控制在 5 mm 左右，目的是减小溶液的电压(iR)降；对电极必须与工作电极平行且对电极的面积必须是工作电极面积的 10 倍左右，以使电流在工作电极上分布均匀。实验过程中一直通入高纯 CO_2 或氩气，搅拌速率为 $600\ r\cdot min^{-1}$。

2. 制备工作电极

取不同量的市售锡粉，分散于异丙醇(500 μL)与 Nafion 溶液(50 μL)混合液中，超声直至溶液均匀分散，用移液枪取 10 μL 溶液滴至玻碳电极(ϕ= 6 mm)上，自然晾干，作为工作电极。

3. 电化学极化曲线测试

以 Ag/AgCl 作参比电极、Pt 片电极作对电极、催化剂作工作电极组装成三电极体系。电解液为 0.5 mol · L^{-1} KHCO$_3$。向工作电极液面下通入高纯氩气或 CO$_2$ 30 min 以排出溶液中溶解的空气，气体的通入速率控制在 20 mL · min^{-1}。测试极化曲线前，先在相同体系中以 50 mV · s^{-1} 扫描速率进行至少 50 次循环伏安扫描，以得到稳定的电极表面，稳定后每两次循环伏安曲线能重合。再进行极化曲线测试，扫描速率为 5 mV · s^{-1}。对比在 CO$_2$ 和氩气条件下电流密度的差异，简单评价催化剂的 CO$_2$ 活性。

4. 电化学 CO$_2$ 还原性能评价

以 Ag/AgCl 作参比电极、Pt 片电极作对电极、催化剂作工作电极组装成三电极体系。向工作电极液面下通入高纯氩气或 CO$_2$ 30 min 以排出溶液中溶解的空气并使电解液饱和。设置电化学工作站以恒电位模式进行测试，不同电位下电解 1 h。气体产物采用在线色谱进行检测(H$_2$)，液体产物采用核磁共振(^{1}H-NMR)方法检测。液体产物检测方法如下：600 μL 电解液，100 μL D$_2$O 和 1 mmol · L^{-1} DMSO 作为内标物，同时设置核磁共振程序为压水峰 64 次。

思考题

(1) 为什么催化剂要作阴极材料？
(2) KHCO$_3$ 作电解液有什么优点？
(3) 如何通过 LSV 及 CV 曲线对比不同量催化剂的效率高低？

实验 56　电催化还原氮气合成氨

实验目的

(1) 学习电催化还原氮气的原理。
(2) 了解电催化合成氨的优点与技术挑战。
(3) 学习掌握电催化还原氮气的性能测试方法。

实验原理

1. 电催化还原氮气合成氨的反应机理

常温常压下，以氮气为氮源、水为质子源，在三电极体系中施加一定电压，可实现电催化还原氮气合成氨。但是，氮分子的电子亲和能(–1.8 eV)较负、键能(410 kJ·mol⁻¹)高、HOMO-LUMO 能隙(22.9 eV)较大，氨合成反应的活化能高达 335 kJ·mol⁻¹。因此，氨合成过程一般需采用催化剂弱化氮分子键能、降低反应过程的活化能，从而实现氮的高效低能耗固定合成氨。

电催化还原氮气合成氨的反应机理主要有解离机理和缔合机理。解离机理中，首先，氮分子化学吸附在催化剂表面，使氮原子间的化学键减弱；随后，氮分子的三键在加氢反应发生前被破坏，两个被吸附的氮原子在催化剂表面留下，而被吸附的氮原子不断与催化剂表面化学吸附的氢原子分别进行加氢反应，并在催化剂表面逐步生成—NH、—NH₂ 和 NH₃；最后，氨分子从催化剂表面脱附生成气态的氨(图 5.12)。解离机理需要预先破坏氮分子三键，因此能量消耗极高，且对催化剂的性能要求也较高。

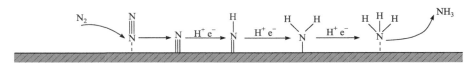

图 5.12　电催化氮气还原合成氨的解离机理

缔合机理中，首先，游离的氮分子物理吸附在催化剂表面活性位点；然后，催化剂将接收的电子注入氮最高空轨道，从而对氮分子进行活化吸附，从周围环境中接收质子发生加氢反应，通过不同方式的加氢形成被吸附的活性中间物种；最后，氮分子三键断裂生成氨分子，并从催化剂表面脱附。缔合机理是在氮分子三键一端或两端加氢再破坏氮分子三键，可减少能量消耗并提高催化效率。此外，缔合机理中可以通过两种机理进行加氢过程，即交替机理和末端机理。缔合交替机理中，催化剂表面吸附的两个氮原子之间可交替进行加氢和接收电子，使氮原子间的键全部断裂且第一个氨分子从催化剂表面顺利脱除，第二个氨分子也随之释放(图 5.13)。

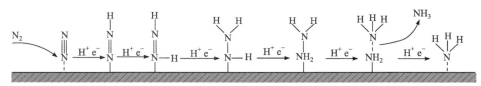

图 5.13　电化学催化氮气还原合成氨的缔合交替机理

缔合末端机理中，加氢优先发生在离催化剂表面最远的氮原子上，末端氮原子不直接与催化剂相互作用，当释放第一个氨分子后剩余的氮原子继续加氢，生成第二个氨分子并随之释放(图 5.14)。

综上所述，从氮气还原成氨的反应机理推测，影响电催化还原氮气合成氨的催化剂性能的关键因素可能为催化剂上氮分子吸附与氨分子脱附。理想状态下，氮分子吸附速率与氨分子脱附速率相等时达到吸附平衡，然而催化剂表面对氮分子的吸附活化能和氨分子的脱附活化能相差较大，不利于氨分子的脱附。对于氮还原反应(NRR)和氢析出反应(HER)的选择性，由于电催化分解水的理论电压比分解氮气的理论电压小，因此在热力学上优先发生 HER，使 NRR 效率降低。模拟计算表明，当催化剂表面对氮原子的吸附能大于氢原子的吸附能时，催化剂的大部分表面被氮原子覆盖，因而可以抑制 HER，提高对 NRR 的选择性。此外，如果催化剂与氢原子的结合能较大，且其表面只有一定的氢原子覆盖，则可以限制 HER 过程中的速控步，抑制 HER 从而间接提高 NRR 的选择性。反应过程中催化剂表面氮分子的加氢过程：理论上氮分子加氢步骤中所需的平衡电位为–3.2 V，远比其他步骤的平衡电位小，因而此步骤多为目前电化学合成氨催化剂表面反应的速控步，而催化剂的某些活性位点可以降低此步骤的活化能，从而加快加氢反应的进行。

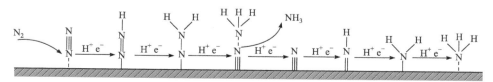

图 5.14　电化学催化氮气还原合成氨的缔合末端机理

2. 电催化还原氮气合成氨的检测方法

电催化还原氮气合成氨产物的定量检测方法非常关键，要求具有高灵敏度、高选择性、准确性和可重复性等。

(1) 分光光度法灵敏度高、成本低，在氨氮测定的日常实验中得到普遍应用。其中，靛酚蓝法或水杨酸盐法的检出限较低，显色较稳定，重现性较好，因此应用较为广泛。值得注意的是，分光光度法对 pH、温度、时间、试剂化学浓度和金属离子的干扰高度敏感。为了消除电动势干扰，可添加有意向离子的电解质控制实验。

(2) 离子选择性电极法是指使用带有敏感膜、能对离子或分子态物质有选择性响应的电极，此类电极的分析法属于电化学分析中的电位分析法。使用 NH_3 电极或辐射计分析的 NH_4^+ 电极，可提供更低的检出限和更大的检测范围。需要注意的是，在较低的浓度下，需要更长的时间才能得到稳定和准确的结果，因此在测量时样品应密封良好。

(3) 离子色谱法具有检出限低、重现性好、准确度高、可直接测定多种离子等优点。使用适当的色谱柱，可进行生成氨的检测。

主要试剂与仪器

1. 试剂

市售 Pd/C 催化剂、高纯氮气、氢氧化钾、酒石酸钾钠、碘化汞钾、硫酸钾。

2. 仪器

分析天平、电化学工作站、紫外分光光度计、超声波清洗器。

实验内容

1. 电化学性能测试

(1) 称取 4 mg 市售 Pd/C 催化剂，分散于异丙醇(500 μL)与 Nafion 溶液(50 μL)混合

液中，超声振荡 10 min。取 10 μL 混合液滴于玻碳电极上，将电极静置干燥，作为工作电极使用。配制 0.5 mol · L^{-1} 硫酸钾溶液作为电解液，以 Ag/AgCl 作参比电极、Pt 电极作对电极、催化剂作工作电极组装成三电极体系。向工作电极液面下通入高纯氮气 30 min 以排出溶液中溶解的空气，氮气的通入速率控制在 20 mL · min^{-1}。

(2) 测试材料的 LSV 和 CV 曲线，扫描速率为 5 mV · s^{-1}，推测可能发生的化学反应。

(3) 电催化还原氮气：将氮气通入速率改为 10 mL · min^{-1}，体系在 –0.5～–1.1 V 不同恒定电位下测试 i-t 曲线，电压选取间隔为 0.1 V，每个电位的测试时间为 3 h。记录在 3 h 测试过程中的总电量 Q，同时迅速从阴极池中取 4 mL 电解液，保存在冰箱中。

2. 标准曲线的绘制

(1) 制备酒石酸钾钠：用分析天平称取 50.0 g 酒石酸钾钠固体与 75 mL 去离子水在烧杯中混合溶解，超声 10 min。超声后，将上述烧杯置于 180℃ 水浴锅中，至液体沸腾 30 min 后取出，室温下充分冷却后，在 100 mL 容量瓶中定容备用。

(2) 制备奈斯勒试剂：用分析天平称取 7.0125 g 氢氧化钾固体和 3.6392 g 碘化汞钾固体，分别溶解于 50 mL 去离子水中，超声至得到澄清溶液。将上述两种溶液混合并充分搅拌至澄清后，移入 100 mL 容量瓶定容，装入棕色细口瓶，置于避光处保存。

(3) 配制氨氮标准溶液：取 10 mL 氯化铵溶液，其密度为 1000 μg · mL^{-1}，倒入 1000 mL 容量瓶中，定容后得到 10 μg · mL^{-1} 溶液备用。

(4) 测量吸光度：取 10 个 100 mL 容量瓶分别标记为 1～10 号，分别加入 0 mL、1 mL、4 mL、8 mL、10 mL、12 mL、16 mL、20 mL、28 mL、30 mL 标准溶液，将 1 mL 酒石酸钾钠溶液和 1 mL 奈斯勒试剂分别滴入上述容量瓶中，定容，置于暗处发生显色反应；20 min 后将容量瓶取出，用紫外分光光度计，波长 420 nm、20 mm 比色皿，以去离子水作参比，测量上述 10 个不同浓度标准溶液的吸光度。

3. 合成氨性能评价

电解结束后，将氨气吸收溶液移入 100 mL 容量瓶中，并加入 1 mL 酒石酸钾钠溶液及 1 mL 奈斯勒试剂，定容并于暗处静置 10 min。静置完毕后，将上述溶液放入 20 mm 比色皿，以去离子水作参比，用紫外分光光度计在波长为 420 nm 处测量吸光度并记录。通过氨氮标准曲线，获得溶液中氨的浓度。

4. 实验结果分析

(1) 以校正后的吸光度为纵坐标、氨氮浓度(μg · mL^{-1})为横坐标，绘制氨氮标准曲线。

(2) 结合电化学数据及氨氮标准曲线，计算得到氨的生成速率。

思考题

(1) 如何调控催化剂以提升其电催化合成氨效率?

(2) 影响电催化合成氨效率的因素有哪些?

实验 57 锂硫电池的组装与测试

实验目的

(1) 学习锂硫电池的构造和基本工作原理。
(2) 学习组装 CR2032 型扣式锂硫电池。
(3) 学习锂硫电池的性能测试方法。

实验原理

锂硫电池是以锂为负极、单质硫或硫的化合物为正极的电池体系。电池组成与锂离子电池相同，都是由正极、隔膜、负极、有机电解质和电池外壳五个部分组成。但与市售锂离子电池"摇椅式"充放电机理不同，正极硫在充放电过程中进行多步氧化还原反应，从而实现电能和化学能的相互转换。

以 S_8 分子为例，在放电过程中，S_8 分子得到电子，先生成可溶性长链 $Li_2S_x(4 \leqslant x \leqslant 8)$，再生成可溶性短链 $Li_2S_x(2 \leqslant x \leqslant 4)$，继续得到电子反应生成不溶性 Li_2S_2，最后反应生成不溶性 Li_2S。在充电过程中，Li_2S 又逐步反应生成 S_8 分子。锂硫电池在发生反应时涉及 16 个电子的转移($S_8 + 16Li \longrightarrow 8Li_2S$)，可计算出其理论比容量高达 $1675 \ mA \cdot h \cdot g^{-1}$。

正极活性物质硫还具有资源储量丰富、价格低廉和对环境友好等优点，使得锂硫电池成为下一代高能量密度电池的有力竞争者。然而，锂硫电池的开发应用受到制约的原因主要有三点：①活性物质硫高度绝缘，需要大量的导电添加剂增强电池的导电性；②可溶性中间产物能够溶解在电解液中，产生"穿梭效应"，消耗活性物质，导致容量衰减和较低的库仑效率；③硫在充放电过程中体积变化巨大，破坏电极结构，影响循环性能。通过构建导电网络，可以提高硫正极材料的导电能力；采用多孔导电材料负载硫，可以显著抑制锂硫电池穿梭效应带来的容量衰减。

本实验以多孔炭/硫复合材料为正极、金属锂为负极、锂盐醚溶液为电解液，组装扣式锂硫电池，并测试组装电池的电化学性能。

主要试剂与仪器

1. 试剂

硫粉、多孔炭、六氟磷酸锂(LiPF₆)、乙二醇二甲醚(DME)、负极壳、负极片、PP 隔膜、正极片、垫片、弹片、正极壳。

2. 仪器

一次性滴管、镊子(至少有一个塑料镊子)、压片机、手套箱、电池测试系统。

实验内容

1. 实验步骤

锂硫电池的装配主要分为三个步骤：硫正极的制备、电极片的涂覆与烘干、电池的组装与测试。

(1) 硫正极的制备：通过室温研磨和高温熔融的方法将硫粉灌注到多孔炭中。步骤如下：称取一定质量的多孔炭载体材料和硫粉(质量比一般为 3∶7)，一同倒入石英研钵。充分研磨使其混合均匀，以看不见硫的黄色为标准，之后放入 155℃干燥箱过夜。在此温度下硫变成熔融态，从而进入碳材料的孔隙中。

(2) 电极片的涂覆与烘干：称取一定质量比的复合材料及导电炭黑，与黏结剂一同倒入小试管中，用分散机将浆料混匀。用乙醇清洁铝箔和刮刀，把浆料倒在清洁的铝箔表面后，用刮刀匀速刮匀浆料，然后转移至60℃电热鼓风干燥箱中，待溶剂大部分挥发(表面基本干燥)后再转移至 60℃真空干燥箱烘干 12 h。在这个步骤(图 5.15)中，铝箔是集流体，导电炭黑为绝缘的硫粉增加导电性，黏结剂的种类、材料及溶剂的比例可根据经验选择。

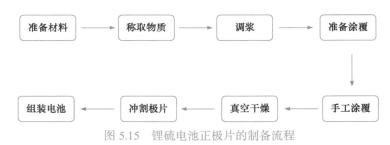

图 5.15   锂硫电池正极片的制备流程

(3) 电池的组装与测试：将称量后的电池正极片、正极壳、负极壳、PP 隔膜、密封袋等均送入手套箱中。按照负极壳、金属锂片、隔膜、正极片、垫片、弹片、正极壳的次序组装成扣式电池，滴入电解液(1 mol · L^{-1} LiPF$_6$ 的 DME 溶液)后进行装配(图 5.16)。电解液的量以能使电极片和隔膜完全润湿为准。装配完成后，用电动/手动冲片机将电池加压密封。封装时压力适中，不要过大或过小，压力过大有可能造成隔膜刺穿导致电池短路，压力过小则不能很好地密封。封口结束后，将扣式电池静置 12 h，以保证电极材料被电解液充分润湿。对装配好的 CR2032 扣式电池进行交流阻抗、循环性能、充放电性能等电化学性能测试。

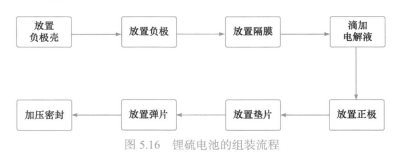

图 5.16   锂硫电池的组装流程

2．实验结果分析

(1) 以首次比容量(mA·h·g⁻¹)为横坐标、电压(V)为纵坐标，绘制首次充放电曲线。以循环次数为横坐标、比容量(mA·h·g⁻¹)为纵坐标，分别绘制循环性能曲线和倍率循环性能曲线。

(2) 对测试结果进行分析。

思考题

(1) 锂硫电池与锂离子电池有什么异同？
(2) 锂硫电池中多孔炭载体的作用是什么？
(3) 锂硫电池的"穿梭效应"在实验现象上有什么体现？

■ 实验 58　超级电容器电极材料物理性能与电化学性能测试 ■

实验目的

(1) 学习超级电容器的基本工作原理。
(2) 学习超级电容器的分类及特点。
(3) 掌握超级电容器电极材料的物理性能和电化学性能测试方法。

实验原理

超级电容器又称电化学电容器，主要是通过电解质离子在电极/溶液界面的聚集或发生氧化还原反应储能。它的载流子为电子和离子，具有比传统静电电容器大得多的比电容，因此称为超级电容器。超级电容器具有内阻小、功率密度高、工作温度区间宽、超长的循环稳定性和在大电流密度下可快速充放电等特点。超级电容器是一种电荷储存器件，按其储存电荷的原理可分为两种，即双电层电容器和法拉第赝电容器；根据使用电解液种类不同，可分为水系超级电容器和有机系超级电容器；根据电解液存在形式不同，可分为固态电解质超级电容器和液态电解质超级电容器；根据结构不同，可分为对称型超级电容器和非对称型超级电容器。超级电容器储存电能是通过离子的吸附实现的，即正电荷与负电荷分别重新排列在电解质和电极之间的界面上。电解液中含有等量的阴、阳离子，在外加电场作用下，电解质中的阴、阳离子分别迅速向正、负极移动，重新聚集排列在电极表面，从而在正、负极表面各形成一个电容，即为双电层电容。其电容计算公式为

$$C=\frac{\varepsilon_r\varepsilon_0 A}{d} \tag{5.25}$$

式中，C 为电容(F)；ε_r 为相对介电常数；ε_0 为真空介电常数(F·m⁻¹)；A 为电极材料的面积(m²)；d 为双电层的有效厚度(m)。其储存电荷的过程既包括双电层上的储存，又包括电解液中离子在电极活性物质中由于氧化还原反应而将电荷储存于电极中。

双电层电容器的电容主要取决于电极材料的表面/界面特性和孔径分布。碳材料因其原料来源广泛、易获得、加工简单、无毒、化学稳定性高而成为应用最广泛的电极材料，如活性炭、碳纳米管、碳纳米纤维和石墨烯。图 5.17 为双电层电容器的结构，集流体通常采用导电性较好的金属材料，表面负载电极材料，通过绝缘隔膜将正、负极隔开。

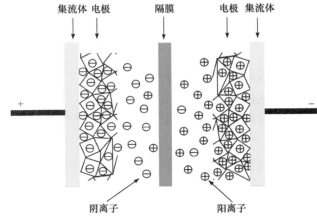

图 5.17   双电层电容器结构示意图

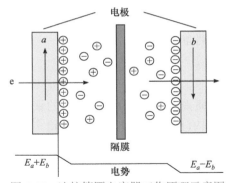

图 5.18   法拉第赝电容器工作原理示意图

图 5.18 为法拉第赝电容器的工作原理。赝电容是指电荷以法拉第形式储存的电极表面。法拉第电荷在双电层之间的传递过程导致了一种如电荷积累或释放现象的特殊的电动势依赖性，使得导数 dq/dV 等于电容。这种法拉第电荷转移过程由 Trasatti 等提出，原因是表面氧化还原反应的高度可逆。正常充电时，活性电极材料的表面区域被还原为较低的氧化态，同时阳离子在电极表面/附近从电解质中吸附或插入；在放电时，整个过程几乎可以完全逆转。

主要试剂与仪器

1. 试剂

炭黑、黏结剂、乙醇、泡沫镍、封口膜、滤纸。

2. 仪器

压片机、打孔器、电化学工作站。

实验内容

1. 电容器电极片的制备

(1) 称取一定量(约 30 mg)的活性物质置于 50 mL 烧杯中，按照 8∶1∶1(质量比)的比例计算炭黑和黏结剂的质量。

(2) 按比例称取一定质量的炭黑加入烧杯中，加入少量乙醇，然后加入黏结剂。

(3) 稍微摇晃烧杯使混合物混合均匀，用封口膜将烧杯封口，然后超声 10 min 左右，使其分散更加均匀。

(4) 撕掉封口膜，放入电热鼓风干燥箱中 80℃干燥 20 min。

(5) 烘干后将电极材料取出放在铜片上，滴少量乙醇，折叠为块状(橡皮泥软度)。

(6) 滚压压片，用压片机的最高挡，叠加五层铜片，压到很薄，避免有破损。

(7) 将薄片转移到滤纸上，用打孔器打孔制成小圆片。

(8) 将小圆片放入真空干燥箱中 100℃干燥 12 h。

(9) 取出小圆片，立即称量，编号记录。

(10) 将小圆片置于泡沫镍圆片上，镍片长条覆盖作为引线(极耳)，上面再覆盖一层小圆片，手压使其呈三明治状。

(11) 滚压压片，贴标签标注质量及相关信息。

2. 超级电容器电极材料的电化学性能测试

(1) 在不同电动势窗口下进行测试，以确定最优的电动势窗口，即电位区间。

(2) 分别以 0.005 V·s^{-1}、0.01 V·s^{-1}、0.02 V·s^{-1}、0.05 V·s^{-1} 和 0.1 V·s^{-1} 的扫描速率在最优电动势窗口范围内进行循环伏安扫描。利用 Origin 软件算出闭合曲线的面积，根据式(5.26)计算出该电容器的比电容 C_m。

$$C_m = S/(2mv\Delta V) \tag{5.26}$$

式中，C 为比电容；S 为积分面积；m 为电极材料活性物质的质量；v 为扫描速率；ΔV 为电位区间。

(3) 分别在 0.1 A·g^{-1}、0.2 A·g^{-1}、0.5 A·g^{-1}、1 A·g^{-1}、5 A·g^{-1} 电流密度下对电极进行恒电流充放电测试，评价电极的充放电循环性能。

(4) 交流阻抗测试：对于超级电容器，交流幅值一般设置为 5 mV，频率选择 100 kHz～0.01 Hz。通过交流阻抗测试获得电容器的溶液电阻、扩散阻抗等电化学参数。

思考题

(1) 超级电容器与传统电容器有什么区别?
(2) 影响超级电容器性能的因素有哪些?

实验 59　TiO₂ 光催化有机染料降解

实验目的

(1) 了解负载型 TiO$_2$ 纳米材料的制备方法。
(2) 掌握 TiO$_2$ 光催化有机染料降解原理。
(3) 掌握有机染料降解活性的测试方法。
(4) 了解表征 TiO$_2$ 形貌的仪器原理和用途。

实验原理

有机染料造成的水体污染是最严重的生态环境污染之一。10%～15%的有机染料随废水排放到周围的水体、土壤及大气中。有机染料色度高、毒性大、成分复杂、化学性质稳定、难分解，对整个生态系统造成严重的危害。目前治理有机染料废水的方法主要有生物化学法、吸附法、絮凝沉淀法、膜过滤法、离子交换法、化学沉淀法、电化学法、化学氧化法和光催化氧化法。其中，半导体光催化氧化法具有操作简单、效率高、能耗低、普适性好等诸多优点，成为解决这一历史性难题最有前景的方法。

光催化氧化法是使有机污染物降解为无毒无味的简单无机物，从而实现将有机物彻底氧化分解的技术。该方法是在降解系统中加入一定量的光敏半导体材料作为催化剂，利用光催化剂在自然光或人工紫外光源照射下生成一系列具有强氧化能力的空穴和自由基，从而使有机污染物发生氧化分解反应。近年来，大量的研究工作使得该技术逐渐成为一种节能环保的应用技术，为消除环境污染提供了一条新的途径。在光催化降解有机化合物的过程中，参与反应的催化剂接收一定量的光辐射，当照射到其表面的光子的能量大于或等于半导体材料禁带宽度时，处于价带上的电子受到激发跃迁到导带上形成强还原性的电子 e^-，在价带上留下强氧化性的空穴 h^+，从而在光催化剂的表面形成具有强氧化还原特性的光生电子-空穴对(photogenerated electron-hole pairs)，随后这些光生电子-空穴对转移到催化剂的表面发生化学反应。然而，部分光生电子-空穴对在迁移的同时还会发生复合，吸收的光能转化成热能或以荧光的方式损失掉。具有强氧化性的空穴将吸附在半导体材料表面的 H_2O 和 OH^-氧化成强氧化性的羟基自由基($\cdot OH$)，而强还原性的电子 e^-将吸附在半导体材料表面的 O_2 还原成超氧离子自由基($\cdot O_2^-$)，$\cdot OH$ 和 $\cdot O_2^-$ 两种活性物质通过加和、取代、电子转移等作用将绝大多数有机污染物直接或间接地降解为二氧化碳和水等小分子。在上述分解有机物的过程中，半导体材料不会发生变化，仅把光能转化成化学能，从而推动光催化反应的进行，如图 5.19 所示。

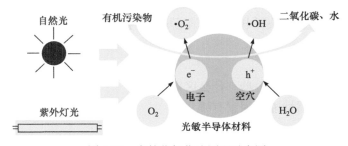

图 5.19　光催化氧化法原理示意图

光催化氧化的半导体催化剂中，二氧化钛(TiO_2)具有高效、安全无毒、无二次污染、化学稳定性好和环境兼容性强等优点，是最受关注的光催化剂之一。TiO_2 在自然界中主要有锐钛矿、板钛矿和金红石三种晶型。板钛矿属斜方晶系，锐钛矿和金红石属四方晶系。这三种晶型都是以一个位于中心的 Ti^{4+} 和六个相邻的 O^{2-} 构成 TiO_6 八面体为其基本结构单元。八面体结构内部的扭曲和八面体连接方式的不同构成了上述三个同质多象变体。晶体结构的不同导致其各异的物理化学性质，从而在稳定性、电子结构(包括禁带宽度)及光催化性能等方面表现出差异。其中，以金红石和锐钛矿的研究较为广泛。TiO_2 作为光催化剂降解有机污染物的过程可以大致分为五个步骤：①介质从有机污染物转移至 TiO_2 表面；②有机物吸附到光子活化的 TiO_2 表面(在该步骤中，光子能量使表面活化)；③TiO_2 表面吸附相的光催化反应；④反应中间体从 TiO_2 表面解吸；⑤介质从中间体转移至反应溶液。

　　本实验利用多壁碳纳米管(MWCNT)作为半导体光催化剂的载体。利用溶胶-凝胶法，在常温下制备高纯度、粒径分布均匀及化学活性高的纳米级 TiO_2 半导体光催化剂，负载到碳纳米管上制备成复合材料。再选取检测简单方便的甲基橙作为模拟污染物，对其进行光催化降解以考察 TiO_2 的催化活性，同时验证复合光催化剂应用于光催化降解的可行性。

主要试剂与仪器

1. 试剂

硝酸、甲基橙、正己烷、钛酸四丁酯、聚苯乙烯磺酸钠、异丙醇、多壁碳纳米管、微孔混合纤维滤膜。

2. 仪器

玻璃瓶(配有特氟龙垫圈)、烧杯、磁力搅拌器、真空泵、马弗炉、电热鼓风干燥箱、离心机、紫外-可见分光光度计。

实验内容

1. 复合光催化剂的制备

(1) MWCNT 的预处理：在室温条件下，将 5 g MWCNT 放入 1 L 3 mol·L^{-1} 硝酸中超声振荡 6 h。用砂芯真空微孔滤膜过滤并用去离子水将其洗净至中性，在电热鼓风干燥箱中烘干后备用。

(2) TiO_2 纳米溶胶的制备：在磁力搅拌下将钛酸四丁酯缓慢加入 60 mL 异丙醇中，并投加一定量的固着剂聚苯乙烯磺酸钠，搅拌 10 min 后得到均匀透明的溶液 A；量取 2.4 mL 去离子水和 20 mL 异丙醇混合，并用硝酸调节 pH 为 5 左右，得到溶液 B。在强烈磁力搅拌下，将溶液 B 缓慢滴加到溶液 A 中，匀速搅拌 2 h 后，形成深灰色溶胶。各成分的物质的量比为钛酸四丁酯∶异丙醇∶水 = 1∶25∶3。

(3) 复合光催化剂溶胶的制备：按照步骤(2)在溶胶形成前，称取一定量纯化后的 MWCNT 缓慢加入溶液 A 中，超声处理 10 min 使其形成均匀的悬浮液，然后在剧烈搅拌下将溶液 A 缓慢滴加到溶液 B 中，继续匀速搅拌 2 h 后得到均匀的溶胶。各反应组分的物质的量比为钛酸四丁酯∶异丙醇∶水 = 1∶25∶3。

　　将上述 TiO_2 纳米溶胶和复合光催化剂溶胶在室温下陈化 12 h 直至生成浅黄色透明凝胶，在 65℃ 烘干研碎，然后置于马弗炉中在一定温度下灼烧 3 h 去除有机挥发物，即

可制得 TiO_2 纳米溶胶与复合光催化剂。制备复合光催化剂的实验流程如图5.20(a)所示。

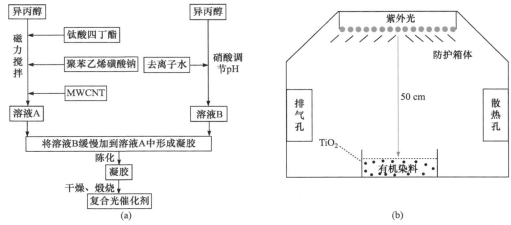

图 5.20　制备复合光催化剂的实验流程(a)和光催化降解实验示意图(b)

2. 光催化活性表征

目前对光催化剂催化活性的评价指标主要包括降解率、矿化率、褪色率(主要针对有机染料)、降解速率和生成速率等。本实验以模拟污染物甲基橙为目标降解物,通过考察其降解率大小评价其催化活性。

各量取 20 mL 初始浓度为 20 mg·mL^{-1} 的甲基橙溶液倒入三个培养皿中,其中两份分别加入 0.05 g 上述步骤制备的两种光催化剂并搅拌均匀,第三份纯甲基橙溶液作为参比。将三个培养皿同时置于光催化反应箱,用发射波长为 365 nm 的高压汞灯作为光源进行光催化降解实验,光源距溶液液面约 50 cm,对体系照射 2 h[图 5.20(b)]。在光催化实验中,每隔 20 min 从体系中取出一定溶液,离心分离除去光催化剂。光催化反应前后的有机染料溶液的浓度用紫外-可见分光光度计测量,扫描波长范围 350~600 nm、扫描速率 5 nm·s^{-1}、间隔 1 nm,测试其吸收光谱的吸光度。

降解率计算:甲基橙溶液经光催化降解后浓度下降,导致特征吸收峰强度降低,根据光吸收定律——朗伯-比尔定律

$$A = abc \tag{5.27}$$

式中,A 为有色溶液的吸光度;a 为吸光系数(L·g^{-1}·cm^{-1}),指吸光物质在单位厚度、单位浓度时的吸光度,若入射光波长、溶液性质及温度不变,则 a 为定值;b 为有色溶液吸光层厚度(cm),在同一比色皿测试条件下,b 为定值;c 为被测物质的浓度(g·mL^{-1})。据此可得:若 a、b 为定值且相等,则有 $c_e/c_0 = A_e/A_0$,A_0、c_0 和 A_e、c_e 分别为光照前后溶液的吸光度、浓度,其中 c_e/c_0 为所测溶液经光催化降解后的归一化浓度值,该值越小则表明光催化效率越高。因此,可利用紫外-可见分光光度计测定甲基橙溶液光照前后的吸光度变化来表征其浓度的变化,从而得到其光催化活性。

以甲基橙位于 464 nm 波长处的特征吸收峰为参照,对比反应前后该吸收峰的强度(吸光度),用下列公式计算甲基橙溶液的光催化降解率(D),并以此反映溶胶的光催化

活性。

$$D = \frac{c_0 - c_e}{c_0} \times 100\% \qquad (5.28)$$

式中，c_0 为有机染料的初始浓度$(g \cdot mL^{-1})$；c_e 为光降解反应后溶液中剩余的有机染料的浓度$(g \cdot mL^{-1})$。

思考题

(1) 发生光催化反应(产生光生电子-空穴对)的条件是什么？
(2) 影响光催化活性的因素是什么？
(3) 提高光催化活性有哪些途径？
(4) 为什么选用 MWCNT 作载体？
(5) 除 MWCNT 外，是否还有其他材料可作载体？

━━━━ **实验 60　金纳米颗粒的制备及表征** ━━━━

实验目的

(1) 学习金纳米颗粒的制备方法。
(2) 学习紫外分光光度计的测试方法。
(3) 了解金纳米颗粒胶体的光学特性。

实验原理

1. 纳米颗粒材料

与常见的块体金属相比，金属纳米颗粒因具有独特的物理和化学性质，在光学、能源、催化、生物医学等领域中具有广阔的应用前景。这些独特的性质是由纳米颗粒的尺寸效应以及由此引起的表面原子比例大幅增加造成的：尺寸减小改变了金属的物理性质，如增强的光学活性和更大的比表面积等；而表面与内部原子的性质不同，其比例增大还显著改变了金属在化学反应中的性质，增加了具有催化活性的表面吸附位点的数量。

在过去的几十年里，纳米合成技术的快速发展为制备各种金属纳米材料提供了大量的策略和方法。金纳米颗粒通常是指粒径为 3～150 nm 的单质金，其一般分散在胶体体系中，体系颜色呈酒红色到紫红色。胶体分散的金纳米颗粒吸附蛋白质稳定、迅速，而蛋白质的生物活性无明显改变。以胶体金优异的物理性质为基础的免疫金染色方法已广泛应用于组织病理学和免疫学诊断等领域，在食品安全快速检测、农药残留、动物传染病等方面也有较多应用。在化学方面，金纳米颗粒是高性能催化剂材料，其化学性质稳定且具有在低温下保持催化活性的特点，在生物制药、石油化工、环境保护等领域有重要的应用，特别是在与新能源相关的光能转化、燃料电池等方面也有很好的应用前景。

金纳米颗粒的制备常采用化学还原法：氯金酸$(HAuCl_4)$在还原剂作用下生成零价金

原子，溶液中分散的金原子迅速聚集成一定大小的单质颗粒，形成带电的胶体，由于胶体颗粒之间的静电排斥作用而成为稳定的分散状态，具有胶体的特征，故分散的金纳米颗粒也称胶体金。制备方法主要有白磷还原法、抗坏血酸还原法、柠檬酸钠还原法、鞣酸-柠檬酸钠还原法、乙醇超声波还原法和硼氢化钠还原法，其中最经典的是以柠檬酸盐作为还原剂和稳定剂的化学合成法。柠檬酸盐稳定的金纳米颗粒无明显的细胞毒性，在生物医学领域有广泛的应用。另外，采用柠檬酸钠水溶液体系制备金纳米颗粒，不用加入制备金胶体时常用的聚乙烯醇(PVA)、聚乙烯吡咯烷铜(PVP)等稳定剂，常规接触对人体无毒副作用。

2. 紫外-可见分光光度计测试胶体金的光学特性

金纳米颗粒表面具有等离激元共振特性，会在可见光区域产生吸收和散射现象，其吸光度值是纳米颗粒吸收与散射强度的总和。金颗粒吸收和散射波长与颗粒大小和形状有关，一般情况下颗粒越大则波长越大。胶体金中有大量的金纳米颗粒，颗粒粒径及其分布与其吸收峰波长及峰宽有一定相关性。用紫外-可见分光光度计对胶体金在可见光(400～700 nm)范围内进行扫描，获得胶体金的吸收光谱，记录最大吸收波长、吸光度值及峰宽。

主要试剂与仪器

1. 试剂

柠檬酸钠($C_6H_5Na_3O_7 \cdot 2H_2O$)、氯金酸($HAuCl_4$)、硅油、去离子水。

2. 仪器

药匙、称量纸、分析天平、紫外-可见分光光度计、加热搅拌器、三颈烧瓶、冷凝管、磁子。

实验内容

1. 配制柠檬酸钠溶液

先算出配制 1 mL 1%(质量分数)柠檬酸钠溶液所需柠檬酸钠(固体)的质量为 10 mg。用分析天平称取 10 mg 柠檬酸钠固体，加入 1 mL 去离子水溶解，缓慢晃动直至柠檬酸钠完全溶解。

2. 柠檬酸钠还原法制备胶体金纳米颗粒

取 1 mL 质量分数为 1%的 $HAuCl_4$ 溶液，稀释 100 倍，放入 250 mL 三颈烧瓶中并搅拌(1000 r · min^{-1})。油浴加热(温度设定为 120℃)并打开冷凝回流装置，待溶液开始沸腾后迅速加入 1 mL 1%柠檬酸钠溶液，此时可观察到淡黄色的 $HAuCl_4$ 溶液在加入柠檬酸钠后很快变为灰色，继而转成黑色，随后逐渐稳定成红色，全过程耗时 2～3 min，溶液变成红色后继续加热保持沸腾 20 min。需要注意的是：实验前各种玻璃器皿均需要用王水浸泡，并用去离子水反复冲洗、高温干燥备用，避免粉尘等污染。

3. 用紫外-可见分光光度计测试胶体金纳米颗粒的吸收特征

打开紫外-可见分光光度计，预热 15 min，打开软件，以去离子水作为参比溶液，加入比色皿中(适量)，用擦镜纸将比色皿表面的溶液擦干，将比色皿放入样品池中。将光谱扫描范围设定为 400~700 nm，通过软件消除基线后，将制的胶体金溶液 1∶1 稀释后加入比色皿中。点击测试程序开始扫描(400~700 nm)，获得胶体金可见光区的吸收光谱，记录最大波长、吸光度值及峰宽。根据胶体金的最大吸收峰波长与平均粒径的线性关系回归方程，可得到胶体金的粒径：$Y = 0.4271X + 514.56$(X 为金纳米颗粒的平均粒径；Y 为最大吸收峰波长)。

思考题

(1) 选用柠檬酸钠还原法制备胶体金的优点是什么？
(2) 为什么胶体金溶液可以在可见光区产生吸收峰？
(3) 影响金纳米颗粒粒径的因素有哪些？

实验 61　新型生物航空煤油催化剂的制备与性能测试

实验目的

(1) 掌握负载型催化剂的制备、成型方法。
(2) 了解高压固定床反应器的原理、催化剂的装填工艺。
(3) 掌握气相色谱仪的原理、使用方法，对生物航空煤油样品进行定量分析，计算各种产物的选择性。
(4) 了解表征负载型催化剂的各种仪器的原理和用途。

实验原理

生物航空煤油(生物航煤)是以动植物油脂或农林废弃物等生物质为原料生产的航空煤油。与传统航空煤油相比，生物航煤具有相近的黏度和发热值、更低的密度，且几乎不含硫和氮等杂原子，具有更低的芳烃和烯烃含量，冰点低以及与传统航空煤油相当的热氧化安定性等优势，可在航空煤油中以较大比例(体积分数 1%~50%)添加使用。

生物航煤主要有费-托合成、快速热裂解、生物化学转化和催化加氢等生产方法。费-托合成是气态反应，成分中的碳链分布比较宽，这就要求催化剂的选择性非常高，且合成工艺复杂，不好控制。热裂解法的特点是过程简单，没有任何污染产生，但工艺尚不成熟：裂解设备昂贵，能耗极高，其裂解程度很难控制。生物化学转化工艺是指利用发酵和催化热解两种转化工艺将木质纤维素转化为生物燃料。目前，通过生物化学过程以纤维素为原料生产航空生物燃料的研究也刚刚起步。催化加氢工艺是指将动植物油脂通过深度加氢生成加氢脱氧油。加氢脱氧油需通过加氢异构反应增加分子支链，以进一步降低加氢脱氧油的倾点和黏度，达到直接与石油基燃料掺混的要求。加氢催化剂是整个反应工艺流程的关键。在植物油催化加氢工艺制备生物航煤过程中，主要涉及加氢脱氧、加氢异构和加氢裂化三个反应。加氢脱氧反应是将含氧的植物油在加氢条件下脱氧生成烷烃和水的过程。加氢异构和加氢裂化反应是将加氢脱氧得到的烷烃进一步异构化、裂化成支链烷烃和小分子烷烃的过程。动植物油脂催化加氢法制备生物航煤是目前最经济可行的生产工艺。图 5.21 给出了以蓖麻油为原料制备生物航空煤油的机理。

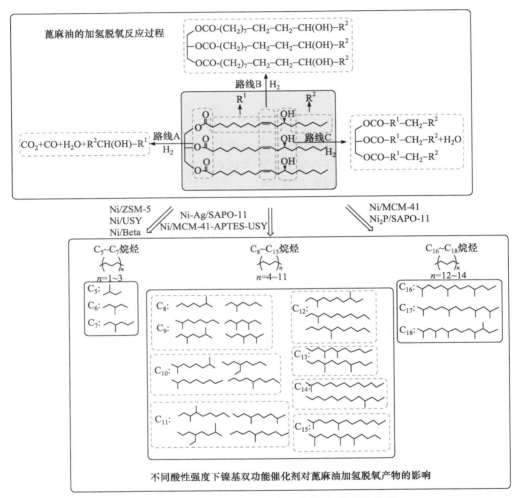

图 5.21　以蓖麻油为原料制备生物航空煤油的机理

主要试剂与仪器

1. 试剂

六水合硝酸镍、气相 SiO_2、去离子水、蓖麻油原料。

2. 仪器

磁力搅拌器、烧杯、培养皿、真空泵、布氏漏斗、干燥箱、样品筛、压片机、气相色谱仪、高压固定床反应器。

实验内容

1. 实验步骤

(1) 称取约 5 g SiO₂ 粉末，放入 100 mL 烧杯中，加入约 60 mL 去离子水后放入磁子，在磁力搅拌器上搅拌至少 10 min。

(2) 搅拌结束后，将所得浆液在布氏漏斗中进行抽滤分离，至不再滴水为止。

(3) 将所得湿滤饼放入培养皿中，准确称取得到的湿滤饼的质量 M_1。

(4) 将装有湿滤饼的培养皿放入 150℃ 干燥箱中，干燥至少 1 h 后称取烘干后滤饼的质量 M_2。

(5) 计算 SiO₂ 粉末的吸水率 X。

$$X = \frac{M_1 - M_2}{M_1} \tag{5.29}$$

(6) 根据公式 $x/(x + M_2) = 10\%$ 求得 x 值，x 即为制备 10%(质量分数)Ni/SiO₂ 催化剂所需 Ni 的质量。将其换算成所需六水合硝酸镍的质量为 y。

(7) 在烧杯中加入质量为 $M_2 X$ 的去离子水，在搅拌状态下，加入质量为 y 的六水合硝酸镍，搅拌 5 min 后将其浸渍到质量为 M_2 的 SiO₂ 粉末上，并搅拌均匀。

(8) 将所得样品在 150℃ 烘干，即得到所需的催化剂前驱体粉末。

(9) 将催化剂前驱体粉末在压片机上压片，用样品筛分到 20～40 目的颗粒，即得到所需的催化剂。

2. 催化剂的性能测试

(1) 蓖麻油的催化加氢反应：反应在高压固定床反应器中进行。用惰性溶剂环己烷稀释蓖麻油(质量比 1.5 : 1)。加入催化剂，待 8 h 稳定期后，每隔 1 h 收集反应产物样品。设置反应条件为：常压下，300℃，3 MPa，WHSV = 2 h⁻¹，H₂ 流速为 160 mL · min⁻¹。

(2) 用气相色谱仪分析液体产品的类型及浓度，得出催化选择性。

思考题

(1) 负载型催化剂制备过程中，为什么要计算载体的吸水率？

(2) 使用高压固定床反应器中的质量流量计有哪些注意事项？

(3) 采用什么表征仪器能够对一个未知的催化剂样品进行物相组成分析？

实验 62　金属有机骨架材料用于有机物吸附与分离测试

实验目的

(1) 了解金属有机骨架材料的定义及特点。

(2) 了解金属有机骨架材料的应用。

(3) 掌握金属有机骨架材料用于有机物吸附与分离的测试方法。

实验原理

金属有机骨架(metal organic frameworks，MOFs)材料是一种由无机金属离子和有机配体组成的新型纳米材料。其中，金属离子作为不饱和的化学配位点，有机配体作为结构的支柱，通过化学键相连组成具有规则孔道的 MOFs 材料。要获得不同种类的MOFs，可以通过改变金属中心或有机配体的种类与连接方式任意改变 MOFs 的结构。与其他材料相比，MOFs 具有两大特点：①作为一种新型的多孔材料，它具有高孔隙率；②它的平均比表面积超过 $1000 \ m^2 \cdot g^{-1}$，远高于其他材料，这两种特性使得 MOFs具有很好的吸附与催化效果。另外，MOFs 结构可调控的特点使其在各种应用领域具有很强的选择性。在 MOFs 材料的周期性多维网状结构中，金属离子为节点、配体为连接桥，金属节点的性质和配体的化学结构决定了MOFs的结构和性质。Cu^{2+}、Zn^{2+}、Fe^{3+}、Al^{3+}、Cr^{3+}等金属离子可用于构筑 MOFs，有机配体包括多种羧酸类化合物和含氮杂环类化合物。具有代表性的经典 MOFs 材料有 IRMOFs、ZIFs、MIL、UiO 几大系列。

MOFs 材料在废水处理方面的应用包括对有机染料、醇类化合物、芳香族化合物、药物大分子、重金属离子等有毒有害物质的吸附去除。MOFs 材料具有高比表面积、高孔隙率及很大的吸附量，多样的骨架结构使其可以进行选择性吸附，强稳定性使其可以多次使用且不会破坏结构，因而可用于气体吸附。传统的 MOFs 由于含有许多金属活性位点，修饰有机配体的官能团也可以进行催化反应，因此成为一种重要的催化剂。多级孔 MOFs 的介孔结构更有利于反应物的传质，从而提高了催化效率，在大分子与多相催化方面有良好的效果。

主要试剂与仪器

1. 试剂

九水合硝酸铝[$Al(NO_3)_3 \cdot 9H_2O$]、1,3,5-苯三甲酸(H_3BTC)、N, N-二甲基甲酰胺(DMF)。

2. 仪器

电子天平、均相反应器、真空干燥箱、荧光光谱仪。

实验内容

1. MIL-96 的制备

称取 16.204 g $Al(NO_3)_3 \cdot 9H_2O$ 和 3.272 g H_3BTC 混合于 24 mL 去离子水中，在 25℃下搅拌 10 min。然后将混合液置于 100 mL 反应釜中，200℃下反应 24 h。待反应结束后，将白色产物用去离子水和 DMF 分别多次离心洗涤。最后将样品置于真空干燥箱中

60℃干燥 12 h。

2. MIL-96 对萘的吸附

采用静态吸附法在 25℃下进行等温吸附实验。将 0.05 g 干燥的 MIL-96 和 100 mL 萘的水溶液加入 250 mL 锥形瓶中，萘的初始质量浓度 c_0 为 $1\sim10$ mg·L^{-1}。将锥形瓶置于恒温振荡器，振荡速率为 150 r·min^{-1}，每隔一定时间取样分析。时间间隔分别为 2 min、4 min、6 min、8 min、10 min、12 min、14 min、16 min、18 min、20 min、30 min、1 h、2 h、4 h、6 h、8 h、10 h。振荡 10 h 后，用注射器从每个锥形瓶中取 4 mL 含水样品，用孔径为 0.45 μm 的过滤器过滤，用荧光光谱仪测定滤液浓度，即为萘的平衡浓度 c_e(萘的激发波长为 284 nm，发射波长为 331.5 nm)。

3. 吸附量和去除率的计算

吸附量和去除率的计算公式如下：

$$q_e = \frac{c_0 - c_e}{m}V \tag{5.30}$$

$$去除率 = \frac{c_0 - c_e}{c_0} \times 100\% \tag{5.31}$$

式中，q_e 为萘的平衡吸附量(mg·g^{-1})；c_0 为萘的初始质量浓度(mg·L^{-1})；c_e 为萘的平衡浓度(mg·L^{-1})；V 为溶液的体积(L)；m 为吸附剂 MIL-96 的质量(g)。

思考题

(1) 金属有机骨架材料与活性炭在吸附分离方面有哪些区别?
(2) 影响 MIL-96 吸附性能的因素有哪些?

实验 63　储氢材料的吸放氢性能测试

实验目的

(1) 了解储氢材料的储氢基本原理。
(2) 学习掌握吸放氢性能测试方法。

实验原理

氢作为一种极具发展潜力的理想清洁能源，如何开发安全、高效和低成本的储氢技术是目前氢能应用亟需解决的瓶颈问题。目前，广泛研究的储氢合金类型主要包括 AB$_5$ 型、AB$_2$ 型、A$_2$B 型、AB 型及固溶体型等。储氢合金的体积储氢密度很高，但由于组成合金的元素较重，其质量储氢密度大多不高于 2%。LaNi$_5$ 储氢合金是一种固体储氢材料，具有较高的安全性及可观的储氢能量密度，因而受到广泛关注。LaNi$_5$ 储氢合金属

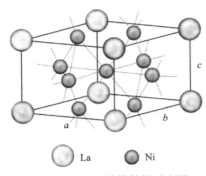

La ● Ni

图 5.22 LaNi₅ 晶体结构示意图

六方晶系，H_2 被合金吸收后，在 LaNi₅ 表面解离成氢原子进入晶体，形成金属氢化物 LaNi₅H₆，以实现储氢目的。其晶胞参数为 $\alpha = \beta = 90.0°$，$\gamma = 120.0°$，$a = b = 0.50\ nm$，$c = 0.40\ nm$，LaNi₅ 的晶体结构如图 5.22 所示。

研究结果表明，LaNi₅ 合金的储氢质量分数可达 1.4%，且具有易活化、反应速率快、高倍率放电性能优异、分解氢压适中等优点，可在常温下完成吸放氢过程。因此，LaNi₅ 合金可用作镍氢电池的负极材料。

储氢合金的吸放氢性能可从热力学和动力学两方面进行表征。最常用的热力学性能表征方法是压力-组成-等温线(pressure-composition-temperature，PCT)，通过测绘 PCT 曲线，可以获得储氢合金的吸放氢容量、吸放氢压力、滞后特性，并求出氢化物生成焓和反应熵等。利用 PCT 测试仪测试吸放氢量随时间变化曲线，还可获得动力学性能参数。

主要试剂与仪器

1. 试剂

LaNi₅ 样品。

2. 仪器

超声波清洗器、电子天平、磁力搅拌器、真空干燥箱、行星式球磨机、PCT 测试仪(饱和高压测试试验仪器，PCT-25)、ChemBET Pulsar TPR/TPD、DSC 404、镊子、样品管。

实验内容

(1) 称取 2 g LaNi₅，在氩气氛围下，利用球磨机对材料进行正反交替运行球磨，每球磨 12 min 后停歇 6 min。主轴转速为 450 r·min⁻¹，球料比为 60∶1(质量比)。

(2) 利用 PCT 测试仪测试样品的储氢性能，装置如图 5.23 所示。

将经过球磨处理的样品转移至手套箱中，在 PCT 样品管中装入 0.1 g 左右的样品，并在样品管上部填充玻璃棉以防止抽真空过程中样品飞出阻塞测试管路。然后将密封好的反应器连接至测试仪上。测试前对样品进行三次完全吸放氢的活化。测试详细步骤如下。

(i) 抽真空：打开真空泵，依次打开 V4、V5、V6、V7、V8、V9 电磁阀，然后打开连接反应器的开关，抽真空 10 min。

(ii) 充氢气：打开氢气瓶阀门，在 PCT 测试仪控制面板上输入指定的氢压，打开 V1 向反应器中充入一定压力的氢气。关闭 V1 后依次打开 V2、V5、V7、V8 电磁阀，向反应池内充入所需氢压后，关闭所有阀门。该操作是为了防止储氢材料在升温过程中放氢。

(iii) 设置放氢温度：打开控温炉开关，设置放氢温度，等待反应炉稳定到指定温度。

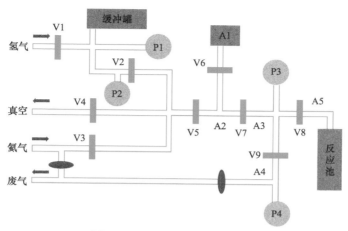

图 5.23　PCT 测试仪装置示意图

(iv) 程序测试：打开真空泵开关，在控制面板上将氢压设为 0 bar，打开 V4、V5、V6、V7、V8、V9 电磁阀，抽真空到指定压力后，快速开启数据采集系统，开始放氢测试。改变温度，测试不同温度下的放氢动力学曲线。

(v) 数据处理：将放氢量对反应时间作图，可得到等温放氢动力学曲线。放氢量的计算公式如下：

$$w(\mathrm{H}_2) = \frac{(p_t - p_0)VM}{mRT} \times 100\% \tag{5.32}$$

式中，p_0 为初始气压；p_t 为测试过程中得到的压力；V 为反应器的体积；M 为 $\mathrm{LaNi_5}$ 的摩尔质量；m 为称取 $\mathrm{LaNi_5}$ 的实际质量；R 为摩尔气体常量($8.314\ \mathrm{J \cdot mol^{-1} \cdot K^{-1}}$)；$T$ 为测试温度。

(3) 利用 TPD 测试仪测试推算出材料的始末放氢温度、放氢峰数量及放氢峰值温度，测试样品的储氢性能及放氢量随时间或温度的变化规律，实验原理及测试装置参见实验 21。

(i) 称取约 70 mg 样品，将载气流速设定为 35 $\mathrm{mL \cdot min^{-1}}$，测试前用载气(氩气)吹扫气路 1 h。

(ii) 设置热导池温度为 60℃，待热导池温度稳定后，以 2℃ $\cdot \mathrm{min^{-1}}$ 升温速率加热样品池，升至 500℃后自然降温。

(iii) 待实验结束，收集并处理数据。

(4) 采用差示扫描量热法对样品的脱氢性能进行测试。实验原理及测试装置参见 2.5.5 小节。

(i) 称取约 5 mg 样品，在水、氧含量<0.1 ppm 的氩气手套箱中封入铝质坩埚中以防止氧化。

(ii) 测试前将样品坩埚扎孔并在 30℃下稳定 10 min，然后分别在 2.5℃ $\cdot \mathrm{min^{-1}}$、5℃ $\cdot \mathrm{min^{-1}}$、7.5℃ $\cdot \mathrm{min^{-1}}$、10℃ $\cdot \mathrm{min^{-1}}$、12.5℃ $\cdot \mathrm{min^{-1}}$ 升温速率下从 30℃升至 500℃，测试过程中保持 80 $\mathrm{mL \cdot min^{-1}}$ 的氩气气流作为保护气。

(iii) 待实验结束，得到样品的 DSC 放氢曲线，并对曲线中的吸热峰进行分析。

思考题

(1) 为什么要在氩气氛围下对储氢材料进行球磨？
(2) 等温放氢动力学计算公式是如何推导的？

实验 64 晶硅太阳能电池性能测试

实验目的

(1) 学习太阳能电池的发电原理。
(2) 了解太阳能电池的测量原理。
(3) 掌握太阳能电池特性的测量技术。

实验原理

太阳能发电方式主要有：①通过热过程发电，如塔式发电、抛物面聚光发电、热离子发电、温差发电等；②不通过热过程发电，如光伏发电、光感应发电、光化学发电、光生物发电等。其中，光伏发电是利用光伏效应，主要是太阳的辐射能光子通过半导体物质转变为电能的过程。太阳能电池利用这种效应制成，在暴露于光线时利用半导体PN 结的光伏效应，其基本结构是大面积 PN 结，图 5.24 是 PN 结示意图。

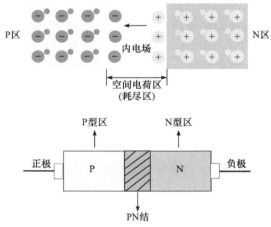

图 5.24 半导体 PN 结示意图

P 型半导体具有大量的空穴和很少的自由电子，N 型半导体则具有大量的自由电子和很少的空穴。当两个半导体结合在一起形成 PN 结时，N 区中的电子(负电荷)扩散到 P 区中，P 区中的空穴(正电荷)扩散到 N 区中，因此势垒电场在空间电荷区和 PN 结附近的电动势形成。势垒电场使载流子沿扩散的相反方向漂移，最终扩散和漂移达到平衡，因此流经 PN 结的净电流为零。在空间电荷区中，P 区中的空穴被 N 区中的电子复合，而N 区中的电子被 P 区中的空穴复合，因此导电载流子很少，称为结区或耗尽区。

当光伏电池被光照射时，一部分电子被激发，生成电子-空穴对，结区中的激发电子和空穴被势垒电场分别推入 N 区和 P 区，则 N 区中存在过多的电子而带负电，P 区因空穴过多而带正电荷，最终在 PN 结的两端形成电压。如果 PN 结的两端都连接到外部电路，就可以向外部负载输出功率。在一定的光照条件下，若改变太阳能电池的负载电阻，测量输出电压和输出电流，就可获得输出电压-安培特性曲线，如图 5.25 中的实线所示。

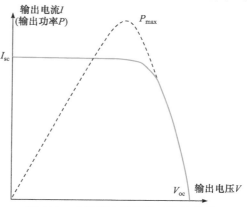

图 5.25　太阳能电池的伏安特性曲线

短路电流是当负载电阻为零时测得的最大电流 I_{sc}。开路电压是切断负载时测得的最大电压 V_{oc}。太阳能电池的输出功率是输出电压和输出电流的乘积。电池和光照条件相同时，负载电阻不相同，输出功率也不相同。如果以输出电压为横坐标、输出功率为纵坐标，则绘制的 P-V 曲线如图 5.25 中的虚线所示。输出电压和输出电流的最大乘积称为最大输出功率 P_{max}，因此填充因子(FF)定义为

$$FF = \frac{P_{max}}{V_{oc} \times I_{sc}} \tag{5.33}$$

填充因子是表征太阳能电池性能的重要参数，该值越大，电池的光电转换效率越高，典型硅光伏电池的 FF 值为 0.75～0.8。

转换效率(η_s)定义为

$$\eta_s = \frac{P_{max}}{P_{in}} \times 100\% \tag{5.34}$$

式中，P_{in} 为入射到太阳能电池表面的光功率。

理论分析和实验表明，在不同的光照条件下，短路电流随入射光功率线性增加，而开路电压仅在入射光功率增加时略有增加，如图 5.26 所示。

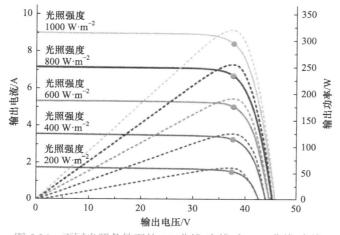

图 5.26　不同光照条件下的 I-V 曲线(实线)和 P-V 曲线(虚线)

主要仪器

碘钨灯、电压源、电压/光强表、电流表。

实验内容

1. 实验装置

实验装置如图 5.27 所示。光源采用碘钨灯，它的输出光谱接近太阳光谱。调节光源与太阳能电池之间的距离可以改变照射到太阳能电池上的光强，具体数值由光强探头测量。测试仪为实验提供电源，可以同时测量并显示电流、电压、光强的数值。电压源：可以输出 0～8 V 连续可调的直流电压，为太阳能电池伏安特性测量提供电压。电压/光强表：通过"测量转换"按键，可以测量输入"电压输入"接口的电压，或者接入"光强输入"接口的光强探头测量到的光强数值。表头下方的指示灯确定当前的显示状态。通过"电压量程"或"光强量程"，可以选择适当的显示范围。电流表：可以测量并显示 0～200 mA 电流，通过"电流量程"选择适当的显示范围。

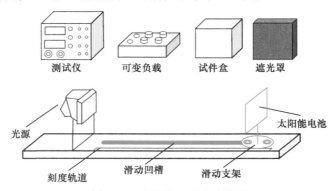

图 5.27　太阳能电池实验装置

2. 硅太阳能电池的暗伏安特性测量

暗伏安特性是指无光照射时，流经太阳能电池的电流与外加电压之间的关系。太阳能电池的基本结构是一个大面积平面 PN 结，单个太阳能电池单元的 PN 结面积已远大于普通的二极管。在实际应用中，为得到所需输出电流，通常将若干电池单元并联；为得到所需输出电压，通常将若干已并联的电池组串联。因此，它的伏安特性虽然类似于普通二极管，但取决于太阳能电池的材料，结构及组成组件时的串、并联关系。本实验提供的组件是将若干单元并联。要求测试并画出单晶硅、多晶硅、非晶硅太阳能电池组件在无光照时的暗伏安特性曲线。用遮光罩罩住太阳能电池以实现无光照条件。测试原理如图 5.28 所示，将待测的太阳能电池接到测试仪上的"电压输出"接口，电阻箱调至 50 Ω 后串联进电路起保护作用，用电压表测量太阳能电池两端电压，电流表测量回路中的电流。

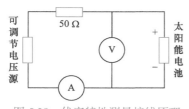

图 5.28　伏安特性测量接线原理

将电压源调到 0 V，然后逐渐增大输出电压，每间隔 0.3 V 记录一次电流值，将数据记录到表 5.3 中。

表 5.3 三种太阳能电池的暗伏安特性测量

电压/V	电流/mA		
	单晶硅	多晶硅	非晶硅
−7			
−6			
−5			
−4			
−3			
−2			
−1			
0			
0.3			
0.6			
0.9			
1.2			
1.5			
1.8			
2.1			
2.4			
2.7			
3			
3.3			
3.6			
3.9			

将电压输入调到 0 V。然后将"电压输出"接口的两根连线互换，即给太阳能电池加上反向的电压。逐渐增大反向电压，记录电流随电压变换的数据，填入表 5.3 中。

以电压为横坐标、电流为纵坐标，根据表 5.3 画出三种太阳能电池的伏安特性曲线。讨论太阳能电池的伏安特性与普通二极管的伏安特性有何异同。

3. 开路电压、短路电流与光强关系测量

打开光源开关，预热 5 min。

打开遮光罩，将光强探头装在太阳能电池板位置，探头输出线连接到太阳能电池特性测试仪的"光强输入"接口。测试仪设置为"光强测量"。由近及远移动滑动支架，测量距光源一定距离的光强 I，将数据填入表 5.4 中。

表 5.4　三种太阳能电池开路电压与短路电流随光强变化的关系

距离/cm		10	15	20	25	30	35	40	45	50
光强 $I/(\mathrm{W \cdot m^{-2}})$										
单晶硅	开路电压 V_{oc}/V									
	短路电流 I_{sc}/mA									
多晶硅	开路电压 V_{oc}/V									
	短路电流 I_{sc}/mA									
非晶硅	开路电压 V_{oc}/V									
	短路电流 I_{sc}/mA									

　　将光强探头换成单晶硅太阳能电池，测试仪设置为"电压表"状态。分别按照图 5.29 中两种方式接线，按测量光强时的距离值(光强已知)，记录开路电压和短路电流，填入表 5.4 中。将单晶硅太阳能电池更换为多晶硅太阳能电池，重复测量步骤，并记录数据。将多晶硅太阳能电池更换为非晶硅太阳能电池，重复测量步骤，并记录数据。

　　根据表 5.4 数据，分别画出三种太阳能电池的开路电压和短路电流随光强变化的关系曲线。

4. 太阳能电池输出特性测试

　　按图 5.30 所示关系接线，以电阻箱作为太阳能电池负载。在一定光照强度下(将滑动支架固定在刻度轨道上的某一位置)，分别将三种太阳能电池板安装到滑动支架上。改变电阻箱的电阻值，记录太阳能电池的输出电压 V 和输出电流 I，并计算输出功率 $P = V \times I$，填入表 5.5 中。

 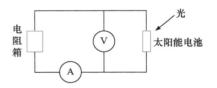

图 5.29　开路电压、短路电流与光强关系测试　　　　图 5.30　太阳能电池输出特性测试

表 5.5　三种太阳能电池输出特性测试

	输出电压 V/V	0	0.2	0.4	0.6	0.8	1	1.2	1.4	1.6	⋯
单晶硅	输出电流 I/A										
	输出功率 P/W										

续表

多晶硅	输出电压 V/V	0	0.2	0.4	0.6	0.8	1	1.2	1.4	1.6	…
	输出电流 I/A										
	输出功率 P/W										
非晶硅	输出电压 V/V	0	0.2	0.4	0.6	0.8	1	1.2	1.4	1.6	…
	输出电流 I/A										
	输出功率 P/W										

根据表 5.5 的数据作三种太阳能电池的输出伏安特性曲线及功率曲线，找出最大功率点，对应的电阻值即为最佳匹配负载。利用式(5.33)计算填充因子、式(5.34)计算转换效率。入射到太阳能电池板上的光功率 $P_{in} = I \times S_1$，I 为入射到太阳能电池板表面的光强，S_1 为太阳能电池板面积(约为 50 mm × 50 mm)。若时间允许，可改变光照强度(改变滑动支架的位置)，重复前面的实验。

5. 注意事项

(1) 预热光源时，需用遮光罩罩住太阳能电池，以降低太阳能电池的温度，减小实验误差。

(2) 光源工作及关闭后约 1 h 内，灯罩表面的温度很高，切勿触摸。

(3) 可变负载只适用于本实验，否则可能烧坏可变负载。

(4) 220 V 电源需可靠接地。

思考题

(1) 晶硅太阳能电池的优势与缺点是什么？

(2) 填充因子是代表太阳能电池性能优劣的一个重要参数，它与哪些物理量有关？

(3) 什么是短路电流？什么是开路电压？短路电流和开路电压在太阳能电池的性能测试中有什么意义？

实验 65　钙钛矿太阳能电池制作

实验目的

(1) 了解薄膜钙钛矿太阳能电池的基本工作原理。

(2) 了解杂化钙钛矿器件的制备流程。

(3) 掌握器件的光电性能测试手段。

实验原理

2009 年，Miyasaka 等将有机-无机杂化的卤素钙钛矿材料 $CH_3NH_3PbI_3$ 作为敏化剂应用于基于传统碘电解液的液态染料敏化太阳能电池中，得到了 3.8%的光电转换效率(PCE)。$CH_3NH_3PbI_3$ 的光学和电学特性极好，其直接禁带宽度为 1.55 eV，对应的吸收截止波长为 800 nm，覆盖了整个可见光区范围，是最佳的光吸收材料之一。通过光吸收法测试得到 $CH_3NH_3PbI_3$ 吸收光产生的光生载流子的束缚能(约 30 meV)较小，表示该光生载流子能够有效分离变成自由电荷。$CH_3NH_3PbI_3$ 中电荷载流子的扩散长度可达到 100 nm 以上，表明其能够应用于高效率器件。此外，用其他卤族元素替代碘元素形成的钙钛矿材料也被广泛研究，其中 $CH_3NH_3PbBr_3$ 和 $CH_3NH_3PbI_{3-x}Cl_x$ 最受关注。钙钛矿太阳能电池由染料敏化太阳能电池演变而来，由液态电解质逐步变成固态电解质，由介孔结构逐步发展衍生出平板结构和叠层结构。全固态的平板钙钛矿太阳能电池结构简单、效率高、稳定性好，是目前主流的太阳能电池。

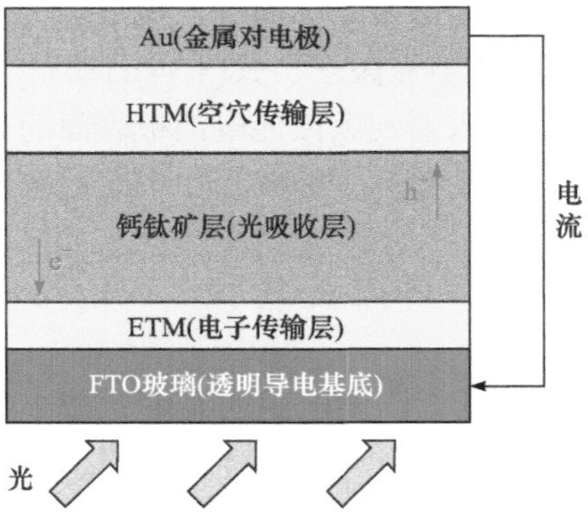

图 5.31　平板钙钛矿太阳能电池基本原理

以单结平板结构的钙钛矿太阳能电池为例，当光从玻璃基底入射时，钙钛矿活性层吸收光照，产生电子和空穴对。独特的钙钛矿结构具有长达 1 μm 的载流子传输距离和低的电子空穴复合概率，赋予了该材料优异的性能。因此，大部分电子经电子传输层注入 FTO 导电玻璃中，而空穴被空穴传输材料收集进入金属对电极，经由外部闭合工作电路，形成光电流(图 5.31)。

主要试剂与仪器

1. 试剂

除表 5.6 中所列试剂外，还有去离子水、无水乙醇等常见药品。

表 5.6　所用试剂及其规格

名称	分子式	规格
碘化铅	PbI_2	化学纯
溴化铅	$PbBr_2$	99.99%
碘甲脒	$CH(NH_2)_2I$	99.99%
溴甲胺	CH_3NH_3Br	99.99%
N,N-二甲基甲酰胺(DMF)	$HCON(CH_3)_2$	99.9%
4-叔丁基吡啶	$C_9H_{13}N$	化学纯
2,2',7,7'-四[N,N-二(4-甲氧基苯基)氨基]-9,9'-螺二芴(spiro-OMeTAD)	$C_{81}H_{68}N_4O_8$	99.99%
二甲基亚砜(DMSO)	C_2H_6OS	99.9%
乙酸乙酯	$C_4H_8O_2$	99.9%
氯苯(CBZ)	C_6H_5Cl	99.9%
丁基三苯基溴化磷(TBP)	$C_{22}H_{24}BrP$	98%
氧化锡	$SnO_2 \cdot xH_2O$	99.5%

2. 仪器

热台、电子天平、分析天平、超净化手套箱、旋涂仪、超声波清洗器、等离子(plasma)清洗机。

实验内容

1. ITO 基底的刻蚀与清洗

实验制备器件的整个功能层厚度仅为几微米，对基底的处理极为重要。清洗 ITO 表面步骤如下：①用无尘布配合碱性清洁剂反复擦拭玻璃表面以去除有机物残留及酸性物质，然后将 ITO 浸入去离子水稀释的清洁剂中超声约 15 min；②用去离子水冲洗玻璃表面后，再用去离子水超声约 10 min，目的是去除清洁剂残留及水溶性离子；③用去离子水冲洗 ITO 表面后，将其浸入乙醇中，再超声约 15 min，最后在超净间环境中用气枪吹干玻璃表面。

2. 电子传输层的制备

用等离子清洗机处理 ITO 表面，一般处理时间为 15 min。将经过紫外臭氧等离子处理表面的 ITO 置于培养皿中待用。用注射器取 15%(质量分数)氧化锡纳米颗粒水溶液约 2 mL。取 ITO 放于匀胶机上并吸片，使其铺满氧化锡水溶液，6000 r·min^{-1} 旋涂 30 s 后，置于 150℃热台加热约 30 min。冷却至室温，取下移入氮气手套箱。

3. 钙钛矿活性层的制备

采用一步法制备混合体系 $FA_{0.85}MA_{0.15}Pb(I_{0.85}Br_{0.15})_3$ 的钙钛矿。称取碘化铅 548.60 mg、溴化铅 77.07 mg、碘甲脒 190.06 mg、溴甲胺 21.84 mg，溶于 1000 μL DMF/DMSO(体积比为 4∶1)溶液中，加入 34 μL 碘化铯(CsI)溶液(2 mol·L^{-1}，溶剂为 DMSO)。振荡溶解，过滤。

旋涂操作同电子传输层制备，在手套箱中取 25 μL 钙钛矿溶液涂覆片子整个表面。加速度设定为 1000 r·min^{-1}·s^{-1}，加速至 6000 r·min^{-1}，匀胶 30 s，在程序倒数第 5 秒时匀速快速滴加 120 μL 反溶剂氯苯。最后将片子转移至 110℃热台保温 15 min。

4. 空穴传输层的制备

在氮气手套箱(水、氧低于 5 ppm)中称取 73 mg spiro-OMeTAD，加入 1 mL 氯苯溶解。为了增强导电性，加入 29 μL 钴盐(300 mg·mL^{-1})溶液、18 μL 锂盐(520 mg·mL^{-1})溶液和 30 μL 丁基三苯基溴化鏻(TBP)。振荡混匀后，取该溶液 25 μL 涂敷于冷却至室温的钙钛矿薄膜上，以 3000 r·min^{-1}·s^{-1} 的加速度加速至 3000 r·min^{-1}，匀胶 30 s，获得空穴传输层。

5. 对电极的制备

将通过上述步骤获得的片子摆盘，用高温贴合掩模板，预留约 0.5 cm × 0.5 cm 有效面积，通过真空(压力小于 2.5×10^{-4} Pa)蒸镀的方式，将高纯金蒸镀到基底表面约 80 nm 厚，拆下掩模板，获得钙钛矿太阳能电池小片器件。

6. 光电性能测试

太阳能电池最重要的性能是其光电转换效率(PCE)，在一个标准太阳光(辐照度为 1000 W·m^{-2})照射条件下，对钙钛矿太阳能电池器件施加不同偏压(V)，测量其光电流密度(J)，得到 J-V 曲线，可以同时得到该器件的开路电压(V_{oc})、短路电流密度(J_{sc})和填充因子(FF)，利用式(5.35)计算可得该器件的光电转换效率：

$$\mathrm{PCE} = \frac{V_{oc} \times J_{sc} \times \mathrm{FF}}{P_{in}} \tag{5.35}$$

式中，P_{in} 为入射光的光功率。

7. 实验结果及分析

通过练习制备混合钙钛矿光电器件，学生可以对新型薄膜太阳能电池器件有初步的了解。本实验综合考验学生的动手及学习能力，有助于学生认识微纳器件制备及其所需半导体的相关知识。结合实验 64 掌握的知识，对自己(小组)制备的电池器件的光电测试结果进行绘图分析。了解器件的基本性能，并结合实验流程，总结各层制备工艺中可能对器件最终参数产生影响的因素。

思考题

(1) 钙钛矿太阳能电池的主要优势有哪些？
(2) 薄膜钙钛矿太阳能电池的基本工作原理是什么？
(3) 钙钛矿太阳能电池与晶硅太阳能电池的性能区别是什么？

实验 66　准稳态法测定材料的导热性能

实验目的

(1) 掌握绝热材料(不良导体)的导热系数和比热容的测试原理和方法。
(2) 掌握使用热电偶测量温差的方法。

实验原理

本实验是根据第二类边界条件无限大平板的导热问题设计的。设平板厚度为 2δ，初始温度为 t_0，平板两面受恒定的热流密度 q_c 均匀加热(图 5.32)。

求任意时刻沿平板厚度方向的温度分布 $t(x, \tau)$。式(5.36)为导热微分方程，式(5.37)为初始条件，式(5.38)和式(5.39)为第二类边界条件。

$$\frac{\partial t(x,\tau)}{\partial \tau} = \alpha \frac{\partial^2 t(x,\tau)}{\partial x^2} \tag{5.36}$$

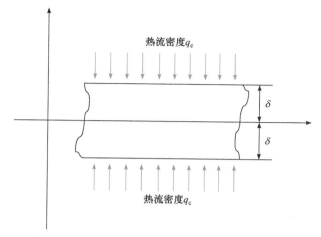

图 5.32　第二类边界条件无限大平板导热的物理模型(平板厚度为 2δ)

$$t(x,0) = t_0 \tag{5.37}$$

$$\frac{\partial t(\delta,\tau)}{\partial x} + \frac{q_c}{\lambda} = 0 \tag{5.38}$$

$$\frac{\partial t(0,\tau)}{\partial x} = 0 \tag{5.39}$$

方程的解为

$$t(x,\tau) - t_0 = \frac{q_c}{\lambda}\left[\frac{\alpha\tau}{\delta} - \frac{\delta^2 - 3x^2}{6\delta} + \delta \sum_{n=1}^{\infty} (-1)^{n+1} \frac{2}{\mu_n^2} \cos\left(\mu_n \frac{x}{\delta} \right) \exp(-\mu_n^2 Fo) \right] \tag{5.40}$$

式中，τ 为时间；t_0 为初始温度；q_c 为沿 x 方向从端面向平面加热的恒定热流密度；λ 为平板的对流传热系数；α 为平板的导热系数；$\mu_n = n\pi$，$n = 1, 2, 3, \cdots$；Fo 为傅里叶准数 $\left(Fo = \dfrac{\alpha\tau}{\delta^2} \right)$。

　　随着时间 τ 的延长，Fo 变大，式(5.40)中级数和项越小，当 $Fo > 0.5$ 时，级数和项变得很小，可以忽略，式(5.40)变成

$$t(x,\tau) - t_0 = \frac{q_c \delta}{\lambda}\left(\frac{\alpha\tau}{\delta^2} + \frac{x^2}{2\delta^2} - \frac{1}{6} \right) \tag{5.41}$$

　　由此可见，当 $Fo > 0.5$ 后，平板各处温度与时间呈线性关系，温度随时间变化的速率为常数且在平板任意位置均相同。这种状态称为准稳态。

　　在准稳态时，平板中心面 $x = 0$ 处的温度为

$$t(0,\tau) - t_0 = \frac{q_c \delta}{\lambda}\left(\frac{\alpha\tau}{\delta^2} - \frac{1}{6} \right) \tag{5.42}$$

平板加热面 $x = \delta$ 处为

$$t(\delta,\tau) - t_0 = \frac{q_c \delta}{\lambda}\left(\frac{\alpha\tau}{\delta^2} + \frac{1}{3} \right) \tag{5.43}$$

此两面的温差为

$$\Delta t = t(\delta, \tau) - t(0, \tau) = \frac{1}{2}\frac{q_c\delta}{\lambda} \tag{5.44}$$

若已知 q_c 和 δ，再测出 Δt，就可以由式(5.44)求出导热系数

$$\lambda = \frac{q_c\delta}{2\Delta t} \tag{5.45}$$

实际上，无限大平板是无法实现的，实验总是用有限尺寸的试件。一般可认为，试件的横向尺寸为厚度的 6 倍以上时，两侧散热对试件中心温度的影响可以忽略不计。试件两端面中心处的温差就等于无限大平板时两端面的温差。

根据热平衡原理，在准稳态时，有下列关系：

$$q_c F = c\rho\delta F \mathrm{d}t/\mathrm{d}\tau \tag{5.46}$$

式中，F 为试件截面积；c 为试件比热容；ρ 为其密度；$\mathrm{d}t/\mathrm{d}\tau$ 为准稳态时的升温速率。

由式(5.46)可得试件的比热容为

$$c = \frac{q_c}{\rho\delta\mathrm{d}t/\mathrm{d}\tau} \tag{5.47}$$

实验时，$\mathrm{d}t/\mathrm{d}\tau$ 以试件中心处为准。

主要仪器

实验装置如图5.33所示。装置中包含试件、加热器、绝热层和热电偶等，说明如下。

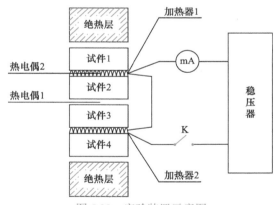

图 5.33　实验装置示意图

1. 试件

准备 4 块尺寸(199 mm×199 mm×10 mm)完全相同的试件。要求每块试件上、下面平行，表面平整。

2. 加热器

使用高电阻康铜箔平面加热器。康铜箔厚度仅为 20 μm，加上保护箔的绝缘薄膜，总厚度只有 70 μm。其电阻值稳定，在 0～100℃几乎不变。加热器的面积和试件的端面积相同，均为 199 mm×199 mm 的正方形。两个加热器电阻值应尽量相同，相差在 0.1%

以内。

3. 绝热层

用导热系数比试件小得多的材料作绝热层，使试件 1、4 与绝热层的接触面接近绝热状态，减少热量损耗。这样，可认为式(5.47)中的热量 q_c 为加热器发出热量的一半。

4. 热电偶

利用热电偶测量试件 2 两侧的温差及试件 2、试件 3 接触面中心处的升温速率。热电偶由 0.1 mm 铜-康铜丝制成，其接线如图 5.33 所示。热电偶的冷端放在冰瓶中，保持 0℃。

实验时，将四个试件齐叠放在一起，分别在试件 1 和试件 2 及试件 3 和试件 4 之间放入加热器 1 和加热器 2，试件和加热器对齐。热电偶的放置如图 5.34 所示，热电偶测温头置于试件中心部位。放好绝热层后，适当施加压力，以保持各试件之间接触良好。

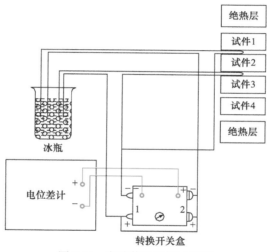

图 5.34　实验装置连接示意图

实验内容

1. 实验步骤

(1) 用卡尺测量试件的尺寸：面积 F 和厚度 δ。

(2) 按图 5.33 和图 5.34 放好试件、加热器和热电偶，连接电源，接通稳压器，将稳压器预热 10 min(注：此时开关 K 是打开的)。接好热电偶与电位差计及转换开关的导线。

(3) 校正电位差计的工作电流。然后，将测量转换开关拨到"1"，测出试件在加热前的温度，此温度应等于室温。再将测量转换开关拨到"2"，测出试件两面的温差。此时，应指示为零热电势，测量出的示值差最大不得超过 0.004 mV，即相应初始温差不得超过 0.1℃。

(4) 接通加热器开关，给加热器通恒电流(实验过程中，电流不允许变化。此数值事先经实验确定)。同时，启动秒表，每隔 1 min 读一个数值，奇数值时刻(1 min、3 min、5 min 等)测 "2" 端热电势的值(mV)，偶数值时刻(2 min、4 min、6 min)测 "1" 端热电势的值(mV)。经过一段时间后(时间随所测材料不同，一般为 10～20 min)，系统进入准稳态，"2" 端热电势的数值 Δt 几乎保持不变，此时记下加热器的电流值。

(5) 第一次实验结束，将加热器开关 K 切断，取下试件及加热器，用电扇将加热器吹凉，待其至室温后，才能继续做下一次实验。但试件不能连续做实验，必须放置 4 h 以上，使其冷却至室温后，才能进行下一次实验。

2. 实验数据处理

实验中需要测定并记录室温 $t_0(℃)$、加热器电流 $I(A)$、加热器电阻(两个加热器电阻的并联值)$R(\Omega)$；试件截面积 $F(m^2)$、试件厚度 $\delta(m)$、试件材料密度$\rho(kg \cdot m^{-3})$、热流密度 $q_c(W \cdot m^{-2})$、时间(min)、温度 "1" 和温度 "2"。

根据式(5.48)求出热流密度，根据式(5.44)计算准稳态时温差的平均值 $\Delta t(℃)$，根据式(5.46)计算准稳态时的升温速率 $dt/d\tau$ ($℃ \cdot h^{-1}$)，根据式(5.45)计算试件的导热系数 λ ($W \cdot m^{-1} \cdot ℃^{-1}$)；根据式(5.47)计算试件的比热容 $c(J \cdot kg^{-1} \cdot ℃^{-1})$。

$$q_c = \frac{1}{2} \cdot \frac{I^2 R}{2F} \tag{5.48}$$

思考题

(1) 简述用准稳态法测量材料的导热系数的优点。
(2) 准稳态法可能存在哪些误差？这些误差将给实验结果带来什么影响？

实验 67　稳态平板法测定绝热材料的导热系数

实验目的

(1) 理解稳定导热过程的基本理论。
(2) 学习测定绝热材料导热系数的实验方法和技能。
(3) 熟悉用平板法测定实验材料的导热系数。
(4) 掌握实验材料导热系数与温度的关系。

实验原理

导热系数是表征材料导热能力的物理量。对于不同的材料，导热系数各不相同；对同一材料，导热系数还会随着温度、压力、湿度、物质的结构和容重等因素而变化。各种材料的导热系数都可以通过实验测定，如果要分别考虑不同因素的影响，就需要针对各种因素进行试验，往往不能只在一种实验设备上进行。稳态平板法是一种应用一维稳态导热过程的基本原理测定材料导热系数的方法，可以测定材料的导热系数及其与温度的关系。

实验设备是根据在一维稳态情况下通过平板的热量 Q 和平板两面的温差 Δt 与导热系数 λ 成正比、与平板的厚度 h 成反比的关系设计的[式(5.49)]。

通过薄壁平板(壁厚小于壁长和壁宽的 1/10)的稳定导热量为

$$Q = S \frac{\lambda}{h} \Delta t \qquad (5.49)$$

式中，Q 为传到平板的热量(W)；S 为平板表面积(m^2)；λ 为导热系数($W \cdot m^{-1} \cdot {}^{\circ}C^{-1}$)；$h$ 为平板厚度(m)；Δt 为平板两面温差(℃)。

测量平板两面温差 Δt、平板厚度 h、垂直热流方向的导热面积 S 和通过平板的热量 Q，可根据式(5.50)计算导热系数：

$$\lambda = \frac{Qh}{S\Delta t} \qquad (5.50)$$

式中，$\Delta t = |T_u - T_d|$，T_u 为平板上侧温度(℃)，T_d 为平板下侧温度(℃)。

式(5.50)所得出的导热系数是在当时的平均温度下材料的导热系数值，此平均温度为

$$\bar{t} = \frac{1}{2}(T_u + T_d) \qquad (5.51)$$

在不同的温度和温差条件下测出相应的 λ 值，作 λ-$\bar{t}$ 图，就可以得到 $\lambda = f(\bar{t})$ 的关系曲线。

主要仪器

稳态平板法测定绝热材料的导热系数的电器连接和实验装置分别如图 5.35 和图 5.36 所示。

将试验材料做成两块方形薄壁平板试件，面积为 300 mm× 300 mm，实际导热计算面积 S 为 200 mm × 200 mm，平板厚度 h(mm)需测量。平板试件分别置于加热器的上下热面和上下水套冷面之间夹紧。加热器的上下面、水套与试件的接触面都有铜板，以使温度均匀。利用薄膜式加热片实现对上下试件热面的加热，利用循环冷却水(或通以自来水)实现上下导热面积水套的冷却。在中间 200 mm× 200 mm 部位上安设的加热器为主加热器。

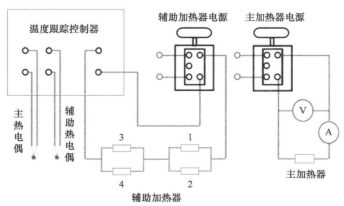

图 5.35　实验台的电器连接示意图

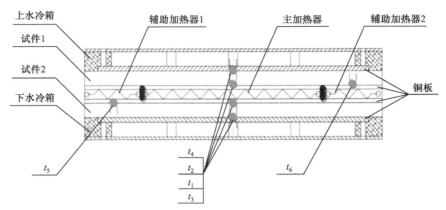

图 5.36　实验台装置示意图

为了使加热器的热量能够全部单向通过上下两个试件并通过水套的冷水带走，在主加热器四周(200 mm × 200 mm 之外的四侧)设有四个辅助加热器(1、2、3、4)，利用专用的温度跟踪控制器使主加热器外的四周保持与中间主加热器的温度一致，以免热量向旁侧散失。主加热器的中心温度 t_h 和水套冷面的中心温度 t_c 用四个热电偶($t_1 \sim t_4$)测量，辅助加热器 1 和辅助加热器 2 分别设置两个辅助热电偶 t_5 和 t_6(埋设在铜板相应位置上)，其中一个辅助热电偶 t_5(或 t_6)连接温度跟踪控制器，与主加热器中心接来的主热电偶 t_2(或 t_1)的温度信号比较，通过温度跟踪控制器使全部辅助加热器都跟踪到与主加热器的温度一致。

实验内容

1. 实验步骤

(1) 启动风机，调节节流阀，使流量保持在额定值附近。测量流量计出口空气的干球温度 t_0 和湿球温度 t_w。

(2) 连接并仔细检查各接线电路。将主加热器的两个接线端用导线接至主加热器电源；而四个辅助加热器经两两并联后再连接成串联电路(实验台上已连接好)，并按图 5.35 所示连接到辅助加热器电源和温度跟踪控制器上。电压表和电流表(或电功率表)按要求接入电路。将主热电偶之一 t_1(或 t_2)接到温度跟踪控制器面板左侧的主热电偶接线柱上，辅助热电偶之一 t_5(或 t_6)接到温度跟踪控制器的相应接线柱上。将主热电偶 t_2(或 t_1)、水套热电偶 t_3(或 t_4)和辅助热电偶 t_6(或 t_5)都接到稳态平板法测定绝热材料导热系数仪上。

(3) 检查冷却水水泵及其通路能否正常工作，各热电偶是否正常完好，稳态平板法测定绝热材料导热系数仪是否连接好。

(4) 接通加热器电源，并调节到合适的电压，开始加热，同时开启温度跟踪控制器。在加热过程中，可通过各测温点测量的温度了解并控制加热情况。开始时，可先不启动冷却水水泵，待试件的热面温度达到一定水平后，再启动水泵(或接通自来水)，向上下水套通入冷却水。经过一段时间后，试件的热面温度和冷面温度开始趋于稳定。在这个过程中可以适当调节主加热器电源、辅助加热器电源的电压，使其更快或更利于达到稳定状态。待温度基本稳定后，每隔一段时间进行一次电功率 W(或电压 V 和电流 I)读数记录和温度测量，得到稳定的测试效果。

(5) 一个工况实验完成后，可以将设备调到另一工况，即调节主加热器功率，再按上述方法进行测试，得到另一工况的稳定测试结果。调节的电功率不宜过大，一般以 5～10 W 为宜。

(6) 根据实验要求，进行多个工况的测试(工况以从低温到高温为宜)。

(7) 测试结束后，先切断加热器电源，并关闭温度跟踪控制器，经过 10 min 左右后再关闭水泵(或停放自来水)。

2. 实验数据处理

实验数据取进入稳定状态后连续三次稳定结果的平均值。导热量(主加热器的电功率)为

$$Q = W(\text{或}IV) \tag{5.52}$$

式中，W 为主加热器的电功率(W)；I 为主加热器的电流(A)；V 为主加热器的电压(V)。

由于设备为双试件型，导热量向上下两个试件(试件 1 和试件 2)传导，所以

$$Q_1 = Q_2 = \frac{Q}{2} = \frac{W}{2}\left(\text{或}\frac{1}{2}IV\right) \tag{5.53}$$

试件两面的温差

$$\Delta t = t_R - t_L \tag{5.54}$$

式中，t_R 为试件的热面温度(t_1 或 t_2，℃)；t_L 为试件的冷面温度(t_3 或 t_4，℃)。

平均温度为

$$\overline{t} = \frac{1}{2}(t_R + t_L) \tag{5.55}$$

平均温度为 $\overline{t}$ 时的导热系数为

$$\lambda = \frac{W\delta}{2(t_R - t_L)F}\left[\text{或}\frac{IV\delta}{2(t_R - t_L)F}\right] \tag{5.56}$$

根据不同平均温度下测定的材料导热系数绘制 λ-$\overline{t}$ 曲线，并求出 $\lambda = f(\overline{t})$ 的关系式。

思考题

(1) 为了建立一维稳定的温度场，本实验装置采取了哪些措施？

(2) 本实验装置为什么只能测定非金属材料的导热系数？对被测试件的导热系数范围有无限制？为什么？

(3) 如果只有一块试件，能否用本实验装置进行测试？

(4) 本应测量试件的冷、热表面温度，但本实验中，热电偶是埋设在均热板面和冷却面上，而不是埋设在试件表面上，为什么？

实验 68　生物质热值的测定

实验目的

(1) 学习用氧弹量热法测定生物质热值的原理和方法。

(2) 了解氧弹量热仪的工作原理及工作过程。

(3) 掌握测量生物质热值的方法和步骤。

实验原理

热值是单位质量(或体积)的燃料完全燃烧时放出的热量，有高位热值和低位热值两种。前者是燃料的燃烧热和水蒸气的冷凝热的总和，即燃料完全燃烧时放出的总热量。后者仅是燃料的燃烧热，即由总热量减去冷凝热的差值。

燃料的热值可以在氧弹量热仪中测定，氧弹弹筒浸没在盛有一定量水的容器中，取一定量的分析试样置于充有过量氧气的氧弹量热仪中完全燃烧。试样燃烧后放出的热量使氧弹量热仪系统的温度升高，测定水温度的升高值即可计算氧弹弹筒热值，再通过进一步计算可得到燃料的热值。

从弹筒热值中扣除硝酸形成热和硫酸校正热(氧弹反应中形成的水合硫酸与气态二氧化碳的形成热之差)即得高位热值。将高位热值减去水的汽化热即得到低位热值。

干燥基高位热值的计算公式为

$$Q_{gr,d} = Q_{b,d} - (94.1S_{b,d} + \alpha Q_{b,d}) \tag{5.57}$$

式中，$Q_{b,d}$ 为干燥基弹筒热值($J \cdot g^{-1}$)；$S_{b,d}$ 为弹筒洗液测得的硫含量，$S_{b,d} = 0.1$；α 为硝酸校正系数；当 $Q_{b,d} < 16.70\,MJ \cdot kg^{-1}$ 时，$\alpha = 0.001$；当 $16.70\,MJ \cdot kg^{-1} \leqslant Q_{b,d} \leqslant 25.10\,MJ \cdot kg^{-1}$ 时，$\alpha = 0.0012$；当 $Q_{b,d} > 25.10\,MJ \cdot kg^{-1}$ 时，$\alpha = 0.0016$。

干燥基低位热值的计算公式为

$$Q_{net,d} = Q_{gr,d} - 206H_d \tag{5.58}$$

式中，$Q_{gr,d}$ 为干燥基高位热值($J \cdot g^{-1}$)；H_d 为干燥基氢的质量分数，$H_d = 5\%$。

将干燥基换算为空干基的换算系数为

$$K = \frac{100 - M_{ad}}{100} \tag{5.59}$$

式中，M_{ad} 为分析基水分，$M_{ad} = 10\%$。

空干基高位热值为

$$Q_{gr,ad} = Q_{gr,d}K \tag{5.60}$$

空干基低位热值为

$$Q_{net,ad} = Q_{gr,ad} - 206H_{ad} - 23M_{ad} \tag{5.61}$$

式中，H_{ad} 为空干基氢的质量分数，$H_{ad} = H_d K$。

主要试剂与仪器

等温式全自动量热仪、氧弹、燃烧皿、点火丝、电子天平、药匙、镊子、去离子水、黄豆秸秆。

实验内容

1. 实验步骤

(1) 用电子天平称取 0.5 g 黄豆秸秆，置于燃烧皿中。

(2) 取一段已知质量的点火丝，把两端分别接在两个电极柱上。将盛有试样的燃烧皿放在支架上，调节下垂的点火丝与试样保持微小距离，注意勿使点火丝接触燃烧皿，以免形成短路而导致点火失败，甚至烧毁燃烧皿。

(3) 向氧弹中加入 10 mL 去离子水以溶解氮和硫形成的硝酸和硫酸，小心拧紧弹盖，注意避免燃烧皿和点火丝的位置因受震动而改变。

(4) 把氧弹小心地放入内筒中，启动仪器分析。

(5) 实验结束后，将输出数据填入表 5.7，并关闭仪器。

表 5.7　黄豆秸秆弹筒热值测试数据

控温点/℃:		室温/℃:		湿度/%:	
试样名称:		自动编号:		测试日期:	
试样质量/g:		添加物总热值/J:		主期升温/℃:	
点火丝热值/J:		热容量/(J·K⁻¹):		校正值/℃:	
弹筒热值/(MJ·kg⁻¹):					

2. 实验数据处理

将弹筒热值代入上述公式，计算干燥基和空干基的高位热值和低位热值。

思考题

(1) 若氧气中含有少量氮气，是否会给实验结果带来误差？在燃烧过程中若引入误差，应如何校正？

(2) 使用氧气钢瓶应注意什么？

实验 69　换热器综合实验

实验目的

(1) 熟悉换热器性能的测试方法，了解影响换热器性能的因素。

(2) 掌握间壁式换热器传热系数的测定方法。

(3) 了解套管式换热器、板式换热器和列管式换热器的结构特点及其性能的差别。

(4) 加深对顺流和逆流两种流动方式换热器换热能力差别的认识。

(5) 熟悉流体流速、流量、压力、温度等参数的测量技术。

实验原理

换热器是冷、热流体进行热量交换的设备。本实验所用到的均为间壁式换热器，热量通过固体壁面由热流体传递给冷流体。实验原理如图 5.37 所示。

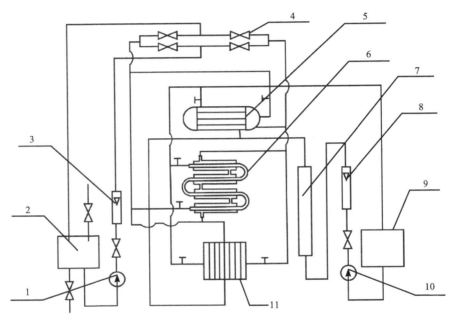

图 5.37　换热器综合实验台原理

1. 冷水泵；2. 冷水箱；3. 冷水浮子流量计；4. 冷水顺逆流换向阀门组；5. 列管式换热器；6. 套管式换热器；7. 电加热水箱；8. 热水浮子流量计；9. 回水箱；10. 热水泵；11. 板式换热器

通过测量冷、热流体的流量和进、出口温度，可以由式(5.62)～式(5.65)计算换热器的换热量，由式(5.66)计算换热器的温差，从而计算出换热器的传热系数[式(5.67)]。换热器的传热系数表示单位传热温差、传热面积下传热过程所传递的热量，综合反映了传热过程的难易程度。结合换热器的结构数据，由式(5.68)和式(5.69)计算冷、热流体与管壁的表面传热对流换热系数，进而比较三个环节的热阻的相对大小。

热流体放热量：
$$Q_1 = c_{p1}m_1(T_1 - T_2) \tag{5.62}$$

冷流体吸热量：
$$Q_2 = c_{p2}m_2(t_2 - t_1) \tag{5.63}$$

平均换热量：
$$Q = \frac{Q_1 + Q_2}{2} \tag{5.64}$$

热平衡误差：
$$\Delta = \frac{Q_1 + Q_2}{Q} \times 100\% \tag{5.65}$$

换热器温差：
$$\Delta t_{\mathrm{m}} = \frac{\Delta t_{\max} - \Delta t_{\min}}{\ln \dfrac{\Delta t_{\max}}{\Delta t_{\min}}} \tag{5.66}$$

传热系数：
$$k = \frac{Q}{A\Delta t_{\mathrm{m}}} \tag{5.67}$$

式中，m_1、m_2 分别为热、冷流体的质量流量；c_{p1}、c_{p2} 分别为热、冷流体的定压比热容；T_1、T_2 分别为热流体的进、出口温度；t_1、t_2 分别为冷流体的进、出口温度；A 为换热面积；$\Delta t_{\max}$ 和 $\Delta t_{\min}$ 分别为进、出口温差的最大值和最小值。

内部流动对流换热：
$$Nu = 0.023Re^{0.8}Pr^{0.4} \tag{5.68}$$

外部流动对流换热：
$$Nu = CRe^{n}Pr^{m} \tag{5.69}$$

式中，C、n、m 值可以查表获得。

主要试剂与仪器

本实验主要测试应用较广的三种换热器：套管式换热器、板式换热器和列管式换热器。实验装置如图 5.38 所示。

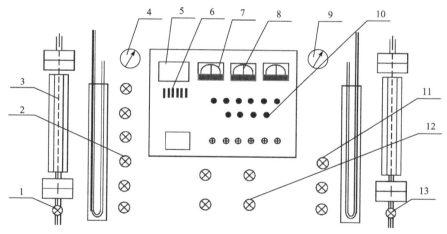

图 5.38　实验装置简图

1. 热水流量调节阀；2. 热水板式、套管、列管启闭阀门组；3. 冷水流量计；4. 换热器进口压力表；5. 数显温度计；6. 琴键转换开关；7. 电压表；8. 电流表；9. 冷水出口压力表；10. 开关组；11. 冷水板式、套管、列管启闭阀门组；12. 顺逆流转换阀门组；13. 冷水流量调节阀

采用冷水可用阀门换向进行顺逆流实验。换热形式为热水-冷水换热式。实验中所需的仪器设备及相关数据如下。

1. 换热器

1) 套管式换热器
换热面积 0.22 m²。

外管：外径 25 mm、壁厚 2 mm 铜管；中间管：外径 12 mm、壁厚 1 mm 铜管，长 80 cm，8 组并列。

2) 板式换热器

换热面积 0.40 m²。

3) 列管式换热器

换热面积 0.51 m²。

外壳：外径 110 mm、壁厚 2 mm 不锈钢管；中间管：外径 16 mm、壁厚 1 mm 不锈钢管，长 84 cm，2 条(4 根管两次折流，即 3 个管程)。

2. 电加热总功率

电加热总功率为 9.0 kW。

3. 冷、热水泵

允许工作温度：<80℃；额定流量：3 m³ · h⁻¹；扬程：12 m；电机电压：220 V；电机功率：370 W。

4. 转子流量计

流量：40～400 L · h⁻¹；允许温度范围：0～120℃。

实验内容

1. 实验条件

(1) 熟悉实验装置及使用仪表的工作原理和性能。
(2) 打开所要进行实验的换热器阀门，关闭其他阀门。
(3) 按顺流(或逆流)方式调整冷水换向阀门的开或关。
(4) 向冷、热水箱充水，禁止水泵无水运行(热水泵启动，加热才能供电)。

2. 实验方法与步骤

(1) 接通电源，启动热水泵(为了提高热水升温速率，可先不启动冷水泵)，并调节合适的流量。
(2) 调整温控仪，将加热水温控制在 80℃以下的某一指定温度。
(3) 将加热器开关分别打开(热水泵开关与加热开关已连锁，热水泵启动，加热才能供电)。
(4) 利用数显温度计和温度测点选择琴键开关按钮，观测和检查换热器冷、热流体的进、出口温度。待冷、热流体的温度基本稳定后，测出相应测温点的温度，读出转子流量计冷、热流体的流量，把这些测试结果记录到实验数据记录表(表 5.8)中。

表 5.8　实验数据记录表

换热器名称：_____　　　　　　　　　　环境温度：_____℃

顺、逆流	热流体			冷流体		
	进口温度/℃	出口温度/℃	流量计读数 /(L·h⁻¹)	进口温度/℃	出口温度/℃	流量计读数 /(L·h⁻¹)
顺流						
逆流						

(5) 若需要改变流动方向(顺、逆流)进行实验，或需要绘制换热器传热性能曲线而要求改变工况(如改变冷、热水流速或流量)进行实验，或需要重复进行实验，都要重新安排实验，并记录实验测试数据。

(6) 实验结束后，先关闭电加热器开关，5 min 后切断全部电源。

3. 实验数据处理

按式(5.62)～式(5.67)进行数据计算。

注：冷、热流体的质量流量 m_2、m_1 是根据修正后的流量计体积流量折算成的质量流量。

数据处理：

(1) 绘制传热性能曲线，并进行比较。

(2) 以传热系数为纵坐标、冷水(热水)流速(或流量)为横坐标，绘制传热性能曲线。

(3) 对顺流和逆流换热性能进行比较。

(4) 由传热性能曲线，对三种不同型式的换热器性能进行比较。

思考题

(1) 冷、热水箱温度不恒定对实验结果有什么影响？

(2) 如何根据测得的数据计算流体与固体壁面间的对流换热系数？

(3) 改变工况后立即记录测点数据对实验有影响吗？为什么？

实验 70　雷 诺 实 验

实验目的

(1) 了解管内流体质点的运动方式，认识不同流动形态的特点，掌握判别流动类型的准则。

(2) 观察圆直管内流体做层流、过渡流、湍流的流动形态。

(3) 观察流体做层流流动的速度分布。

实验原理

流体流动有不同形态，即层流(滞流)、过渡流、湍流。流体的流动类型取决于流体的流动速度 u、流体的黏度 μ、流体的密度 ρ 及流体流经管道的直径 d。这 4 个因素可用雷诺数 $Re = du\rho/\mu$ 表示。

层流($Re \leqslant 2000$)时，流体质点运动非常有规律，为直线运动，且相互平行。层流流动时，管截面上速度分布呈抛物线。湍流($Re \geqslant 4000$)时，流体质点除了沿流体流动方向运动外，在其他方向出现非常不规则的脉动现象。处于层流和湍流中间的流动为过渡流，与环境因素有关，有时为滞流，有时为湍流，流动类型不稳定。

实验装置

实验装置流程如图 5.39 所示。实验管道有效长度 $L = 600.0\,\text{mm}$，外径 $D_o = 30.0\,\text{mm}$，内径 $D_i = 24.5\,\text{mm}$，孔板流量计孔板内径 $d_0 = 9.0\,\text{mm}$。

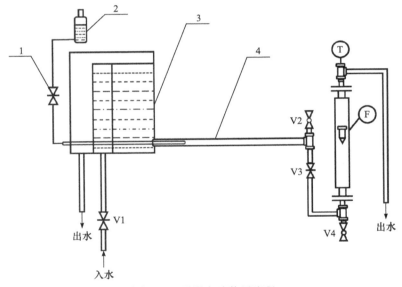

图 5.39　雷诺实验装置流程

1. 红墨水流量调节阀；2. 红墨水瓶；3. 高位槽；4. 实验管道；F. 转子流量计；T. 温度计；V1～V4. 阀门

实验内容

1. **实验前准备工作**

(1) 实验前仔细调整示踪剂注入管的位置，使其处于实验管道的中心线上。

(2) 向红墨水瓶中加入适量稀释过的红墨水，作为实验用的示踪剂。

(3) 关闭流量调节阀 V3，打开进水阀 V1，使水充满水槽并有一定的溢流，以保证高位槽的液位恒定。

(4) 排出红墨水注入管中的气泡，使红墨水充满细管道。

2. 实验过程

(1) 调节进水阀 V1，维持尽可能小的溢流量。轻轻打开流量调节阀 V3，让水缓慢流过实验管道。

(2) 缓慢且适量地打开红墨水流量调节阀，即可看到在当前流量下实验管道内水的流动状况(层流流动如图 5.40 所示)。用转子流量计测得水的流量并计算出雷诺数。进水和溢流造成的震动有时会使实验管道中的红墨水流束偏离管道的中心线或发生不同程度的摆动，此时可暂时关闭进水阀 V1，稍后即可看到红墨水流束重新回到实验管道的中心线。

(3) 逐步增大进水阀 V1 和流量调节阀 V3 的开度，在维持尽可能小的溢流量的情况下增大实验管道中的水流量，观察实验管道内水的流动状况(过渡流、湍流流动如图 5.41 所示)。记录流量计读数并计算出雷诺数。

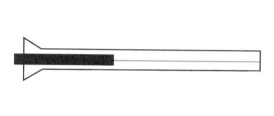

图 5.40　层流流动示意图

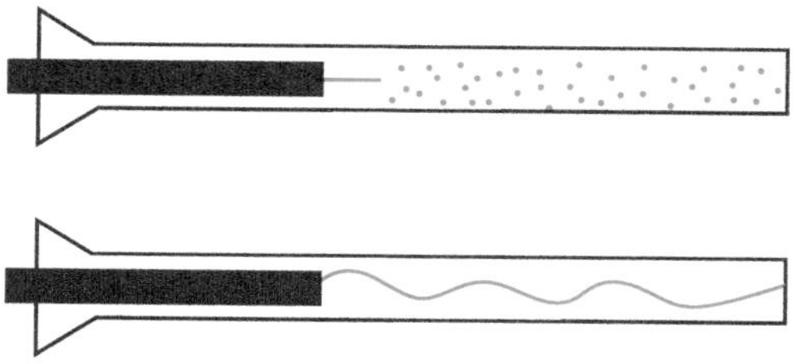

图 5.41　过渡流、湍流流动示意图

3. 流体在圆管内流动速度分布的演示实验

首先将进口阀 V1 打开，关闭流量调节阀 V3。然后打开红墨水流量调节阀，使少量红墨水流入实验管道入口端。最后突然打开流量调节阀 V3，在实验管道中可以清晰地看到红墨水流动所形成的速度分布，如图 5.42 所示。

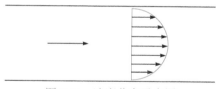

图 5.42　速度分布示意图

4. 实验结束后操作

(1) 关闭红墨水流量调节阀，使红墨水停止流动。

(2) 关闭进水阀 V1，使水停止流入高位槽。

(3) 将实验管道冲洗干净，待水中的红色消失后，关闭流量调节阀 V3。

(4) 若较长时间不用，将装置内各处的存水完全排出。

5. 注意事项

层流流动时，为了使层流状态能较快地形成且保持稳定，需满足以下要求：

(1) 水槽的溢流量应尽可能小。因为溢流量大时，上水的流量也大，上水和溢流造成的震动都比较大，会影响实验结果。

(2) 尽量不要人为地使实验装置产生任何震动。为减小震动，若条件允许，可对实验架进行固定。

思考题

(1) 若红墨水注入管不设在实验管道中心，能得到实验预期的结果吗？

(2) 如何计算某一流量下的雷诺数？用雷诺数判别流动类型的标准是什么？

(3) 层流和湍流的本质区别在于流体质点的运动方式不同，试述两者的运动方式。

(4) 解释层流内层和湍流主体的概念。

实验 71　伯努利方程演示实验

实验目的

(1) 了解流体在管内流动时静压能、动能、位能之间相互转化的关系，加深对伯努利方程的理解。

(2) 掌握流体流动时各能量间的相互转化关系，在此基础上理解伯努利方程。

(3) 了解流体在管内流动时流体阻力的表现形式。

实验原理

流体在流动时具有三种机械能，即位能、动能、静压能。当管路条件(如位置高低、管径大小)改变时，这三种能量可以相互转化。

实际流体存在内摩擦，流动过程中会有一部分机械能因摩擦和碰撞而转化为热能。转化为热能的机械能在管路中不能恢复。因此，对于实际流体，两个截面的机械能总和不相等，两者的差值即为能量损失。

动能、位能、静压能都可以用液柱高度表示，分别称为位压头 H_z、动压头 H_w 和静压头 H_p，任意两个截面间位压头、动压头、静压头三者总和之差即为压头损失 H_f。随着实验测试管路结构与水平位置的变化及流量的改变，观察流动过程中静压头与动压头的变化情况，并找出其规律，以验证伯努利方程。

实验装置

实验装置流程如图 5.43 所示。实验管道由不同直径、不同高度的玻璃管连接而成，便于观测。在实验管道的不同位置选择若干个测量点，每个测量点连接两个垂直测压管，其中一个测压管直接连接在管壁处，其液位高度反映测量点处静压头的大小，称为静压头测量管；另一个测压管测口在管中心处，正对水流方向，其液位高度为静压头和动压头之和，称为冲压头测量管。测压管液位高度可由装置上的刻度尺读出。水由高位槽经实验管道回到水箱，水箱中的水用离心泵打到高位槽，以保证高位槽始终保持溢流状态。

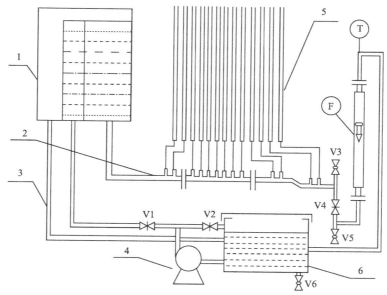

图 5.43　伯努利方程演示实验装置流程

1. 高位槽；2. 实验管道；3. 溢流管；4. 离心泵；5. 玻璃管压差计；6. 水箱；F. 转子流量计；T. 温度计；V1~V6. 阀门

实验内容

1. 实验步骤

(1) 向水箱中加入约 3/4 体积的去离子水，关闭离心泵出口流量调节阀 V1、回流阀 V2 及流量调节阀 V4，启动离心泵。

(2) 将实验管道上的流量调节阀全部打开，逐步开大离心泵出口流量调节阀至高位槽溢流管中有水溢流，待流动稳定后观察并读取各测压管的液位高度。

(3) 逐渐关小调节阀，改变流量，观察同一测量点及不同测量点各测压管液位的变化。

(4) 先关闭离心泵出口流量调节阀和回流阀，再关闭离心泵，结束实验。

2. 注意事项

(1) 不要将离心泵出口流量调节阀开得过大，以免水从高位槽中冲出，导致高位槽液不稳定。

(2) 流量调节阀须缓慢地关小，以免流量突然下降，使测压管中的水溢出。

(3) 必须排出实验管道和测压管内的气泡。

思考题

(1) 流体在管道中流动时涉及哪些能量？

(2) 在观察实验中如何测得某截面上的静压头和总压头？如何测得某截面上的动

压头？

(3) 不可压缩流体在水平不等径管路中流动，流速与管径的关系是什么？

(4) 若两测压截面距基准面的高度不同，两截面间的静压差仅是由流动阻力造成的吗？

(5) 观察各项机械能数值的相对大小，得出结论。

实验 72 　流体力学模拟仿真实验

实验目的

(1) 了解流体模拟仿真的基本原理和流程。

(2) 掌握流体力学模拟软件的操作方法和简单的案例操作。

(3) 掌握数据的后处理过程。

实验原理

在燃料电池和电解槽中，反应物(气体或液体)需要通过流场运输到催化剂表面，从而发生相应的电化学反应。其中，流场起着非常重要的作用，它能够引导气体(液体)流动，确保气体(液体)和催化剂均匀接触，降低气体(液体)的压力降。因此，流场设计具有重要的意义。优秀的流场设计往往需要流体力学模拟的辅助，采用流体力学模拟辅助流场设计不仅可以提高系统的能量利用效率，还能够降低实验成本，节约资源。

流体在管路中的运动有两种类型：层流和湍流。可以根据雷诺数的大小判断流动类型，区分层流和湍流。

雷诺数(Re)是用来表征流体流动情况的无量纲数。

$$Re = \rho v d / \mu \tag{5.70}$$

式中，v、ρ 和 μ 分别为流体的流速、密度和动力黏度；d 为特征长度。例如，流体流过圆形管道，则 d 为管道的当量直径。利用雷诺数可区分流体的流动是层流或湍流，也可确定物体在流体中流动所受到的阻力。对于圆形管道，通常认为雷诺数低于 2000 为层流。

纳维-斯托克斯方程(Navier-Stokes equation)是用于描述流体运动的方程，简称 N-S 方程。此方程由法国科学家纳维于 1821 年和英国物理学家斯托克斯于 1845 年分别建立。它可以看作是阐释流体运动的牛顿第二定律。对于可压缩的牛顿流体，N-S 方程可表述为

$$\rho\left(\frac{\partial u}{\partial t} + u \cdot \nabla u\right) = -\nabla p + \nabla \cdot \left\{\mu[\nabla u + (\nabla u)^T] - \frac{2}{3}\mu(\nabla \cdot u)I\right\} + F \tag{5.71}$$

式中，ρ 为流体密度；u 为流体流速；p 为压力；μ 为动力黏度。等号左侧项表示惯性力，等号右侧项分别表示压力、黏性力和作用在流体上的外力。

本实验采用 COMSOL Multiphysics 软件模拟液体在流场中的速度分布。假设液体为不可压缩流体，气体为可压缩流体。以水为例，计算水在不同流场中的速度和压力分布。

COMSOL Multiphysics 是一款大型的高级数值仿真软件，广泛应用于各个领域的科

学研究及工程计算。它以有限元法为基础，通过求解偏微分方程(单场)或偏微分方程组(多场)实现真实物理现象的仿真。COMSOL 具有高效的计算性能和多场双向耦合功能，能够实现较高精度的数值仿真目的，已在化工、流体、电磁、传热等领域得到了广泛的应用。图 5.44 为 COMSOL Multiphysics 软件所涉及的物理场，拥有丰富的模块，可为电磁、结构、声学、流体、传热和化工等领域提供专业的分析功能。

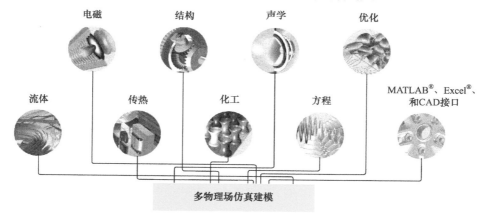

图 5.44　COMSOL Multiphysics 模块

COMSOL Multiphysics 软件的一般建模流程如下(图 5.45)：首先分析研究对象的基本原理，添加需要的物理场，然后绘制几何模型，定义物质和材料的属性，设置求解的边界条件和初始值，并划分网格。对于网格的划分，要求有足够高的质量且精细度合理，如果网格的质量不高，将影响计算的结果；如果网格划分得过于精细，则影响求解的速度。网格划分后，对研究的模型进行求解，并处理求解结果。分析计算结果，如果结果不合理，需要修改并优化参数和边界条件等。如此往复迭代计算，直至获得合理范围的计算结果。

图 5.45　仿真建模流程示意图

实验内容

1. 操作步骤

(1) 打开软件，选择模型向导，单击二维，在物理场中选择流体流动→单相流→层流(spf)，单击添加，在选择研究树中选择一般研究→稳态，单击完成。

(2) 导入流场模型示意图[图 5.46(a1)~(c1)]。

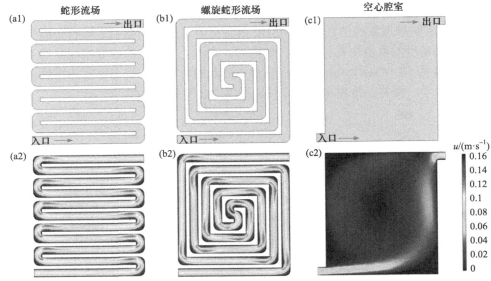

图 5.46　流场模型示意图和液体在不同流场的模拟速度分布

(3) 在全局定义中定义参数：速度、密度和动力黏度(表 5.9)。

表 5.9　流体仿真基本参数

名称	数值	描述
u	0.07	流体入口速度/(m·s^{-1})
ρ	1	密度/(g·cm^{-3})
μ	0.001 01	动力黏度/(Pa·s^{-1})

(4) 在模型开发器窗口的组件 1 节点下，单击层流节点中的流体属性 1：在流体属性的设置窗口中，定位到流体属性。在密度和动力黏度的设置中选择用户定义，分别输入水的密度(ρ)和动力黏度(μ)。

(5) 在物理场设置中，选择边界，然后选择入口；在入口的设置中，定位到边界条件，选择充分发展的流动。

(6) 在入口的设置中，定位到充分发展的流动窗口，选择平均速度，输入 u。

(7) 在物理场设置中，选择边界，然后选择出口；在出口的设置中，定位到压力条件，p_0 的值设为 0(假设出口的压力和大气的压力相同)。

(8) 点击网格节点，采用结构化网格对模型进行划分，单元大小选择细化。

(9) 展开研究 1 节点下的步骤 1：稳态，在设置中单击计算。

2. 实验数据处理

计算结果得到的数据往往需要进一步处理才能够获得目标信息。以绘制液体的速度图为例，实验数据后处理方法如下：

(1) 在主屏幕工具栏中，展开添加绘图组节点，选择二维绘图组。

(2) 在二维绘图组标签栏中输入"速度"。

(3) 右键点击速度图，选择表面图，在表面图的设置中，定位到表达式节点，选择替换表达式，选择"组件1→层流→速度与压力→速度大小"，点击绘制[图5.46(a2)~(c2)]。

(4) 右键点击速度图，选择流线，在表面图的设置中，定位到选择节点，选择"入口和出口"，定位到着色和样式节点，点样式选择"箭头"，箭头分布选择"等逆时间"，颜色选择"灰色"，单击绘制(图5.47)。

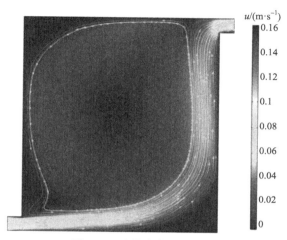

图 5.47　流体速度和流线图

(5) 计算平均速度，右键点击"派生值→平均值→表面平均值"，在表面平均值设置窗口中，定位到选择节点，选择"所有域"，在表达式节点，选择"组件1→层流→速度与压力→速度大小"，单击计算，得到平均速度值。

思考题

(1) 在本实验中，如何绘制压力图？
(2) 气体在流场中的速度分布应如何模拟？是否和液体的条件一致？
(3) 如何计算流体在流场中流速的最大值和最小值？

实验 73　锂离子电池模拟仿真实验

实验目的

(1) 了解锂离子电池的工作原理及反应规律。
(2) 熟悉锂离子电池仿真建模的思路和流程操作。
(3) 掌握锂离子电池充放电循环和电化学性能的仿真方法。

实验原理

锂离子电池是一种高效的电化学储能器件，广泛应用于新能源电动汽车、大规模储能电站及便携式电子产品等领域。锂离子电池单体主要包括正极、负极、电解液和隔膜等部件。放电时，Li$^+$从负极脱出，经过电解液的输运，通过隔膜到达正极并储存在正极材料中。同时，电子经外电路从负极传输到正极形成电流。充电过程与放电过程相反。

本实验以锰酸锂电池为例，负极为石墨，采用 $1\,mol \cdot L^{-1}\,LiPF_6$ 溶解在 EC 和 DEC(体积比 1:1)中作为电解质溶液。在充放电过程中，电极发生的化学反应方程式如下。

充电时：

正极 $$LiMn_2O_4 - xe^- \longrightarrow Li_{1-x}Mn_2O_4 + xLi^+ \tag{5.72}$$

负极 $$6C + xLi^+ + xe^- \longrightarrow Li_xC_6 \tag{5.73}$$

放电时：

正极 $$Li_{1-x}Mn_2O_4 + xLi^+ + xe^- \longrightarrow LiMn_2O_4 \tag{5.74}$$

负极 $$Li_xC_6 \longrightarrow 6C + xLi^+ + xe^- \tag{5.75}$$

总反应 $$LiMn_2O_4 + 6C \longrightarrow Li_{1-x}Mn_2O_4 + Li_xC_6 \tag{5.76}$$

锂离子电池是一种多尺度、多时空、多物理场的复杂时变系统，其中包含的主要物理化学过程有：电极中 Li$^+$ 的输运和电荷传输、电解质溶液和隔膜中 Li$^+$ 的输运和电荷传输，电极/电解液界面的电化学反应。若要进行仿真实验并得到较为准确的计算结果，需要对实际电池进行合理的简化和假设。本实验采用 Newman & Doyle 等提出的 P2D (pseudo-two-dimensions，伪二维)模型(图 5.48)，将复合多孔电极简化为均匀排列的各向同性的球形颗粒，电解质溶液填充在电极颗粒间的孔隙中，采用浓溶液理论描述电解质溶液，电极、隔膜和电解质溶液均遵守物质守恒定律和电荷守恒定律。

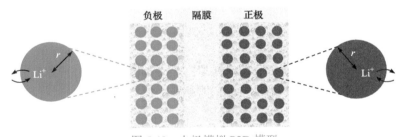

图 5.48　电极模拟 P2D 模型

假设电极颗粒的半径为 r_p (图 5.48)，Li$^+$沿半径方向从电极颗粒中心向边缘扩散，Li$^+$在球形电极颗粒内的扩散过程可表示为

$$\frac{\partial c_s}{\partial t} = D_s \left(\frac{\partial^2 c_s}{\partial r^2} + \frac{2}{r_p} \frac{\partial c_s}{\partial r_p} \right) \tag{5.77}$$

式中，c_s 为电极颗粒中的锂离子浓度；D_s 为锂离子在电极中的扩散系数；r_p 为电极颗粒的半径；t 为时间。

电解液中物质守恒，表示为

$$\varepsilon\frac{\partial c_1}{\partial t} = \nabla \cdot (\varepsilon D_1 \nabla c_1) - \frac{i_1 \cdot \nabla t^+}{z_+ \nu_+ F} + \frac{a j_n (1 - t^+)}{\nu_+} \tag{5.78}$$

式中，c_1 为电解液浓度；ε 为电极中电解液的体积分数；D_1 为锂离子在电解液中的扩散系数；z_+ 为粒子/离子的电荷数；ν_+ 为 1 mol 电解液分解成阳离子和阴离子的数目；a 为电极颗粒的比表面积；j_n 为电极/电解液界面的孔壁通量；t^+ 为迁移数；F 为法拉第常量(通常取 96 485 C·mol^{-1})。

电解液中电荷守恒，表示为

$$i_1 = -\kappa \cdot \nabla \phi_1 + \frac{\kappa RT}{F}\left(1 + \frac{\partial \ln f_A}{\partial \ln c_1}\right)(1 - t^+)\nabla \ln c_1 \tag{5.79}$$

式中，i_1 为电解液相的电流密度；ϕ_1 为电解液相的电位；κ 为电解液中的电导率；R 为摩尔气体常量(8.314 J·mol^{-1}·K^{-1})；T 为温度；$\partial \ln f_A / \partial \ln c_1$ 为活度相关性系数。

电极颗粒中的电荷守恒遵循欧姆定律：

$$i_s = -\sigma_s \cdot \nabla \phi_s \tag{5.80}$$

式中，i_s 为电极固相的电流密度；σ_s 为电极固相的电导率；ϕ_s 为电极固相的电位。

固/液界面发生的电化学反应可用巴特勒-福尔默(Butler-Volmer)方程描述为

$$i = i_0 \left[\exp\left(\frac{\alpha_a F}{RT}\eta\right) - \exp\left(\frac{\alpha_c F}{RT}\eta\right)\right] \tag{5.81}$$

式中，i_0 为交换电流密度；α_a 和 α_c 分别为阳极传递系数和阴极传递系数；η 为电极过电势。

本实验采用 COMSOL Multiphysics 软件作为模拟仿真的工具。COMSOL Multiphysics 是一款基于有限元算法的成熟、专业的商业仿真软件，能够支持单一物理场及多个物理场的耦合建模。COMSOL 内置的电池模块可以模拟电池的充放电过程，得到电池内部的浓度、温度、电流、电压等多个状态变量，进而分析电池的电化学性能。此外，ANSYS、Abaqus、OpenFOAM 等有限元软件也可实现电池的仿真目的，使用者可根据自身需求选择合适的仿真工具(图 5.49)。

图 5.49 可用于电池性能研究的有限元仿真软件

实验内容

1. 模型参数

(1) 添加本模型中需要的参数(表 5.10)，模型中其余参数均可采用软件默认值或所添加材料的自身属性值。操作为：在全局定义中添加参数。

表 5.10　模型参数

名称	数值	描述/单位
Len_neg	100	负极厚度/μm
Len_pos	183	正极厚度/μm
Len_sep	52	隔膜厚度/μm
T	298	温度/K
coef_brugg	3.3	Bruggeman 系数
c_init	2 000	电解液初始浓度/(mol·m⁻³)
c_init_neg	14 870	负极活性颗粒初始浓度/(mol·m⁻³)
c_init_pos	3 900	正极活性颗粒初始浓度/(mol·m⁻³)
epsl_neg	0.503	负极中电解液的体积分数
epsl_pos	0.63	正极中电解液的体积分数
epss_neg	0.471	负极中活性材料的体积分数
epss_pos	0.297	正极中活性材料的体积分数
i_ref_neg	17.71	负极参考交换电流密度/(A·m⁻²)
i_ref_pos	16.74	正极参考交换电流密度/(A·m⁻²)
cond_neg	100	负极固相电导率/(S·m⁻¹)
cond_pos	3.8	正极固相电导率/(S·m⁻¹)
i	17	1C 放电电流密度/(A·m⁻²)
r_neg	12.5	负极颗粒半径/μm
r_pos	8	正极颗粒半径/μm
disch_end	2 000	放电时间/s
ch_end	2 000	充电时间/s
ocp	300	静置时间/s

（2）添加充放电循环时间(表 5.11)。操作为：全局定义→分段函数，在函数区间中输入起始时间、结束时间及对应的函数。

表 5.11　充放电循环时间

起始时间	结束时间	函数	描述
0	disch_end	1	放电阶段
disch_end	disch_end+ocp	0	静置阶段
disch_end+ocp	ch_end+ disch_end+ocp	−1	充电阶段
ch_end+disch_end+ocp	8000	0	静置阶段

(3) 添加负极开路电压(open circuit voltage，OCV)数据。操作为：组件 1→定义→
插值函数，在函数设置中输入开路电压数据(也可从外部文件导入)。开路电压数据如
表 5.12 所示(SOC 是 state of charge 的首字母缩写，表示电池的荷电态)。

表 5.12　负极开路电压

SOC	OCV/V	SOC	OCV/V
0.0500	0.9761	0.4000	0.2376
0.1000	0.8179	0.4500	0.1822
0.1500	0.6817	0.5000	0.1345
0.2000	0.5644	0.5500	0.0935
0.2500	0.4635	0.600	0.0582
0.3000	0.3767	0.6500	0.0278
0.3500	0.3019	0.7000	0.0016

2. 几何绘图

本实验中构建一维模型。绘图操作为：组件→几何→线段间隔，输入电池各组件尺
寸。一维模型计算域如图 5.50 所示。

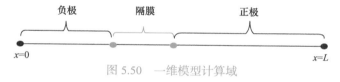

图 5.50　一维模型计算域

3. 选择物理场

本实验中的物理场选择"锂离子电池模块"。模型操作为：添加物理场→电化学→
电池→锂离子电池。

4. 边界条件

假设集流体对电子的电导率很大，则在电极与集流体的交界面只存在固相电流，而
液相电流为零。本实验中关注电池两侧产生的电位差，为了方便计算，将一端电极接
地，另一端电极设置为电流密度。因此，模型计算域两侧的电流、电位边界条件表示为

$$\nabla \phi_s = 0, \quad x = 0 \tag{5.82}$$

$$\nabla \phi_s = -\frac{I}{\sigma}, \quad x = L \tag{5.83}$$

电极与集流体交界处 Li^+ 的通量为零，由此可得到浓度边界条件为

$$\nabla c_1 = 0, \quad x = 0 \tag{5.84}$$

$$\nabla c_1 = 0, \quad x = L \tag{5.85}$$

电极颗粒中心的 Li^+ 浓度梯度为零，故电极颗粒中心的浓度边界条件为

$$\frac{\partial c_s}{\partial r} = 0, \quad r = 0 \tag{5.86}$$

模型中浓度边界条件设置操作为：锂离子电池→无通量，选择电极与集流体边界。

模型中电位边界条件操作为：第一步，锂离子电池→电极"电接地"，选择电接地边界；第二步，锂离子电池→电极"电流密度"，选择计算域边界，在设置中输入电极电流密度。

5. 初始条件

在锂离子电池接口的初始值设置中，将电极和电解质的电位初始值设为零，输入预定义的电解质溶液的初始浓度。在锂离子电池接口的电极设置中，通过颗粒插层节点设置电极活性颗粒中的初始浓度。

6. 网格划分

本实验中的一维模型采用默认的物理场控制网格即可满足计算要求。

7. 模型求解

模型通过两个步骤求解计算。步骤 1 为电流分布初始化，采用一次电流分布类型。步骤 2 为瞬态计算，设定充放电时间为 8000 s 。

8. 数据处理

模型计算完成后，通过后处理进行结果可视化与数据分析。

(1) 绘制充放电循环的电池电压和电流密度(图 5.51)。

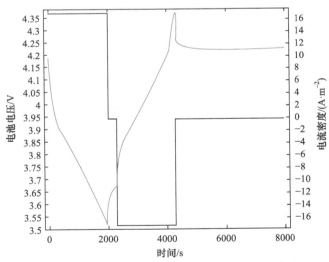

图 5.51 充放电循环过程中的电池电压和电流密度

操作流程为：结果→一维绘图组→点图，在绘图设置中 y 轴数据中输入电压表达式和电流密度表达式。

(2) 绘制充放电循环中的电解质浓度(图 5.52)。

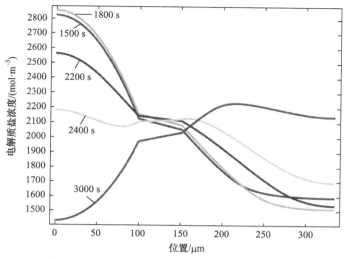

图 5.52　不同时间点对应的电解质相的浓度分布

操作流程为：结果→一维绘图组→线图，在线图设置的时间步选项列表同时选中 1500 s、1800 s、2200 s、2400 s 和 3000 s，其中 y 轴数据设置为电解质浓度表达式。

思考题

(1) 在本实验的数据处理部分，如何绘制双 y 轴曲线?

(2) 如何从数据处理部分得到的电解质浓度图提取电极颗粒中的浓度分布?

(3) 在本实验中模拟了电池的充放电循环，若要模拟电池不同倍率下的充放电性能，模型需要做哪些调整?

参 考 文 献

阿伦 J. 巴德, 拉里 R. 福克纳. 2005. 电化学方法: 原理和应用. 2 版. 邵元华, 朱果逸, 董献堆, 等译. 北京: 化学工业出版社.

安晓君. 2010. 球形 Ni(OH)$_2$ 制备条件与微结构及电化学性能的关系. 石油化工应用, 29(9): 17-21.

安艳伟, 谢亮. 2016. 稳态平板法测液体导热系数的分析. 大学物理, 35(5): 19-23, 49.

白惠珍, 李玲玲, 王胜恩, 等. 2000. 金属薄板电导率的四探针测量法. 河北工业大学学报, 29(4): 76-78.

鲍雷, 苏志军, 王滨. 1993. 高温空气定压比热测量仪的研制. 节能技术, (3): 12-15.

北京大学化学系胶体化学教研组. 1993. 胶体与界面化学实验. 北京: 北京大学出版社.

蔡边. 1986. X 射线衍射分析. 材料保护, 19(1): 47-49.

曹楚南, 张鉴清. 2002. 电化学阻抗谱导论. 北京: 科学出版社.

常启兵. 2019. 新能源专业实验与实践教程. 北京: 化学工业出版社.

陈怀杰, 李明伟, 刘春梅. 2006. 溶胶-凝胶法制备纳米氧化锌. 重庆大学学报(自然科学版), 29(12): 37-40.

陈晖晖. 2020. 固体废弃物热值测定方法优化研究. 化学工程师, 34(6): 80-84.

陈镜泓, 李传儒. 1985. 热分析及其应用. 北京: 科学出版社.

陈军, 严振华. 2021. 新能源科学与工程导论. 北京: 科学出版社.

陈良辅. 2012. Nafion/TiO$_2$ 杂化离子膜的制备及其对 PCBs 的光催化降解研究. 杭州: 浙江大学.

陈沛嘉, 葛鑫, 梁伟杰, 等. 2022. 聚合物基热界面材料与导热性能研究进展. 化工进展, 41(S01): 269-281.

陈仕谋, 秦虎, 刘敏. 2018. 锂离子电池电解液标准解读. 储能科学与技术, 7(6): 1253-1260.

陈振宇. 2013. 磷酸钒锂及其与磷酸铁锂复合材料制备和电化学性能研究. 哈尔滨: 哈尔滨工业大学.

褚小立. 2011. 化学计量学方法与分子光谱分析技术. 北京: 化学工业出版社.

邓攀, 常德民, 姚文俐, 等. 2016. 三元正极材料中镍钴锰含量的化学分析测定. 化学试剂, 38(2): 137-140.

邓双双, 彭夫敏. 2019. 金属有机骨架材料 MIL-96 的制备及其对萘的吸附性能研究. 化工新型材料, 47(8): 163-168.

董鹍. 2011. 纳米银增强基底制备及分子的拉曼光谱解析. 昆明: 昆明理工大学.

董平, 佟华芳, 李建忠, 等. 2013. 加氢法制备生物航煤的现状及发展建议. 石化技术与应用, 31(6): 461-466.

董少英, 唐二军, 尚玉光, 等. 2008. 溶胶-凝胶法制备纳米氧化锌. 河北化工, 31(9): 26-27.

杜增丰, 张文娟, 侯华明, 等. 2012. 四氯化碳萃取辅助的水中甲烷拉曼探测技术研究. 光谱学与光谱分析, 32(9): 2442-2446.

范立明, 卢晶军, 胡通, 等. 2019. 浸渍溶液对 Ni/Al$_2$O$_3$ 催化剂 CO 甲烷化性能的影响. 应用化工, 48(4): 762-766, 770.

高嵩. 2015. 拉曼光谱相对强度的校正研究及应用. 长春: 吉林大学.

格雷格 S J, 辛合 K S W. 2009. 吸附、比表面与孔隙率. 高敬琮, 等译. 北京: 化学工业出版社

顾琳, 王剑华, 郭玉忠, 等. 2010. 控制化学结晶法制备球形 Ni(OH)$_2$ 的热力学分析. 南方金属, (2): 10-14.

郭海荣, 赵子璇, 包铮, 等. 2022. 氧弹量热仪测定生物质原料热值不确定度的评定. 化学研究与应用, 34(2): 399-406.

郭沁林. 2007. X 射线光电子能谱. 物理, 36(5): 405-410.

郭旭东, 牛广达, 王立铎. 2015. 高效率钙钛矿型太阳能电池的化学稳定性及其研究进展. 化学学报, 73(3): 211-218.

郝世明, 龚辉, 申晓波, 等. 2009. 利用拉曼光谱测定四氯化碳浓度. 实验科学与技术, 7(5): 34-36.

何萍, 张京京. 2018. 糖类及北方常见农作物热值的测定与分析. 粮食与油脂, 31(3): 79-81.

何盈盈. 2015. 分析化学实验. 北京: 科学出版社.

胡策军, 杨积瑾, 王航超, 等. 2018. 锂硫电池安全性问题现状及未来发展态势. 储能科学与技术, 7(6): 1082-1093.

胡林彦, 张庆军, 沈毅. 2004. X 射线衍射分析的实验方法及其应用. 河北理工学院学报, 26(3): 83-86, 93.

胡英. 1990. 流体分子热力学. 化学世界, 1: 45-46.

胡壮麒, 张海峰, 王爱民, 等. 2004. 球磨和催化反应球磨制备的镁基复合贮氢材料及其性能. 中国有色金属学报, 14(S1): 285-290.

化学实验教材编写组. 2014. 化学基本操作技术实验. 北京: 化学工业出版社.

黄彩娟. 2009. 超声波辅助水热合成 MnO_2 纳米线. 矿冶工程, 29(6): 89-91, 95.

黄富勤. 2014. 锂离子电池正极材料磷酸铁锂的溶剂热合成及其改性. 长沙: 中南大学.

黄军, 乐永康, 王岩, 等. 2018. 搭建紫外可见光谱仪并用于科普互动. 大学化学, 33(7): 149-154.

黄倬, 屠海令, 张冀强, 等. 2000. 质子交换膜燃料电池的研究开发与应用. 北京: 冶金工业出版社.

贾洲侠, 闻洁, 徐国强, 等. 2017. 超临界压力正癸烷定压比热测量. 推进技术, 38(1): 214-219.

姜淑敏. 2008. 化学实验基本操作技术. 北京: 化学工业出版社.

焦丽芳, 袁华堂, 王一菁, 等. 2011. 一种采用溶剂热法制备 MoS_2 微米球的方法: CN101851006B.

金丽萍, 邬时清. 2016. 物理化学实验. 上海: 华东理工大学出版社.

况学成, 郝恩奇. 2008. 热电材料及其研究现状. 中国陶瓷工业, 15(5): 27-32.

雷淑梅, 匡同春, 白晓军, 等. 2005. 压电陶瓷材料的研究现状与发展趋势. 佛山陶瓷, 15(3): 36-39.

雷晓玲, 代海, 冯开忠, 等. 2013. MnO_2 纳米材料的可控制备和催化性能研究. 功能材料, 44(13): 1940-1942.

冷文华, 张莉, 成少安, 等. 2000. 附载二氧化钛光催化降解水中对氯苯胺(PCA). 环境科学, 21(6): 46-50.

李福芬, 古锐帆, 孙赟珑, 等. 2014. 气相色谱法 BID 检测器上 TO-14A VOCs 标准气体分析方法的研究. 低温与特气, 32(6): 37-42.

李红亮, 韩宝瑜, 高永生, 等. 2012. 《仪器分析》实验课程的教学与实践: 以苯甲酸的红外光谱实验为例. 教育教学论坛, (9): 233-234.

李厚金, 石建新, 邹小勇. 2015. 基础化学实验. 2 版. 北京: 科学出版社.

李华民, 蒋福宾, 赵云岑. 2017. 基础化学实验操作规范. 2 版. 北京: 北京师范大学出版社.

李婧霞, 赵煜娟, 金玉红, 等. 2019. $LiNi_{0.8}Co_{0.15}Al_{0.05}O_2$ 正极材料的电化学与热稳定性改善. 电源技术, 43(10): 1584-1587, 1600.

李玲玉. 2005. 使用 Spectral Imaging(全谱元素图像分析)进行完整的能谱分析//2005 年全国计算材料、模拟与图像分析学术会议论文集, 秦皇岛.

李翔, 周园, 任秀峰, 等. 2012. 新型热电材料的研究进展. 电源技术, 36(1): 142-145.

李阳阳, 席俊华. 2019. 扫描电子显微镜实验教学模式探讨. 山东化工, 48(10): 185-186.

李月姣, 洪亮, 吴锋. 2012. 动力锂离子电池正极材料磷酸钒锂制备方法. 化学进展, 24(1): 47-53.

廖红英, 程宝英, 郝志强. 2003. 锂离子电池电解液. 新材料产业, (9): 34-37.

廖玲文, 陈栋, 郑勇力, 等. 2013. 气体电极反应动力学的薄膜旋转圆盘电极方法研究. 中国科学: 化学, 43(2): 178-184.

林才顺. 2010. 质子交换膜水电解技术研究现状. 湿法冶金, 29(2): 75-78.

林红, 赵晓冲, 崔柏, 等. 2009. 电催化分解水研究进展. 世界科技研究与发展, 31(5): 779-783, 792.

林元华, 张中太, 张枫, 等. 2000. 铝酸盐长余辉光致发光材料的制备及其发光机理的研究. 材料导报, 14(1): 35-37.

刘大为, 彭文博, 李启明, 等. 2012. 热电器件在大功率温差发电技术中的应用. 可持续能源, 2(4): 83-88.

刘晓林, 邹新阳, 施磊, 等. 2008. 铝酸盐长余辉发光涂料光学性能研究. 稀有金属, 32(4): 502-505.

刘亚利, 吴娇杨, 李泓. 2014. 锂离子电池基础科学问题(IX): 非水液体电解质材料. 储能科学与技术, 3(3): 262-282.

刘英光, 薛新强, 张静文, 等. 2022. 基于界面原子混合的材料导热性能. 物理学报, 71(9): 71-78.

龙海波. 2017. LaNi₅ 系储氢合金的研究现状及展望. 沈阳: 沈阳大学.

芦光新. 2004. 胶体金标记探针的制备方法及其应用. 青海大学学报(自然科学版), 22(3): 43-46.

穆德颖, 刘元龙, 戴长松. 2019. 锂离子电池液态有机电解液的研究进展. 电池, 49(1): 68-71.

潘瑾. 2016. 锂硫电池正极用新型粘结剂的研究. 南京: 南京航空航天大学.

彭建兵, 李文典, 薄新党. 2010. 基础化学实验技能. 北京: 科学出版社.

彭剑淳, 刘晓达, 丁晓萍, 等. 2000. 可见光光谱法评价胶体金粒径及分布. 军事医学科学院院刊, 24(3): 211-212, 237.

彭喜英. 2004. 透射电镜数字化及图像处理分析. 武汉: 华中科技大学.

彭夏莲, 张康, 黄远拓. 2018. 化学实验操作规范. 北京: 化学工业出版社.

彭先佳, 贾建军, 栾兆坤, 等. 2009. 碳纳米管在水处理材料领域的应用. 化学进展, 21(9): 1987-1992.

彭英才, 何宇亮. 1999. 纳米硅薄膜研究的最新进展. 稀有金属, 23(1): 42-55.

邱晓航, 李一峻, 韩杰, 等. 2017. 基础化学实验. 2 版. 北京: 科学出版社.

芮胜波, 王克立, 张钊. 2017. 差示扫描量热法(DSC)在高分子材料分析中的应用. 上海塑料, (1): 37-39.

上海合成树脂研究所. 1978. 测定合成树脂常温稀溶液粘度的乌氏黏度计. 塑料工业, (1): 48-54.

邵建新, 刘云虎, 张子英, 等. 2009. 空气绝热指数的计算. 科学技术与工程, 9(3): 673-674, 676.

沈玲玲, 赵博, 孔令强, 等. 2017. 元素掺杂对 PbTe 基热电材料性能影响的评述. 有色矿冶, 33(3): 40-47.

石晨. 2003. 电解铜箔制造技术. 印制电路信息, 11(1): 22-24.

石永敬, 龙思远, 王杰, 等. 2008. 直流磁控溅射研究进展. 材料导报, 22(1): 65-69.

舒霞, 汤文明, 程继贵, 等. 2011. 比表面与孔径分析仪的应用与管理. 实验室研究与探索, 30(10): 201-203.

苏国钧, 刘恩辉. 2008. 综合化学实验. 湘潭: 湘潭大学出版社.

苏峻, 胡建桥. 2019. 原子力显微镜工作原理演示仪. 物理实验, 39(12): 31-39.

苏琳. 2012. 能量色散 X 射线荧光光谱仪在矿物元素分析中的应用. 全国选矿科学技术高峰论坛.

孙琳. 2003. 用激光粒度分析仪测定二氧化锆粒度. 江西冶金, 23(6): 173-175, 180.

孙雪丽, 李国伟, 吴其晔. 2010. 四探针法测聚苯胺膜电导率的探讨. 青岛科技大学学报(自然科学版), 31(3): 299-302.

唐明道, 李长宽, 高志武, 等. 1995. SrAl₂O₄：Eu²⁺的长余辉发光特性的研究. 发光学报, 16(1): 51-56.

童祜嵩. 1989. 颗粒粒度与比表面测量原理. 上海: 上海科学技术文献出版社.

汪启年. 2015. Sn 基气体扩散电极的制备及电催化还原 CO₂ 产甲酸的研究. 天津: 南开大学.

汪瑞俊. 2018. 纳米材料粒度测试方法及标准化. 安徽化工, 44(4): 11-13.

王芳. 2019. 阳离子化聚砜粘结剂的制备及其锂硫电池性能. 大连: 大连理工大学.

王国栋, 夏果, 李志远, 等. 2018. 便携式紫外-可见光谱仪设计及关键技术研究. 光电工程, 45(10): 73-84.

王宏博, 王树茂, 武媛方, 等. 2019. 氢等离子体电弧熔炼法制备低 C 高纯 LaNi₅ 合金的研究. 稀土, 40(5): 24-31.

王浪云, 涂江平, 杨友志, 等. 2001. 多壁纳米碳管/Cu 基复合材料的摩擦磨损特性. 中国有色金属学报, 11(3): 367-371.

王鲁丰, 钱鑫, 邓丽芳, 等. 2019. 氮气电化学合成氨催化剂研究进展. 化工学报, 70(8): 2854-2863.

王培红. 2020. 新能源. 南京: 江苏凤凰科学技术出版社.

王其钰, 褚赓, 张杰男, 等. 2018. 锂离子扣式电池的组装, 充放电测量和数据分析. 储能科学与技术, 7(2): 327-344.

王庆申. 2015. 生物航煤发展现状分析. 石油石化节能与减排, 5(3): 1-6.

王然然, 王楠楠, 苗育可, 等. 2021. 高效液相色谱法同时测定食品中 8 种食品添加剂. 现代食品, (5): 148-150.

王姝娅, 戴丽萍, 钟志亲. 2015. 微电子制造技术实验教程. 北京: 科学出版社.

王伟, 朱航辉. 2017. 锂离子电池固态电解质的研究进展. 应用化工, 46(4): 760-764.

王先友, 朱启安, 张允什, 等. 1999. 锂离子扩散系数的测定方法. 电源技术, 23(6): 335-338.

王晓东, 彭晓峰, 陆建峰, 等. 2003. 接触角测试技术及粗糙表面上接触角的滞后性 I: 接触角测试技术. 应用基础与工程科学学报, 11(2): 174-184.

王旭峰. 2018. 磷酸铁锂/石墨烯类复合材料的制备及性能研究. 南昌: 南昌航空大学.

魏居孟, 宋常春. 2018. 透射电子显微镜在《材料科学基础》课程教学中的作用. 广州化工, 46(19): 122-124, 147.

闻建龙. 2011. 工程流体力学. 北京: 机械工业出版社.

吴昌英, 丁君, 韦高, 等. 2008. 一种微波介质谐振器介电常数测量方法. 测控技术, 27(6): 95-97.

吴显明, 肖卓炳, 麻明友, 等. 2005. $Li_{1.3}Al_{0.3}Ti_{1.7}(PO_4)_3$ 的溶胶-凝胶法制备及其性质研究. 功能材料, 36(5): 701-703

项尚林, 余人同, 王庭慰, 等. 2009. 粘度法测定高聚物分子量实验的改进. 实验科学与技术, 7(5): 37-38, 41.

肖汉宁, 李玉平. 2001. 纳米二氧化钛的光催化特性及其应用. 陶瓷学报, 22(3): 191-195.

徐进. 2003. 直拉硅单晶中氧沉淀及其诱生缺陷的透射电镜研究. 杭州: 浙江大学.

徐忠忠. 2016. 钙钛矿太阳能电池中电子空穴传输层的研究. 北京: 北京化工大学.

许洁茹, 凌仕刚, 王少飞, 等. 2018. 锂电池研究中的电导率测试分析方法. 储能科学与技术, 7(5): 926-955.

许乃才, 刘宗怀, 王建朝, 等. 2011. 二氧化锰纳米材料水热合成及形成机理研究进展. 化学通报, 74(11): 1041-1046.

羊俊. 2006. 锂离子电池正极材料镍酸锂的制备及掺杂改性. 哈尔滨: 哈尔滨工业大学.

杨程响, 石斌, 王庆杰. 2017. 锂离子电池用电解质掺铝磷酸钛锂的研究现状. 电池, 47(4): 248-251.

杨恩龙, 王善元, 李妮, 等. 2007. 静电纺丝技术及其研究进展. 产业用纺织品, 25(8): 7-10, 14.

杨平. 2009. 基于镍钴锰前驱体的锂离子电池正极材料 $LiNi_{1/3}Co_{1/3}Mn_{1/3}O_2$ 制备与改性研究. 长沙: 中南大学.

杨世关. 2018. 新能源科学与工程专业导论. 北京: 中国水利水电出版社.

杨武保. 2005. 磁控溅射镀膜技术最新进展及发展趋势预测. 石油机械, 33(6): 73-76.

杨熙. 2009. PbTe 基合金材料的软化学法制备及热电性能研究. 哈尔滨: 哈尔滨工业大学.

杨延清, 文琼, 马志军, 等. 2004. SiC/Ti-6Al-4V 复合材料界面反应的扫描电镜分析. 稀有金属快报, 23(7): 22-25.

杨玉新, 叶阳, 周有祥, 等. 2011. 四种化学还原法制备胶体金的比较研究. 湖北农业科学, 50(3): 476-478, 482.

衣宝廉. 2003. 燃料电池: 原理·技术·应用. 北京: 化学工业出版社.

尹晋津, 许利剑, 曾晓希, 等. 2008. 生物检测用纳米金粒子还原制备方法比较. 湖南工业大学学报(自然科学版), 22(1): 104-108.

俞宏坤. 2003. X 射线光电子能谱(XPS). 上海计量测试, 30(4): 45-47.

袁珂, 黄强, 郝会颖. 2008. 溅射法制备纳米硅薄膜研究进展. 中国科技信息, (15): 40-41.

张博文. 2019. 高稳定性碳基钙钛矿太阳能电池的制备与优化研究. 长春: 吉林大学.

张丰庆. 2015. 功能材料实验指导书. 北京: 化学工业出版社.

张贺, 李国良, 张可刚, 等. 2017. 金属有机骨架材料在吸附分离研究中的应用进展. 化学学报, 75(9): 841-859.

张慧. 2014. SnO_2 和 Bi 基催化剂电催化还原 CO_2 至甲酸的研究. 武汉: 华中师范大学.

张金利, 郭翠梨, 胡瑞杰. 2016. 化工原理实验. 2 版. 天津: 天津大学出版社.

张军, 任丽彬, 李勇辉, 等. 2008. 质子交换膜水电解器技术进展. 电源技术, 32(4): 261-265.

张宁, 张燕红, 关国强. 2016. 能源化学工程实验测试技术. 广州: 华南理工大学出版社.

张萍, 韦力铖, 黄家豪, 等. 2021. 稳态法测量不良导体导热系数实验仪器改进. 大学物理实验, 34(6): 75-79.

张伟. 2011. 多壁碳纳米管负载 TiO_2 对氯苯的吸附与光降解作用研究. 长沙: 湖南大学.

张扬, 徐尚志, 赵文晖, 等. 2013. 介电常数常用测量方法综述. 电磁分析与应用, (3): 31-38.

张英, 马蕊英, 赵亮, 等. 2017. 金属有机骨架材料 HKUST-1 的制备及其甲烷吸附性能. 石油化工, 46(7): 884-887.

张勇, 武行兵, 王力臻, 等. 2008. 扣式锂离子电池的制备工艺研究. 电池工业, 13(2): 86-90.

张月甫, 李玉国, 薛成山, 等. 2008. 纳米氧化锌的制备技术及其应用前景. 山东师范大学学报(自然科学版), 23(2): 39-42.

张忠如, 杨勇, 刘汉三. 2003. 锂离子电池电极材料固体核磁共振研究进展. 化学进展, 15(1): 18-24.

张周雅, 白世建, 张玉霞, 等. 2021. 高分子材料导热性能影响因素研究进展. 中国塑料, 35(9): 156-165.

张卓, 唐洪, 吴旭峰, 等. 2005. 一种耐高温聚噻吩膜的电化学合成. 高分子学报, (6): 943-946.

赵冬梅. 2016. 固体核磁共振技术(NMR)在橡胶制品中的应用. 世界橡胶工业, 43(6): 53.

赵铎. 2003. 空气的绝热指数的大气压修正. 大学物理, 22(7): 29-31.

赵士超, 张琪, 吕燕飞, 等. 2016. 稳态平板法在热电器件热电转换效率测试中的应用. 大学物理实验, 29(3): 12-14.

赵蕴秀, 房德康. 1989. 测定空气绝热指数的实验装置. 实验室研究与探索, 8(2): 77-79.

郑贤宏. 2019. 高性能石墨烯纤维及其柔性超级电容器研究. 上海: 东华大学.

周逸, 刘薇, 冯晓娟, 等. 2022. 石墨烯/聚丙烯复合材料导热性能测量分析研究. 中国测试, 48(2): 66-74.

朱典成. 2016. 锂离子电池正极材料镍钴锰酸锂的合成及其性能研究. 济南: 齐鲁工业大学.

朱金华, 沈伟, 徐华龙, 等. 2003. 水热一步法合成 Ti-SBA-15 分子筛及其催化性能研究. 化学学报, 61(2): 202-207.

朱凌志, 董存, 陈宁, 等. 2018. 新能源发电建模与并网仿真技术. 北京: 中国水利水电出版社.

朱民. 2002. 水溶性防氧化剂在 SMT 用印制板上的应用. 电子工艺技术, 23(3): 104-107.

Ahmad I, Abu Seman A, Mohamad A A. 2019. Investigation of anodic dissolution behaviour of intermetallic compound in Sn-3Ag-0.5Cu solder alloy by cyclic voltammetry. Soldering & Surface Mount Technology, 31(4): 211-220.

Amatucci G, Tarascon J M. 2002. Optimization of insertion compounds such as $LiMn_2O_4$ for Li-ion batteries. Journal of the Electrochemical Society, 149(12): K31.

Ambrosioni E. 2012. Full health coverage improves compliance of 50%. Journal of Hypertension, 30(3): 482-484.

Andersson A S, Thomas J O. 2001. The source of first-cycle capacity loss in $LiFePO_4$. Journal of Power Sources, 97/98: 498-502.

Andrés Zarate E, Custodio G E, Treviño-Palacios C G, et al. 2005. Defect detection in metals using electronic speckle pattern interferometry. Solar Energy Materials and Solar Cells, 88(2): 217-225.

Aurbach D. 2000. Review of selected electrode-solution interactions which determine the performance of Li and Li ion batteries. Journal of Power Sources, 89(2): 206-218.

Ban C M, Yin W J, Tang H W, et al. 2012. A novel codoping approach for enhancing the performance of LiFePO$_4$ cathodes. Advanced Energy Materials, 2(8): 1028-1032.

Che S N, Liu Z, Ohsuna T, et al. 2004. Synthesis and characterization of chiral mesoporous silica. Nature, 429(6989): 281-284.

Cheng F Y, Chen J. 2012. Metal-air batteries: from oxygen reduction electrochemistry to cathode catalysts. Chemical Society Reviews, 41(6): 2172.

Chia C, Jeffrey S S, Howe R T. 2019. Anomalous hysteresis and current fluctuations in cyclic voltammograms at microelectrodes due to Ag leaching from Ag/AgCl reference electrodes. Electrochemistry Communications, 105: 106499.

Deng B H, Nakamura H, Yoshio M. 2008. Capacity fading with oxygen loss for manganese spinels upon cycling at elevated temperatures. Journal of Power Sources, 180(2): 864-868.

Deng T, Fan X L, Luo C, et al. 2018. Self-templated formation of P2-type K$_{0.6}$CoO$_2$ microspheres for high reversible potassium-ion batteries. Nano Letters, 18(2): 1522-1529.

Doyle M, Fuller T F, Newman J. 1993. Modeling of galvanostatic charge and discharge of the lithium/polymer/insertion cell. Journal of the Electrochemical Society, 140(6): 1526-1533.

Doyle M, Newman J, Gozdz A S, et al. 1996. Comparison of modeling predictions with experimental data from plastic lithium ion cells. Journal of the Electrochemical Society, 143(6): 1890-1903.

Fan Q, Liu W, Weng Z, et al. 2015. Ternary hybrid material for high-performance lithium-sulfur battery. Journal of the American Chemical Society, 137(40): 12946-12953.

Faraz T, Roozeboom F, Knoops H C M, et al. 2015. Atomic layer etching: what can we learn from atomic layer deposition? ECS Journal of Solid State Science and Technology, 4(6): N5023-N5032.

Farhi R, El Marssi M, Simon A, et al. 1999. A Raman and dielectric study of ferroelectric ceramics. The European Physical Journal B: Condensed Matter and Complex Systems, 9(4): 599-604.

Feng Q, Wang Q, Zhang Z, et al. 2019. Highly active and stable ruthenate pyrochlore for enhanced oxygen evolution reaction in acidic medium electrolysis. Applied Catalysis B: Environmental, 244: 494-501.

Frackowiak E, Béguin F. 2001. Carbon materials for the electrochemical storage of energy in capacitors. Carbon, 39(6): 937-950.

Frackowiak E. 2007. Carbon materials for supercapacitor application. Physical Chemistry Chemical Physics, 9(15): 1774.

Freire F L Jr, da Jornada J A H, de Souza Camargo S Jr. 2000. Diamond and related materials. Brazilian Journal of Physics, 30(3): 469.

Frost J M, Butler K T, Brivio F, et al. 2014. Atomistic origins of high-performance in hybrid halide perovskite solar cells. Nano Letters, 14(5): 2584-2590.

George S M. 2010. Atomic layer deposition: an overview. Chemical Reviews, 110(1): 111-131.

Goodenough J B, Hong H Y P, Kafalas J A. 1976. Fast Na$^+$-ion transport in skeleton structures. Materials Research Bulletin, 11(2): 203-220.

Grätzel M. 2014. The light and shade of perovskite solar cells. Nature Materials, 13(9): 838-842.

Guo C X, Ran J R, Vasileff A, et al. 2018. Rational design of electrocatalysts and photo(electro)catalysts for nitrogen reduction to ammonia (NH$_3$) under ambient conditions. Energy & Environmental Science, 11(1): 45-56.

Hansen J N, Prats H, Toudahl K K, et al. 2021. Is there anything better than Pt for HER? ACS Energy Letters, 6(4): 1175-1180.

Hirsch A. 2002. Functionalization of single-walled carbon nanotubes. Angewandte Chemie International Edition, 41(11): 1853.

Hobbs P C D, Abraham D W, Wickramasinghe H K. 1989. Magnetic force microscopy with 25 nm resolution.

Applied Physics Letters, 55(22): 2357-2359.

Holtz M E, Yu Y C, Gunceler D, et al. 2014. Nanoscale imaging of lithium ion distribution during *in situ* operation of battery electrode and electrolyte. Nano Letters, 14(3): 1453-1459.

Hummers W S Jr, Offeman R E. 1958. Preparation of graphitic oxide. Journal of the American Chemical Society, 80(6): 1339.

Iijima S. 2002. Carbon nanotubes: past, present, and future. Physica B: Condensed Matter, 323(1/2/3/4): 1-5.

Jeon N J, Noh J H, Kim Y C, et al. 2014. Solvent engineering for high-performance inorganic-organic hybrid perovskite solar cells. Nature Materials, 13(9): 897-903.

Kobayashi H, Arachi Y, Emura S, et al. 2005. Investigation on lithium de-intercalation mechanism for $Li_{1-y}Ni_{1/3}Mn_{1/3}Co_{1/3}O_2$. Journal of Power Sources, 146(1/2): 640-644.

Kojima A, Teshima K, Shirai Y, et al. 2009. Organometal halide perovskites as visible-light sensitizers for photovoltaic cells. Journal of the American Chemical Society, 131(17): 6050-6051.

Korsunsky A M. 2010. Engineering at large scale: experience from diamond light source. Lecture Notes in Engineering and Computer Science, 1: 12-16.

Kovtyukhova N I, Ollivier P J, Martin B R, et al. 1999. Layer-by-layer assembly of ultrathin composite films from micron-sized graphite oxide sheets and polycations. Chemistry of Materials, 11(3): 771-778.

Kresge C T, Leonowicz M E, Roth W J, et al. 1992. Ordered mesoporous molecular sieves synthesized by a liquid-crystal template mechanism. Nature, 359(6397): 710-712.

Kuc A, Zibouche N, Heine T. 2011. Influence of quantum confinement on the electronic structure of the transition metal sulfide TS_2. Physical Review B, 83(24): 245213.

Kumar M, Ando Y. 2010. Chemical vapor deposition of carbon nanotubes: a review on growth mechanism and mass production. Journal of Nanoscience and Nanotechnology, 10(6): 3739-3758.

Lee M M, Teuscher J, Miyasaka T, et al. 2012. Efficient hybrid solar cells based on meso-superstructured organometal halide perovskites. Science, 338(6107): 643-647.

Lee W, Park S J. 2014. Porous anodic aluminum oxide: anodization and templated synthesis of functional nanostructures. Chemical Reviews, 114(15): 7487-7556.

Li C C, Kong F F, Liu C C, et al. 2017. Dual-functional aniline-assisted wet-chemical synthesis of bismuth telluride nanoplatelets and their thermoelectric performance. Nanotechnology, 28(23): 235604.

Li W, Currie J C, Wolstenholme J. 1997. Influence of morphology on the stability of $LiNiO_2$. Journal of Power Sources, 68(2): 565-569.

Liang J A, Liu Z H, Qiu L B, et al. 2018. Enhancing optical, electronic, crystalline, and morphological properties of cesium lead halide by Mn substitution for high-stability all-inorganic perovskite solar cells with carbon electrodes. Advanced Energy Materials, 8(20): 1800504.

Liang J A, Wang C X, Wang Y R, et al. 2016. All-inorganic perovskite solar cells. Journal of the American Chemical Society, 138(49): 15829-15832.

Liang W J, Bockrath M, Bozovic D, et al. 2001. Fabry-Perot interference in a nanotube electron waveguide. Nature, 411(6838): 665-669.

Liu J A, Wu Y Z, Qin C J, et al. 2014. A dopant-free hole-transporting material for efficient and stable perovskite solar cells. Energy & Environmental Science, 7(9): 2963-2967.

Liu M Z, Johnston M B, Snaith H J. 2013. Efficient planar heterojunction perovskite solar cells by vapour deposition. Nature, 501(7467): 395-398.

Liu S Y, Zhu Q Q, Guan Q X, et al. 2015. Bio-aviation fuel production from hydroprocessing Castor oil promoted by the nickel-based bifunctional catalysts. Bioresource Technology, 183: 93-100.

Lototskyy M V, Yartys V A, Pollet B G, et al. 2014. Metal hydride hydrogen compressors: a review. International

Journal of Hydrogen Energy, 39(11): 5818-5851.

Lu J L, Liu B, Greeley J P, et al. 2012. Porous alumina protective coatings on palladium nanoparticles by self-poisoned atomic layer deposition. Chemistry of Materials, 24(11): 2047-2055.

Martin Y, Abraham D W, Wickramasinghe H K. 1988. High-resolution capacitance measurement and potentiometry by force microscopy. Applied Physics Letters, 52(13): 1103-1105.

Masuda H, Fukuda K. 1995. Ordered metal nanohole arrays made by a two-step replication of honeycomb structures of anodic alumina. Science, 268(5216): 1466-1468.

Myatt M, Feleke T, Sadler K, et al. 2005. A field trial of a survey method for estimating the coverage of selective feeding programmes. Bulletin of the World Health Organization, 83(1): 20-26.

Ni Y X, Lin L, Shang Y X, et al. 2021. Regulating electrocatalytic oxygen reduction activity of a metal coordination polymer via d-π conjugation. Angewandte Chemie International Edition, 60(31): 16937-16941.

Ouyang C Y, Shi S Q, Lei M S. 2009. Jahn-Teller distortion and electronic structure of $LiMn_2O_4$. Journal of Alloys and Compounds, 474(1/2): 370-374.

Pomianowski M, Heiselberg P, Zhang Y P. 2013. Review of thermal energy storage technologies based on PCM application in buildings. Energy and Buildings, 67: 56-69.

Puurunen R L. 2014. A short history of atomic layer deposition: tuomo suntola's atomic layer epitaxy. Chemical Vapor Deposition, 20(10/11/12): 332-344.

Radisavljevic B, Radenovic A, Brivio J, et al. 2011. Single-layer MoS_2 transistors. Nature Nanotechnology, 6(3): 147-150.

Reilly J J Jr, Wiswall R H Jr. 1968. Reaction of hydrogen with alloys of magnesium and nickel and the formation of Mg_2NiH_4. Inorganic Chemistry, 7(11): 2254-2256.

Shen J J, Hu L P, Zhu T J, et al. 2011. The texture related anisotropy of thermoelectric properties in bismuth telluride based polycrystalline alloys. Applied Physics Letters, 99(12): 124102-1-124102-3.

Shirakawa H, Louis E J, MacDiarmid A G, et al. 1977. Synthesis of electrically conducting organic polymers: halogen derivatives of polyacetylene, (CH) X. Journal of the Chemical Society, Chemical Communications, (16): 578.

Singh D P, Mulder F M, Abdelkader A M, et al. 2013. Facile micro templating $LiFePO_4$ Electrodes for high performance Li-ion batteries. Advanced Energy Materials, 3(5): 572-578.

Stankovich S, Dikin D A, Piner R D, et al. 2007. Synthesis of graphene-based nanosheets via chemical reduction of exfoliated graphite oxide. Carbon, 45(7): 1558-1565.

Stranks S D, Eperon G E, Grancini G, et al. 2013. Electron-hole diffusion lengths exceeding 1 micrometer in an organometal trihalide perovskite absorber. Science, 342(6156): 341-344.

Sudiarso A, Atkinson J. 2008. In-process electrical dressing of metal-bonded diamond grinding wheels. Engineering Letters, 16(3): 308.

Sun Z G, Jiao L J, Zhao Z G, et al. 2014. Phase equilibrium conditions of semi-calthrate hydrates of (tetra-n-butyl ammonium chloride+carbon dioxide). The Journal of Chemical Thermodynamics, 75: 116-118.

Tan K W, Moore D T, Saliba M, et al. 2014. Thermally induced structural evolution and performance of mesoporous block copolymer-directed alumina perovskite solar cells. ACS Nano, 8(5): 4730-4739.

Tang A P, Wang X Y, Xu G R, et al. 2009. Chemical diffusion coefficient of lithium ion in $Li_3V_2(PO_4)_3$ cathode material. Materials Letters, 63(27): 2396-2398.

Trasatti S, Buzzanca G. 1971. Ruthenium dioxide: a new interesting electrode material. Solid state structure and electrochemical behaviour. Journal of Electroanalytical Chemistry and Interfacial Electrochemistry, 29(2): A1-A5.

Uchiyama T, Nishizawa M, Itoh T, et al. 2000. Electrochemical quartz crystal microbalance investigations of $LiMn_2O_4$ thin films at elevated temperatures. Journal of the Electrochemical Society, 147(6): 2057.

Verhoeven V W J, de Schepper I M, Nachtegaal G, et al. 2001. Lithium dynamics in $LiMn_2O_4$ probed directly by two-dimensional ^7Li NMR. Physical Review Letters, 86(19): 4314-4317.

Wang M Z. 2016. Emerging multifunctional NIR photothermal therapy systems based on polypyrrole nanoparticles. Polymers, 8(10): 373.

Wang P X, Shao L, Zhang N Q, et al. 2016. Mesoporous $CuCo_2O_4$ nanoparticles as an efficient cathode catalyst for $Li-O_2$ batteries. Journal of Power Sources, 325: 506-512.

Wang X J, Li Y, Jin T, et al. 2017. Electrospun thin-walled $CuCo_2O_4$@C nanotubes as bifunctional oxygen electrocatalysts for rechargeable Zn-air batteries. Nano Letters, 17(12): 7989-7994.

Widjaja Y, Musgrave C B. 2002. Quantum chemical study of the mechanism of aluminum oxide atomic layer deposition. Applied Physics Letters, 80(18): 3304-3306.

Willems J J G, Buschow K H J. 1987. From permanent magnets to rechargeable hydride electrodes. Journal of the Less Common Metals, 129: 13-30.

Wong E W, Sheehan P E, Lieber C M. 1997. Nanobeam mechanics: elasticity, strength, and toughness of nanorods and nanotubes. Science, 277(5334): 1971-1975.

Xiao W, Wang J Y, Fan L L, et al. 2019. Recent advances in $Li_{1+x}Al_xTi_{2-x}(PO_4)_3$ solid-state electrolyte for safe lithium batteries. Energy Storage Materials, 19: 379-400.

Xu L N, Li J A, Sun H B, et al. 2019. In situ growth of Cu_2O/CuO nanosheets on Cu coating carbon cloths as a binder-free electrode for asymmetric supercapacitors. Frontiers in Chemistry, 7: 420.

Yamaura S I, Kim H Y, Kimura H, et al. 2002. Thermal stabilities and discharge capacities of melt-spun Mg-Ni-based amorphous alloys. Journal of Alloys and Compounds, 339(1-2): 230-235.

Yartys' V A, Burnasheva V V, Semenenko K N. 1983. Structural chemistry of hydrides of intermetallic compounds. Russian Chemical Reviews, 52(4): 299-317.

Zaluski L, Zaluska A, Ström-Olsen J O. 1997. Nanocrystalline metal hydrides. Journal of Alloys and Compounds, 253-254: 70-79.

Zhang C F, Yang P, Dai X, et al. 2009. Synthesis of $LiNi_{1/3}Co_{1/3}Mn_{1/3}O_2$ cathode material via oxalate precursor. Transactions of Nonferrous Metals Society of China, 19(3): 635-641.

Zhang W J. 2011. Structure and performance of $LiFePO_4$ cathode materials: a review. Journal of Power Sources, 196(6): 2962-2970.

Zhang Y D, Li H, Liu J X, et al. 2019. $LiNi_{0.90}Co_{0.07}Mg_{0.03}O_2$ cathode materials with Mg-concentration gradient for rechargeable lithium-ion batteries. Journal of Materials Chemistry A, 7(36): 20958-20964.

Zhang Y F, Wang Y, Yang J, et al. 2016. MoS_2 coated hollow carbon spheres for anodes of lithium ion batteries. 2D Materials, 3(2): 024001.

Zheng D Y, Swingler J, Weaver P. 2010. Current leakage and transients in ferroelectric ceramics under high humidity conditions. Sensors and Actuators A: Physical, 158(1): 106-111.

Zheng J C. 2008. Recent advances on thermoelectric materials. Frontiers of Physics in China, 3(3): 269-279.

Zhou H, Chen Q, Li G, et al. 2014. Interface engineering of highly efficient perovskite solar cells. Science, 345(6196): 542-546.

Zhou X Z, Huang X A, Qi X Y, et al. 2009. *In situ* synthesis of metal nanoparticles on single-layer graphene oxide and reduced graphene oxide surfaces. The Journal of Physical Chemistry C, 113(25): 10842-10846.

Zhu Z Y, Zhong W T, Zhang Y J, et al. 2021. Elucidating electrochemical intercalation mechanisms of biomass-derived hard carbon in sodium-/ potassium-ion batteries. Carbon Energy, 3(4): 541-553.

附　录

《常用危险化学品的分类及标志》(GB 13690—2016)将常用危险化学品按其主要危险特性分为 8 类：爆炸品、压缩气体和液化气体、易燃液体、易燃固体及自燃品和遇湿易燃物品、氧化剂和有机过氧化物、有毒品、放射性物品、腐蚀品。

根据危险特性和类别，设主标志 16 种，副标志 11 种，如下所示。主标志由表示危险特性的图案、文字说明、底色和危险类别号四个部分组成的菱形标志，副标志图形中没有危险类别号。标志的尺寸、颜色、印刷及使用方法按 GB 13690—2016 的有关规定执行。其使用原则是，当一种危险化学品具有一种以上的危险性时，应用主标志表示主要危险性类别，并用副标志表示其他重要危险性类别。

标志 1　爆炸品标志 图形：正在爆炸的炸弹(黑色) 文字：黑色 底色：橙红色	　标志 2　易燃气体标志 图形：火焰(黑色或白色) 文字：黑色或白色 底色：正红色	标志 3　不燃气体标志 图形：气瓶(黑色或白色) 文字：黑色或白色 底色：绿色
标志 4　有毒气体标志 图形：骷髅头和交叉骨形(黑色) 文字：黑色 底色：白色	标志 5　易燃液体标志 图形：火焰(黑色或白色) 文字：黑色或白色 底色：红色	　标志 6　易燃固体标志 图形：火焰(黑色) 文字：黑色 底色：红白相间的垂直宽条(红 7、白 6)
标志 7　自燃物品标志 图形：火焰(黑色或白色) 文字：黑色或白色 底色：上半部白色，下半部红色	标志 8　遇湿易燃物品标志 图形：火焰(黑色) 文字：黑色 底色：蓝色	标志 9　氧化剂标志 图形：从圆圈中冒出火焰(黑色) 文字：黑色 底色：柠檬黄色

标志 10　有机过氧化物标志
图形：从圆圈中冒出火焰(黑色)
文字：黑色
底色：柠檬黄色

标志 11　有毒品标志
图形：骷髅头和交叉骨形(黑色)
文字：黑色
底色：白色

标志 12　剧毒品标志
图形：骷髅头和交叉骨形(黑色)
文字：黑色
底色：白色

标志 13　一级放射性物品标志
图形：上半部三叶形(黑色)，
下半部一条垂直的红色宽条
文字：黑色
底色：上半部黄色

标志 14　二级放射性物品标志
图形：上半部三叶形(黑色)，
下半部两条垂直的红色宽条
文字：黑色
底色：上半部黄色

标志 15　三级放射性物品标志
图形：上半部三叶形(黑色)，
下半部三条垂直的红色宽条
文字：黑色
底色：上半部黄色

标志 16　腐蚀品标志
图形：上半部两个试管中分别
向金属板和手上滴落(黑色)
文字：(下半部)白色
底色：上半部白色，下半部黑色

标志 17　爆炸品标志
图形：正在爆炸的炸弹(黑色)
文字：黑色
底色：橙红色

标志 18　易燃气体标志
图形：火焰(黑色)
文字：黑色或白色
底色：红色

标志 19　不燃气体标志
图形：气瓶(黑色或白色)
文字：黑色
底色：绿色

标志 20　有毒气体标志
图形：骷髅头和交叉骨形(黑色)
文字：黑色
底色：白色

标志 21　易燃液体标志
图形：火焰(黑色)
文字：黑色
底色：红色

标志 22　易燃固体标志
图形：火焰(黑色)
文字：黑色
底色：红白相间的垂直宽条
(红 7、白 6)

标志 23　自燃物品标志
图形：火焰(黑色)
文字：黑色或白色
底色：上半部白色，下半部红色

标志 24　遇湿易燃物品标志
图形：火焰(黑色)
文字：黑色
底色：蓝色

 标志 25　氧化剂标志 图形：从圆圈中冒出火焰(黑色) 文字：黑色 底色：柠檬黄色	 标志 26　有毒品标志 图形：骷髅头和交叉骨形(黑色) 文字：黑色 底色：白色	 标志 27　腐蚀品标志 图形：上半部两个试管中分别 向金属板和手上滴落(黑色) 文字：(下半部)白色 底色：上半部白色，下半部黑色

附录 2　不同种类化学和物理电源的型号及尺寸

化学电源包括一次电池、二次电池、燃料电池、超级电容器等，物理电源通常指太阳能电池，以下各表列出部分电池、燃料电池、超级电容器、太阳能电池的商品或示范性产品的型号、尺寸及参数规格。

附表 2.1　部分电池的型号、尺寸

形状分类	中国型号	英文代号	直径/mm 长×宽/mm×mm	高/mm
圆柱体电池	1 号电池	D	32.3	59.0
	2 号电池	C	25.3	49.5
	3 号电池	SC	22.1	42.0
	4 号电池	A	16.8	49.0
	5 号电池	AA	14.0	49.0
	7 号电池	AAA	10.0	44.0
	8 号电池	N	11.7	28.5
	9 号电池	AAAA	8.1	41.5
	—	F	32.3	89.0
长方体电池	九伏电池	PP3	25×15	48
扣式电池	—	R41	7.9	3.6
	—	R43	11.6	4.2
	—	R44	11.6	5.4
	—	R48	7.9	5.4
	—	R54	11.6	3.05
	—	R55	11.6	2.05
	—	R70	5.8	3.6

附表 2.2　典型燃料电池和空气电池的型号、尺寸

外观	名称	型号	尺寸/mm
	质子交换膜燃料电池	Aerostak A-1000-HV	194×127×193
	碱性燃料电池	Pratt&Whitney A19730934000	φ559×1118
	磷酸燃料电池	Doosan PureCell® 400 system	8740×2540×3020
	熔融碳酸盐燃料电池	Fuelcell Energy SureSource 1500™	6045×3877×3975
	固体氧化物燃料电池	Bloom Energy ES5	4500×2641×2134
	锌空气电池	Engion A10	φ5.8×3.6

附表 2.3　部分超级电容器的型号、尺寸

外观	型号	尺寸/mm	电压/V	电容/F
	Maxwell BCAP0063 P125 B08	619×33.3×265	125	76
	Maxwell BCAP0360 P270 S18	63.0×35.0×1.50	2.7	360
	Maxwell BMOD0004 P240 B02	462.0×176.8×224.4	240	3.75~4.5
	Maxwell BCAP0063 P125 B08	19.5×8.0×0.60	3.0	3
	Maxwell BCAP3400 P270 K04/05	138×60.4×60.7	2.7	3400
	Maxwell BMOD0500 P016 B01	418×68×179	16	600

附表 2.4　部分商业太阳能电池

外观	性能	参数
	组件型号	Ultra V STPXXXS-C54/Umhb(半片组件)
	电池片类型	单晶
	组件尺寸/mm	1722×1134×30
	功率范围/W	390～410
	工作温度/℃	−40～+85
	最高效率/%	21
	组件型号	TSM-DE21(单面组件)
	电池片类型	单晶
	组件尺寸/mm	2384×1303×33
	功率范围/W	650～670
	工作温度/℃	−40～+85
	最高效率/%	21.6
	组件型号	PANDA 3.0 PRO YLxxxC-55e(单面组件)
	电池片类型	TOPCon 电池
	组件尺寸/mm	2465×1134×35
	功率范围/W	600～625
	工作温度/℃	−40～+85
	最高效率/%	22.36
	组件型号	TSM-DEG21C.20(双面双玻)
	电池片类型	单晶
	组件尺寸/mm	2384×1303×33
	功率范围/W	645～665
	工作温度/℃	−40～+85
	最高效率%	21.4
	组件型号	TOPBiHiKu6 N 型(双面组件)
	电池片类型	TOPCon 电池
	组件尺寸/mm	2278×1134×30
	功率范围/W	555～575
	工作温度/℃	−40～+85
	最高效率/%	22.3